ZHINENG DIANWANG JISHU

智能电网技术

刘振亚/主编

中国电力出版社
CHINA ELECTRIC POWER PRESS

内 容 提 要

智能电网是当前全球电力工业关注的热点，涉及从发电到用户的整个能源转换过程和电力输送链，成为未来电网的发展方向。本书在借鉴国内外相关领域研究结果的基础上，结合正在开展的研究实践工作，对智能电网的概念、主要领域和关键技术、工程实践进行了较为系统、全面的介绍。

全书共分七章。第一章概要介绍智能电网的基本知识和国内外的研究现状，第二章至第七章分别介绍智能电网基础技术、大规模新能源发电及并网技术、智能输电网技术、智能配电网技术、智能用电技术、智能电网实践与展望。附录中对目前智能电网技术标准体系及部分智能电网国际组织与研究机构进行了简要介绍。

本书主要供电力系统管理人员和技术人员使用，也可供政府部门、企事业单位以及高等院校相关人员参考。

图书在版编目（CIP）数据

智能电网技术/刘振亚主编. —北京：中国电力出版社，2010.4（2024.8重印）
ISBN 978-7-5123-0223-5

Ⅰ. ①智…　Ⅱ. ①刘…　Ⅲ. ①智能控制–电力系统
Ⅳ. ①TM76

中国版本图书馆 CIP 数据核字（2010）第 042483 号

中国电力出版社出版、发行

（北京市东城区北京站西街 19 号　100005　http：//www. cepp. sgcc. com. cn）
三河市百盛印装有限公司印刷
各地新华书店经售

＊

2010 年 4 月第一版　2024 年 8 月北京第二十八次印刷
710 毫米×980 毫米　16 开本　24.5 印张　420 千字
印数 61001—62000 册　定价 **79.00** 元

序

  当前，国际国内的经济形势、能源形势正在发生深刻变化，新一轮的世界能源变革已经拉开序幕。欧美发达国家从发展清洁能源、应对气候变化、保障能源安全、促进经济增长的需要出发，相继提出发展智能电网，并将其作为国家战略的重要组成部分，智能化成为目前世界电力发展的新趋势。

  我国高度重视智能电网建设，温家宝总理在 2010 年政府工作报告中强调："大力开发低碳技术，推广高效节能技术，积极发展新能源和可再生能源，加强智能电网建设。"

  面对新形势、新挑战，国家电网公司根据我国能源结构以煤为主、能源资源与生产力逆向分布、能源开发加速向西部北部转移和以风电为代表的清洁能源迅猛发展的基本国情，结合世界电网发展的新趋势，提出了加快建设以特高压电网为骨干网架，各级电网协调发展，以信息化、自动化、互动化为特征的坚强智能电网的战略目标。与欧美国家发展智能电网重在配电、用电环节以及电网的技术改造上有所不同的是，国家电网公司提出的坚强智能电网，突出强调了坚强网架与智能化的有机统一，这已经得到国内外的广泛认同。

  目前，我国坚强智能电网建设工作正在加快推进，在规划编制、标准制定、理论研究、设备研制、关键技术攻关、试验能力建设等方面取得了重要阶段性成果，一批具有世界领先水平的示范工程正在加快建设。电网的功能和形态正在发生深刻变革，传统的输电网络正在向综合配置能源、产业、信息等各类资源，带动智能家居、智能交通、智能社区、智能城市发展的智能化电网转变。一场以智能电网为重要标志的新的能源革命正在悄然向我们走来。

为全面介绍国内外智能电网发展历程，系统阐述智能电网概念、研究领域及关键技术，总结我国在智能电网相关领域中的技术成果与实践经验，为今后中国智能电网建设提供有益参考，国家电网公司面对不同的读者对象，分别组织编写了《智能电网技术》和《智能电网知识读本》。

本书的出版，凝聚了我国电力系统众多老领导、老专家和广大工程技术人员的汗水和心血。希望更多关心智能电网的读者和有志于投身智能电网技术领域的专家、学者和工程技术人员，能从本书中吸取有益的知识，共同打造我国智能电网的美好未来！

刘振亚

2010 年 3 月

前言

进入 21 世纪以来，发展低碳经济、建设生态文明、实现可持续发展，成为人类社会的普遍共识。世界能源发展格局因此发生重大而深刻的变化，新一轮能源革命的序幕已经拉开。

发展清洁能源、保障能源安全、解决环保问题、应对气候变化，是本轮能源革命的核心内容。作为能源供应的重要环节，电网对于清洁能源的发展至关重要，其发展模式也因此面临巨大的挑战和重大的抉择。国内外电力行业和研究机构积极开展了一系列创新性的探索和实践，智能电网的理念逐渐萌发形成，成为全球电力工业应对未来挑战的共同选择。

我国的电力工作者顺应形势变化，把握历史机遇，在加快推进特高压电网建设的同时，高度重视智能电网技术研究和工程实践，培育出一批具有国际先进水平、引领电网发展的科技成果，为建设智能电网奠定了坚实的基础。国家电网公司以求真务实的态度、开拓创新的思维，提出加快建设以特高压电网为骨干网架，各级电网协调发展，以信息化、自动化、互动化为特征的坚强智能电网，得到世界范围的普遍认同和赞赏，中国正在成为世界智能电网理论与实践的引领者。

智能电网建设是一项高度复杂的系统工程，国内外对于智能电网的发展重点和实施路线存在不同的理解，根本原因是各国在经济社会发展水平、能源禀赋特点和电网发展阶段等方面存在较大差异。我国正处于工业化、城镇化加速发展阶段，经济社会持续高速发展，电力需求将长期保持快速增长，预计到 2020 年，我国的用电需求和发电装机容量均将为现有水平的 2 倍以上。我国能源结构以煤为主，煤炭资源主要分布在北部、西部地区，而能源消费需求主要集中在经济较为发达的中东部地区。同时，国际能源问题日趋政治化，使加快发展清洁能源成为我国的重要国家战略。近年来，我国风能、太阳能等清洁能源发展迅猛，预计到 2020 年，我国清洁能源装机容量将达到 5.7 亿 kW，占总装机容量的 35%左右。国民经济的快速发展、能源供应与消费的逆向分布特征以及清洁能源发电的高速增长，对电网的安全可靠性、灵活适应性以及大规模资源优化配置能力等提出了革命性的挑战。只有加快建设坚强智能电网，才能满足经济高速发展、清洁能源大规模利用的需要。

建设智能电网，关系经济社会发展和国计民生，是开发利用清洁能源、建设科学合理的能源利用体系的迫切要求，是满足经济社会可持续发展要求的重大选择，是时代赋予中国电力工业的历史性重任。中华民族的智慧先贤曾经说过，"士不可以不弘毅，任重而道远"，非弘不能胜其重，非毅无以致其远。建设智能电网，更加需要我们坚定理想、忠诚使命、凝心聚智、开拓创新，实现我国电网从传统电网向高效、经济、清洁、互动的现代电网的升级和跨越，为经济社会又好又快发展提供强大支撑。

随着智能电网建设的逐步开展，迫切需要能够系统阐述智能电网概念、介绍关键技术的专著。为此，国家电网公司组织相关专家和技术人员，编写了《智能电网技术》。希望本书的出版，能够为智能电网建设提供技术指导和借鉴。

本书以智能电网技术为主线，系统阐述了智能电网基础技术、研发及应用领域、实践与展望，力求清晰完整、严谨有序。在编写过程中吸收了国家电网公司在智能电网技术研究和工程实践取得的一批重要成果，对于目前尚未完全成熟的理论和技术，从电网智能化的需要出发，进行了适度的前瞻性描述。

智能电网技术的发展将是一个渐进而漫长的过程，本书仅是对现有研究和实践成果的总结，随着智能电网建设的深入开展，必将会有大量的新技术不断涌现，需要我们密切跟踪和深入研究。

由于编写时间仓促，书中难免有疏漏之处，敬请批评指正。

编　者

2010 年 3 月

第一章　智能电网概述

电网是电力网的简称，通常是指联系发电与用电，由输电、变电、配电设备及相应的二次系统等组成的统一整体。现代电网是目前世界上结构最复杂、规模最大的人造系统和能量输送网络。

进入 21 世纪以来，随着世界经济的发展，能源需求量持续增长，环境保护问题日益严峻，调整和优化能源结构，应对全球气候变化，实现可持续发展成为人类社会普遍关注的焦点，更成为电力工业实现转型发展的核心驱动力。在此背景下，智能电网成为全球电力工业应对未来挑战的共同选择。

第一节　电网的发展及面临的挑战

发展，是人类文明进步的永恒主题和不竭动力。电网的建设历程，始终是求进步、谋发展的探索过程，始终是依靠科技进步和技术创新迎接挑战、实现超越的实践过程。100 多年来，电力工业从无到有，经历了不同时代的变迁、不同技术发展路线的选择和不同经营管理模式的实践，取得了令人瞩目的巨大成就，成为国民经济的基础产业和重要的公用事业，在经济社会发展中具有举足轻重的地位。

一、电网的发展历程

作为清洁、高效的二次能源，电力的应用遍及人类生产和生活的各个领域，电气化成为社会现代化水平和文明进步的重要标志。

（一）电网发展概述

1831 年，法拉第提出了著名的电磁感应定律。次年，法国物理学家皮克斯研制成功世界上第一台发电机，并在巴黎公开展示。1866 年西门子发明了自励式直流发电机，1876 年贝尔发明了电话，1879 年爱迪生发明了电灯。这三大发明与瓦特发明蒸汽机具有同样的划时代意义，从此开创了电气化的新纪元。

1875 年，世界上第一座火电厂在巴黎北火车站建成；1879 年，美国旧金山电厂建成并开始出售电力。从 19 世纪 80 年代开始，随着具有工业规模的发电厂的建设，电能开始得到大规模利用。1882 年，爱迪生建成世界上第一座具有工业意义的发电厂——纽约市珍珠街发电厂，装有 6 台共 900hp❶的直流发电机，并通过 110V 电缆，为 6200 盏白炽灯供电，最大送电距离为 1.6km。到 1913 年，全世界的年发电量已达 500 亿 kWh。电力工业作为独立的工业部门，进入人类的生产活动领域。

由于电以光速传输，电能难以大量存储，电力的生产与消费必须同时完成，因此必须在发电厂和用户之间建设输电线路以实现电能的传输。1873 年，法国的弗泰内在维也纳国际博览会上，首次进行了远距离电能输送技术的试验。1874 年，俄国的皮罗茨基建立了输送功率为 4.5kW 的直流输电线路，并于 1876 年将低压直流电沿铁路轨道输送了 3.6km。1882 年，法国物理学家德普勒完成了有史以来第一次真正意义上的远距离直流输电试验，他通过长度 57km 的电报线（直径为 4.5mm 的钢线），以 1500～2000V 电压，将安装在米斯巴赫煤矿的直流发电机发出的电能，输送到慕尼黑明兴国际博览会，为 1 台驱动装饰喷泉水泵的电动机供电。19 世纪 80 年代以后，交流输电开始走上历史舞台。1886 年，威斯汀豪斯在美国麻省进行了电压为 3kV、距离为 1.2km 的交流输电示范演示；同年，在意大利的塞奇建成电压为 2kV、长度为 17 英里❷的交流输电线路。1888 年，俄国的多布罗沃斯基提出三相交流制，效率较高的三相异步电机随之问世，交流输电的优越性逐渐显现。1891 年，由劳芬至明兴河畔的世界上第一条三相交流高压输电线路——法兰克福线路在德国投入运行，总长 175km，电压为 15.2kV。进入 20 世纪以后，交流输电的优越性更加明显，特别是直流发电机被三相交流发电机取代后，采用直流电源和负荷串联方式的直流输电很快被交流输电所取代。直到 20 世纪 50 年代，大功率汞弧阀问世，采用交直流换流方式的直流输电技术才再次得到工程应用。至 20 世纪六七十年代，电力电子技术和微电子技术迅速发展，并在直流输电工程中得到广泛应用，促使直流输电技术得到较快发展。

人类最早建设发电厂的目的在于照明，电厂安装直流发电机，直接为串联弧光灯供电，供电半径仅为 1～2km。从 19 世纪末到 20 世纪初的 10 年里，电动机

---

❶ 1hp＝735.5W。

❷ 1 英里＝1609.3m。

械成为工业生产中机械设备的主要拖动装置，面对不断增长的需求，电力开始集中供应，通过高压输电网，将不同发电厂连成整体，形成地区电网。随着用电量的不断增长和对供电可靠性要求的日益提高，人们一方面研制更大容量的发电设备，建设大型发电厂；另一方面不断提高输电电压等级，扩大电网规模，将初期发展时分散的孤立小电网联成统一或联合的大电网，以增加电力供应能力，提高供电可靠性。从 20 世纪 30 年代开始，随着水电资源的大力开发和高压输电技术的不断进步，各工业发达国家积极开展 110～400kV 线路建设，超高压输电线路开始出现。

20 世纪 50 年代后，电力工业快速发展，电压等级不断提高，电网规模日益扩大，特别是 20 世纪 70 年代以后，百万千瓦乃至千万千瓦等级装机容量的大型水电站、火电厂和核电站的建成，促进了超/特高压输电和互联电力系统的发展，电力工业进入以大机组、大电厂、超/特高压输电、大规模互联电网为特点的新时期。1952 年，世界上第一条 380kV 交流输电线路在瑞典投运；1964 年，第一条 500kV 交流输电线路在苏联投运；1965～1969 年，加拿大、苏联和美国先后建成 735、750kV 和 765kV 线路。随后，一些国家还开展了特高压交流输电技术的研究。1985 年，苏联 1150kV 特高压输电线路投入试验运行；2009 年，世界上第一条商业化运行的 1000kV 特高压交流输电线路在中国投运。

与此同时，直流输电工程建设也得到迅速发展。从 1954 年瑞典果特兰岛高压直流输电工程投入工业化运行以来，至 2008 年底，全世界投入运行的高压直流工程总数已超过 76 个，总容量超过 70 000MW，其中±450～±600kV 直流输电工程有 20 多个。

纵观电力工业 100 多年的发展历程，不难发现电网发展的客观规律。一是与电源的开发密切相关，电源的建设极大地促进和推动了电网的发展。这是由电网的基本功能定位所决定的，即电网首先是电力传输的物理载体，电力需求决定了电网的发展方式。二是规模经济特征突出，孤立电网逐步发展成为规模较大的互联电网，其核心的驱动力是效率的提高和服务的提升。

（二）中国电网的发展

中国电力工业的发展几乎与欧美同步。1882 年，由英国人成立的上海电气公司在上海建设了中国第一座发电厂，并于当年 7 月 26 日开始供电。

自 1882 年上海外滩点燃 15 盏弧光灯，到装机容量和年发电量居世界第二位，中国的电力工业已经走过 120 多年的发展历程。

在新中国成立前的 60 多年里，中国的电力工业发展缓慢，技术装备落后。到 1949 年底，全国发电装机容量 185 万 kW，年发电量仅有 43 亿 kWh，在世界各国中分别排名第 21 位和第 25 位。

新中国成立后，中国的电力工业发展迅速。截至 2009 年底，全国装机容量达到 8.7 亿 kW，其中，水电、火电、核电、风电装机容量分别达到 19 679 万、65 205 万、908 万、1613 万 kW；全社会年用电量达到 3.64 万亿 kWh。全国装机容量和年发电量居世界第二位，水电装机容量居世界第一位。

中国当代电网的建设，始于新中国成立之后。1954 年，我国自行设计、施工的 220kV 高压输电线路建成；1972 年，我国第一条 330kV 超高压输电线路建成；1981 年，我国第一条 500kV 超高压输电线路投运，成为世界上第八个拥有 500kV 超高压输电线路的国家；2009 年，1000kV 特高压交流输电线路投运，使中国成为当今世界交流输电电压等级最高的国家。

中国直流输电研究和工程建设起步虽晚，但发展迅速。1987 年，全部采用中国自主技术的舟山直流输电工程投入运行，开始了直流输电在我国的应用和发展。2009 年底，额定容量 5000MW 的 ±800kV 云南—广东特高压直流输电工程成功实现单极投产，额定容量 6400MW 的 ±800kV 四川向家坝—上海特高压直流输电示范工程带电调试成功，中国成为当今世界直流输电电压等级最高的国家。

中国电网的发展，同样遵循了电网发展的客观规律。大型水电站和煤电基地的建设，有力地推动了超/特高压交直流输电和大规模联网，电网规模经历了从地区级电网发展到省级电网，再通过省间联网形成跨省区域性电网，并逐渐形成了全国联网。随着未来中国电网的发展，特别是华北—华东—华中同步电网的形成，中国电网将成为世界上电压等级最高、技术水平最高和规模最大的交直流混合电网。

二、电网面临的挑战

近年来，世界政治经济形势和能源发展格局发生了深刻变化，以电力为中心的新一轮能源革命的序幕已经拉开。人们开始重新审视电网的功能定位，除电力输送等传统功能之外，电网更是资源优化配置的载体，是现代综合运输体系和网络经济的重要组成部分，电网的发展也因此面临前所未有的机遇与挑战。

（一）环境和能源

目前，能源供应主要依赖化石能源。一方面，化石能源是不可再生能源，终将由于不断的消耗而逐渐枯竭；另一方面，化石能源的大量开发利用，造成了环境污染和大量温室气体排放。

世界经济的发展、人口的增加以及城市化进程的加速，导致全球能源需求总量迅猛增加。由能源消耗所产生的环境问题日趋突出，引发了国际社会对能源安全和生态安全的普遍担忧。

提高能源利用效率，发展清洁能源，优化调整能源消费结构，降低对化石能源的依赖程度，已成为世界各国解决能源安全和环保问题、应对全球气候变化的共同选择。而将清洁能源转化为电能，是开发利用清洁能源的最主要途径。

适应清洁能源开发、输送和消纳的发展需求，提高电网的安全可靠性、灵活适应性和资源优化配置能力，已成为当今电网面临的紧迫任务。

（二）安全可靠与经济高效

随着能源结构的优化调整和清洁能源的快速发展，电能在终端能源消费中所占比例日益提高，经济社会发展对电能的依赖程度日益增强。

电网规模日益扩大，一方面有利于提高资源优化配置能力，有利于大规模可再生能源的接入和传输；另一方面，电网运行与控制的复杂程度越来越高，发生大面积停电的风险也日益加大，对实现电能的安全传输和可靠供应提出重大挑战，电网的坚强可靠成为普遍关注的焦点。

促进电力清洁生产，降低电力输送损耗，全面优化电力生产、输送和消费全过程，成为电网发展的必然选择。经济高效的电网必将极大地推动低碳电力、低碳能源乃至低碳经济的发展。

（三）电网开放与优质服务

分布式发电及电动汽车的快速发展和广泛使用，对于利用可再生能源，减少化石能源消耗，以及实现能源梯级利用和提高能效具有十分重要的意义。同时，电力用户的身份定位也悄然转变，从单纯的电力消费者转变为既是电力消费者，又是电力生产者。

市场化改革的深入和用户身份的重新定位，使电力流和信息流由传统的单向流动模式向双向互动模式转变。信息的透明共享，电网的无歧视开放既体现了对价值服务的认同，同时也成为电网无法回避的挑战。

电网的透明开放为电网自身的运营发展提供了巨大的机遇，用户的积极、广泛参与对于电网优化资产效能，提高安全水平，降低运营成本具有重要意义，使电网构建新型商业模式、提供电力增值服务以及拓展战略发展空间成为可能，但同时也对电网友好兼容各类电源和用户接入，提供高效优质服务提出了更高的要求。

（四）技术创新与高效管理

当前，新一轮世界能源革命的序幕已经拉开，其目标就是实现以智能电网为核心的低碳能源。推动技术创新，实现高效管理，已经成为电网迎接发展与挑战的必然选择。

在科技发展日新月异的今天，将先进技术与传统电力技术有机高效融合，实现技术转型，全面提高资源优化配置能力，保障安全、优质和可靠的电力供应，提供灵活、高效和便捷的优质服务，是新形势下电网面临的新课题。

同时，电网的形态和功能定位正在发生深刻变化，电网发展任务更加繁重，亟须推进体制机制创新，转变发展模式，优化业务布局，提高运营效率，实现管理转型，以适应生产力发展对生产关系变革提出的客观要求。

第二节　智能电网的理念和驱动力

进入 21 世纪以来，国内外电力及相关行业开展了一系列研究与实践，对未来电网的发展模式进行了积极思考与探索。

一、智能电网的理念

智能电网是将先进的传感量测技术、信息通信技术、分析决策技术和自动控制技术与能源电力技术以及电网基础设施高度集成而形成的新型现代化电网。

智能电网的智能化主要体现在：① 可观测——采用先进的传感量测技术，实现对电网的准确感知；② 可控制——可对观测对象进行有效控制；③ 实时分析和决策——实现从数据、信息到智能化决策的提升；④ 自适应和自愈——实现自动优化调整和故障自我恢复。

传统电网是一个刚性系统，电源的接入与退出、电能量的传输等都缺乏弹性，使电网动态柔性及重组性较差；垂直的多级控制机制反应迟缓，无法构建实时、可配置和可重组的系统，自愈及自恢复能力完全依赖于物理冗余；对用户的服务简单，信息单向；系统内部存在多个信息孤岛，缺乏信息共享，相互割裂和孤立的各类自动化系统不能构成实时的有机统一整体。整个电网的智能化程度较低。

与传统电网相比，智能电网将进一步优化各级电网控制，构建结构扁平化、功能模块化、系统组态化的柔性体系架构，通过集中与分散相结合的模式，灵活变换网络结构、智能重组系统架构、优化配置系统效能、提升电网服务质量，实现与传统电网截然不同的电网运营理念和体系。

智能电网将实现对电网全景信息（指完整、准确、具有精确时间断面、标准化的电力流信息和业务流信息等）的获取，以坚强、可靠的物理电网和信息交互平台为基础，整合各种实时生产和运营信息，通过加强对电网业务流的动态分析、诊断和优化，为电网运行和管理人员展示全面、完整和精细的电网运营状态图，同时能够提供相应的辅助决策支持、控制实施方案和应对预案。

一般认为，智能电网的特征主要包括坚强、自愈、兼容、经济、集成和优化等。

（1）坚强。在电网发生大扰动和故障时，仍能保持对用户的供电能力，而不发生大面积停电事故；在自然灾害、极端气候条件下或外力破坏下仍能保证电网的安全运行；具有确保电力信息安全的能力。

（2）自愈。具有实时、在线和连续的安全评估和分析能力，强大的预警和预防控制能力，以及自动故障诊断、故障隔离和系统自我恢复的能力。

（3）兼容。支持可再生能源的有序、合理接入，适应分布式电源和微电网的接入，能够实现与用户的交互和高效互动，满足用户多样化的电力需求并提供对用户的增值服务。

（4）经济。支持电力市场运营和电力交易的有效开展，实现资源的优化配置，降低电网损耗，提高能源利用效率。

（5）集成。实现电网信息的高度集成和共享，采用统一的平台和模型，实现标准化、规范化和精益化管理。

（6）优化。优化资产的利用，降低投资成本和运行维护成本。

二、发展智能电网的驱动力

解决能源安全与环保问题，应对气候变化，是发展智能电网的核心驱动力。创造新的经济增长点与增加就业岗位，是国外主要发达国家发展智能电网的经济动因。由于国情以及电力工业发展水平的不同，各国和地区发展智能电网的驱动力略有不同。

美国发展智能电网的驱动力包括：① 升级和更新现有电网基础设施，提高供电可靠性，避免发生大面积停电事故；② 最大限度地利用信息通信技术，并与传统电网紧密结合，以促进电网现代化；③ 利用高级量测体系（Advanced Metering Infrastructure，AMI）、需求响应（Demand Response，DR）和家庭局域网（Home Area Networks，HANs）等技术，实现电力和信息等的双向流动，促进电力企业在不断开放的电力市场中与用户的友好互动；④ 提高电网对可再生能源发电的接入能力，促进可再生能源的利用，以保护环境和减少对化石能源的依赖。

欧洲发展智能电网的驱动力包括：① 安全可靠供电，包括解决一次能源短缺问题，提高供电能力、供电可靠性以及电能质量；② 环境保护，包括实现《京都议定书》中的有关协议，关注气候变化，保护自然环境；③ 电力市场，包括提高能效和竞争能力，满足反垄断管制要求等。

中国发展智能电网的驱动力主要包括：① 充分满足经济社会快速发展和电力负荷高速持续增长的需求；② 确保电力供应的安全性和可靠性，避免发生大面积停电事故；③ 提高电力供应的经济性，降低成本和节约能源；④ 大力发展可再生能源，调整优化电源结构，提高电网接入可再生能源的能力和能源供应的安全性，满足环境保护的要求；⑤ 提高电能质量，为用户提供优质电力和增值服务；⑥ 适应电力市场化的要求，优化资源配置，提高电力企业的运行、管理水平和效益，增强电力企业的竞争力。

第三节　智能电网研究现状

建设智能电网是一项高度复杂的系统工程。世界各国根据本国电力工业的特点，通过在不同领域的研究与实践，形成了各自的发展方向和技术路线，也反映出对未来电网发展模式的不同思考。

一、国外智能电网研究现状

20 世纪末，世界上很多国家和地区相继开展了智能电网相关研究，而其中最具代表性的是美国与欧洲。

（一）美国智能电网研究现状

1998 年，美国电力科学研究院（Electric Power Research Institute, EPRI）开展了"复杂交互式网络/系统"（CIN/SI）项目研究，其成果可以看作美国智能电网的雏形。2001 年，EPRI 创立了智能电网联盟，积极推动智能电网（IntelliGrid）研究，重点开展了智能电网整体信息通信架构研究以及配电侧的业务创新和技术研发。

2003 年 7 月，美国能源部发布"Grid 2030"设想，对美国未来电网的发展愿景进行了阐述。2004 年，美国能源部又发布了《国家输电技术路线图》，为实现"Grid 2030"设定了战略方向。同年，美国启动了电网智能化（GridWise）项目，核心目标是利用信息技术改造电力系统，提高电网的可靠性、灵活性和自适应性。2005 年，美国能源部与美国国家能源技术实验室合作发起了"现代电网"研究项目，任务是进一步细化电网现代化的愿景和计划。

2007 年 12 月，美国国会颁布了《能源独立与安全法案》，以法律形式确立了智能电网的国家战略地位。2009 年，美国总统奥巴马更是将智能电网提升为发展美国能源工业，推动经济和增加就业的重要战略着力点。

2009 年 2 月，美国国会颁布了《复苏与再投资法案》，确定投资 45 亿美元用于智能电网项目资助、标准制定、人员培养、能源资源评估、需求预测与电网分析等，并将智能电网项目配套资金的资助比例由 2007 年的 20%提高到 50%。

2009 年 7 月，美国能源部向国会递交了第一部《智能电网系统报告》，制定了由 20 项指标组成的评价指标体系，对美国智能电网的发展现状进行了评价，并总结了发展过程中遇到的技术、商业以及财政等方面的挑战。

近年来，美国的电力企业和研究机构在智能电网领域开展了一系列研究与实践。美国科罗拉多州的波尔德市（Boulder），从 2008 年开始建设全美第一个"智能电网"城市。其主要技术路线包括：构建配电网实时高速双向通信网络；建设具备远程监控、准实时数据采集通信以及优化性能的"智能"变电站；安装可编程家居控制装置和自动控制家居用能的管理系统；整合基础设施，支持小型风电和太阳能发电、混合动力汽车、电池系统等分布式能源和储能设施的建设。

（二）欧洲智能电网研究现状

欧洲智能电网研究更加关注可再生能源接入和分布式发电。欧盟理事会在 2006 年的绿皮书《欧洲可持续的、有竞争力的和安全的能源策略》中强调，欧洲已经进入新能源时代，智能电网技术是保证电能质量的关键技术和发展方向。

2005 年，欧盟委员会正式成立"智能电网欧洲技术论坛"，目标是把电网改造成用户和运营者互动的服务网，提高输配电系统的效率、安全性及可靠性，并为分布式和可再生能源发电的大规模并网扫除障碍。2006～2008 年，欧盟依次发布了《欧洲未来电网的远景和策略》、《战略性研究计划》、《欧洲未来电网发展策略》3 份报告，构建了欧盟的智能电网发展战略框架，提出了智能电网愿景，并指导欧盟及各成员国开展相关项目实践，促进智能电网建设。

欧洲于 2005 年提出"智能电网"计划，并在 2006 年出台该计划的技术实现方略。作为欧洲 2020 年及以后的电力发展目标，该计划指出未来欧洲电网应具有以下特征：

（1）灵活性。在适应未来电网变化与挑战的同时，满足用户多样化的电力需求。

（2）可接入性。保证用户能够灵活地接入电网。

（3）可靠性。提高电力供应的可靠性与安全性，满足数字化时代的电力需求。

（4）经济性。通过技术创新、能源有效管理以及有序的市场竞争等提高电网的经济效益。

2008 年 9 月，《欧洲未来电网发展策略》提出了欧洲智能电网的发展重点和路线图。重点领域主要包括：① 电网优化运行；② 优化电网基础设施；③ 大规模间歇性电源并网；④ 信息和通信技术；⑤ 主动的配电网；⑥ 电力市场。

欧洲的智能电网建设重点是提高运营效率，降低电力价格，加强与用户互动。同时，重视环境保护，关注可再生能源的接入以及对生态的影响。

在欧盟的各主要成员国中，英国 2009 年发布了《英国可再生能源发展战略》和《英国低碳转型计划》，德国 2009 年发布了《新思路、新能源——2020 年能源政策路线图》等战略性文件。

二、中国智能电网研究现状

随着经济社会的高速发展和综合国力的不断增强，我国电力行业紧密跟踪欧美发达国家电网向智能化发展的趋势，着力技术创新，研究与实践并重，在智能电网发展模式、理念和基础理论、技术体系以及智能设备等方面开展了大量卓有成效的研究和探索。

（一）电网智能化领域的重要研究与实践

经过多年的建设，我国电力系统建成了以光纤通信为主的、微波和载波等多种通信方式并存的、世界上规模最大的电力通信主干网络；在发电、输电、配电和用电等各个环节，广泛应用先进的信息通信技术、传感与量测技术、电力电子技术，电力生产运行主要指标接近或达到国外先进水平；在特高压输电、大电网安全稳定控制、广域相量测量、电网频率质量控制、稳态/暂态/动态三位一体安全防御和自动电压控制等技术领域进入了国际领先行列。

2005 年以来，国家电网公司在大规模可再生能源集中并网、电化学储能、建立风电接入电网仿真分析平台、数字化电网建设、智能电网技术架构等前沿领域开展研究和攻关，取得了丰硕的成果；2007 年，华东电网启动了高级调度中心、统一信息平台建设；2008 年，华北、上海电网启动了数字电能表试点；2009 年，国家电网公司在建成国家电网信息化工程（SG186）的基础上，又启动了建设国家电网资源计划（SG-ERP）信息系统工程。

（二）国家电网公司提出坚强智能电网理念

面对世界电力发展的新动向，国家电网公司在深入分析世界电网发展新趋势和中国国情的基础上，紧密结合中国能源供应的新形势和用电服务的新需求，经过充分的考察、分析和论证，于 2009 年 5 月在北京召开的"2009 特高压输电国际会议"上正式发布了中国建设坚强智能电网的理念：立足自主创新，建设以特高压电网为骨干网架，各级电网协调发展，具有信息化、自动化、互动化特征的坚强智能电网的发展目标。按照"统一规划、统一标准、统一建设"的原则和"统筹规划、统一标准、试点先行、整体推进"的工作方针，稳步、有序地推进智能电网各项建设工作。

结合我国发展低碳经济的新形势、新挑战，针对智能电网建设的重点领域，国家电网公司于 2009 年 8 月启动了智能电网建设第一阶段的重点工作，包括电网智能化规划编制、智能电网技术标准体系研究和标准制订、国家风电和太阳能等 3 个研究检测中心建设和 10 大类（项）专题研究，并在发电、输电、变电、配电、用电、调度等环节选择了 9 个项目作为第一批试点工程。2010 年 1 月，在第一批试点项目的基础上，又安排了第二批 12 个试点项目。目前，各项工作已全面展开，进展顺利，部分项目已取得重要阶段性成果。

智能电网的研究与实践日益得到政府高度重视和全社会关注。2010 年政府工作报告明确提出要"加强智能电网建设"，建设智能电网已在我国形成共识。

第四节　坚强智能电网

我国的水能、风能、太阳能等可再生能源资源规模大、分布集中，需要集中开发、规模外送和大范围消纳。智能楼宇、智能社区、智能城市是今后的发展方向，电动汽车、智能家居等也将推广应用，这些都对电网的资源优化配置能力和智能化水平提出了很高要求。建设安全水平高、适应能力强、配置效率高、互动性能好、综合效益优的坚强智能电网，是清洁能源发展、节能减排、能源布局优化和结构调整的战略选择。

一、概念

坚强智能电网是以特高压电网为骨干网架、各级电网协调发展的坚强网架为基础，以信息通信平台为支撑，具有信息化、自动化、互动化特征，包含电力系统各个环节，覆盖所有电压等级，实现"电力流、信息流、业务流"的高度一体化融合的现代电网。

"坚强"与"智能"是现代电网的两个基本发展要求。"坚强"是基础，"智能"是关键。强调坚强网架与电网智能化的有机统一，是以整体性、系统性的方法来客观描述现代电网发展的基本特征。

坚强智能电网是安全可靠、经济高效、清洁环保、透明开放和友好互动的电网。安全可靠是指具有坚强的网架结构、强大的电力输送能力和安全可靠的电力供应；经济高效是指提高电网运行和输送效率，降低运营成本，促进能源资源和电力资产的高效利用；清洁环保是指促进清洁能源发展与利用，降低能源消耗和污染物排放，提高清洁电能在终端能源消费中的比重；透明开放是指电网、电源和用户的信息透明共享，电网无歧视开放；友好互动是指实现电网运行方式的灵活调整，友好兼容各类电源和用户接入，促进发电企业和用户主动参与电网运行调节。

信息化、自动化、互动化是坚强智能电网的基本技术特征。信息化是坚强智能电网的基本途径，体现为对实时和非实时信息的高度集成和挖掘利用能力；自动化是坚强智能电网发展水平的直观体现，依靠高效的信息采集传输和集成应用，实现电网自动运行控制与管理水平提升；互动化是坚强智能电网的内在要求，通过信息的实时沟通与分析，实现电力系统各个环节的良性互动和高效协调，提升用户体验，促进电能的安全、高效、环保应用。

二、技术体系

坚强智能电网的技术体系包括电网基础体系、技术支撑体系、智能应用体系和标准规范体系。

电网基础体系是电网系统的物质载体，是实现"坚强"的重要基础；技术支撑体系是指先进的通信、信息、控制等应用技术，是实现"智能"的基础；智能应用体系是保障电网安全、经济、高效运行，最大效率地利用能源和社会资源，为用户提供增值服务的具体体现；标准规范体系是指技术、管理方面的标准、规范，以及试验、认证、评估体系，是建设坚强智能电网的制度保障。坚强智能电网的基本架构如图 1-1 所示。

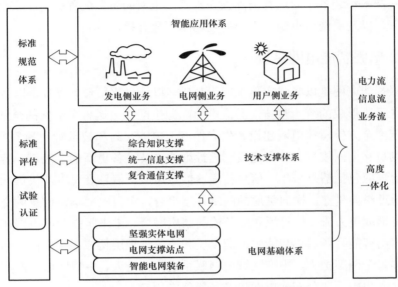

图 1-1 坚强智能电网的基本架构示意图

三、发展阶段

国家电网公司坚强智能电网建设分为 3 个阶段，按照"统一规划、分步实施、试点先行、整体推进"的原则建设实施。

第一阶段（2009～2010 年）为试点阶段：完成国家电网智能化规划，形成顶层设计；在技术标准体系、新能源接入、智能设备等关键性、基础性技术领域开展专题研究；在网厂协调、智能电网调度、智能变电站、电动汽车充放电、电力光纤到户等重点技术领域选择"基础条件好、项目可行度高、具有试点（示范）效应"的项目进行工程试点。

第二阶段（2011～2015 年）为全面建设阶段：在技术研究和工程试点基础上，结合智能电网发展需求，继续开展关键技术研究和设备研发；形成智能电网技术标准，完善技术标准体系，规范电网建设与改造规范；开展智能电网建设评估与技术经济分析，滚动修订发展规划，全面、有序开展坚强智能电网建设。初步建成坚强智能电网，电网的信息化、自动化、互动化水平明显提升，关键技术和装备达到国际领先水平。

第三阶段（2016～2020 年）为引领提升阶段：至 2020 年，基本建成坚强智能电网，技术和装备全面达到国际领先水平，电网的资源配置能力、安全水平、运行效率，以及电网与电源、用户的互动水平显著提高。

四、坚强智能电网愿景

坚强智能电网是以坚强实体电网为基础、以信息化平台为支撑、以智能化控制为实现手段形成的统一整体，涵盖电力能源生产、输送直至消费的全部环节。其业务范围全方位覆盖电网建设、生产调度、电能交易和技术管理等各个方面，管理控制贯穿电网规划设计、建设、运行维护以及设备更新的全过程。智能电网的信息流，应包括信息采集、信息传输、信息集成、信息展现以及决策应用等各层面，通过纵向贯穿、横向贯通的网络共享平台，实现电网实时信息的交互和共享，最终形成电力流、信息流和业务流的高度融合。未来坚强智能电网在垂直架构上，将由智能装备层、智能生产调度层和决策管理层构成；在横向层面上，将通过坚强骨干网架把大、中型区域电网联系起来，而大、中型区域电网则分层分区柔性接入集中式和分布式电源以及各类终端用户。

坚强智能电网的重要意义和主要作用可概括为：

（1）具备强大的资源优化配置能力。智能电网建成后，将形成结构坚强的受端电网和送端电网，电力承载能力显著加强，形成"强交、强直"的特高压输电网络，实现大水电、大煤电、大核电、大规模可再生能源的跨区域、远距离、大容量、低损耗、高效率输送，区域间电力交换能力明显提升。

（2）具备良好的安全稳定运行水平。坚强智能电网的安全稳定性和供电可靠性将进一步提升，电网运行将完全满足《电力系统安全稳定导则》的各项要求，各级防线之间紧密协调，具备抵御突发性事件和严重故障的能力，能够有效避免大范围连锁故障的发生，显著提高供电可靠性。

（3）适应并促进清洁能源发展。在风电机组功率预测和动态建模、低电压穿越和有功无功控制以及常规机组快速调节等领域取得突破，大容量储能技术等将得到推广应用，清洁能源发电及其并网运行控制能力显著提升，满足能源消费结构调整的国家战略要求，促进集中与分散开发模式并存的清洁能源大规模开发利用，使清洁能源成为更加经济、高效、可靠的能源供给方式。

（4）实现高度智能化的电网调度。全面建成横向集成、纵向贯通的智能电网调度技术支持系统，满足各级电网调度和集中监控的要求，实现电网在线智能分析、预警和决策，以及各类新型发输电技术设备的高效调控和交直流混合电网的精益化控制。

（5）满足电动汽车等新型电力用户的服务要求。建成完善的电动汽车充放电配套基础设施网，形成科学合理的电动汽车充放电布局，满足电动汽车行业发展和消费者的需要，电动汽车与电网的高效互动将得到全面应用。

（6）实现电网资产高效利用和全寿命周期管理。建成电网资产全寿命周期管理体系、财务管控体系和成本考核体系，实现电网资产智能规划、投资优化辅助决策和供应商关系管理等高级应用，形成与电网资产全寿命周期管理相适应的管理流程和工作机制，实现电网设施全寿命周期内的统筹管理。通过智能电网调度和需求侧管理，电网资产利用小时数大幅提升，电网资产利用效率显著提高。

（7）实现电力用户与电网之间的便捷互动。建成智能用电互动平台，通过营销技术支持平台实现信息发布及查询服务、在线支付以及故障报修的全过程服务；实现用户分类和信用等级评价，为用户提供个性化智能用电服务；建立完善的需求侧管理、分布式电源综合利用以及电动汽车充放电管理等应用体系，满足合理调配充电时段、分析充电需求，实现有序充放电、平衡电网负荷等应用。

（8）实现电网管理信息化和精益化。形成覆盖电网各个环节的坚强通信网络体系，实现电网数据管理、信息运行维护综合监管、电网空间信息服务以及生产和调度应用集成等功能，全面实现电网管理的信息化和精益化。

（9）发挥电网基础设施的增值服务潜力。可实现基于电力网、互联网、电信网、有线电视网等的融合，为用户提供社区广告、网络电视（IPTV）、语音等集成服务，为供水、热力、燃气等行业的信息化、互动化提供平台支持，拓展及提升电网基础设施增值服务的范围和能力。

能源是人类社会文明进步的重要基础，每一次新能源的广泛使用，都带来生产力的巨大飞跃和生活方式的重大变革。大力发展清洁能源、优化能源结构、实现能源替代和兼容利用是本次能源革命的核心内容，而将清洁能源转换为电能是发展清洁能源的最主要途径，可以预见，电能将在未来社会发展中占据更加重要的位置，成为支撑人类文明发展的最主要"动力"，而坚强智能电网是实现这一目标的基础和手段。

发展清洁能源，建设坚强智能电网，电能将逐步成为能源的核心表现形式。能源消费结构的变革，必将引发社会生产体系发生重大变革，新兴技术将不断衍生发展，进而推动新兴产业的演化形成。同时，坚强智能电网已不仅仅是电力能源的输送网络，更是实现信息化社会乃至智能化生活的重要基础和关键环节，透明开放的智能电网将实现电力流和信息流的高度融合，为整个社会提供信息沟通共享的基础平台。

建设坚强智能电网，具有巨大的经济、环境和社会效益。对于电力系统而言，能够提高电网资产利用效率，提升电网输送能力，降低输电损耗，提高供电可靠性和电能质量，减少停电损失。同时，通过改善电力负荷曲线，降低峰谷差，可以减小电源和电网建设投资。对于用户而言，能够提高终端用电设备的能源利用效率，获得更加优质、便捷的服务，促进节约用电，减少电费支出。在环境方面，有利于促进清洁能源的开发利用，优化电源结构，减少温室气体排放；有利于提高能源利用效率，减少化石能源消耗，降低污染物排放；有利于推动电动汽车等产业发展，增加终端电能消费，实现减排效益。对于相关产业而言，电力工业属于资金密集型和技术密集型行业，具有投资大、产业链长等特点，建设坚强智能电网，有利于促进装备制造和信息通信等行业的技术升级，为占领世界相关领域的技术制高点提供平台，同时促进新产品开发和新服务市场的形成，进而有力地推动经济发展方式的转变及和谐社会的建设。

第二章 智能电网基础技术

智能电网基础技术主要包括传感与量测技术、电力电子技术、超导技术、电网仿真技术、可视化技术、控制决策技术以及信息通信技术等。这些技术支撑智能电网各种应用功能的实现。本章将介绍这些基础技术的现状、原理及未来展望。

第一节 传感与量测技术

智能电网是一个极其复杂的大系统，根据现代控制理论，要对一个系统实施有效控制，必须首先能够观测这个系统。传感与量测技术在智能电网系统监测、分析、控制中起着基础性作用，提高了智能电网的可观测性，如图 2-1 所示。

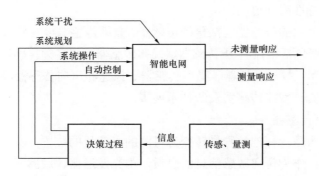

图 2-1 智能电网传感与量测技术的基础性作用示意图

相对于传统的电力系统，智能电网在传感与量测技术领域将有更大的突破。基于微处理器及光纤技术的智能传感器具有性价比高、尺寸小、工程维护性好、电磁兼容性好、数据交换接口智能化等优点。基于卫星时钟同步及高速通信网络技术，可实现大电网的同步相量测量，提高广域电力系统动态可观测性，为提高电网的安全可靠性、避免大电网连锁反应提供了坚实的信息基础。

传感与量测技术将在智能电网中得到广泛应用，涉及新能源发电、输电、配电、用电等众多领域。

一、传感器

传感器是能感受规定的被测量并按照一定的规律转换成可用信号的器件或装置。传感器通常由直接响应于被测量的敏感元件和产生可用信号的转换元件以及相应的电子线路组成。

传感器主要通过静态和动态特性两个基本特性来准确、快速地响应被测量的各种变化。

传感器的静态特性是指传感器在静态工作状态下的输入/输出特性。静态工作状态是指传感器的输入量恒定或缓慢变化，而输出量也达到相应的稳定值时的工作状态，这时输出量仅为输入量的确定函数。传感器的静态特性是通过其静态指标表示的，在选用传感器时应重点关注测量范围、量程、分辨率和阈值等静态指标。

传感器的动态特性是指在被测量的物理量随时间变化的情况下，其输出跟随输入量的变化特性，用动态指标来表示。在传感器的动态响应特性中应重点关注其零状态响应特性或强迫响应特性。

智能电网使用的传感器包括传统传感器、光纤传感器以及新兴的智能传感器等。传统传感器包括电流/电压传感器、气体传感器、超高频传感器、温湿度传感器、压力传感器、振动传感器、噪声传感器、风速和风向传感器等。本部分重点介绍光纤传感器、智能传感器及新技术展望。

（一）光纤传感器

光纤传感器是一种把被测量转变为可测的光信号的装置，以光作为敏感信息的载体，以光纤作为传递敏感信息的媒质，由光发送器、敏感元件、光接收器、信号处理系统以及光纤组成。由光发送器发出的光源经光纤引至敏感元件，光的某一特性受到被测量的调制后，已调光经接受光纤耦合到光接收器，使光信号变为电信号，最后经信号处理得到期待的被测量。

光纤传感器与传统传感器相比较，在测量原理上有本质的差别。传统传感器是以机电测量为基础，而光纤传感器则以光学测量为基础。光纤传感器更稳定、更可靠、更准确，而且不受电磁干扰、体积小、重量轻、可挠曲、灵敏度高、动态范围大、电绝缘性能好，在易燃易爆、强腐蚀、强电磁场等恶劣环境中能够稳定工作。

按照光纤在传感器中所起的作用，光纤传感器一般可分为 3 类：

（1）功能型光纤传感器。利用光纤本身的特征把光纤直接作为敏感元件，既感知信息，又传输信息。有时又称其为传感型光纤传感器，或叫做全光纤传感器。

（2）非功能型光纤传感器。利用其他敏感元件感知待测量的变化，光纤仅作为光的传输介质，传输来自远处或难以接近场所的光信号。有时也称其为传光型传感器，或叫做混合型传感器。

（3）拾光型光纤传感器。利用光纤作为探头，接收由被测对象辐射的光或被其反射、散射的光。其典型例子如光纤激光多普勒速度计、辐射式光纤温度传感器等。

目前，已研制出测量位移、速度、加速度、压力、液面、流量、温度、振动等各种物理量的多种光纤传感器。光纤传感器因不受电磁场干扰和可实现长距离低损耗传输，成为输变电设备监测应用的理想选择。

美国、德国、加拿大、英国等都在致力于新型光纤传感器及解调系统的研究，我国对光纤传感器的研究相对较晚，但发展较快，随着波长解调等技术的进一步发展和完善，光纤传感器在智能电网中必将得到更广泛的应用。

（二）智能传感器

智能传感器技术是涉及传感、微机械、微电子、网络、通信、信号处理、电路与系统，以及小波变换、神经网络、遗传算法、模糊理论等多种学科的综合技术，目前正在蓬勃发展。

智能传感器的功能如数字信号输出、信息存储与记忆、逻辑判断、决策、自检、自校、自补偿等都是以微处理器为基础的，目前已从简单的数字化与信息处理发展到具有网络通信功能，集成了神经网络及多传感器信息融合等新技术的现代智能传感器。

智能传感器具有以下特点：① 通过软件技术可实现高精度的信息采集；② 具有一定的自动编程能力；③ 功能多样化等。智能传感器性价比高，易于安装与维护；集成度高、体积小，并且能有效地防止破坏；电磁兼容性良好，易于实现故障检查；同时具有实现智能数据交换与远程控制的软硬件，因此在设备状态监测等方面具有广泛的应用前景。

（三）传感器技术展望

传感器技术已经从过去的单一化向集成化、微型化和网络化方向发展，并随着物联网概念的提出而越来越受到关注。

无线传感器网络（Wireless Sensor Network，WSN）是多学科高度交叉的前沿研究领域，综合了传感器、嵌入式计算、计算机及无线通信、分布式信息处理等技术。无线传感器网络利用大量的微型传感计算节点，通过自组织网络以协作方式实时监测、感知和采集各类环境或监测对象的信息，通过嵌入式系统对信息进行处理，以一种"无处不在的计算"的新型计算模式，成为连接物理世界、数字虚拟世界和人类现实社会的桥梁。

传感器网络的基本要素是传感器、感知对象和观察者。传感器之间、传感器与观察者之间通过有线或无线网络进行通信，节点间以 Ad Hoc 方式（Ad Hoc 是一种特殊的无线移动网络。网络中所有节点的地位平等，无需设置任何的中心控制节点。网络中的节点不仅具有普通移动终端所需的功能，而且具有报文转发能力）进行通信，每个节点都可以充当路由器的角色。传感器由电源、感知部件、嵌入式处理器、存储器、通信部件和软件构成。观察者是传感器网络的用户，是感知信息的接受和应用者。一个观察者也可以是多个传感器网络的用户。观察者既可以主动地查询或者收集传感器网络的感知信息，也可以被动地接受传感器网络发布的信息。观察者将对感知信息进行观察、分析、挖掘、制定决策或对感知对象采取相应的行动。感知对象是观察者感兴趣的监测目标，也是传感器网络的感知对象。感知对象一般通过表示物理现象、化学现象或者其他现象的数字量来表征。

通常情况下，无线传感器网络系统结构如图 2-2 所示。具有射频功能的传感

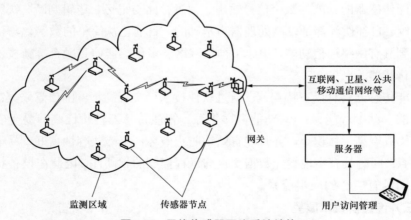

图 2-2　无线传感器网络系统结构

器节点分布于无线传感器网络的各个部分，负责对数据的感知和采集，并且通过无线传感器网络通信技术将数据发送至汇聚节点。汇聚节点与监控或管理中心通过公共网络等进行通信，从而使用户对收集到的数据进行处理分析，以便做出正确判断或决策。

射频识别（Radio Frequency Identification，RFID）是从 20 世纪 90 年代开始走向成熟的一种非接触式自动识别技术，它通过射频信号自动识别目标对象并获取相关数据。识别工作无需人工干预，可适应各种恶劣工作环境（如高温、变频磁场等）。RFID 技术可识别高速运动物体并可同时识别多个标签，操作快捷方便。其主要核心部件是一个电子标签，直径不到 2mm，通过相距几厘米到几十米距离内传感器发射的无线电波，可以读取电子标签内储存的信息，识别电子标签代表的物品、人和器具的身份。

RFID 一般包括低频系统、频率为 13.56MHz 的高频系统、频段在 900MHz 左右的超高频系统，以及工作在 2.4GHz 或者 5.8GHz 微波频段的系统。不同频率的标签有不同的特点，应用于不同的领域。例如，低频标签比超高频标签便宜、节省能量、对废金属物体穿透力强、工作频率不受无线电频率管制约束，最适合用于含水成分较高的物体，例如水果等；超高频标签作用范围广、传送数据速度快，但是比较耗能、穿透力较弱，作业区域不能有太多干扰，适用于监测港口、仓储等物流领域的物品；而高频标签属中短距识别，读写速度居中，产品价格相对便宜，例如应用在电子票证一卡通上。RFID 收发器包含有源和无源两种类型：无源 RFID 收发器主要用于物流和目标跟踪，其自身没有电源，是从读/写器的射频电场获得能量；有源收发器由电池供电，因此具有数十米长的有效距离，但是体积更大、价格更贵。

RFID 应用前景十分广泛，在很多领域得到了推广应用，取得了良好的效果。

二、同步相量测量

同步相量测量技术是目前电力系统的前沿课题之一。同步相量测量是基于高精度卫星同步时钟信号，同步测量电网电压、电流等相量，并通过高速通信网络把测量的相量传送到主站，为大电网的实时监测、分析和控制提供基础信息。

目前，同步相量测量依靠卫星导航系统提供高精度同步时钟信号，目前主要使用全球定位系统（Global Positioning System，GPS）。GPS 是美国 1970 年起研制的空间卫星导航定位系统，包括 3 部分：空间部分——卫星星座，地面控制部分——地面监控系统,用户设备部分——卫星信号接收机。GPS 由距离地球表面约 20 200km 轨道上的 24 颗卫星组成,地球表面任何一点至少可以看到 4 颗卫星。用户通过卫星发送导航电文读取卫星位置坐标、时间信号、秒脉冲等信息。其他的卫星导航系统包括中国北斗、俄罗斯 GLONASS、欧洲 GALILEO 等。

GPS 的高精度秒脉冲为同步相量测量提供同步时标,使分布于电力系统各个厂站的电压、电流信号的同步精度达到微秒级。

电力系统的交流电压、电流信号可以使用相量来表示,设正弦信号为

$$x(t) = \sqrt{2}X\cos(2\pi f t + \varphi) \tag{2-1}$$

采用相量表示为

$$\dot{X} = X\mathrm{e}^{\mathrm{j}\varphi} = X\cos\varphi + \mathrm{j}X\sin\varphi = X_{\mathrm{R}} + \mathrm{j}X_{\mathrm{I}} \tag{2-2}$$

交流信号通过傅里叶变换,将输入的采样值转换为频域信号,得到相量值。式(2-1)用相量的形式表示为

$$\dot{X} = \frac{2}{N}\sum_{k=0}^{N-1} x_k \mathrm{e}^{-\mathrm{j}\frac{2\pi}{N}k} = X_{\mathrm{R}} + \mathrm{j}X_{\mathrm{I}} \tag{2-3}$$

模拟信号 $u(t) = \sqrt{2}U\cos(\omega_0 t + \varphi)$ 的相量形式为 $U\angle\varphi$。如图 2-3 所示,当 $u(t)$ 的最大值出现在卫星同步秒脉冲信号(PPS)时,相量的角度为 0°;当 $u(t)$ 正向过零点与秒脉冲同步时,相量的角度为 -90°。

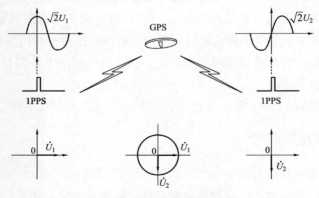

图 2-3 同步相量测量示意图

广域测量系统(Wide Area Measurement Systems,WAMS)是在同步相量测量技术基础上发展起来的,对地域广阔的电力系统进行动态监测和分析的系统。下面将从广域测量系统的关键技术、系统结构、标准、应用等方面来进行阐述。

（一）广域测量系统关键技术

1. 同步测量技术

基于 GPS 的同步测量原理为：由相量测量装置（Phasor Measurement Unit，PMU）高精度晶振构成的振荡器经过分频产生满足采样要求的时钟信号，它每隔 1s 与 GPS 的秒脉冲 PPS 信号同步一次，保证振荡器输出的脉冲信号的前沿与 GPS 时钟同步，去除累计误差。同时通知采样 CPU，在新的 1PPS 作用下，采样点数重新清零。各 A/D 转换器都以计数器输出的经过同步的时钟信号作为开始转换的信号，控制各自的数据采集，因此采样是同步的。同时，GPS 接收机经标准串口将国际标准时间信息传送给数据采集装置，用于给采样数据加上"时间标签"。

同步测量需要有高精度的卫星时间同步技术，GPS 技术是当前比较成熟并在国际上广泛使用的卫星时间同步技术。GPS 时间同步技术具有精度高、可靠性好、成本较低的优点。但 GPS 受美国军方控制，其 P 码仅对美国军方和授权用户开放，民用 C/A 码的时间同步精度比 P 码低两个数量级。

2003 年，我国自主研发的北斗卫星导航系统正式开通，采用北斗卫星导航系统的授时定时型用户机，可以得到优于 100ns 的时间基准，北斗卫星导航系统的应用已逐步进入了实用性阶段。由于俄罗斯的 GLONASS 系统正常运转的卫星数量有限，稳定性和可靠性无法保障，而欧洲实施的"伽利略"计划进度较为缓慢，尚无正式开始组网的时间表，预计随着我国北斗卫星导航系统的发展，广域测量系统将逐步过渡到使用北斗卫星导航系统的同步时间信号。

2. 实时通信技术

实时通信技术是广域测量系统的关键部分之一。广域测量系统的测量、决策及响应时间在很大程度上依赖于通信系统的鲁棒性、带宽、低误码率、多点通信、冗余性等指标。通信系统需具备最大的可靠性，要求能够检测出通信故障，并具备容错能力。通信系统的技术要求主要包括：

（1）支持保护和控制的高速、实时通信。

（2）支持电力系统应用的宽带网。

（3）能够处理应用发展所需的最高速率。

（4）能够访问所有的地点，以支持监控和保护功能。

（5）在部分网络出现故障的情况下仍能连续工作。

基于 WAMS 能够实时监测电力系统的稳定运行，预测可能出现的电力系统失稳或崩溃，并通过适当的控制策略来防止系统稳定的破坏。为了可靠获得电力系统的动态响应，广域信息的提取、传输及处理周期需要在百毫秒级，以保证在失稳或崩溃之前实施紧急控制措施。因此，必须清楚地知道实时数据传输各个环节中存在的延时，并尽可能减少可避免的延时。通常而言，通信系统的延时 T_d 可表示为

$$T_d = T_m + T_t + T_c$$

式中：T_m 为发送延时，取决于数据量和发送波特率；T_t 为传输延时，与传输距离和速度有关，通常情况下电信号或者光信号传输速度为 3.3～5μs/km；T_c 为网络阻塞造成的排队延时，与排队方案有关，而且呈随机分布。

对于广域测量系统而言，电压、电流在传送到主站数据处理中心之前，先后通过传感器（电流、电压传感器）、同步采样、相量计算和数据封装、子站通信模块、通信链路、主站通信前置机等环节，每一环节都会产生延时。传感器将实际的工频电量幅值变换成采样模块能接收的信号量程，其工频相移小于 1°，此延时记为 τ_1，为微秒级。数据同步采样装置在 GPS 时钟标签下同步进行 A/D 采样，其延时很小，可忽略不计。相量计算中采用较多的算法是离散傅里叶变换，实际应用改进的离散傅里叶变换使计算量大大降低，计算耗时记为 τ_2，为微秒级；数据封装是 PMU 数据包报文构造和通信协议栈调用的过程。数据包采用 IEEE C37.118 协议数据格式，在进行数据传输过程中，PMU 数据需要进行数据包重组，调用协议驱动模块并通过链路发送，这部分延时的大小决定于测量量的多少和数据处理单元的效率，记为 τ_3，为微秒级；实时数据在广域网络中传输均会产生分组延时，即一个数据分组从子站通信模块发送经过通信链路到达主站通信前置机所需时间，记为 τ_4。相邻节点及其之间的链路定义为一个中继段，在每个中继段内，分组延时包括串行化延时 α、传播延时 β 和交换延时 γ。假定一个 PMU 数据包从子站通信模块传输到主站通信前置机，经 f 个节点和 k 条链路，则

$$\tau_4 = \sum_{i=1}^{f}(\alpha_i + \beta_i) + \sum_{j=1}^{k}\gamma_j。$$

根据以上的分析，WAMS 总延时公式为 $T = \tau_1 + \tau_2 + \tau_3 + \tau_4$，与 τ_4 直接相关，τ_4 是延时抖动最重要的因素，直接反映延时的分布特征。同时还要考虑实时软件运行所造成的延时和由于概率分布带来的延时抖动。其中传感器、采样及相量计算中的延时属于固定延时，链路延时和子站与主站数据封装及协议栈调用延时为可变延时。因此，减少延时的主要手段是提高硬件处理速度，采用合适的网络拓扑和有效的阻塞管理。

同步光纤网（Synchronous Optical Network, SONET）和同步数字系列（Synchronous Digital Hierarchy, SDH）技术为广域测量系统提供了通信方式。SONET/SDH 的数据通信速度达到每秒兆比特以上，通过使用专用通道，通道延时大大减少。SONET 采用自愈混合环网，与数字交换系统结合使用，可使网络按预定方式重新组配，大大提高了通信的灵活性和可靠性。

TCP 协议（基于连接方式）和 UDP 协议（基于无连接方式）均可用来通过网络传输实时信息和数据。由于基于连接方式的通信协议必须保证可靠地传递数据，TCP 协议在一定程度上牺牲了快速性。除非在没有其他数据竞争带宽的专用信道中，数据传输基本不会出错外，在一般信道中，有时可能会出现传输错误。由于 TCP 层位于互联网参考模型的高层，由其进行数据重传，将有可能造成长时间延时。此时，后面的数据必然会被阻塞而无法传输，可能导致控制过程失败。UDP 协议不必考虑由于数据的重发或确认造成的额外延时，并且在干扰较小的 WAMS 专用网络中采用 UDP 协议基本不会出现数据丢失的情况。如果在允许的范围内数据丢失，可以利用软件对数据进行补偿。

（二）广域测量系统的结构

广域测量系统由 PMU、主站（控制中心）及通信系统组成，如图 2–4 所示。

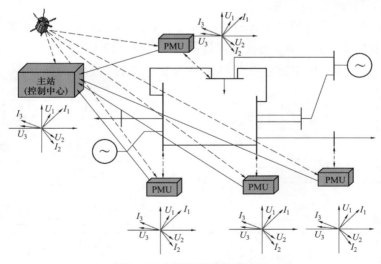

图 2–4　广域测量系统示意图

1. PMU

PMU 将电网各点的相量测量值送到控制中心的数据集中器，数据集中器将各个厂站的测量值同步到统一的时间坐标下，得到电网的同步相量。

PMU 一般包括卫星时钟同步电路、模拟信号输入、开关信号输入/输出、主控 CPU、存储设备及实时通信接口，如图 2-5 所示。

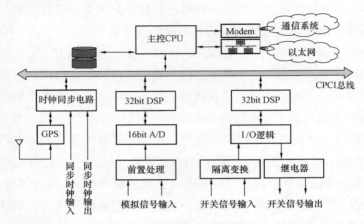

图 2-5　相量测量装置示意图

PMU 具有同步相量测量、时钟同步、运行参数监视、实时记录数据及暂态过程监录等功能。

PMU 分为集中式和分布式两种，如图 2-6 所示。量测量集中于单个集控室的厂站，使用集中式 PMU 与主站通信；量测点分布较为分散的厂站，采用分布式 PMU，使用数据集中器将各个 PMU 的数据集中打包后传送到主站。

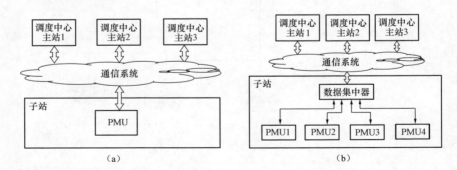

图 2-6　集中式和分布式 PMU 示意图

（a）集中式 PMU；（b）分布式 PMU

2. 主站

主站接收、存储、转发、处理各子站的同步相量数据，根据各子站的相量数据得到各子站相对于参考站的功角差。在此基础上，主站进行系统状态的动态监测，在系统出现异常扰动时能及时报警，并启动各子站的录波；另外，监测系统可以通过实时通信接口与 EMS 交换信息。

主站包括 3 层结构：下层的数据通信主要功能是与 PMU 通信以及实时接收相量数据；中间层是实时数据库，主要功能是储存和管理量测数据；上层为动态信息应用层，提供量测数据与其他系统的接口。

主站是多个计算机构成的全分布式体系结构，由数据集中器、监测系统服务器、分析工作站、Web 服务器、数据库服务器等组成。系统软件采用基于客户/服务器模式的设计方案，系统各部分通过高速以太网连在一起。为提高系统的可靠性，采用双网冗余热备份的方式，所有的服务器和工作站都可以连接到以太网。当主网出现故障时，在固定时间内，系统可以自动或手动切换到备网运行。对关键节点（如监测系统服务器），可以采用双机冗余热备份的工作方式。

3. 通信系统

目前，广域测量系统是按照分层分区原则进行信息传递的，包括厂站层、区域监测主站、全网监测主站，通信的方向为 PMU 将数据传送给区域监测主站，区域监测主站将数据传送给全网监测主站，如图 2–7 所示。

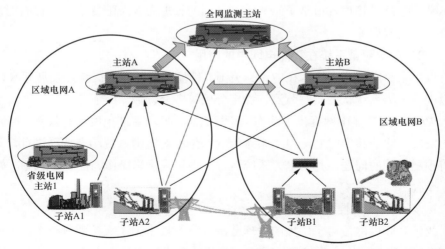

图 2–7 广域测量系统信息通信的结构

（三）广域测量系统标准

1995 年，美国电气和电子工程师协会（Institute of Electrical and Electronics Engineers，IEEE）电力系统继电保护委员会主持制定了 IEEE 1344–1995 *IEEE Standard for Synchrophasors for Power Systems*（《电力系统同步相量标准》），该标准规定了相量测量单元通信的统一数据格式。2001 年，IEEE 成立了同步相量标准工作组，在 IEEE 1344–1995 的基础上制定了新的 IEEE C37.118 标准，目前该标准已列入美国智能电网系列标准。

2003 年，中国国家电力调度通信中心颁布了《电力系统实时动态监测系统技术规范（试行）》，该规范规定了 PMU 传输规约。随着运行经验的积累，该规约得到了不断完善。2006 年，国家电网公司颁布了《电力系统实时动态监测系统技术规范》。

WAMS 标准规定了实时通信的数据格式及通信流程，实时通信方式主要包括数据帧、配置帧、头帧和命令帧 4 种数据单元格式。所有帧以 2 个字节的帧同步字开始，其后紧随 2 个字节的帧字节数和 4 个字节的世纪秒。这 8 个字节的帧头提供了帧类型和时间同步信息，帧同步字的第 4～6 位定义了帧类型，所有帧以 CRC16 校验字结束，且帧的传输都没有分界符。

实时通信基于 TCP 通信协议，使用 Client/Server 模式建立实时数据管道及管理管道。数据管道是子站和主站之间的实时数据传输的连接，传输方向是单向的，为子站到主站。管理管道是子站和主站之间的管理命令及配置信息传输的连接，传输方向是双向的。

（四）广域测量系统在智能电网中的应用

近年来，广域测量技术在中国、美国、俄罗斯、欧洲各国快速发展起来，广泛应用于电力系统状态实时监测、稳定分析等多个领域。

WAMS 为智能电网提供了动态信息平台，将推动智能电网运行规划、控制技术的发展。它能够实时监测电力系统的状态量，对电力系统动态扰动进行辨识，提前预测系统的问题，并为电力系统运行、规划、检修操作、控制等服务，如图 2–8 所示。

1. 大电网稳定性可视化

我国互联电网覆盖了广大的地理范围，传统技术无法直接观测整个大电网，而 WAMS 带来了电力系统稳定状态可视化的革命性变化：它将广域电力系统的量测量集中在统一时间坐标系，进行三维可视化（电力系统的地理分布 x 轴、时

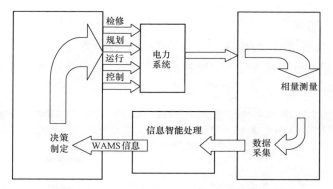

图 2-8　基于 WAMS 的智能电网控制示意图

间 y 轴、测量值 z 轴），这样人们能够将电力系统作为一个物理对象进行观测分析。图 2-9 表示发电机转速的三维示意图。

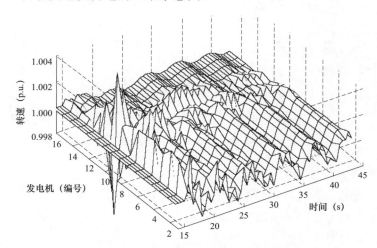

图 2-9　发电机转速的三维示意图

大型电力系统的摇摆频率 f_c 在 0.1～2.5Hz 之间，根据信号采样定理，采样信号的频率 $f_s > 2f_c$；为了更精细地观测，工程上一般采用 $f_s = (3～5) f_c$。因此观测机电暂态过程，信号的采样频率应该在 7.5～12.5Hz 的范围。WAMS 的采样频率一般为 25～100Hz，测量频率满足观测机电暂态过程的分辨率要求。目前，电网稳定性可视化工具包括：

（1）全网稳定状态监视。结合地理信息系统，基于离线分析的预定判据，实时分析电网的稳定状态，以警告灯的方式显示电网稳定状态和重要厂站的状态量

（功角、频率、电压等）。

（2）电网动态扰动过程监视。通过趋势图、棒图等方式，显示电网动态扰动的曲线，使调度人员直观地分析电网稳定状况，并进行相应的决策控制，如图 2-10 所示。

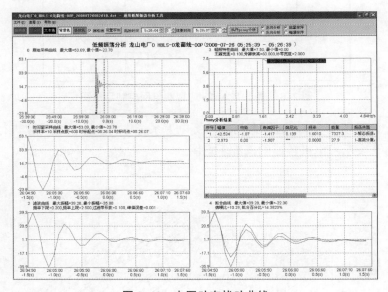

图 2-10　电网动态扰动曲线

2. 大电网动态监测及决策支持

电力系统的不同过程需要采用相应的测量技术来进行观测，如对电力系统短路故障等电磁暂态过程以及次同步谐振过程等，可采用 A/D 转换器采集的采样点进行分析，数据采样频率一般大于 400Hz；对于处于稳态的电网，可以采用 RTU 来测量、计算电网潮流，全网数据采集周期一般大于 1s。WAMS 实现了功率摇摆等机电暂态过程的可观性，填补了以上量测范围的空档，基于 WAMS 量测的电网动态监测及决策支持功能包括：

（1）电网安全报警。在线监测电网的运行状态，在系统电压、相角、频率出现异常时进行越限（静态、动态）报警。

（2）电网功角稳定性分析。使用同步相量数据计算出电网中相互振荡机群之间的功角差，当不同机群之间的功角差进入临界区域时进行报警。

（3）电网电压稳定性分析。结合电压稳定性指标，使用长时间窗口的 PMU

数据，对电压失稳进行预报。

（4）电网扰动识别。对系统的异常运行状态、特征信号和故障类型进行观测、辨识和分析，包括在线扰动信息、联络线功率的阶跃或摇摆、母线电压/频率的较大变化或突变等，识别电网扰动的类型，为调度人员分析服务。

（5）风电场运行监视。PMU 对风电场电压、无功等状态进行实时监测、记录，为风电运行、接入提供历史数据。

（6）电网运行支持。通过实时显示电网的动态扰动，辅助调度人员进行发电机及线路投切、联网调试等。

3. 大电网低频振荡分析与控制

我国区域电网互联后动态稳定问题尤为突出，具体表现为低频振荡问题。基于 WAMS，对电网低频振荡进行在线分析，能够得到电网的振荡模式、阻尼等信息，辅助调度人员进行决策控制。这提高了调度运行的决策能力和反应速度，提高了电网运行的可靠性。

（1）实时分析联络线功率、电压相量等物理量的频谱特性，得到系统的主要振荡模式（包括振荡频率、阻尼特性、参与机组及其参与因子），辨识系统的低频振荡类型。

（2）根据分析结果实时监视弱阻尼的低频振荡，并根据设置值触发全网联动记录。

（3）应用模式识别、Prony 分析、抽取振荡模参数、振荡频率以及某振荡模的衰减系数、同调分析以及基于知识库的特征信号识别等技术对区域间振荡模参数进行连续评估。

该功能对低频振荡等的动态监测发挥了重要作用。例如：2001 年 11 月福建电网与华东电网正式实现联网运行，华东电网 WAMS 在双龙侧监测到福双线出现了多次功率振荡，专家分析出该功率振荡在性质上属于随机功率振荡，是由周期性负荷扰动及机组机械功率扰动引起的，并提出了相应的改进措施，改善了系统的动态稳定性。

4. 电力系统数学模型辨识和校核

电力系统数学模型是电力系统计算分析、运行方式制定、保护控制研究的基础。它通过比较分析动态实测量与数字仿真结果，可以对电力系统数学模型和参数进行辨识和校核，提供更准确的数学模型和参数，包括用于稳定分析的元件模型、用于各种稳定控制设计的降阶动态模型等。另外，能离线校验电力系统分析的结果，提高跨区电网计算分析的准确性。

目前，WAMS 能够对以下电网模型进行校核：

（1）电网静态模型的校核，主要包括电网潮流计算结果的校核。

（2）动态模型的校核，主要包括直流、FACTS 等设备的模型、动态响应的校核。

（3）发电机模型的校核，主要包括发电机模型参数的校核、控制器控制参数的校核等。

（4）电网动态特性的校核，主要包括电网振荡机群分析、电网阻尼分析等。

2007 年，西北电网公司在陕甘断面西电东送、东电西送方式下进行了有/无故障跳线、单相瞬时故障共 12 项扰动试验，广域测量系统记录了试验过程中系统主要厂站的动态过程。在这些数据的基础上，系统分析专家验证了用于稳定计算的励磁系统实测模型及参数的正确性和合理性，准确掌握了西北电网东西断面的输电能力；验证了电力系统稳定器增加系统阻尼、抑制电网低频振荡的效果；校验了负荷模型对稳定计算的影响，如图 2-11 所示。

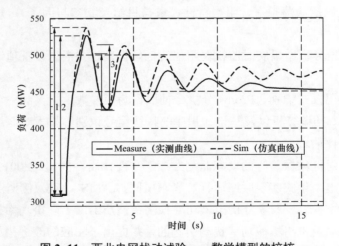

图 2-11 西北电网扰动试验——数学模型的校核

1—仿真功率振荡曲线首波幅度；2—实测功率振荡首波幅度；

3—仿真功率振荡第二波幅度；4—实测功率振荡第二波幅度

5. 混合状态估计

状态估计为调度运行人员提供了系统运行的实时状态，其准确性在很大程度上决定了电网调度的可靠性。传统的状态估计是在 RTU 采集量上进行计算，由于 PMU 在数据测量的同步性及精度上的优点，基于 SCADA 和 WAMS 的混合状态估计性能得到了进一步提高。目前混合状态估计主要包括以下两种方法：

（1）以 SCADA 数据为主的状态估计。状态估计取电压幅值和相角的观测方程分别为 $U_m = U_e$ 和 $\theta_m = \theta_e$，其中 U_m 和 θ_m 分别为电压相量的幅值测量值和相角测量值；U_e 和 θ_e 分别为电压相量的幅值估计值和相角估计值。

这种模型与传统状态估计模型中母线电压幅值测量值的用法完全相同，当在某条母线配置 PMU 时，量测方程中增加了上述的电压幅值和相角观测方程，量测雅可比矩阵只增加 2 行，且每行只有 1 个取值为 1 的非零元素。这种模型只引入了 PMU 测量值的最少信息，对状态估计有一定的改善。

（2）以 WAMS 为主的状态估计。将电力网络划分为若干个子区域，由 PMU 进行监测，各个 PMU 所在的子区域的状态估计是相互独立的，由此，用线性状态估计计算 PMU 所在母线的状态，用传统状态估计方法来估计不可观测母线的状态，进而得到整个系统的状态估计。这种方法为解决大规模电网的状态估计提供了可行性。

（五）发展方向

广域测量技术的发展逐步实现了智能电网的同步、动态可观测性，人们对大电网物理特性有了更为全面的掌握；在广域测量技术基础上的大电网分析及控制的研究及应用也将加强智能电网的可靠性。

近一个世纪以来，世界上发生多起电力系统稳定破坏事故，给人类社会造成了巨大损失。IEEE、国际大电网会议（CIGRE）、北美电力可靠性委员会（NERC）等国际组织成立了专门工作小组对大电网稳定控制问题进行研究。1965 年北美大停电后，开始了稳定控制装置的开发及应用。这类控制系统被称为特殊保护系统（Special Protection System，SPS）、补救控制系统（Remedial Action Scheme，RAS）或稳控系统。遗憾的是，1996 年、2003 年发生的北美大停电还是由电网稳定引起的，这其中既包括继电保护的问题，也包括稳定控制系统的问题。

智能电网对大电网安全可靠性提出更高要求。受测量范围的限制，目前常规继电保护、稳定控制系统在电网大面积停电过程中作用有限，急需新型稳定控制系统解决大电网连锁反应问题。基于广域测量系统的广域保护（Wide Area Protection，WAP）正是解决该问题的前沿科技。

1. 广域保护的概念

总体来讲，广域保护可以分为两类：第一类是基于广域测量技术的继电保护，它使用电网广域信息来检测、切除常规继电保护解决不好的某些复杂故障，这是一种具有适应性和协调性的前沿保护技术；第二类是一种智能紧急控制系统，它不是针对个别元件的故障，主要解决电力系统大范围稳定破坏、连锁反应事故。下面讨论第二类广域保护。

根据控制原理，第二类广域保护主要分为基于事件的保护和基于响应的保护。

（1）基于电网事件检测的广域保护。它通过离线分析得到保护定值，根据电网故障前后的状态量、断路器位置等信息是否符合预设的保护动作定值，使相应保护动作。这种广域保护存在的主要问题是预设的保护事件数量有限，如关键线路或发电机的断开，而实际运行中可能会出现许多意外的事件。

目前的稳定控制装置实际上就是基于事件的广域保护，它根据事先计算的策略表使保护动作，一般是在系统尚未发生大扰动时动作，保护动作速度很快，适用于保护易于检测的紧急事件，提前消除电力系统潜在的故障。稳定控制装置在我国已得到很多应用，比如三峡电站送出、华北—华中电网联络线以及南方电网等。它包括多种动作判据，如潮流越限、线路开断等。

（2）基于电网动态响应的广域保护。它能够从系统角度分析整个电网的稳定状态，并进行保护，这是一种跟踪电网不同动态扰动过程的自适应控制。对于电力系统同一个测量的状态，可能发生的事件是随机的，因此基于响应的保护比基于事件的保护在保护范围上要广泛。基于响应的广域保护不需要检测具体事件，能够分析大电网的运行状态：正常状态、警戒状态、紧急状态和恢复状态，并通过各种保护措施，使系统恢复到正常状态，因此它可以应对不可预知的事件引起的稳定问题。

基于电网动态响应的广域保护主要应用在大电网暂态功角稳定、动态稳定及电压稳定等紧急控制中，目前已成为电力系统稳定控制研究的热点，有着很好的前景。例如，日本东京电网存在动态稳定问题，稳定控制系统计算出系统联络线的临界相角差作为失稳判据，一旦系统检测功角越限，可立即断开该联络线，该系统在避免大电网失稳中起到了重要作用。

广域保护能够对系统已经发生的扰动进行实时控制，控制的对象可能包括投切开关、切机、切负荷、系统解列、失步保护、快关汽门、无功控制、励磁控制、直流控制、无功补偿等。广域保护对各种稳定现象的时间响应见表 2–1。

表 2–1 广域保护对各种稳定现象的时间响应

保护/控制对象	事件持续时间	数据输入速率（次/s）	系统响应
暂态失稳	毫秒级	50	毫秒级
动态失稳	秒级	25	秒级
频率失稳	秒级	25	秒级
弱阻尼	秒级	25	分级
电压失稳	分级	25	秒级
热稳定	分级	25	分级

2. 与智能控制理论相结合的广域保护

电力系统是一个多维非线性动力系统，具有复杂性、时变性、不确定性和不完全性，很难获得完全精确的数学模型，系统扰动时包含了许多复杂的不确定性的对象，无法用传统的数学模型来精确描述和紧急控制。智能化广域保护采用非完全模型，使用离散事件进行驱动的智能控制原理，为解决这个问题提供了新的控制概念和方法。

智能控制的理论基础是人工智能、控制论、运筹学、信息论等学科的交叉，智能控制是驱动智能机器自主实现其目标的过程。对于非完全已知和非传统数学模型描述的系统，需要建立包含控制律、控制算法、控制策略、控制规则和协议，形成含有传统解析和智能方法的混合控制模型。从本质上，智能控制将控制论、系统论、信息论及人工智能思想嵌入建模过程，把模型视为不断演化的实体，模型不仅含有解析和数值，而且包含定性和符号数据。

智能化广域保护将智能控制与电力系统理论结合起来，提出复杂多维电力系统的控制策略、控制模型、规则等，建立电网各种失稳过程的快速分析模型，使用广域测量信息，进行电力系统稳定性实时分析和紧急控制。

3. 广域保护系统的结构

广域保护系统完成大范围电力系统的控制，必须对保护系统执行的任务进行合理分解，系统结构如图 2–12 所示。

根据任务环境、时间跨度及空间范围等特点，系统工作流程可以分为 4 个层次，具体如下：

（1）任务和子任务：任务是控制系统接收的来自调度人员的最宏观的命令，

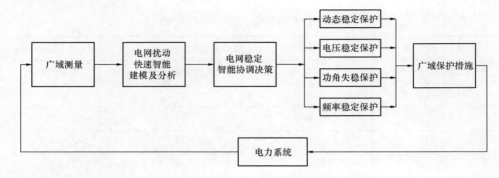

图 2-12　广域保护系统的结构

其内容包括保证电力系统的稳定性；子任务是对任务的分解，通常包括保证电力系统的暂态稳定、动态稳定、热稳定、电压稳定、频率稳定等。

（2）行为：是广域保护系统为了应付不断变化的电网状态而采取的一种控制序列，每个控制序列都需要完成一定的工作目标。常见的行为如提高某区域电网的频率、电压等。

（3）轨迹：是电力系统在广域保护控制后的运动轨迹。规划轨迹是电力系统在未来一段时间所期望经过的轨迹。规划轨迹的时间长度一般为几百毫秒到几秒钟。

（4）控制：是由广域保护系统产生的，由各个控制执行机构执行的最底层控制指令，如解列线路、控制机组出力等。

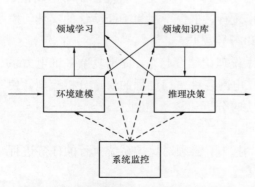

图 2-13　广域保护系统的层间通用结构

广域保护系统各层都包括环境建模、推理决策、系统监控、领域学习及领域知识库 5 个基本组件，如图 2-13 所示。

广域保护系统的层间通用结构如下：

（1）环境建模组件从环境感知系统提供的感知信息中提取与本层任务相关的信息，并产生与本层任务相关的环境描述。

（2）推理决策组件根据当前的环境描述，利用相关领域知识产生本层的决策结果。

（3）系统监控组件对其他各组件运行情况进行评价、判断，并调整各组件的有关参数。

（4）领域学习组件能通过有关的知识学习方法，对领域知识库进行修改，以不断提高系统的环境建模能力和推理决策能力。

（5）领域知识库是与本层任务相关知识的存储和管理组件。

下面举例说明广域保护原理在电网振荡失步保护和小扰动分析与控制中的应用。

4. 失步保护

失步保护是目前实现起来最困难的保护之一，主要原因是电网失步发展过程比较复杂，涉及很大的地理范围。大电网失步保护的难点主要体现在以下方面：

（1）大电网失步保护需要相互配合。区域电网失步振荡中心位置一般落在联络线及其附近，此时配置的基于就地量的解列装置可能动作。但电力系统的事故往往并不按人们设想的方向发展，例如由于气候的原因（大风、雷电、浓雾），主干线单回线故障可能导致 2 回、3 回线跳闸，或者母线检修，单一故障发展为多个元件跳闸，这些事故导致电网拓扑结构发生较大的变化，振荡中心落在主网内部的可能性就很大。一旦振荡中心落在了主网内部，而主网内部不可能预先设置解列点，与外网的联络线离振荡中心电气距离又较远，联络线两端的失步解列装置不满足动作条件时，系统的振荡事故范围不断扩大，直到调度员手动处理。

（2）基于局部量测的失步保护原理在大电网失步协调控制方面很困难。目前电力系统失步检测主要基于失步状态的参数变化，判据包括监视点电压、电流及相角的变化、监视点测量阻抗及其变化、监视点输出功率及其变化、监视振荡中心电压变化情况等。这些判据存在以下问题：① 容易误动。在重合闸或转换性故障时，测量阻抗可能跳跃性变化，这种情况容易与异步运行混淆。为了防止误判断，有的装置采用多级阻抗顺序动作来检测异步运行。② 无法观测全网。大区互联电网在电网扰动过程中，往往会出现多个振荡模式，目前的失步解列装置量测本厂站的电气量，不能宏观观测整个电力系统的变化，在大区电网出现振荡失步时，不能从全局角度分析振荡模式。

电力系统失步过程涉及很大的空间和时间跨度，广域保护基于全网多个厂站的同步相量，综合分析系统的稳定问题，准确监测、预测出系统的失步振荡现象，找到解列断面进行相应控制，方法包括：① 从时间上辨识、预测出失步现象。② 从空间上划分相互振荡失步的机群。③ 从空间上辨识出振荡中心的断面。④ 从空间上确定解列断面。全网设置统一的广域保护中心，对各个区域的解列措施进行协调。

5. 小扰动分析与控制

电力系统存在着各种扰动，包括持续周期性小扰动，如负荷波动，发电机励磁系统、调速系统工作不稳定而引起持续扰动等，这种扰动形成了对系统的强迫振荡。同时，也存在着系统弱阻尼造成低频振荡等。将智能分析技术与广域测量技术相结合，是解决小扰动问题的方向。

故障树分析是利用建立故障树表示或描述可能引起系统失效的各种事件的逻辑因果关系，确定系统失效原因的各种可能组合方式及其发生概率，计算系统失效概率，并采取相应纠正措施的故障诊断分析方法。故障树的每个层次可作为一个知识框架，每个个性知识用产生式规则表示，规则的前提条件和结论均采用框架类型名、槽名、槽值和表示该条件与证据的匹配方式的操作符等四元组表示。规则的前提表示引发的事件，规则的结论表示引发的结果，规则的结论既是进入下层的入口，又可激活另一个故障树。

建立故障树后，用未知的候选结构作为根节点，反复用规则作用于非终结节点而形成推理树。这种推理树能够使计算机模仿人类分析和解决问题，推理树包括两部分内容：① 推理控制策略，主要指推理方向的控制及推理规则的选择策略和各种搜索策略。② 推理方向，包括正向推理、反向推理和正反向混合推理。

小扰动分析与控制方法主要包括：① 扰动特征量的计算和分析。使用振荡模式分析方法，分析出机组的振荡频率、振荡幅度、相位及阻尼比。② 智能扰动分析。建立小扰动分析故障树，根据故障树搜索可能的振荡源。③ 人机结合的扰动处理过程。调度人员根据故障树提出的解决方案，进行相应控制，观察控制效果，找到故障的根源，解决扰动问题。

总之，同步相量测量技术的发展使得能够在广泛的地理范围内监测电力系统的运行状态，保证了智能电网信息的完整性和决策的正确性。目前阶段，在广域状态测量基础上，进一步开展电网稳定分析及控制的研究及开发，将极大提高智能电网的安全性和可靠性。

第二节　电力电子技术

电力电子技术是使用电力电子器件对电能进行变换和控制的技术，是电力技术、电子技术和控制技术的融合。在大功率电力电子技术应用以前，电网采用传统的机械式控制方法，具有响应速度慢、不能频繁动作、控制功能离散等局限性。大功率电力电子技术具有更快的响应速度、更好的可控性和更强的控制功能，为智能电网的快速、连续、灵活控制提供了有效的技术手段。

在电力系统中应用的大功率电力电子技术主要包括高压直流输电（High Voltage Direct Current，HVDC）、柔性交流输电系统（Flexible Alternating Current Transmission System，FACTS）、定制电力（Custom Power，CP）和基于电压源换流器（Voltage Sourced Converter，VSC）的柔性直流输电（VSC-HVDC）。FACTS 装置主要包括静止无功补偿器（Static Var Compensator，SVC）、晶闸管控制串联电容器（Thyristor Controlled Series Capacitor，TCSC）、故障电流限制器（Fault Current Limiter，FCL）、可控并联电抗器（Controllable Shunt Reactor，CSR）、静止同步补偿器（Static Synchronous Compensator，STATCOM）、静止同步串联补偿器（Static Synchronous Series Compensator，SSSC）、统一潮流控制器（Unified Power Flow Controller，UPFC）、线间潮流控制器（Interline Power Flow Controller，IPFC）以及可转换静止补偿器（Convertible Static Compensator，CSC）等。定制电力装置主要包括用于配电系统的静止同步补偿器（DSTATCOM）、动态电压恢复器（Dynamic Voltage Restorer，DVR）、有源电力滤波器（Active Power Filter，APF）、固态切换开关（Solid State Transfer Switch，SSTS）以及统一电能质量控制器（Unified Power Quality Controller，UPQC）等。VSC-HVDC 是一种以 VSC 和脉冲宽度调制（Pulse Width Modulation，PWM）技术为基础的新型直流输电技术，是目前进入工程应用的较先进的电力电子技术。

本节介绍 FACTS 装置中的大功率电力电子器件、功率器件串并联技术、冷却散热技术、多重化技术和多电平技术，并对电力电子技术在智能电网中的应用进行展望。典型电力电子装置在智能输配电网中的应用将分别在第四章和第五章进行介绍，本节不再赘述。

一、FACTS 装置中的大功率电力电子器件

FACTS 装置主要应用于超高压输电系统中，容量大多为百兆伏安级，因此其主电路设计对电力电子器件选型有以下要求：

（1）容量大。容量水平是 FACTS 装置选用电力电子器件的最重要参数之一。目前应用的 FACTS 装置，其主导功率器件（晶闸管、GTO、IGCT、IGBT 等）

的单管耐压在数千伏、载流能力在数百安以上，往往还需要采用器件串并联、变压器多重化、多电平技术等技术手段达到足够的电压等级和容量。

（2）开关频率较低。开关频率高，可望采用先进的 PWM 技术，从而获得更好的输出波形，同时加快装置的响应速度。但另一方面，高的开关频率意味着较高的开关损耗和复杂的控制系统。对于 FACTS 装置而言，需要综合考虑容量、损耗和可靠性等多种因素来选择开关频率。目前的电力电子器件在开关频率和容量之间往往不能兼顾，大容量器件（GTO、IGCT）的开关频率普遍不高，而高速功率器件（如电力 MOSFET、IGBT）的容量却较小。在容量约束下，目前 FACTS 装置的开关频率普遍不高，多采用几百赫兹的简单 PWM 技术，并通过多重化和多电平技术来改善输出波形。

（3）损耗较低。功率器件损耗占 FACTS 装置损耗的很大部分，它不仅影响装置总体效率，而且对散热成本有很大影响。功率器件损耗中比重较大的是通态损耗、开关损耗和附加电路损耗。在同等容量水平下，通态损耗由通态压降来决定，因此应选用通态压降较低的器件。开关损耗受门极驱动功率、开关过渡过程等因素的影响，因此应尽量选用门极增益高、开关时间短的器件。附加电路损耗是指为保证电力电子器件正常工作而设置的缓冲电路、反并联二极管的损耗，附加电路结构越简单、功率越小，越有利于降低附加损耗。

（4）可方便地串并联使用。由于单管容量不能满足 FACTS 装置容量的需要，往往需要采用功率器件串并联技术。功率器件间的自动均压、均流特性越好，越有利于其串并联使用和提高装置容量。

以上是在设计 FACTS 装置主电路时选择器件的一般性考虑，不同的 FACTS 装置或主电路结构对器件还有不同的要求。基于晶闸管的 FACTS 装置（SVC、TCSC 等）开关频率为工频，器件选型相对较容易。晶闸管是目前容量最高的电力电子器件，损耗小、串并联方便、工作十分可靠。基于 VSC 的 FACTS 装置（如 STATCOM、SSSC、UPFC、IPFC、CSC 等）采用可关断器件，主要是在 GTO、IGCT 和 IGBT 等器件中进行选择。表 2-2 是 IGBT、GTO 和 IGCT 的性能比较。

表 2-2　　　　　　　　　IGBT、GTO 和 IGCT 的性能比较

性　　能	IGBT	GTO	IGCT
耐压水平（V）	≤6500	≤8000	≤6000

续表

性　　能	IGBT	GTO	IGCT
载流水平（A）	≤1700	≤8000	≤4000
通态损耗（%）	100	70	50
关断损耗（%）	100	100	100
开通损耗（%）	100	80	5
门极驱动功率（%）	1	100	50
辅助电路	简单	较复杂	较简单
开关频率范围（kHz）	≤20	≤1	≤5

二、功率器件串并联技术

当单个功率器件的容量不满足要求时，通常有两种方法来提高容量等级：一是直接选用更大容量的器件，二是通过器件串并联来满足高电压、大电流的要求。

（一）功率器件串联技术

为了提高半导体开关的阻断电压，功率器件可以串联使用。只有在串联器件处于理想的静态（阻断状态）和动态（开通或关断过程）均压时，才能最大程度地利用其耐压能力。影响串联器件电压均衡分配的主要因素包括：

（1）串联器件的开关特性不一致。

（2）串联器件的关断漏电流不一致。

（3）串联器件回路杂散电感不一致。

（4）串联器件驱动电路的延时特性不一致。

在功率器件处于阻断状态时，串联电压的分配主要取决于串联器件的阻断特性和输出特性，具有较低阻值或者说漏电流比较大的器件在串联运行时承受较小的分压，反之承受较大的分压。对动态均压产生影响的因素会导致各串联器件的开关时间不一致，串联运行的器件中最先关断或最后开通的器件会承受较大的电压，必须保证串联运行的各器件所承受的最大电压不超过其最大耐压值，因此，理想的对称条件是功率器件串联使用的重要前提。

GTO 的串联技术已相对比较成熟。国内在 IGCT 串联均压问题上已做了大量的研究，提出了一些解决方案，目前比较通用的办法是并联 RC 阻容吸收回路。IGBT 串联应用面临的主要难题是动态不均压，引起动态不均压的原因是多方面的。首先，各个 IGBT 芯片特性存在差异；其次，驱动脉冲信号延时不同引起器件开关不同步；最后，封装、温度、主电路结构等也会影响电压的均衡程度。目前，有多种 IGBT 串联的辅助电路和信号控制补偿电路用来改善 IGBT 串联的动态均压，主要包括无源缓冲电路、谐振缓冲电路、门极电压控制、门极电流控制、门极电压或电流钳位控制和门极驱动信号延时调整。上述方法可归纳为直接主动控制和间接被动控制两类，前者主要通过构成一个门极驱动信号反馈的闭环控制，能有效实现动态均压，但控制复杂、成本高、经济性较差；后者主要在 IGBT 外围引入缓冲电路或者门极电阻，实现对 IGBT 漏源极间过压抑制，这种方法结构简单、成本低，但是均压可靠性和灵活性不及前者。

（二）功率器件并联技术

功率器件并联使用时可以获得更大的额定电流，但必须考虑器件特性、驱动电路以及电路布局等问题，这些因素影响着并联支路的电流分配。由于每个器件内部参数不完全一致，以及电路布局不对称的影响，n 个器件并联使用的额定电流并不等于 n 倍的单个器件额定电流，所以并联器件必须降额使用。器件并联有助于减小通态损耗，但开关损耗不会减小，甚至可能增大，尤其是在开关频率比较高的情况。

功率器件并联使用时的电流分配不均主要包括静态（稳态）电流不均和动态（瞬态）电流不均。静态电流不均主要由器件的饱和压降不一致引起，而动态电流不均则由并联器件的开关特性不一致引起。电流不均将导致并联器件发热不均，甚至损坏器件。该技术要获得理想的均流效果，可以从以下方面着手：

（1）尽量选取特性一致的器件进行并联。

（2）使用独立的栅极电阻消除寄生振荡。

（3）选用同样的驱动电路，尽可能降低驱动电路的输出阻抗和回路寄生电感。

（4）设计和安装时尽可能使电路布局对称和引线最短，以减小寄生参数的影响。

（5）将并联器件置于相同散热条件下，尽量减少模块工作环境温度的差异。

另外，当负载为感性时，随着频率的增加，电流不均衡程度会减小，当输出电流一定时，较小的占空比有利于电流均衡，当并联的器件特性不易选配一致时，可主要通过调节栅极电阻值来改变器件的栅极充放电时间，从而改善电流的不均衡。

三、冷却散热技术

大功率半导体器件工作时所产生的热量将导致半导体结温升高，如果没有适当的散热措施，就可能使结温超过所允许的最高结温，导致器件损坏。因此，散热性能的好坏是影响大功率电力电子装置可靠性的重要因素。大功率电力电子装置的散热设计包括散热器的结构设计和冷却介质的选择。散热器结构设计应考虑体积、重量、可靠性以及辅助设备的能耗等。冷却介质的选择则应考虑电气绝缘性、化学稳定性、对材料的腐蚀性、对环境的影响和易燃性等。目前大功率电力电子装置常用的冷却介质包括空气、油和水。

（一）空气冷却方式

常用的空气冷却方式包括自然冷却和强迫风冷两种。

自然冷却是通过空气的自然对流及辐射作用将热量带走，其基本结构如图 2-14 所示。这种散热器效率较低，但结构简单、无噪声、维护方便、可靠性高，非常适用于额定电流在 20A 以下的器件或简单装置中的

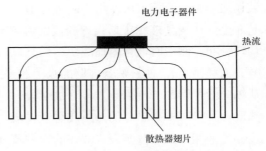

图 2-14　自冷式散热器结构

大电流器件。随着功率半导体器件价格的不断降低，有些较大容量的功率器件也采用自冷式散热器，尤其在冲击负载性质的交流装置中应用广泛。

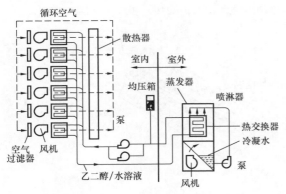

图 2-15　循环风冷式散热器结构示意图

强迫风冷是依靠流动的空气来散热。冷空气由专门的风扇或鼓风机通过一定的风道供给。风冷式散热器的特点是散热效率较高，其传热系数是自冷方式的 2～4 倍，但采用风冷需配备风机，因而有噪声大、容易吸入灰尘、可靠性相对降低、维护相对困难等缺点。图 2-15 为百兆乏级 SVC 的循环风冷式散热器结构示意图，其中晶闸管

使用强迫风冷，循环空气所携带的热量在蛇形管组成的热交换器中进行冷却，热交

换器采用空气–乙二醇组成的冷却液带走热量，冷却后的空气在室内再次流通，形成闭路循环系统。乙二醇则通过蒸发冷却器放出热量，然后再用泵打入空气–乙二醇热交换器，再度循环流通。采用风冷式散热器的大功率电力电子装置在我国使用相当广泛。

（二）热管式散热方式

热管是一种新型高效的传热元件，具有优异的传热性能，传热效率高，沿轴向的等温特性好。由于其散热效率比同质量的铜散热器大 2～3 个数量级，自 20 世纪 70 年代商业化应用以来得到各方面的重视。

热管是一个密闭封焊的蒸发冷却器件，由密封管、吸液芯和蒸气通道组成，其结构如图 2–16（a）所示。其中吸液芯由多孔物质组成，或在管壳内壁开沟槽装设通道管（液相工质专用小阻力通道），其工作原理如图 2–16（b）所示，原理是靠毛细作用使液相工质由冷凝段回流到蒸发段，并使液相工质在蒸发段沿径向均匀分布。制造时，管内抽成负压后充以适量的可以气化的工作液体（如水、乙醇、氟利昂等），使紧贴管内壁的吸液芯毛细多孔材料中充满液体，并加以密封。从轴向看，管的一端为蒸发段（加热段），另一端为冷凝段（冷却段），中间为绝热段。工作时外部热源的热量传至蒸发段，通过热传导使介质的温度上升，进一步导致液相介质吸热蒸发。液体的饱和蒸气压随着温度上升而升高，从而使蒸气经蒸气通道流向低压部分，即流向温度较低的冷凝段。蒸气在该段冷凝，放出的热量通过充满介质的吸液芯和管壁的热传导，由管子的外表面传给冷源。此后冷凝液体可以在没有任何外加动力的条件下，借助管内的毛细吸液芯所产生的毛细力回到加热段继续吸热蒸发，如此循环，热量从一处传递到另一处。

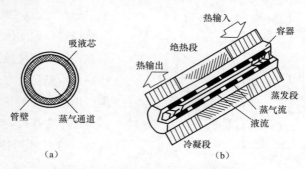

图 2–16　热管式散热器结构及工作原理

（a）结构图；（b）工作原理示意图

由于液态介质的蒸发潜热大，同时蒸气的流动阻力小，所以能够在温差较小的蒸发段至冷凝段间传送大量热量，亦即热管冷却装置的有效导热系数非常大，具有良好的冷却效果。此外，由于热管是一个所谓"自治"的系统，它利用蒸发和毛细现象进行介质循环，不需要借助泵等外力，所以采用风机等旋转部件，运行时没有噪声，且具有很高的可靠性。

热管在包括大功率半导体器件冷却在内的许多领域得到了应用，各大电力电子设备制造商也均对其给予了较大关注。由于高压电力电子装置的热管冷却系统必须提供高压阀体所需的电绝缘，所以氟利昂通常成为首选的冷却介质，但由于氟利昂可能对环境造成的影响，以及价格的原因，仅在早期用于牵引变流器。

（三）液态冷却方式

液态冷却可将导热系数较之气体冷却提高 2 个数量级，所以一直被公认为是大功率电力电子装置散热的有效方法。在对航空电子设备的强迫风冷、热管冷却和液体冷却进行分析后指出，对于功率密度大（比如高达 $600W/cm^2$）的电力电子装置而言，液体冷却是最好的选择。通常采用的冷却液介质为油和纯水，冷却系统需要利用循环泵来保证冷却液在热源和冷源之间循环，以交换热量。

（1）油冷式散热器。油的冷却性能比空气好，将阀体安装在油箱中可以免受环境条件的影响，因此采用油冷却及油浸绝缘技术的高压阀体具有很高的绝缘性和电磁屏蔽效果。油冷曾在高压大功率电力电子装置中得到广泛应用，但由于水冷系统不论从冷却效果还是从环境影响方面都具有明显的优势，所以近年来油冷系统正逐渐被水冷系统所替代。

（2）水冷式散热器。水冷式散热器的散热效率高，其对流换热系数是空气自然冷却换热系数的 $150\sim300$ 倍，因此水冷式散热器代替风冷式散热器可大大提高装置容量。由于普通水的绝缘性较差，水中存在的杂质离子会在高电压下导致电腐蚀和漏电现象，因此只有在低电压下才可以采用普通水冷却，例如装置电压低于 400V（DC）或 380V（AC）时。在高压应用场合，必须解决冷却水的纯度和长期运行时系统可靠性等问题。

（3）循环式水冷系统。冷却循环系统一般包括冷却液循环泵、液气热交换器、膨胀箱和散热器。早期的水冷却系统多采用直流式，即冷却水流过被冷却物体后即被直接排放，造成了水资源的大量浪费，且用过的冷却水中所含的杂质排入地下又会对水质造成污染。从 20 世纪中期开始，直流式水冷系统逐渐被循环式水冷系统所取代。例如，我国舟山第一台直流输电换流器采用的是敞开式循环水冷系统，即利用喷淋、鼓风等方式，把热量散发到空气中去。与直流式冷却系统相比，这种冷却方式的优点是，能耗较小且水的消耗仅为直流式的 1/50～1/30。但由于采用敞开式结构，带来一系列新的问题。一是由于喷淋过程中水的蒸发，作为冷却介质的水被不断浓缩，必须不时地添加化学阻垢剂，并把过分浓缩的高含盐水排掉，其耗水量占到循环总量的 2%～5%，还会对环境造成污染；二是水容易被空气污染，也容易寄生微生物，堵塞管路，需要经常投放化学药剂；三是高含盐量及含氧量的水易造成管路及设备的腐蚀，严重的可导致停产。密闭式冷却循环系统则完全解决了上述问题，由于循环水不与大气直接接触，其热交换是通过风—水或水—水换热系统完成。这种方式比敞开式系统换热的效率高得多，再加上它几乎不消耗循环水，可以采用去离子、软化等方法对循环水进行处理，以避免设备腐蚀，并消除了敞开式系统对环境可能造成的影响，因此得到日益广泛的应用。

密闭式循环水冷却系统的结构如图 2-17 所示。其中主循环泵用于循环水增压，使水沿主回路通过被冷却的阀体将热量带走，进入风冷换热器与大气换能，使循环水降温后再回到水泵。主回路中的电动三通球阀在控制单元的作用下自动调整进入风冷换热器的水的比例，使水温符合要求。为保持水的高纯度，必须不断清除容器及管壁材料溶入水中的离子及空气通过水泵密闭处渗入的氧气。为此系统中增加了一个辅助的纯化支路，水经过辅助支路时，其中的阴阳离子及氧气均被吸附脱除。辅助支路的水流量大小可以调节，一般只占主回路的十几分之一。

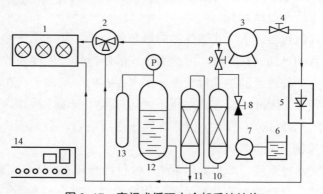

图 2-17　密闭式循环水冷却系统结构

1—风冷换热器；2—三通球阀；3—主循环泵；4—调节阀；5—被冷却阀体；6—补水槽；7—补水泵；

8—单向阀；9—调节阀；10—混床；11—除氧床；12—缓冲罐；13—氮气瓶；14—控制系统

由于辅助支路的脱盐及脱氧是连续不断进行的，因此，循环水的水质可以始终保持足够的纯度。为补充运行中由于泵泄漏和水电解所带来的水损失，装置中还设有自动补水系统。由于上述系统具有优异的散热性能和高可靠性，且对环境友好，水冷、空气绝缘结构作为高压大功率阀的标准设计，在各种 FACTS 装置和 HVDC 中广泛应用。

密闭式循环水冷却系统由于具有冷却效率高、体积小、没有污染和节约水资源等优点，作为对传统冷却方式的一个重要改进，在国际上得到了广泛应用。密闭式循环水冷却系统需要采用去离子水以提供高压装置所需的电气绝缘，系统相对复杂。目前的发展趋势是利用具有良好导热性的绝缘材料制造散热器，以便用普通水对电力电子装置进行循环冷却。

四、多重化技术

多重化技术是大幅度提高 FACTS 装置总容量的有效方法，采用 2、4 个或者 8 个三相桥逆变器或三单相桥逆变器组合使用的方法，可成倍提高装置的总容量。下面以两电平三单相桥四重化为例，介绍一种普通变压器串联型多重化实现方法。

基于普通变压器串联的两电平三单相桥四重化结构如图 2-18 所示。为了增大装置的容量，单相桥中的每个开关管由 4 只 IGCT 串联而成。

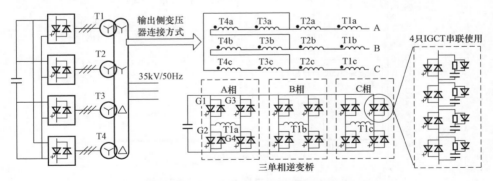

图 2-18　两电平三单相桥四重化结构

同相中相邻两个单相桥的输出脉冲依次相差 15°。A 相某一单相桥的 4 个开关管驱动脉冲的相位关系及输出电压见图 2-19。

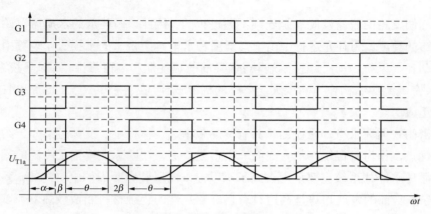

图 2-19　单相桥的脉冲输出示意图

根据图 2-18 所示的输出侧变压器连接方式，设变压器一次侧丫绕组匝数相等，二次侧△绕组匝数为丫绕组匝数的 $\sqrt{3}$ 倍，则两电平三单相桥四重化输出线电压波形及谐波分析如图 2-20 所示。图中输出侧线电压基波幅值是采用输出侧变压器输出电压幅值 $E_d=1$ 时所得到的结果。

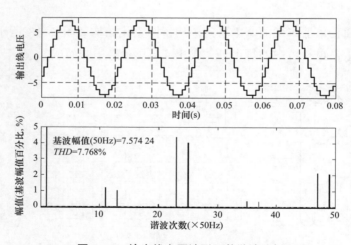

图 2-20　输出线电压波形及其谐波分析

采用多重化技术时，必须考虑交流侧变压器的连接方式、不同逆变器间的移相角度，同时还要结合谐波特性、动态响应等问题进行综合考虑。

多重化技术能有效提高 STATCOM 电压等级和容量，是多数输电网 STATCOM

装置采用的主电路结构。世界上第一套统一潮流控制器的并联部分，即 STATCOM 装置主电路就采用了多重化技术。这种结构在直流侧只需要 1 个三相共用电容器组提供电压支撑，而不需要大量的电容器进行补偿，这是其显著优点。但同时也存在一些缺点：

（1）对于三相桥组成的多重化结构，由于三相共用 1 个直流电压支撑，无法进行分相控制，使其承受不平衡能力有限。

（2）需要通过可关断器件串并联来提高电压和容量，会产生均压和均流问题，对器件触发时刻的一致性要求很高。

（3）多重化变压器带来很多问题，如价格昂贵、损耗大、占地面积大、非线性特性导致控制困难等。

由于多重化变压器存在着占地大、成本高、无冗余运行能力、磁非线性导致过电压和过电流等问题，因此限制了其应用。

五、多电平技术

在大功率应用领域，多电平技术有着广泛的应用。多电平电路拓扑的结构存在若干个相同或者相似的单元，具有"积木式"的结构特点。自 1980 年 A.Nabae 首次提出三电平逆变器的概念之后，多电平技术发展迅速，已经成为电力电子研究的一个重要领域。多电平基本电路拓扑主要分为 3 类：二极管钳位型多电平逆变器、飞跨电容型多电平逆变器、级联型多电平逆变器。在这 3 类拓扑的基础上，近年来还研究发展了众多的混合式多电平逆变器拓扑。目前对于多电平电路的研究主要集中在拓扑结构和控制策略两方面，应用领域也在不断拓展之中。

同传统的两电平电路相比，多电平电路具有以下优点：

（1）可采用低压器件应用于中高压电力变流装置。

（2）输出的电压多呈阶梯波，在逆变电路中可以更好地逼近正弦波，降低谐波含量；每次开关动作时的电压变化率 du/dt 小，有助于降低电磁干扰。

（3）可采用较低开关频率，有效降低器件的损耗。

（4）"积木式"结构为电力电子系统的冗余设计提供了可能。

（5）有助于实现大功率电力电子装置的模块化设计。

多电平技术的缺点主要在于增加了器件数量，从而在控制、驱动和结构等方面增加了设计难度，提高了成本。器件数量的增加和结构的复杂性又导致了系统整体可靠性的下降。在控制方面，多电平需要平衡各个电容器上的电压，这也增加了控制的难度和成本。目前对于多电平电路的研究主要集中在拓扑结构和控制策略两方面，应用领域也在不断拓展之中。

目前，应用比较广泛的是三电平二极管钳位型拓扑和应用在中高压领域的级联型多电平拓扑。三电平电路由于较容易解决电压平衡问题，加之电路的复杂程度相对不高，因此在实际应用中具有较大的优势。级联型多电平拓扑应用于中高压的大功率领域，在满足电压等级的要求、获得输出特性提升的同时，还可以降低电网侧的谐波电流。

近年来，各类新技术的应用促进了多电平技术的发展，降低了多电平变流器的设计难度，多电平技术的一些传统弱点在慢慢被淡化。在控制方面，各种谐波消减和调制方法的应用使多电平装置的性能得到较大的提升。因此，多电平技术在大功率电力电子装置中有着良好的应用前景。

（一）二极管钳位型多电平拓扑

二极管钳位型多电平拓扑如图 2-21 所示。对于 n 电平的二极管钳位型多电平拓扑，每个桥臂需要同电压等级的二极管数量为 $(n-1)\times(n-2)$，随着电平数的上升，二极管数量将呈平方关系增加。因此，二极管钳位型多电平拓扑在高电平场合的应用受到了很大的限制。

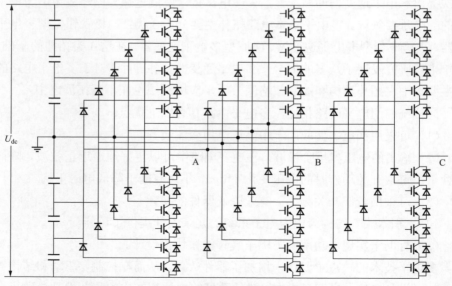

图 2-21 二极管钳位型多电平拓扑示意图（七电平）

二极管钳位型多电平拓扑需要解决直流母线电容电压平衡的问题，特别是在输出有功功率时，由于各级电容的充放电时间无法保证相同，因此电容电压将无法稳定在预期的电平上，会对电路的工作带来影响。这种电容电压不平衡的情况在高电平的应用情况下更加严重，因此除了三电平由于控制简单得到广泛应用以外，其他更高电平的二极管钳位型多电平拓扑在应用中必须首先解决电容电压平衡的问题，不仅控制上有一定难度，实现成本也高。二极管钳位型多电平拓扑的电压平衡问题是多电平研究中的一个重要内容。

（二）飞跨电容型多电平拓扑

飞跨电容型多电平拓扑如图 2-22 所示。对于 n 电平的飞跨电容型多电平，每个桥臂需要同电压等级的钳位电容数目是 $(n-1)\times(n-2)/2$，不利于高电平下的应用。同二极管钳位型多电平拓扑相比，飞跨电容型多电平拓扑在控制中可以实现更好的电压平衡特性。

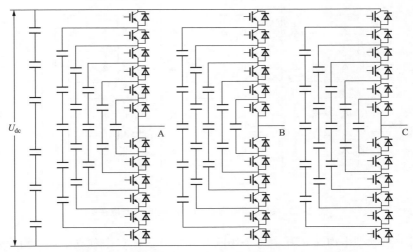

图 2-22　飞跨电容型多电平拓扑示意图（七电平）

由于飞跨电容型多电平拓扑中存在大量的钳位电容器，因此当变流器的输入电压出现短暂下跌时对输出波形的影响最小，但同时大量电容器的使用导致电路成本偏高，而且由于电容的可靠性问题比较突出，因此飞跨电容型多电平拓扑实际应用并不多。

（三）级联型多电平拓扑

级联型多电平拓扑如图 2-23 所示。级联型多电平拓扑也称为链式拓扑，每一相都是一个独立的链，由 n 个结构完全相同的基本单元串联而成，每个基本单元是一个可输出三电平的单相 H 桥，N 个基本单元串联可得到 $2N+1$ 级的阶梯电压波形。级联型多电平拓扑中不需要大量的电容和二极管，但是每个级联单元都需要一个独立电源。级联型多电平拓扑在中高压电机驱动和电力系统场合中得到了成功的应用，由于采用独立电源，避免了电压平衡问题，因此可以应用在较高电平的场合。同时，级联型多电平拓扑基于相同的单元电路设计，易于模块化设计，是 3 种基本多电平拓扑中最具有模块化设计潜力的结构。

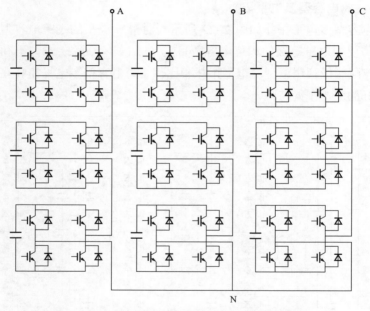

图 2-23 级联型多电平拓扑示意图（七电平）

由于级联型多电平拓扑中每个级联单元中都需要一个独立电源，因此要求设计专用的多绕组移相变压器或者多个隔离的 DC/DC 变流器来提供每个级联单元的供电，在一定程度上增加了整个系统的成本。在一些具备足够多独立电源的场合，比如许多个燃料电池或者光伏电池组成的发电并网系统中，非常适合采用级联型多电平拓扑的方案。

2000 年前后，英国国家电网公司和法国 ALSTOM 公司合作，在英格兰白金汉郡的 East Claydon 变电站投运了世界上首台±75Mvar 移动式 STATCOM 装置，它采用了级联型多电平拓扑，具有如下特点：

（1）所有链节的基本单元结构完全相同，可以实现模块化设计，便于扩容和维护。

（2）每相电路中设 1～2 个冗余单元，提高了装置可靠性。

（3）采用普通变压器接入系统，避免了多重化变压器带来的问题，减小了占地面积，降低了装置成本。

（4）避免了因功率器件直接串联使用而产生的器件动态、静态均压等问题。

六、电力电子技术在智能电网中的应用

基于电力电子技术的 FACTS 技术、CP 技术、VSC-HVDC 技术能够提高电网安全经济运行水平，增强电网灵活性和可靠性，是智能电网的先进控制和调节手段。电力电子技术在智能电网中的应用主要体现在以下方面：

（1）提升电网资源优化配置能力。智能电网的一个重要目标是实现大水电、大煤电、大核电、大可再生能源的远距离、大容量、低损耗输送，有效缓解我国能源和负荷分布不均的矛盾。现有电网的大容量、远距离输电能力有限，且输电走廊利用率不高。由于环境压力、土地资源紧缺等因素，获取新的输电走廊十分困难。面临负荷迅速增长的形势，有必要采用新型输电技术进一步提高现有电网的输电能力。FACTS 技术能在现有设备不做重大改动的条件下充分发挥电网的输电潜力，传统的基于晶闸管的电力电子装置，如 TCSC 能够显著提高特高压线路的有功传输能力，CSR 则能有效协调特高压电网无功补偿和限制过电压之间的矛盾。新一代的基于可关断器件的电力电子装置，如 STATCOM、SSSC、UPFC、IPFC、CSC 等，结构紧凑且性能大幅提升，有望在智能电网中发挥更多作用。

（2）提高电网安全稳定运行水平。智能电网要求具备强大的抵御突发性事件和严重故障的能力，目前实际应用的大电网安全稳定控制措施，大部分采用预先设定控制策略的方式，其控制触发信号主要以当地信息为主，在某些运行方式下带有一定的连锁触发风险，而采用全局信息的主动型安全稳定控制措施仍处于研究阶段，离实用化还有一定的距离。一方面需要在控制理论、信息的量测和传递技术上取得突破，另一方面需要对系统参数进行快速、连续、灵活控制的手段。FACTS 和 VSC-HVDC 相对于传统输电方案具有更快的响应速度、更好的可控性和更强的控制功能，为智能输电网的快速、连续、灵活控制提供了最有效的技术手段。如果电网中安装适当数量的 FACTS 装置，并采用基于全

局优化控制目标的多 FACTS 装置协调控制技术，将提高电网安全稳定控制的智能化水平。

（3）提高清洁能源并网运行控制能力。风力发电或光伏发电并网变流器具有软并网、软解列、有功与无功解耦控制、电能质量控制等多重功能，较易实现与电网的友好连接。风力发电场采用 VSC-HVDC 并网具有非常突出的优越性，它不仅能够动态控制无功功率，抑制并网风电场的电压波动与闪变，改善并网系统电能质量，而且可以精确控制有功潮流，有效提高并网系统的暂态稳定性，大幅改善大规模风电场并网性能。

（4）提高电网服务能力。智能电网保障不同特征电力用户可以可靠接入和方便使用。电力电子变压器（Power Electronic Transformer，PET）不仅能实现传统变压器的电压隔离与变换功能，还可以提供动态无功支撑、潮流控制、电能质量控制、软并网和软解列等功能，为分布式电源接入电网提供了一种较先进的技术手段。目前，分布式电源主要通过变流器并网，未来的一种趋势是将低压变流器技术与低成本储能技术相结合，发展出一种集成储能的分布式电源并网变流装置，实现电能在分布式发电单元与电网之间的双向流动。用户可根据峰谷电价调整，低价购电、高价卖电，获得一定经济利益；对电网而言，也可以起到削峰填谷、提高负荷率、减少系统总装机的作用。同时，各种复杂、精密的智能用电设备对电能质量提出了更高要求，以 SSTS、DVR、APF 为代表的定制电力设备能够实时、灵活地控制电网电压、电流波形，满足用户对电能质量的定制需求。

（5）代替本地发电装置，向偏远地区、岛屿等小容量负荷供电。偏远的小城镇、村庄以及远离大陆电网的海上岛屿、石油钻井平台等负荷，其负荷容量通常为几兆瓦到数百兆瓦，且日负荷波动大。由于输电能力及经济性等因素，限制了向这些地区架设交流输电线路。由于负荷容量达不到 HVDC 的经济输电范围且负荷网络为无源网络，因此也限制了 HVDC 输电线路的架设。对这些偏远地区负荷供电，往往要在当地安装小型发电机组。这些小型机组不但运行费用高、可靠性难以保证，而且通常会破坏当地的环境。采用 VSC-HVDC 技术向无源网络供电不受输电距离的限制，几兆瓦到数百兆瓦的输电功率也符合 VSC-HVDC 的经济输电范围。因此从技术和经济性角度，采用 VSC-HVDC 技术向这些负荷供电是一种理想的选择。

（6）城市配电网增容改造。一方面，随着大中型城市用电负荷的迅猛增长，原有架空配电网络的输电容量已经不能满足用电负荷需求。然而，由于空间的限制，增加新的架空输电走廊代价很高。另一方面，交流长距离输电线路对地有电容充电电流，交流远距离地下电缆输电会产生较大的电容电流，需要添加相应的无功补偿装置，如并联电抗器。VSC-HVDC 可采用地埋式电缆，既不会影响城市市容，也不会有电磁干扰，而且适合长距离电力传输。采用 VSC-HVDC 向城市中心供电有可能成为未来城市增容的最优方案。

表 2–3 对电力电子技术在智能电网中的应用进行了小结。

表 2–3   电力电子技术在智能电网中的应用

大功率电力电子装置	接入电网方式	能控制的电网参数	应 用 功 能
SVC、CSR、STATCOM	并联接入	节点无功、电压	无功补偿，电压控制，阻尼功率振荡，缓解次同步谐振（振荡），预防电压崩溃，提高系统的静态和暂态稳定性，改善系统的动态性能；（SVC、STATCOM）补偿负荷三相不平衡、抑制电压波动与闪变
TCSC、SSSC、IPFC	串联接入	线路等效阻抗、压降	潮流控制，电压控制，提高电网传输能力，限制短路电流，阻尼系统振荡，抑制次同步谐振（振荡），预防电压不稳定，并联的多回线路间潮流合理分配（IPFC），提高系统的静态和暂态稳定性，改善系统的动态性能
UPFC	串并联混合接入	节点电压、线路等效阻抗及两端功角差	精确控制串联线路的有功和无功潮流，同时提供可控的并联无功补偿，主要应用于优化系统潮流、阻尼系统振荡、提高系统稳定极限、增加系统稳定运行裕度
VSC-HVDC	两端接入不同系统	节点有功、无功、电压	孤岛供电，城市配电网的增容改造，交流系统间的互联，大规模风力发电场并网
DSTATCOM、APF	并联接入	—	补偿电压波动与闪变、谐波电流、负荷三相不平衡
DVR、SSTS	串联接入	—	补偿电压暂升、暂降、瞬时电压中断，为敏感负荷供电
UPQC	串并联混合接入	—	补偿电压暂升、暂降、瞬时电压中断、谐波电流和谐波电压、电压波动与闪变、系统不对称、负荷三相不平衡

第三节 超 导 技 术

高温超导材料的发现及高温超导线材等的制造技术日益成熟，为超导技术在智能电网中的实际应用奠定了基础。目前世界上已开发出超导电缆、超导限流器、超导磁储能、超导变压器、超导电机（电动机和发电机）、超导无功补偿设备等许多种电力系统实用产品，以下分别予以介绍。

一、超导电缆

超导输电电缆具有载流能力大、损耗低和体积小的优点，是解决大容量、低损耗输电的一个重要途径。超导电缆采用高电流密度的超导材料作为电流导体，其传输容量将比常规电缆高 3～5 倍。随着大城市用电量的日益增加，高压架空线深入城市负荷中心将受到许多限制。在这种情况下，采用超导电缆输电具有明显的优势。此外，超导电缆在结构上还可以使其磁场集中在电缆内部，防止对环境的电磁污染。

1. 超导电缆的分类与结构

按采用超导材料不同，超导电缆分为低温超导电缆和高温超导电缆。低温超导电缆的导电层采用低温超导线材，通常由 NbTi/Cu（其中铜 Cu 作为基体）或 Nb_3Sn/Cu 复合超导线制成。由于 NbTi 的临界温度是 9.6K，Nb_3Sn 的临界温度是 18.2K，因此低温超导电缆必须在液氦温区下运行。高温超导电缆的导电层通常采用 Bi2223 带材，临界温度约为 110K，因此可以在液氮温区下运行，其结构相对低温超导电缆要简单。

按其输送电能形式不同，超导电缆分为直流超导电缆和交流超导电缆。直流超导电缆由于超导材料处在超导态时几乎没有电阻，输电时只有电流引线和低温制冷部分有电能损耗。交流超导输电电缆由于超导材料在通电时将会产生交流损耗和绝缘层介质损耗等，因此其热损耗要比直流超导电缆大。

按绝缘方式不同，超导电缆还可分为热绝缘超导电缆和冷绝缘超导电缆。热绝缘超导电缆（如图 2-24 所示）的电绝缘层是处在电缆的常温区，因此可以采用常规电缆的电绝缘材料和技术。这种结构所用的导线量较少，但电感、损耗均较大，由此冷却站的间隔较小。冷绝缘超导电缆的绝缘层是处在低温区，同时由于需要屏蔽磁场，而其屏蔽层通常采用超导材料

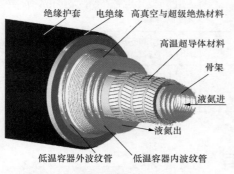

绝缘护套　电绝缘　高真空与超级绝热材料
高温超导体材料
骨架
液氮进
液氮出
低温容器外波纹管　低温容器内波纹管

图 2-24　热绝缘高温超导电缆示意图

并处在低温区，因此电缆所用超导材料要比热绝缘超导电缆多，同时低温绝缘材料和技术也不如常温绝缘技术成熟。但相对热绝缘超导电缆，冷绝缘超导电缆传输损耗较小。

与常规电缆一样，超导电缆也可分单相超导电缆和三相超导电缆。与常规三相电缆一样，三相超导电缆也有三相同轴电缆和三相同心电缆。它是将具有各自导体层和电绝缘的 3 根单相电缆组装在同一低温容器中，其电绝缘采用冷绝缘方式，结构紧凑、尺寸小。该电缆各相的磁场被高温超导屏蔽导体所约束，对外界无电磁污染，同时电缆各相之间也无相互作用的磁场，不会引起超导线临界电流退化和附加损耗，但屏蔽导体在通电时将产生交流损耗。三相超导电缆也可由 3 根独立的单相超导电缆组成，既可以采用冷绝缘，也可以采用热绝缘，但需要 3 个单独的低温容器。

超导电缆主要由电缆本体、终端以及低温制冷装置组成。超导电缆本体包括电缆芯、电绝缘和低温容器。电缆芯是由绕在不锈钢波纹管骨架上的导体层组成，装在维持液氮温度的低温容器中，低温容器两端与终端相连。电缆芯导体层的高温超导带材在终端通过电流引线与外部电源或负载相连接。电缆芯的导体层是由多层高温超导带材在骨架上绕成。导体层间缠绕绝缘带，以降低电缆因电磁耦合引起的交流损耗。电缆的低温容器具有高真空和超级绝热的双不锈钢波纹管结构，这种结构保证了高温超导电缆的可柔性和保持夹层高真空度。对低温绝缘电缆，电绝缘包在导体层外侧，与导体层同处低温环境中。对热绝缘电缆，电绝缘处在低温容器外侧，在绝缘层外再加电缆保护层。

终端是高温超导电缆与外部电气部件连接端口，同时也是电缆低温部分与外部室温的过渡段，因此要求终端有很好的热绝缘，以保证超导电缆整体热损耗最小。同时，低温冷却装置还要通过终端冷却超导电缆芯的超导带材，保证超导带材能在设计的运行温度下运行。由于超导电缆本体将在一定的电压下运行，因此也要求终端有相应的绝缘水平。

终端中连接超导带材和外部电源或负载的电流引线不仅传导输送电流，而且其两端分别处在室温和低温环境中。为了减少通过电流引线对低温环境的漏热，在设计电流引线时要求电流引线热传导最小，同时又要求通电时焦耳热损耗也最小。一般导电材料电阻越小，则导热系数越大，即电流引线的导热与引线长度成反比、与截面成正比。而电流引线的焦耳热与截面成反比。因此必须对引线设计进行优化。同时，还应尽可能减小电流引线与导体层的超导带材连接处的焊接电阻，以降低通电时产生的焦耳热损耗。还要指出的是，为工程及维修等需要，导线本身还可能有接头，这种接头技术也是相当复杂的。

2. 高温超导电缆的导体层和电缆的损耗

目前高温超导电缆主要是采用银包套 Bi2223 带材作为通电导体。实用的 Bi2223 带材的尺寸为（0.2～0.3）×（4～5）mm^2，其临界电流为 70～180A（77K、0T），长度可达数百米到 1000m。表 2–4 给出美国生产的不锈钢加强的 Bi2223 带材在 77K、0T 下的主要性能参数。

表 2–4　　　　　　　　　　Bi2223 带材在 77K、0T 下的主要性能

主要性能	参　　数	主要性能	参　　数
带材厚度（mm）	0.32 ± 0.02	临界电流 I_{c0}（A）	≥115
带材宽度（mm）	4.8 ± 0.2	临界拉应力（$I_c/I_{c0}=0.95$）（MPa）	≥230
单带长度（m）	100	临界拉应变（$I_c/I_{c0}=0.95$）（%）	≥0.3
密封性能（h）	16（10 个大气压、液态 N_2）	弯曲直径（$I_c/I_{c0}=0.95$）（mm）	≥70

输电电缆一般传输电流都比较大，因此采用 Bi2223 带材作为高温超导输电电缆的通电导体时就必须用多根 Bi 系带材并联运行。为了防止电缆因冷却时产生冷收缩应力而损坏带材，可以设定的螺旋角度在骨架上将 Bi2223 带材绕成螺旋形结构。同时为了消除电缆的轴向磁场，并降低自场效应引起的超导带材临界电流的退化，可设置导体层相邻层的带材绕向相反。

对于电力应用的交流超导输电电缆本体，虽然其电阻几乎为零，没有焦耳热损耗，但当它传输交流电流或处在交变磁场中时，变化的磁场在超导体中将感生电场而引起损耗，即所谓交流损耗。交流损耗一般可分为磁滞损耗、涡流损耗和耦合损耗等。

高温超导电缆的热损耗还包括电流引线的热传导与焦耳热损耗、超导带材与电流引线焊接点的热损耗、热绝缘的热泄漏、电绝缘的介质损耗以及低温冷却装置的功率损耗等。应通过超导电缆的优化设计和改善加工工艺来降低超导电缆的交流损耗和其他热损耗，这对超导电缆的实用化有很大的意义。

需要注意的是，高温超导电缆在超导体处于超导态时不仅电阻很小，电感也

比常规电缆小很多，只是电容处于同一量级。表 2-5 列出了 120kV 级输电线参数比较。

表 2-5　　　　　　　　　　120kV 级输电线参数比较

输电线	电阻（Ω/km）	电感（mH/km）	电容（nF/km）
冷介质高温超导电缆	0.000 1	0.06	200
常规交联聚乙烯电缆	0.03	0.36	257
常规架空线	0.08	1.26	8.8

3. 超导电缆冷却系统

目前高温超导电缆普遍采用 Bi2223 超导带材作为电缆的导体层，低温技术为超导应用提供最基本的低温运行条件，因此冷却系统是超导电缆系统的一个重要且不可分割的部分。目前普遍采用液氮作为其冷却介质，因为氮在 1 个标准大气压下的沸点是 77K，低于 Bi2223 的临界温度 110K，氮的液化技术成熟、价格低廉，同时由于氮是空气的主要成分，氮气的泄漏不会带来环境问题。

高温超导电缆的液氮冷却基本原理是利用过冷液氮的显热，将高温超导电缆产生的热量带到冷却装置，通过液氮冷却装置冷却后，再将过冷液氮送到高温超导电缆中去，形成液氮在闭合回路的循环过程。

通常采用过冷液氮循环迫流冷却方式，其制冷也有各种不同的方式，如采用常压沸腾获取冷量（如浸泡冷却方式），抽空减压降温制冷方式，还有采用低温制冷机作为低温冷源，例如小型 G-M 制冷机、斯特林制冷机、逆布雷顿循环制冷机。

这里特别需要指出的是，由于超导电缆每隔一定距离需设置 1 个冷却站，且该距离受冷却剂温度、压力等限制不能太长，一般不超过 500~1000m，由此所产生的设备投资增加、运行维护成本增加、可靠性下降等问题阻碍了超导电缆在远距离输电中的应用。

4. 高温超导电缆的应用

高温超导电缆具有电流密度高（比常规电缆约高两个数量级）和损耗低（包括冷却系统损耗，约小于常规电缆的 50%）的优点，因此它在电力应用领域有广泛应用前景。

（1）城市地下输电电缆。大城市建筑密集，高压架空输电线不易深入到城市负荷中心，往往通过地下输电电缆来输送电能。随着城市不断发展和负荷增加，城市中现有的一些地下输电电缆容量已达饱和，只有铺设新的地下输电电缆，才能增加输电功率，但这又受到现有电缆沟容积有限、新建电缆沟投资庞大、工程实施困难的限制。若采用高温超导电缆替换原有的常规电缆，则在现有城市地下电缆沟容积不变的情况下，即可将输电容量提高 3～5 倍，是提高城市输电能力的有效方法。

（2）发电厂、变电站、金属冶炼工业的大电流母线。目前，发电厂和变电站的大电流母线都采用常规导体做母排，由于电流大，因此焦耳热损耗很大；冶炼工业一般耗电量都非常大（如炼铝工业），一般都采用低压大直流电流供电，电源与电解槽之间距离不长，但由于电流大（如达几万安甚至十几万安），因此母排损耗非常大。若采用高温超导电缆做这些场所的大电流母线，可以大大降低电能损耗和节省厂房面积。

二、超导故障电流限制器

当电力系统发生短路故障时，会产生很大的短路电流，过大的短路电流将会使系统中的一些重要设备受到损坏，特别是开关、变压器等类设备。随着电力系统的扩展，发电机和负荷数量不断增加，且电网互联越来越紧密，系统的短路容量也越来越大，故障短路电流呈不断上升的趋势，有时往往超过了高压开关的遮断容量。如果将系统中原有的开关或其他设备更换掉，既不合理也不现实，因而解决的办法只有限制短路电流。目前采用的减少短路电流的方法和措施主要为常规的电网技术，包括：停运电网中的某些线路；减少某些 500kV 枢纽变电站的出线回路数；打开母线分段开关，使母线分段运行；解开与 500kV 线路并行的下一级 220kV 线路，使下一级 220kV 网分片运行；采用线路加装串联电抗器和提高电厂升压变压器的短路阻抗；研究大电源的接入方式，电厂的部分机组接入 500kV、部分机组接入 220kV 系统，以减少大电厂对 500kV 系统短路电流的贡献；远距离电源的受电采用高压直流输电技术；采用 FACTS 技术抑制短路电流等。以上措施可能会带来一些副作用和不利的影响，如造成电网输电线路上的潮流不均匀、降低了网络运行的灵活性、加大了线路阻抗、使电网变脆弱、降低了电网安全稳定运行性能等。

故障电流限制器（简称限流器）的作用是在电力系统发生短路故障时将故障电流限制在一定的水平。20 世纪 80 年代中期，高温超导材料的发现为此后采用高温超导材料的限流器开辟了广阔的应用前景。尽管从 20 世纪 90 年代初期就已开始研制高温超导故障电流限制器，并已有各种类型的产品。

大多数超导限流器是利用超导体的超导态–正常态转变的物理特性和一些辅助部件，在电力系统中出现故障时产生一个适当的阻抗来实现其限流功能。故障消失后，超导限流器会自动复位。

超导限流器在电网中可以安装在许多适当的地方（如图 2–25 所示），如发电厂、变压器、馈线等与母线的连接处、母线间的连接线上等。使用限流器的好处在于可减小短路电流避免设备损坏、保持母线的联络、增加电网运行的灵活性、提高电网运行的稳定性能等。

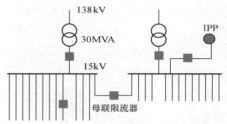

图 2–25　超导限流器在电网中的应用位置

目前世界上已有多种超导限流器产品，多数为电阻型，这主要是因为电阻型结构最为简单、设计比较紧凑、产品体积小、重量轻。超导限流器在电力系统中的作用是很明显的，但就目前的技术水平而言尚限于在中低压电网中使用，高压电网中的产品（>300kV）有待于进一步开发。此外，还有些因素影响了它的推广应用。一是由于它目前使用的材料价格较高，故产品的成本很高，产品价格较难被电力用户所接受，如果在不久的将来采用第二代超导材料如 YBCO（$YBa_2Cu_3O_7$），材料价格有望下降至第一代的 $1/4 \sim 1/2$，则广泛应用便有可能。二是如果限流器在故障时失超，超导体的温度将上升，而且上升温度与故障持续时间有关，有关文献曾进行过分析计算，若故障持续时间为 0.1、0.2、0.3s，则电阻型高温超导线圈的温度峰值将分别达到 180、250K 和 310K，YBCO 材料的转移温度为 90K，因此必须将导体的温度保持在 85K 以下，超导线圈的温度下降可能需要几分钟，由此影响了电力系统中自动重合闸的使用，解决的方法为采用其他特殊结构和类型的超导限流器，而不采用电阻型高温超导限流器。此外，由于限流器的阻抗变化可能对采用距离保护的继电器产生一定的影响，需要进行研究并选择其他类型和原理的继电保护。三是常规的电力系统技术正在不断发展，目前正在开发用于 500kV 系统的电力电子型产品，预计不久有可能获得实际应用，它们将成为超导限流器的有力竞争对手。

三、超导磁储能系统

超导磁储能（Superconducting Magnetic Energy Storage，SMES）利用超导体制成线圈，由电网供电励磁而产生的磁场进行储存能量。这是一种不需要经过能量转换而直接储存电能的方式，超导磁体中储存的能量如下

$$W = (1/2) \times LI^2 \qquad (2–4)$$

式中：W 为线圈中储存的能量，J；L 为线圈的电感，H；I 为线圈的直流电流，A。如线圈采用常规的导线绕制，则线圈中所储存的能量 W 将很快在线圈及回路的电阻上消耗掉；如线圈采用超导线绕成并维持超导态，则线圈中所储存的能量几乎可以无损耗地永久储存下去直到需用时再释放出来。SMES 装置中储存的能量与其磁场强度 B 的平方成正比，因此增加磁场强度可大大地增加储存的能量，或可减小装置的尺寸。

1970 年美国发明了用超导电感线圈和三相 AC/DC 格里茨桥路组成的电能储存系统，由此开始了超导磁储能系统的研究。

美国最早开始研究用于电力系统的超导磁储能装置，1976 年开始设计和建造用于阻尼电力系统振荡的 30MJ 的超导磁储能装置，尽管该装置容量很小，储存能量仅为 8.33kWh，但其瞬时功率可达 10MW。该系统于 1980 年在美国 BPA 公司的 Tacoma 变电站投入运行，起到了阻尼太平洋西海岸多回平行交流联络线 0.3Hz、振幅高达 300MW 的低频振荡的作用。但由于设备制冷方面的缺陷，以及与交流输电线并行的容量为 1400MW 的高压直流输电线的功率调制功能能更好地解决并行交流输电线的低频振荡问题，后来该系统停运。

最初，由于认为利用 SMES 可满足电力系统中大规模调峰的需求，故早期的超导磁储能研究和设计集中于存储能量在 500MWh 以上的超导线圈。1987 年，日本设计了用于系统调峰的 5000MWh/1000MW 超导磁储能系统。同年，美国提出了"超导磁储能工程试验模型"（ETM-Engineering Test Model）计划，其目标在于建造一个全尺寸的超导磁储能装置用于军事目的和电力系统。根据设计，该装置储能为 73.5GJ（20.4MWh）、线圈直径 129m、高 7.51m、电感 3.67H、工作电流 200kA、超导磁储能线圈总质量 334t。

大型超导磁储能计划的实施需要庞大的经费支持，故最终停留在预研和设计阶段。随后的研究目标转向微小型超导磁储能（micro-SMES 或 μ-SMES）装置。微小型超导磁储能装置具有响应时间快的特点，尽管储能容量不大，但能在短时

间（如 100ms）内释放其储存的全部能量，控制系统甚至可设计成几毫秒内完成全功率充电和放电，因此它的功率仍可达几百兆瓦，可满足电力系统对电能质量的要求。目前世界上已有美国、日本、德国、中国等国家开发出各种容量的微小型超导磁储能装置，其中绝大部分为低温超导磁储能装置。

电压瞬时性波动在许多电网中存在并有逐渐增多的趋势，工业中越来越多地大量使用各种电子类设备、仪器和控制装置，这些装置对瞬时性电压波动特别敏感，由此可能造成生产过程中断、产品质量下降，造成经济损失。由此，采用微型超导磁储能来改进电网电能质量越来越引起人们的兴趣，这需要各种实用化的超导磁储能装置，以供电力系统应用选择。目前，使用 NbTi 等低温超导材料，储能 0.1～10MJ，输出功率 80kVA 到 10MVA 的 SMES 已成为超导磁储能工程的主流。

世界上第一个商业化的超导磁储能装置于 1990 年开发完成，它可储能 0.3kWh，输出功率可达 1MW。目前，一系列微型超导磁储能装置达到商业化水平，这些装置储能 1～3MJ，输出功率可达 2.5MW，用于满足电力系统电能质量控制的各种需求。

1996 年 6 月，美国开发了第一套基于高温超导材料的超导磁储能系统，它采用 Bi2223 带材制作螺线管线圈。与采用 NbTi 材料的超导磁储能系统相比，高温超导材料制成的超导磁储能装置并不采用冷却剂，而是用 G-M 制冷机来取代。它的工作电流在 25K 时为 100A，这种磁体从 0A 充电到 200A 只需 2s，而从 200A 放电到 0A 也只需 2s。尽管它的容量还很小，但它是开发大型装置的良好起点。

表 2-6 比较了采用 NbTi、Nb_3Sn 和高温超导材料 Bi2223 的超导磁储能线圈在制造和性能等方面的差异。

表 2-6   不同材料超导磁储能线圈的对比

参　　数	NbTi（4K）	Nb_3Sn（10K）	Bi2223（20K）
线圈制造难易度	中等	复杂	复杂
J（T，B）依赖度	好	很好	差
冷却方式	液冷	传导冷却	传导冷却
带材消耗	中等	中等	高
稳定性	差	中等	好
失超分析	易	易	复杂

续表

参　　数	NbTi（4K）	Nb₃Sn（10K）	Bi2223（20K）
线圈保护	易	中等	复杂
商业化程度	是	否	否

美国威斯康星州电网有 7 个可移动分布式超导磁储能（Distributed-SMES，D-SMES）装置，主要用于当电力系统失去部分线路时提高系统的性能。每个装置的容量为 3MJ，能提供约 1s 3MW 有功和连续的 8Mvar 无功。这种设备的关键部件是功率控制系统，它采用 IGBT 及完全的四象限控制。功率控制系统逆变器瞬时过负荷能力为 2 倍有功和 2.3 倍无功，因此，其动态输出可以高达 6MW 和 18.4Mvar。

由于超导磁储能装置的成本还较高，技术上仍有一些问题有待解决，容量暂时还较小，因此目前应用主要限于电能质量控制，而未用于负荷调平（Load Leveling）、系统稳定等大规模、长时间、高功率的能量储存。美国学者认为尽管目前大多数实际应用的 SMES 系统均为容量较小的 μ-SMES 装置，但由于 SMES 的输出可以做得很大，当输出功率超过 100MW 时，其性能与其他储能装置相比有很大的优越性，主要可用于解决电力系统的稳定问题，若将其与 FACTS 装置配合起来应用，则将获得更好的效果。

1995 年，我国研制出 25kJ/5kW 超导磁储能样机；2005 年，完成 2.5MJ/1MW 超导磁储能样机；同年，研制成功了我国第一套 35kJ/7kW 直接冷却高温超导磁储能样机。全部采用国产高温超导带材。上述装置均为实验室产品，离商业化水平尚有一定距离。

四、超导变压器

1. 超导变压器结构和原理

超导变压器结构介于常规油式变压器和干式变压器之间，超导绕组置于存有低温介质并由非金属材料制成的杜瓦中，该杜瓦为环形结构，中心留有处于室温的孔，以便铁芯穿过。铁芯为常规硅钢片，在室温环境下工作。低温介质起冷却和绝缘作用。由于变压器是静止的电力设备，因此低温冷却问题相对容易解决。超导变压器的结构如图 2-26 所示。

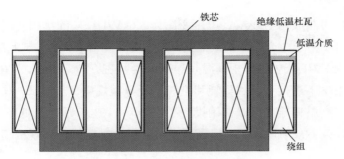

图 2-26 超导变压器结构示意图

与常规变压器相比，超导变压器具有体积小、重量轻、占地面积小的优点，兆伏安级超导变压器的质量仅为常规变压器的40%以下。常规变压器的功率消耗大致一半为铁芯的磁滞损耗，另一半则消耗在绕组导线上。由于超导变压器的体积减小，则铁芯的磁滞损耗也减小。超导变压器还具有很大的过负荷能力，至少可承受2倍的设计工作电流，且不会向常态转移，尽管过负荷时对制冷有一定的要求，但不会影响变压器寿命。此外，还有降低漏电抗、提高效率、改善电力系统稳定性的优点。

2. 超导变压器的研发进展

20世纪80年代初，法国首先研制出极细丝（丝径小于1μm）扭绞低温超导线并附以铜镍等高电阻值基底材料的复合实用超导线，使得交流损耗大幅度降低。同时，随着低温技术的发展，制冷技术日臻完善，超导变压器的应用研究重新提到议事日程上来。同时期，日本研制出550kVA单相低温超导变压器，法国研制出220kVA单相低温超导变压器，电压变比为600V/1040V，铁芯磁密为1.8T，质量约为100kg，仅为同容量常规变压器质量的1/10。

1986年底液氮温区高温超导体的发现，使人们对采用高温超导材料的高温超导变压器产生了极大兴趣。近年来，随着第一代高温超导Bi2223/Ag多芯带材和第二代YBCO高温超导带材的研究进展，很多国家相继开展了高温超导变压器的应用开发研究，并取得了重大进展。

1996年，日本研制成功500kVA单相高温超导变压器，电压变比为6.6kV/3.3kV，电流变比为76A/152A。在77K温度下运行时，效率达到99.1%；而在66K下运行，容量为800kVA，效率达到99.3%。1997年，瑞士和美国率先研制成功三相容量为630kVA，电压变比为18.7kV/0.42kV，电流变比为11.2A/866A的配电系统高温超导变压器，并在瑞士日内瓦电网挂网运行。

德国自从研制成功 100kVA、电压变比为 5.6kV/1.1kV 的单相高温超导变压器之后，继续研发用于电力机车的高温超导变压器，并于 2001 年试制成功 1MVA、电压变比为 25kV/1.4kV 的单相高温超导变压器（包括冷却系统），并在 67K、50Hz 及 67K、16.7Hz 下进行了负载损耗和空载损耗等常规电、热测试。与常规机车用变压器相比，高温超导变压器初始投资高 70%～110%，质量降低了 50%，体积减小了 40%，效率从 90%～95%提高到 99%，能量损耗只有常规机车用变压器的90%。

美国于 1998 年 5 月研制成功 1MVA、电压变比为 13.8kV/6.9kV 单相高温超导变压器。

此外，英国与法国共同设计了 41kVA、电压变比 2.1kV/0.4kV 的单相高温超导变压器。该变压器磁路采用冷铁芯结构，一次绕组采用第一代高温超导线 Bi2223 带材，而二次绕组采用 60m 长的第二代高温超导线 YBCO 带材。

2005 年 11 月，由中国研制成功的容量为 630kVA、电压变比为 10.5kV/0.4kV、电流变比为 35A/910A 的三相高温超导变压器在新疆昌吉市并网试验运行，该变压器采用三相五柱式结构的非晶合金铁芯。

五、超导电机

超导电机是用超导线绕制电机的励磁绕组或电枢绕组，以替代常规的铜导线。由于超导线的电流密度要比常规铜导线高 2 个数量级，且几乎无焦耳热损耗，因此超导电机的效率更高，整机质量可减少一半或以上。与同样体积的电机相比，超导电机的容量要大许多。

电机的定子绕组是在 50～60Hz 的工频下运行的，若定子绕组采用超导线绕制，则交流损耗将很大，因此以往仅转子绕组采用超导线绕制。随着极细丝的出现，目前也有研制定子、转子绕组全部采用超导材料的全超导电机的趋势。

日本研制的 36.5MW 高温超导电动机质量只有 75t，仅为用常规铜导线制造的同容量电动机质量（300t）的 1/4，体积也可以减半。这种电动机很适合用于船舶（如军舰）上，不但减轻了船舶的自重，有利于航行；而且体积小，具有高度的设计灵活性；同时为超静音设计，减小了噪声。美国也已制造出用于船舶推动系统的 5MW 高温超导电动机。

1996 年 2 月，美国成功试验了四极 1800r/min 的同步发电机，该电机采用高温超导绕组，在 27K 温度下运转，连续输出功率为 150kW。同年 8 月底，美国开发了前期商品化的原型机——3.7MW 高温超导电动机。该电动机与可调速驱动组合,能匹配电动机的各种转速以适应负荷变化的需要。电动机运行在 77K 时,制冷损耗对效率的影响约为 0.1%,净效率提高 1.9%;运行在 30K 时,净效率提高 1.7%,这对于大型的高温超导发电机和电动机,总的经济效益是非常可观的。

美国高温超导(HTS)电动机研究工作还包括:

(1)5hp HTS 电动机。1995 年 6 月完成研制工作,目的是进行电动机概念的检验。

(2)200hp HTS 电动机。它是在 5hp HTS 电动机的基础上完成制造,1996 年成功地进行了演示。

(3)1000hp HTS 电动机。它是交流同步空心电动机,其 4 套 HTS 绕组用低温冷却,取消了传统电动机用的铁芯,比传统绕组有更强的磁场。质量和体积均为传统电动机的 1/2,将给舰船带来巨大的效益。

(4)5000hp HTS 电动机。这是世界上第一台工业用 HTS 电动机,采用 Bi2223 高温超导材料励磁绕组,用 G-M 低温制冷机冷却,在 68K 下工作。建造这台电动机是为了验证 HTS 电动机的励磁绕组、高效制冷系统和淡水冷却定子等技术的可行性。为将来舰船采用功率比 5000hp 更大的推进电动机的设计、制造和检验做准备。

(5)2002 年 2 月,美国开始 6500hp HTS 电动机的设计与制造,该电动机运转速度为 230r/min,其扭矩比 5000hp、1800r/min HTS 电动机的大 10 倍。2003 年 3 月 24 日,该电动机完成最后组装并在英国进行了空载工厂试验。通过 IEEE 115 开路和短路试验,测定了电动机参数,它们与计算的数值十分符合。该电动机的体积和质量分别为相同额定功率和扭矩的传统电动机的 1/3 和 1/2,并具有更高的燃料利用率和较低的维修成本。

(6)2003 年,美国批准建造下一代海军战舰推进系统 HTS 电动机,其额定功率为 49 000hp,电机质量大约为 75t,而传统的感应电动机(相同扭矩)的质量约为 200t。

1987 年,日本研制出 70MW 级的低温超导发电机。1999 年,该发电机通过 77kV/6.6kV 变压器与 77kV 电网成功地并网运行,创造了单机最大功率 79MW 及连续运行时间达 1500h 的超导发电机世界纪录,并验证了作为调相机运行对稳定电压的效果,主机和辅机(制冷系统)的可靠性及对高次谐波的吸收效果。

六、超导无功补偿装置

美国开发了名称为 SuperVAR 的动态同步调相机（Dynamic Synchronous Condenser），图 2-27 示出了 8MVA 原型动态同步调相机样机的总装图。它的核心部件实际上为转子绕组采用高温超导线绕制的同步发电机，其线电压为 13.8kV。2006 年，5 台 12MVA 的 SuperVAR 安装在田纳西流域管理局（TVA）电网中进行并网试验。这种装置具有快速的动态无功响应和电压支持能力，因损耗小而降低了运行费用，装在移动的车辆上便于安装，维护工作与常规的同步调相机类似。可将该设备应用于解决电能质量问题，如抑制电弧炉的电压暂态变化、进行风电场的电压支持等，还可提高电网的稳定性能。

图 2-27　SuperVAR 动态同步调相机的示意图

第四节　仿真分析及控制决策技术

电网仿真分析及控制决策主要任务是对电网状态进行分析、决策、控制，保障电网安全、可靠、经济运行，它相当于智能电网的"大脑"功能。下面从数字仿真、可视化、控制决策等方面来阐述有关关键技术。

一、数字仿真技术

电力系统仿真是根据实际电力系统建立模型，进行计算和试验，研究电力系统在规定时间内的工作行为和特征。它在电力系统研究、规划、设计、运行、试验和培训中发挥着重要作用。

早期的仿真技术受到计算机技术的制约，一般采用基于相似原理的物理仿真，将电力系统实际元件成倍缩小到真实物理元件进行模拟，即通常所说的动态模拟。动态模拟能够真实反映试验元件的物理特性，但其仿真规模较小，应用受到一定限制。

随着数值计算和计算机技术的进步，用数学模型代替物理模型成为可能。将电力系统中的旋转元件（发电机等）采用微处理器或者数字信号处理（DSP）芯片等进行仿真，其他元件如直流换流阀、输电线等仍采用基于相似原理的物理模型进行模拟，称为数模混合仿真。而将电力系统的全部元件均采用数字模型进行模拟，称为数字仿真。

与动态模拟、数模混合仿真相比，数字仿真不再受限于物理模型规模的限制，适用于大型电网的仿真分析和试验研究，已成为电网规划、运行、科研等领域不可缺少的工具。

（一）数字仿真技术分类

1. 频域仿真与时域仿真

根据仿真变量的不同，电力系统数字仿真可分为频域仿真和时域仿真。

频域仿真着重分析电力系统在频域下的响应情况，用于研究低频振荡、次同步振荡等。频域仿真一般将电力系统数学模型线性化，利用特征向量和特征值研究系统在某个稳定运行点附近的小干扰特性，分析系统的振荡模式、稳定性等。

时域仿真着重分析电力系统在时域下的动态过程，建立基于联立微分与代数方程组的系统模型，利用数值积分法，如隐式积分法、改进欧拉法、龙格–库塔法等，求取在给定扰动下系统状态量和代数量随时间变化的曲线，从而分析系统的稳定性。

2. 机电暂态仿真、电磁暂态仿真和中长期动态仿真

根据研究的动态过程不同，电力系统数字仿真可分为机电暂态仿真、电磁暂态仿真和中长期动态仿真。

（1）机电暂态仿真。电力系统机电暂态仿真是使用时域仿真的方法研究电力系统的机电暂态稳定性，即电力系统受到大干扰后，各同步发电机保持同步运行并过渡到新的或恢复到原来稳态运行状态的能力。机电暂态仿真使用时域基波相量模型进行计算，其数学模型为微分–代数方程组，一般采用交替求解法和联立求解法。由于引入了对称分量法（正序、负序及零序系统），机电暂态仿真也可以计算电网的不对称故障。机电暂态仿真对所描述系统的规模一般没有限制，因

此在实际工程特别是对大型电力系统的稳定研究中,得到了广泛的应用。

机电暂态仿真的计算步长通常是 10ms,对于 HVDC、FACTS 等电力电子装置的仿真准确性差,有些物理过程甚至不能模拟。而对于时间常数为百秒级的动态模型,如锅炉模型、核电站模型等,又存在大量的 CPU 计算浪费。

(2)电磁暂态仿真。电磁暂态过程主要指各元件中电场和磁场以及相应的电压和电流的变化过程。电磁暂态过程仿真的主要目的在于分析和计算故障或操作后可能出现的暂态过电压和过电流,以便对相关电力设备进行合理设计,确定已有设备能否安全运行,并研究相应的限制和保护措施。此外,对于研究新型快速继电保护装置的动作原理、电磁干扰以及交直流系统之间的相互影响等问题,也常需进行电磁暂态过程分析。

由于电磁暂态过程变化很快,一般需要分析和计算在毫秒级以内的电压、电流瞬时值变化情况,因此在分析中需要考虑元件非线性、电磁耦合、三相结构不对称,以及计及输电线路分布参数所引起的波过程。因此,在电磁暂态仿真中通常采用瞬时值分析计算。

电磁暂态仿真中,典型的仿真步长为 50~100μs,对于电力系统行波过程等快速暂态过程的仿真分析,需采用更小的仿真步长。受模型与算法的限制,电磁暂态仿真规模不大,进行电磁暂态仿真时一般都要对电力系统进行等值化简,这在一定程度上丢失了电网的一些固有特性。

(3)中长期动态仿真。电力系统中长期动态过程仿真重点研究交直流电力系统遭受诸如使频率、电压、潮流产生较大或者长期持续偏移的严重扰动后动态响应的问题。这些严重扰动可能会引起一些缓慢变化过程甚至保护和控制系统动作等,其响应动作过程往往时间较长,是常规机电暂态仿真所不能模拟的。

中长期动态仿真研究的现象包括热力机组的锅炉动态特性、水轮机机组水管及其阀门的动态特性、自动发电控制、发电和输电系统的保护和控制、变压器饱和特性以及核反应系统的动态响应等。中长期动态仿真通常采用适合刚性变量法的变阶变步长计算方法,计算步长通常从 10ms 到几秒不等。

3. 实时仿真与非实时仿真

根据仿真速度与实际电力系统动态过程响应速度的关系,电力系统数字仿真分为实时仿真和非实时仿真。

实时仿真是指数字仿真计算速度与所模拟动态过程在实际电力系统中的响应速度一致,即数字仿真能够在一个计算步长内计算完成实际电力系统在该段时间内的电力系统动态过程响应情况，并完成数据输入/输出工作，因此能够对实际物理装置进行闭环试验。目前，实时仿真已在电力系统中得到广泛应用，大量应用于继电保护装置、励磁控制器、HVDC 控制系统、FACTS 控制系统的检测和试验研究。常用的实时仿真装置有 RTDS、HYPERSIM 和 ADPSS 等。

非实时仿真是指数字仿真计算速度与所模拟动态过程在实际电力系统中的响应速度不一致，一般数字仿真所需的计算时间比实际电力系统动态过程的响应时间长得多。

4. 离线仿真和在线仿真

根据仿真数据的来源，电力系统数字仿真可分为离线仿真和在线仿真。

离线仿真一般由人工输入离线数据后，根据电力系统模型进行计算。

在线仿真从实际运行电力系统的 SCADA/EMS 中获取实时状态数据，经过状态估计、数据整合后得到仿真计算所需的数据，然后进行仿真计算。

（二）数字仿真技术进展

近年来，HVDC、FACTS、安全稳定装置等应用于电力系统，对电力系统仿真规模和仿真精度提出了更高的要求，推动了电力系统数字仿真技术发展，主要包括以下方面：

1. 机电暂态–电磁暂态混合仿真技术

基于基波相量模型的机电暂态仿真无法模拟 HVDC、FACTS 等电力电子装置的快速瞬变过程以及饱和元件、非线性元件引起的波形畸变；另外，采用瞬时值计算的电磁暂态仿真规模一般不大，等值化简会引入仿真误差。随着电力系统规模的不断扩大和 FACTS、HVDC 设备在电网中的广泛应用，电力系统仿真规模和仿真精度之间的矛盾日益显现，相互独立的机电暂态仿真和电磁暂态仿真均难以满足现代电力系统对仿真的要求，兼顾仿真规模和仿真精度的机电暂态–电磁暂态混合仿真技术得到了较快发展。

机电暂态–电磁暂态混合仿真是指在一次仿真过程中将计算对象的电网拓扑按照需要分割成机电暂态计算网络和电磁暂态计算网络分别实施计算，通过电路连接界面（即接口上的数据交换）实现一体化仿真过程。实现电力系统机电暂态–电磁暂态混合仿真，一方面扩大了电磁暂态仿真的规模，另一方面也为电磁暂态网络的仿真分析提供了必要的系统背景。采用机电暂态–电磁暂态混合仿真技术进行工程分析和应用，既能避免由于仿真规模限制而产生的系统等值工作量，又能大大提高系统分析研究的准确度，对于研究交直流互联系统、大功率电力电子设备对系统运行的动态影响等都将起到切实作用。

机电暂态–电磁暂态混合仿真的基本原理如图 2–28 所示，系统中常规交流部分的动态响应过程相对较慢，故采用机电暂态程序仿真；而对需要进行详尽研究的局部区域或特定元件，则采用更为精确的电磁暂态程序仿真。在混合仿真中，当一侧进行仿真时，另一侧采用合适的等值电路来代替，数据交换只发生在机电暂态步长点，即每隔一个机电步长的时间两侧交换一次数据。

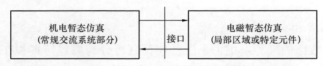

图 2–28　机电暂态–电磁暂态混合仿真原理示意图

混合仿真的关键是机电暂态仿真和电磁暂态仿真的接口设计。由于机电暂态仿真和电磁暂态仿真在模型处理、积分步长、计算模式上的不同，必须选择适当的接口方式和接口位置，在本侧网络计算中充分考虑对侧网络信息，从而保证仿真的数值稳定性和准确性。

2. 分网并行计算技术

电力系统仿真的对象是整个大系统而非孤立元件。现阶段，大型电力系统仿真计算规模已达到上万个节点和支路，对数字仿真建模、仿真规模和计算速度的要求不断提高。随着电力系统分网并行计算算法以及计算机软硬件技术的发展，对大规模电力系统进行实时和超实时仿真成为可能。分网并行计算是将大规模电力系统分割为若干子网，每个子网交由不同的计算单元进行仿真，子网间在仿真过程中交换必要的数据，从而实现各个子网的并行计算，如图 2–29 所示。分网并行计算可大大提高仿真速度，目前基于分网并行计算的机电暂态仿真可以实时甚至超实时仿真 10 000 节点以上规模的电力系统，基于分网并行计算的电磁暂态仿真可以实时仿真数百个节点以上规模的电力系统。随着分网并行计算算法的发展和计算机处理能力、网络通信能力的进一步提高，电力系统并行仿真性能将进一步提升。

近年来，中国电力科学研究院自主研发了世界上首套可模拟大规模电力系统（1000 台机、10 000 个节点）的全数字实时仿真装置 ADPSS。该装置基于高性能机群服务器，采用了机电暂态–电磁暂态混合仿真、分网并行计算等技术，仿真规模远远超过其他实时仿真系统，如图 2–30 所示。目前，该装置已在大规模交直流互联系统运行分析、控制保护装置闭环试验等方面得到广泛应用。

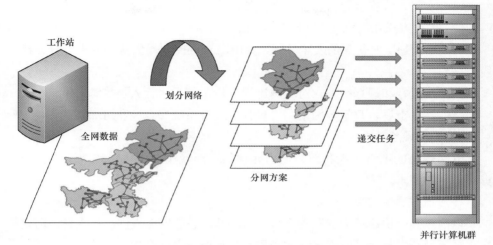

图 2-29　大规模电力系统并行仿真示意图

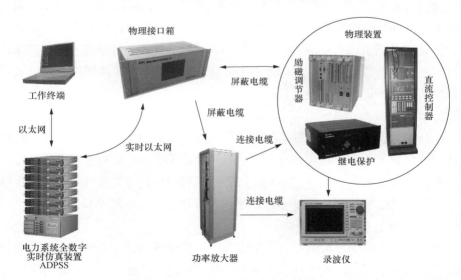

图 2-30　基于 ADPSS 的物理装置闭环试验示意图

（三）智能电网对数字仿真技术的需求

　　智能电网需要电力系统仿真提供预测和决策支持能力，能够即时跟踪系统状态并对电力系统运行趋势进行预测，对决策措施进行模拟。为此，数字仿真应具备如下功能：

（1）实时在线安全分析、评估及预警。

（2）运行方式在线优化（包括能量、需求功率、效率、可靠性及电能质量等）。

（3）基于超实时仿真的安全分析，为电网自愈控制提供基础分析计算支撑手段。

（4）从运行和规划的观点对电网进行分析，并为运行人员推荐方案。

（5）计及市场、政策等因素，定量分析其对系统安全性和可靠性的影响。

（四）发展趋势

电网规模的不断扩大和新型电力元件的广泛应用对电力系统数字仿真技术提出了新的要求。

1. 快速仿真算法研究

电网是一个快速反应的联动系统，为了及时、准确地提供决策支持，需要解决仿真模型精度与计算时间之间的矛盾，实时评估事件可能引发的联动效应。实现快速仿真主要有 3 个方向：① 进一步研究电力系统建模理论和数值计算方法，针对不同时间尺度的暂态、动态过程，采用多时间尺度联合仿真方法提高计算效率；② 进一步研究并行仿真算法，综合粗粒度、细粒度并行处理方法，提高并行计算效率；③ 跟踪计算机、通信行业的最新进展，将更高效的硬件平台引入到电力系统仿真中，提高仿真速度。

2. 仿真基础数据研究

广域测量技术的出现，将系统发生事故时各节点的电压、电流、频率随时间变化的情况记录下来。结合 SCADA 系统测量记录的故障前稳态数据，故障点、故障形态（故障类型、短路容量）等信息，得到一套完整的基础数据，进行事故仿真分析，如仿真计算与记录不符，通过校核和分析改进模型和参数。

3. 仿真模型研究

以低碳、节能为目标的可再生能源发电、储能等技术正在国内外快速发展，但是其并网后的深层次理论和技术问题仍然需要进一步的研究，重要的研究手段之一就是仿真分析。因此，研究并解决可再生能源发电、储能、以及其他智能电网新设备的仿真建模问题，对于相关技术的实用化推广和智能电网建设具有重要意义。

4. 大规模电力系统数字实时仿真技术研究

现代交直流电力系统越来越庞大，运行越来越复杂，电力系统大量的控制、保护、测量装置（如继电保护装置、直流输电控制装置、安全稳定装置等）都要经过实时仿真试验验证才能投入实际系统使用。在实际中，一般采用动态模拟、数模混合模拟或数字实时仿真装置进行装置闭环试验。但是，目前的实时仿真规模一般不大，在大电网仿真试验时都要进行大规模的等值简化，使实时仿真在大电网仿真研究方面受到了很大限制。进一步研究分网并行计算技术，减少电网的等值简化，将增强对大规模电力系统的全数字实时仿真能力。

二、可视化技术

可视化技术是指将抽象的事物或过程变成图形图像的表示方法。"可视化"一词，来源于英文的"visualization"，原意是"可看得见的、清楚的呈现"，也可译为"图示化"。由于可视化是智能电网辅助分析决策技术的重要内容，所以本节重点介绍与智能电网辅助分析决策密切相关的可视化技术。

电网可视化功能充分利用高级应用软件的分析计算结果，突出显示预警及告警信息，揭示电网的安全运行状况和设备的运行状态，采用罗盘图、表计、饼图、棒图以及等高线等二维、三维图形方式，实现潮流动态流动、线路负载率、电压分布等的图形展示。通过可视化图形展示，可以直接得到揭示电网运行趋势和本质的高层次信息，及时洞察已存在的异常和潜在的事故隐患，加强对电网宏观信息的把握，为电力调度、运行以及管理人员提供直观高效的分析工具。

（一）现状

在可视化技术的发展过程中，出现了科学计算可视化、数据可视化、信息可视化、知识可视化等一系列的分支。

（1）科学计算可视化是指运用计算机图形学或者一般图形学的原理和方法，将科学与工程计算等产生的大规模数据转换为图形、图像，以直观的形式表示出来，并进行交互处理的理论、方法和技术。

（2）数据可视化不仅包括科学计算数据的可视化，而且包括工程数据和测量数据的可视化。现代的数据可视化技术指的是运用计算机图形学和图像处理技术，将数据换为图形或图像在屏幕上显示出来，并进行交互处理的理论、方法和技术。它涉及计算机图形学、图像处理、计算机辅助设计、计算机视觉及人机交互技术等多个领域。

（3）信息可视化是使用计算机支持的、交互性的视觉表示法，对抽象数据进行表示，以增强认知。信息可视化的目标在于从大量的抽象数据中发现一些新的见解，或者简单地使存储的数据更容易被访问。它是将抽象数据用可视的形式表示出来，以利于分析数据、发现规律（信息）和制定决策。可视化的目的是洞察数据，发现信息，做出决策或解释数据。

（4）知识可视化是在科学计算可视化、数据可视化、信息可视化基础上发展起来的新兴研究领域，应用视觉表征手段，促进群体知识的传播和创新，研究视觉表征在提高群体之间知识传播和创新的作用。目标在于传输见解、经验、态度、价值观、期望、观点、意见、预测等，并帮助他人正确地重构、记忆和应用这些知识。

表 2–7 从可视化对象、可视化目的、可视化方式和交互类型 4 个方面对数据可视化、信息可视化与知识可视化进行了比较。

表 2–7　　　　　　　数据可视化、信息可视化与知识可视化的比较

比较项目	数据可视化	信息可视化	知识可视化
可视化对象	空间数据	非空间数据	人类的知识
可视化目的	将抽象数据以直观的方式表示出来	从大量抽象数据中发现一些新的信息	促进群体知识的传播和创新
可视化方式	计算机图形、图像	计算机图形、图像	绘制的草图、知识图表、视觉隐喻等
交互类型	人–机交互	人–机交互	人–人交互

电网可视化是利用可视化技术将电网运行的枯燥数据用动态、灵活、实物化的方式，借助计算机图形化显示技术，为技术人员提供直观可靠的数据展示，通过将数据展示与应用综合分析相结合，使得系统运行人员能够更方便直观地了解当前系统的运行状态，及时洞察存在的异常和潜在的事故隐患，从而采取更有效和更有针对性的运行控制措施，使调度运行从经验型向分析型、智能型发展。

（二）智能电网对可视化技术的发展需求

目前的电网应用系统在日常监视运行时，信息量大、复杂性高，常常会导致信息过载并致使系统处理不及时。在紧急的动态过程中，缺少有效、直观的显示方式来表现复杂、大量的信息，缺少有效的可视化手段对各种应用的计算过程和计算结果进行高效的展示，并进行信息挖掘与智能告警，在系统存在安全隐患时缺少有效手段发现问题和进行预防控制。因此必须提供可视化的图形展示手段，为电力系统的监视控制、智能电网调度、分析、规划等提供保证。

电网可视化实现了电网运行信息从静态、二维平面、孤立数据的展示方式到动态、三维立体、连续图形的展示方式的转变。通过对海量信息的提取、运算，得出对电网实时运行最有价值的决策信息，使调度人员从计算、分析数据直接转入决策过程，减少反应时间，进一步提升对大电网的驾驭能力。

（三）可视化技术在智能电网中的应用

电网可视化的内容主要包括对节点数据（如节点电压、电价、灵敏度等）、线路数据（如线路传输容量、线路负载率、线路功率分布因子等）以及各种稳定域等（如电压稳定域、功角稳定域等）的算法和显示。

对于节点类型的数据，可以采用等高线、二维柱状图、表计、标尺图、三维柱状图和三维曲面图等方式表达。对于线路类型的数据，可以采用动态潮流图、负载率饼图、三维箭头、三维管道图等方式表达。目前已实现的表达方法和技术主要包括：

（1）等高线。等高线通常采用色彩映射表的方式表达。色彩映射表是指将不同大小的数值用不同的颜色表示出来，可以使人们直观地对数值的相对大小做比较。因此负责将数值映射为颜色的色彩映射表方案成为可视化功能色彩运用的关键。通常可用红绿蓝 3 个色彩分量表示色彩。在最常用的色彩映射表方案"温度色彩"中，随着数值由 0 增加到 1，颜色按以下顺序连续变化：深蓝色、蓝色、青色、绿色、黄色、橙色、红色、深红色。

（2）三维可视化。实现三维等高线、三维柱状图、三维锥状图、三维箭头等多种图形展示手段，当系统的工作模式切换到三维工作模式时，以上述三维可视化展示手段对三维潮流图等图形进行渲染。三维可视化手段独立运算、独立配置，可以叠加，即在同一幅画面中可以同时显示等高线、柱状图等。多种可视化手段叠加显示可向用户展示更多的电网信息。

三维柱状图适用于点数据（例如厂站电压、区域无功裕度等）的可视化表达，在主接线图上数据对应的位置上用垂直于主接线图平面的圆柱表示数据。圆柱的高度表示了数据的相对大小：数据越大，对应的圆柱越高。同时还使用了色彩映射表，用圆柱的不同颜色区分数据的大小。

（3）三维曲面图。对于电力系统中的某些定义在点上的物理量（如厂站电压），可以利用空间插值的方法将其定义扩展到整个平面，再以二维标量场可视化常用的三维曲面图形式进行表达。三维曲面图的显示类似于地理中的地形图，曲面越高的区域相应的数值也越大，曲面越低的区域数值越小。在三维曲面图的显示中，也使用了色彩映射表。

三维曲面图的优势在于能直观地表现出物理量在整个空间的总体分布情况，但计算量大，显示速度稍慢。

（4）多主题窗口布局。具有可灵活切分等特点，支持面向多主题的扩展方式。主要包括：

1）灵活的切分布局、隐藏、新开，关联窗口信息的相互查询。

2）主题窗口的布局和关键参数可以作为主题方案存储及共享。

3）在系统框图、地理图上用鼠标选择待定义变量的各个分量，从而自动生成由各个分量累加的计算量，用于数据的动态展示。

4）通过配置界面生成颜色映射表等用户配置信息。

（5）动态拓扑树。动态拓扑树为使用人员提供了一种即时网络拓扑计算和图形展示手段，它以指定的母线为根节点，实时、动态、快速地形成地区电网动态拓扑图，使用户快速准确地掌握当前地区电网运行状况。

动态拓扑树画面支持树状层次方式和辐射网状方式两种画面布局方式。动态拓扑树画面中体现了计算母线、线路之间的拓扑连接关系，动态拓扑树中同时以拓扑着色、潮流流动等方式展示电网的运行情况。

动态拓扑树的布局可以进行人工调整，调整完毕后可以将当前布局样式进行存储，存储后可以以此布局为模板生成新的拓扑图。

（6）选择区域统计。选择区域统计实现了画面与主题之间的动态交互。使用人员在画面浏览器中以自定义形状框选统计区域，获取选择范围内的相关数据，在对应的主题窗口中动态获取这些区域的数据标识，并根据统计内容向后台应用发出统计请求，后台应用将统计结果写入到数据库中，画面浏览器读取这些数据进行动态统计和展示。

（四）可视化技术展望

目前电网可视化技术已经在调度自动化等系统中得到初步应用，并发挥出积极的作用，但重点在数据展示，缺少数据挖掘、应用分析。要将其提升为智能电网分析的重要手段，必须将可视化技术与电网应用分析紧密结合。未来的发展方向主要包括：

（1）与电力系统应用相结合，进行数据挖掘。数据挖掘是电力信息可视化的核心，其目的是形象化地表达信息，识别其在结构、模式、非规则、趋势、关系等方面的规律。

（2）提高可视化展示的效率，丰富展示手段，扩大可视化的应用范围。研究如何通过数据挖掘，将数据由静态、孤立的方式转变为动态、连续、趋势、关系方式，成为有用的规则，再经过动态、三维立体、连续图形的展示方式，并结合计算、分析功能，引导使用人员重点关注系统运行关键环节、薄弱环节，对潜在的问题进行预警，提供决策信息。

（3）提高可视化展现方式对智能辅助决策的作用。结合地理接线图，基于可视化技术，展示 SCADA、WAMS、静态安全分析、短路电流计算、动态预警、日前发电计划、安全校核、故障诊断等应用的关键信息。展示手段包括电压等高线、动态潮流、越限及重载情况（含断面信息）、灵敏度分析、辅助决策信息等，辅助运行人员进行日常工作和事故处理，提高运行水平。工作重点在于将系统中众多应用软件的监视、分析、预警和决策结果有效梳理及整合，以可视化的手段展示给运行人员，实现实时监测、主动预警、主动分析、主动提供辅助决策结果。

三、控制决策技术

提高电力系统安全性的控制有两类：一类是系统稳定运行时安全裕度不够，为防止出现紧急状态而采取的预防性控制；另一类是系统已出现紧急状态，为防止事故扩大而采取的紧急控制。分析电力系统在扰动下的暂态和动态行为，确定适当的对策，包括各种控制措施，是智能电网设计和运行的最重要、最复杂的任务之一。

（一）预防控制决策技术

预防控制决策是当系统中尚未发生实际的故障时，对系统在各种可能的故障场景下的安全稳定性进行分析，通过调整系统的运行方式实施预防控制，使得调整后的系统满足预想故障集下的安全稳定性要求。预防控制决策系统针对多故障场景，通过改变系统的运行工作点，使系统仍能安全稳定运行。预防控制本身是开环控制，通过运行人员实现。

从经济调度的角度出发，计及电网检修计划、短期或超短期负荷预报结果以及相应时段的电力交易计划数据等，通过最优潮流等方法确定电力系统运行方式，是运行人员实施方式调度的依据。传统上需要在这个基准方式下进行大量的仿真计算给出必要的离线安全稳定控制策略。通常情况下，由于较多地关注经济运行这个目标，制定的基准方式往往不能保证系统在发生每个预想故障都是暂态稳定的，因此有必要对基准方式做适当调整，目标在于确保在尽可能多的预想故障下满足系统的暂态稳定性要求，且使得在调整后的新运行方式运行费用最少。

预防控制措施通常在典型运行方式下，通过计及经济运行目标约束的策略搜索计算，在预想故障集、预防控制措施集寻找到的系统运行方式，一般通过调整发电机出力、负荷功率来实现，由于调整值是在相应区间内连续变化的，而特定预想故障下系统是否暂态稳定则是符合 0–1 逻辑的，因此预防控制策略搜索是一个同时含有连续变量和布尔变量的混合整数规划问题，目前一般采用简化的近似算法，较快得到次优解。

（二）紧急控制决策技术

加强电网紧急控制是避免大电网连锁反应的重要措施。紧急控制决策根据系统的安全稳定性分析结果，生成紧急控制决策表，并下发到厂站端的安全稳定装置中。当电网发生故障时，安全稳定装置根据紧急控制策略表实施紧急控制。常规紧急控制策略包括：

1. 低频减载

低频减载主要分为基于单机模型整定、多机系统校核的方法，以及直接依据多机详细模型仿真进行整定的方法。单机模型的频率动态过程比较简单，但忽略了实际系统机群之间的相互振荡及频率动态过程中的电压变化对切负荷的影响，且假设发电机紧密联系或者所有机组对扰动地点电气距离相等。该方法对于发电和负荷相对集中的系统或者规模较小的孤岛精确程度高，但对于发电和负荷分布区域广，长距离输电线路多的系统误差较大。

依据多机系统详细模型的仿真可以考虑系统许多变化的因素，包括调速器、负荷特性、旋转备用等的影响，给出详细的仿真结果，这样可以考虑多机系统的频率特性及不同用户对频率质量的不同要求。

2. 低压减载

在确定中长期低压减负荷措施时，需要考虑有载调压和发电机过励限制等的中长期动态行为，一般采用中长期稳定程序进行仿真。暂态低压切负荷的目标是针对参数整定周期内系统的各种典型运行方式和故障集，在所有低压减载装置各轮切负荷量的组合中，寻找能使系统暂态频率安全且代价最小的组合，最终得到的决策序列综合考虑了多种运行方式。

3. 振荡解列

振荡解列主要通过对电网暂态稳定分析计算，确定电网可能存在的振荡断面，然后在振荡断面配置振荡解列装置，再通过时域仿真确定参数。实际上，随着电网的扩大，很多振荡断面由多回线路组成，当出现一回线路跳开后，振荡中心可能出现转移，因而无法跳开该振荡断面的其他线路，因此振荡解列装置需要考虑相互配合的问题。

4. 高频切机

高频切机的作用是保护机组安全和抑制系统频率大幅度上升。高频切机控制需要预想可能出现的引起频率升高的故障形式，发生概率较高的故障应优先考虑。决策方式是首先定量计算有功功率过剩量，然后结合系统初始频率、发电和负荷量、转动惯量、负荷频率特性因子估算出频率变化的绝对值，先用单机模型模拟不同轮次配置方案的可行性，分析频率异常变化情况、切机方案能否使频率较好地恢复，提出初步方案，然后用系统仿真校核各个方案的有效性，形成最终方案。

5. 过载联切

过载联切根据线路、变压器的过载程度分轮次切除负荷或发电机，需要整定转移比，转移比是在大量计算的基础上，根据最严重的运行方式进行优化整定的，以确保消除过载，减少控制代价。

在常规稳定控制策略的基础上，自适应稳定控制决策技术近年来得到发展，这将提高电网稳定控制的智能化水平。传统控制策略都是离线生成的，一旦扰动或故障发生后，通过离线生成的控制策略进行控制。离线控制策略虽然详细，但仍难免百密一疏，一旦没有相应对策，则只能按严重的情况处理，这样将会导致过量控制。为此，目前前沿研究方向是充分利用计算机并行处理和广域测量系统，通过实时观测系统响应，在线计算，滚动刷新控制决策，自适应调整控制策略。例如，稳定控制系统在处理电网故障时，通过采集广域信息，分析系统稳定性的变化，连续进行稳定预测和控制，直到系统最终稳定为止。

（三）智能电网控制决策技术展望

信息与通信、电网稳定控制、智能分析等技术促进了智能电网控制决策新技术的发展。

智能代理是指收集信息或提供其他相关服务的程序，它不需要人的即时干预，能够持续执行 3 项功能：感知环境中的动态条件；执行动作影响环境；进行推理以解释感知信息、求解问题、产生推理和决定动作。代理应在动作选择过程中进行推理和规划。

智能代理技术具有良好的适应性、自主性和自愈性等特点。在电力系统中具有广泛的应用前景，如数字式继电保护、安全自动装置、广域保护及其他控制系统等，主要功能包括信息采集、电网快速建模及仿真、分析决策和控制等，能够从系统层次上对电网事件做出快速响应。

随着电网实时仿真、广域测量等技术的发展，人们可以在综合数据平台基础上，建立电网智能调度、先进的停电管理服务、自适应的稳定控制系统等，快速仿真分析电网状态，完成电网潮流安排、电压控制等，并采取适当措施处理自然灾难对电力系统的影响等，从而提高电网运行控制的智能化程度。

第五节　信息与通信技术

我国电力行业信息与通信技术应用起步较早，经过几十年努力，已达到较高的水平，信息通信技术与电力生产技术深度渗透，已经成为支撑智能电网的重要基础技术。将先进的通信技术、信息技术、传感量测技术、自动控制技术与电网技术紧密结合，利用先进的智能设备，构建实时智能、高速宽带的信息通信系统，支持多业务的灵活接入，为智能电网提供"即插即用"的技术保障，是电力信息与通信技术的发展方向。

一、信息技术

（一）空间信息技术

空间信息技术是 20 世纪 80 年代发展起来的，以地理信息系统（Geographic Information System，GIS）、遥感技术（Remote Sensing，RS）、全球定位系统（GPS）为主要内容，研究与地球和空间分布相关的数据采集、量测、整理、存储、传输、管理、显示、分析、应用等的综合性科学技术。

（1）地理信息系统。GIS 作为传统学科（地理学、地图学和测量学等）与现代科学技术（遥感技术、全球定位系统、计算机科学等）相结合的产物，正逐渐发展成为处理空间数据的多学科综合应用技术。从计算机技术角度看，其主体是空间数据库技术；从数据收集角度看，其主体是 3S（GIS、RS、GPS）技术的有机结合；从应用角度看，其主体是数据互访和空间分析决策的专门技术；从信息共享的角度看，其主体是计算机网络技术。

GIS 主要包括三维、时态和网络 3 种。三维 GIS 更加现实化，可以真实地再现客观世界；时态 GIS 更加实用化，可以支持辅助决策；网络 GIS 更加广泛化，可以快捷地提供更多服务。

（2）遥感技术。遥感技术是从远距离感知目标反射或自身辐射的电磁波、可见光、红外线，获得其特征信息，并对这些信息进行提取、加工、表达和应用的一门科学技术。

遥感系统在电力系统的主要应用是防灾，即对电网、电厂的运行和灾害情况进行监控和分析。遥感技术的应用领域随着空间技术、地理信息系统和全球定位系统技术的发展及相互渗透，将会越来越广泛。

（3）全球定位系统。GPS 主要应用于电力系统的工程测量、航空摄影测量、运载工具定位导航、工程变形监测、资源勘察、应急抢修和故障诊断等方面。GPS还可用于对电力系统各种装置进行时钟校验，使保护装置及自动装置具有统一时钟，准确记录事故时间，便于事故调查与分析。另外，利用 GPS 信号接收机可以进行电网巡线、检修。

（二）流媒体技术

流媒体（Stream Media）是指在互联网中使用流式传输技术的连续时基媒体，如音频、视频、动画或其他多媒体文件。用户不需要按照传统播放技术的方式下载整个文件后才能播放，只需将开始部分的内容存入内存，就可以一边解压播放前面传送过来的压缩包，一边下载后续的压缩包，从而节省了时间。流媒体技术是未来高速宽带网络的主流应用之一。

电力系统常见的流媒体应用有网络直播、视频点播（Video On Demand，VOD）、视频监视、视频会议、远程培训等。图 2-31 为网络直播系统基本架构示意图。

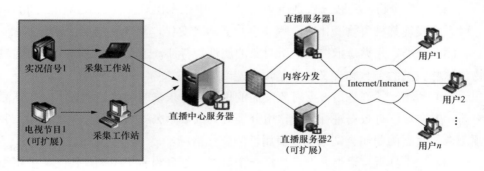

图 2-31　网络直播系统基本架构示意图

（三）信息的智能处理技术

1. 知识获取与数据挖掘

随着信息化时代的来临和技术的进步，数据的获取变得越来越快捷和方便，信息量大幅增长，但从数据到有价值的知识还需要加工和分析的过程。一般的知识获取过程是对数据进行加工和分析得到信息，从信息中发现知识，再以知识为基础，指导决策和行动，是一个螺旋式的循环上升过程，如图 2-32 所示。

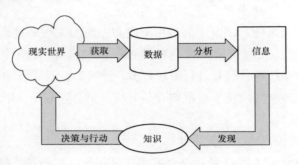

图 2-32　知识获取过程

在知识获取过程中，结合统计学、数据库、机器学习等研究成果，人们提出了数据挖掘的概念，从数据中提取信息或知识为决策服务。简而言之，数据挖掘就是从大量相关数据中寻找有意义、有价值信息的过程。

数据挖掘具有以下功能：

（1）描述。描述是指对一个包含大量数据的数据集合进行概述性的总结，并获得简明准确的概念。

（2）关联分析。关联分析是指从大量数据中挖掘出有价值的数据项之间的相互联系，发现某种事物变化时，哪些事物会随之变化，且变化的可信度有多大。

（3）分类。分类是指按照分析对象的属性、特征，建立不同的组类来描述事物，这些组类的个数和含义通常是预先定义好的。

（4）预测。预测是指根据对象发展的规律，对未来的趋势做出预见。在预测之前，先要对已有数据进行分类，用分类规则或数学公式来表示分类的结果，并预测未知数据的归属类别或其数值属性的变化情况。

（5）聚类分析。聚类分析是指将一个数据集划分为若干组类，使同一个组类中的数据具有较高的相似度。聚类不依赖于预先定义好的组类，所处理的数据均无类别归属。

（6）偏差分析。偏差分析是指对不符合大多数数据构成规律的数据进行检测，并找出其内在原因的过程。偏差分析的结果往往蕴涵着比普通数据更具有价值的内在信息。

2. 数据仓库与在线联机分析处理

随着数据量的增长，为了便于获得决策需要的信息，必须将数据以统一的形式集成存储在一起，这样就形成了数据仓库。数据仓库存储的是针对主题的、集成的、稳定的、时变的数据。

基于数据仓库可以通过在线联机分析处理（On–Line Analysis Processing，OLAP）对数据进行更深入的分析。OLAP 分析的过程是，用户首先建立一系列的假设，然后通过 OLAP 来证实或推翻这些假设，最终得到分析结果。

数据挖掘与 OLAP 具有一定的互补性，将数据库、数据仓库 OLAP、数据挖掘融合在一起，就构成了企业决策分析环境。决策分析的全过程如图 2–33 所示。

图 2–33　决策分析全过程

（四）网格计算技术

网格计算即分布式计算，是一种专门针对复杂科学计算的新型计算模式，研究如何把一个需要非常巨大的计算能力才能解决的问题分成许多小的部分，然后利用网络把这些部分分配给分散在不同地理位置的计算机进行处理，最后把这些计算结果综合起来得到最终结果。每一台参与计算的计算机相当于一个"节点"，而整个计算由成千上万个"节点"组成的"网格"完成，所以该计算方式称为网格计算。从功能上来说，可以将网格分为计算网格和数据网格。与目前广泛利用的集群技术不同，网格计算能够共享异构资源。网格计算有两个优势，一个是数据处理能力强，另一个是能充分利用网上的闲置处理能力。

智能电网的信息量大，需要强大的计算能力支撑，网格计算为其提供了一种可选方案。

（五）云计算技术

云计算（Cloud Computing）是指通过网络以按需、易扩展的方式获得所需的计算资源（硬件、平台、软件）的一种革新的 IT 资源运用模式。云计算将所有的计算资源，如网络、存储、服务器、软件系统集中起来，构成虚拟资源池，并实现自动维护和管理。这使得业务应用提供者能够更加专注于业务的本身，而无需了解所需使用资源的细节，有利于业务的创新和成本的降低。云计算通常有 3 种类型的服务：基础架构即服务（Infrastructure as a Service）、平台即服务（Platform as a Service）和软件即服务（Software as a Service）。

云计算中心具有如下特点：① 虚拟化；② 强大的计算能力；③ 通用性和可扩展性；④ 面向服务；⑤ 高共享和协作性；⑥ 整合资源，按需服务；⑦ 高安全性；⑧ 高可靠性。

云计算中心的建设将广泛应用于智能电网，为生产、运行、规划、科研等业务提供具有强大计算能力的、可靠的、按需分配的云计算服务。

（六）信息安全技术

智能电网的各生产环节都应用了大量的现代信息通信技术，信息安全已成为智能电网安全稳定运行和对社会可靠供电的重要保障。近年来，电网企业制定了切实可行的电力信息通信网遭受外部攻击时的防范措施与系统灾难恢复措施，并划分安全域，设置多道安全防线，同时开发相应的安全防护系统，从规划、设计、开发、运行等多个阶段实施系统的安全防护，形成综合的、立体的网络安全技术防护体系。电网信息安全已经走向深度防御阶段。

1. 信息系统安全防护措施

电网企业采取的信息系统安全防护措施主要有：

（1）横向隔离。在生产控制大区与管理信息大区之间部署电力专用横向隔离装置，实现 2 个安全区域之间接近物理隔离强度的隔离。横向隔离装置采用电力专用密码算法设计，禁止 E-mail、Web、Telnet、Rlogin、FTP 等通用网络服务和以 B/S 或 C/S 方式的数据文件访问穿越该设备。

（2）纵向加密。在上下级单位的生产控制大区网络边界上部署电力专用纵向加密认证装置，采用数字认证、加密、访问控制等技术措施，实现数据的远程安全传输及纵向边界的安全防护。

（3）网络防护。将管理信息网分为信息内网和信息外网，通过部署自主研发的信息网络安全隔离装置，实现信息内外网的逻辑强隔离。在信息外网与互联网之间、信息内网各级网络之间、同级信息内网不同安全区域之间部署硬件防火墙，强化了网络安全防护。入侵检测/防御系统通常部署在互联网接入区，能够实时监测网络入侵行为、阻断网络病毒传播、发现拒绝服务攻击、审计网络行为、分析网络状态等功能。

（4）病毒防御。在生产控制大区、管理信息大区、互联网接入区各部署一套防病毒系统和补丁升级系统，完成对各安全区域内服务器和客户端的病毒防护和补丁升级任务。

（5）其他措施。除以上安全设备和系统外，电力企业的信息系统通常还采用PKI/CA 数字认证系统、虚拟专用网（Virtual Private Network，VPN）、数据加密等技术。为提高信息安全管理水平，还部署有统一安全管理平台、综合网管系统、集中日志审计系统、漏洞扫描系统、桌面管理系统和安全移动存储管理系统等。

2. PKI/CA 数字证书技术

建立以公钥基础设施（Public Key Infrastructure，PKI）技术为基础的数字证书认证中心（Certificate Authority，CA）认证系统，实现基于数字证书的身份认证、通信安全和数据安全，解决计算机应用系统的身份认证和应用安全非常必要。

CA 是 PKI 的核心执行机构，它应包括 CA 服务器的硬软件系统，具有签发和管理证书等全面功能。数字证书注册审批机构（Registration Authority，RA）是 CA 的延伸，支持多层结构，具有多种注册方式。PKI/CA 技术总体架构如图 2-34 所示。

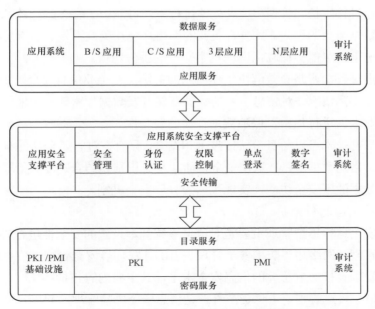

图 2-34　PKI/CA 技术总体架构示意图

以 PKI 系统为基础，由应用安全管理系统、应用安全服务接口组成的应用支撑平台，形成连接 PKI 系统和应用安全系统的纽带。为应用提供的统一身份管理、统一权限管理、统一认证管理、统一安全审计、统一单点登录服务是面向安全基础设施和安全应用的解决方案。

3. 信息加密技术

电力企业信息安全防护体系中，信息加密技术是不可缺少的安全保障手段，尤其是在数据的传输和存储两个关键阶段。常用的加密技术包括虚拟专用网技术、数据加密技术等。

（1）虚拟专用网采用专有隧道协议，在公共网络上建立一条数据安全传输通道，实现数据的加密和完整性检验、用户的身份认证等功能。

VPN 的主要协议有 SSL VPN 协议和 IPSec VPN 协议。SSL VPN 协议是第三层和应用层之间的协议，采用安全套接层协议 SSL 对传输中的数据包进行加密，从而在应用层保护了数据的安全性。IPSec VPN 协议包括网络安全协议和密钥协商协议两部分，网络安全协议为基于 IPSec 的数据通信提供了机密性保护，也可提供认证和数据完整性保护。

（2）数据加密。数据在本地终端的安全存储也是安全防护体系中的重要环节。企业在进行维护、管理、现场处置过程中，可能由于存在某些疏忽环节，造成终端及数据节点的遗失。此外，企业的网络环境在受到入侵、病毒感染等多种风险的情况下，可能会面临电网信息类数据的丢失。

对数据进行加密是有效解决上述问题的关键。在企业信息安全防护体系中，可根据企业实际情况，对信息节点的数据存储开发数据加密软件，采用高强度的加密算法对数据进行加密，保障数据存储的安全性。

数据加密技术可以与身份认证技术相结合，只有在进行了合法的身份认证后才可进行正常的数据解密。数据安全存储和身份识别相结合，可避免同一机构不同人员间数据的不安全访问，实现数据的分层安全机制。

4. 信息安全运行维护

信息安全运行维护管理主要是对信息系统基本设施的安全性进行管理，包括网络安全管理、网络边界防护安全管理、内部计算环境安全管理。信息安全日常运行维护管理直接影响总体的信息安全水平，其主要内容包括：

（1）信息资产管理。信息资产管理是信息安全风险管理的起点，良好的资产管理能确保风险管理目标明确、方法合理。

（2）安全评估管理。通过对信息安全管理策略、信息系统结构、网络系统、数据库、业务应用等方面进行信息安全风险评估，确定所存在的信息安全隐患及信息安全事件可能造成的损失和风险大小，了解在信息安全工作方面存在的问题，提出解决问题的方案。

（3）物理环境管理。在物理环境管理方面应制定包括机房环境要求、出入制度、机房巡检制度、机房值班制度等管理要求。

（4）数据备份管理。通过制定数据备份与恢复策略，对备份内容、方式、方法等进行一致要求，并制定相应的数据恢复演练要求，保证备份、恢复策略的有效性和可行性。

（5）安全审核。对所有信息系统项目都应当在项目开始阶段就引入信息安全方面的规划和验证，制定应用系统安全管理策略，对开发、建设、验收、运行等阶段的系统安全提出审核要求。

（6）应急处理机制。建立信息安全事件应急体系，保证在最短的时间内对信息安全事件做出正确响应，确保业务连续，并为事件追踪提供支持。

二、通信技术

（一）光纤通信技术

1. 光时分复用技术

当传输速率达到 40Gbit/s 后，继续扩大容量的方法有光时分复用（Optical Time Division Multiplexing，OTDM）和波分复用（Wavelength Division Multiplexing，WDM）。其中 OTDM 指在光上进行时间分割复用，方式有比特间插复用和光数据包复用两种，目前常采用比特间插复用方式。具体实现时，各支路信号被调制到光脉冲上，超短光脉冲通过固定的延时在时间上错开后经过耦合器复用成帧后在线路传输。在接收端，提取光时钟信号并对信号进行解复用。

2. 波分复用技术与全光网

波分复用指在同一根光纤中同时让两个或两个以上的光波长信号通过不同光信道各自传输信息。波分复用和密集波分复用（Dense Wavelength Division Multiplexing，DWDM）是光通信提高传输容量的有效技术。WDM/DWDM 的特点是充分利用光纤带宽资源，对信号实现透明传输，有较完善的保护机制，成本低廉。

全光网络是指光信号在网络中传输及交换时始终以光的形式存在（不需要经过光/电、电/光变换），即信息从源节点到目的节点的传输过程始终在光域内。全光网络具有对传送信号的透明性，还具有扩展性、可重构性和可操作性。全光网的关键技术包括：

（1）光交换。光交换采用直接的光域交换，摒弃了传统光交换中的光电转换过程，进一步提高了交换速度，是未来宽带通信网最具潜力的交换技术。光交换技术有空分（SD）、时分（TD）和波分/频分（WD/FD）等类型。

（2）光交叉连接（Optical Cross-Connect，OXC）。OXC通过对光信号进行交叉连接，能够灵活有效地管理光纤传输网络，是实现可靠的网络保护/恢复以及自动配线和监控的重要手段。OXC主要由光交叉连接矩阵、输入/输出接口、管理控制单元等模块组成。光交叉连接矩阵是OXC的核心，要求无阻塞、低延迟、高带宽和高可靠，具有单向、双向和广播功能。OXC也有空分、时分和波分3种类型。目前比较成熟的技术是波分复用和空分技术。

（3）光中继。采用全光传输型中继器代替传统的光-电-光再生中继器，直接在光路上对信号进行放大传输，光放大技术的发展为光中继的实现奠定了基础。掺铒光纤放大器（Erbium-Doped Optical Fiber Amplifier，EDFA）具备高增益、高输出、宽频带、低噪声、增益特性与偏振无关等优点，可应用于100个信道以上的密集波分复用传输系统和其他光通信系统中。

（4）光分插复用（Optical Add-Drop Multiplexer，OADM）。OADM可以从一个WDM光束中分出一个信道（分出功能），并且一般是以相同波长向光载波上插入新的信息（插入功能）。对于OADM，在分出口和插入口之间以及输入口和输出口之间必须有很高的隔离度，以最大限度地减少同波长干涉效应。

3. 超长距离光纤传输系统

超长距离传输是光纤通信的发展方向之一。在电力系统特高压环境中，考虑线路走廊、安全、投资等因素，单跨长距离传输意义更大。

光通信作为主要的信息传输方式，在电力系统中应用十分广泛，常规光纤通信无中继传输距离一般为100km左右，加光放大器后可以达到250～300km，理论上可实现500km无中继传输。随着光纤放大器和各种补偿技术的发展，通过适当的光纤和光器件配合，采用合适的传输码型，并配合FEC/EFEC/SFEC技术，光传输距离还有增加的潜力。

目前在光纤通信中，由于中继距离不长，一般线路预算只考虑了衰减的影响，而当传输距离变大后，光纤的色散将逐渐成为重要限制因素。为增大传输距离而使实际传输系统功率增加，也会导致系统出现显著的非线性效应。

4. 多业务传输平台技术

多业务传输平台（Multi-Service Transfer Platform，MSTP）是通过映射、VC 虚级联、GFP、LCAS 以及总线技术等手段将以太网、ATM、RPR、ESCON、FICON、MPLS 等现有成熟技术进行内嵌或融合到 SDH 上，成为能支持多种业务的传输系统。

MSTP 技术特点：融合 TDM 和以太网二层交换，通过二层交换实现数据的智能控制和管理，优化数据在 SDH 通道中的传输，并有效解决 ADM/DXC 设备业务单一和带宽固定、ATM 设备价格昂贵以及 IP 设备组网能力有限和服务质量问题。

5. 自动交换光网络技术

自动交换光网络（Auto Switch Optical Network，ASON）是采用专门的控制平面协议，具有可扩展的信令指令集，允许将网络资源动态分配给路由，具有快速的业务提供能力和很强的故障恢复能力。ASON 由管理平面、控制平面和传送平面组成。管理平面对网络中硬件设备进行维护，对业务进行指配、信息查询和修改、业务计费等；控制平面的基本功能是通过信令支持端到端连接的建立、释放和维护，并通过路由选择合适的通道；传送平面为用户提供端到端的透明信息传送，同时传送控制信息和网管信息。

根据控制连接建立的主体不同，ASON 的分布式呼叫和连接管理支持永久连接（PC）、交换连接（SC）及软永久连接（SPC）3 种基本连接类型。永久连接是一种由管理系统配置的连接类型，又称指配型连接；交换连接是一种由终端用户请求而建立的连接，又称为信令型连接；软永久连接是一种用户到用户的连接，又称为混合型连接。

6. 分组传送网技术

分组传送网（Packet Transport Network，PTN）技术支持多种基于分组交换业务的双向点对点连接通道，具有适合各种业务、端到端的组网能力，提供了更加适合于 IP 业务特性的"柔性"传输通道。点对点连接通道的保护切换可以在 50ms 内完成，可以实现传输级别的业务保护和恢复；继承了 SDH 技术的操作、管理和维护机制，具有点对点连接的完整操作、管理与维护（Operation Administration and Maintenance，OAM），保证网络具备保护切换、错误检测和通道监控能力；完成了与 IP/MPLS 多种方式的互联互通，无缝承载核心 IP 业务；网管系统可以控制连接信道的建立和设置，实现了业务服务质量的区分和保证，灵活提供 SLA 等优点。

PTN 技术主要有 T–MPLS 和运营商骨干网传输（Provider Backbone Transport，PBT）技术。T–MPLS 是一种基于 MPLS、面向连接的分组传送技术，着眼于解决 IP/MPLS 的复杂性，主要改进了通过消除 IP 控制层简化 MPLS 以及增加传输网络需要的 OAM 和管理功能。PBT 是基于运营商骨干桥接（Provider Backbone Bridge，PBB）技术，它通过网络管理和控制协议进行连接配置，可以实现快速保护倒换、OAM、服务质量、流量工程等电信级传送网络功能。

7. 下一代网络

下一代网络（Next Generation Network, NGN）是建立在 IP 技术基础上的网络，它在统一的管理平台上，实现音频、视频、数据信号的传输和管理，提供各种宽带应用和传统电信业务，是实现宽带窄带、有线无线、有源无源、传输接入融合的综合业务网络。NGN 以 IPv6 为基础，具有海量地址空间、便捷移动、改善的服务质量、端到端安全等特点。

NGN 从上往下由网络业务层、控制层、媒体层、接入和传送层 4 层组成。网络业务层负责在呼叫建立的基础上提供各种增值业务和管理功能，网络管理和智能网是该层的一部分；控制层负责完成各种呼叫控制和相应业务处理信息的传送；媒体层负责将用户侧送来的信息转换成能够在网上传递的格式并将信息传送至目的地，该层包含各种网关并负责网络边缘和核心网之间媒体流的交换/传送；接入和传送层负责将用户连接至网络，完成业务量的集中和将业务传送至目的地，包括各种接入手段和接入节点。

NGN 的特点如下：采用开放式体系架构和标准接口；呼叫控制与媒体层和业务层分离；网络层趋向于采用统一的 IP 协议实现业务融合；链路层趋向于采用电信级的分组节点，即高性能核心路由器、边缘路由器、ATM 交换机；传送层趋向于实现光联网，可提供巨大的网络带宽和低廉的网络成本，可持续发展网络结构，可透明支持任何业务和信号；接入层趋向于采用多元化的宽带无缝接入技术。

（二）无线通信技术

1. 数字微波通信

数字微波通信是指利用微波携带数字信息，通过电波空间，并进行再生中继的通信方式。与模拟微波、电力线载波相比，数字微波通信具有频带宽、通信容量大及抗干扰能力强等特点，目前是电力系统主要通信方式之一。

2. 卫星通信

卫星通信以空间轨道中运行的人造卫星作为中继站，以地球站作为终端站，实现两个或者多个地球站之间的长距离的区域性通信。卫星通信具有传输距离远，覆盖区域大，灵活、可靠，不受地理环境条件限制等特点。目前，在电力系统中，卫星通信主要用于应急通信、边远地区电网调度自动化等。

3. 移动宽带通信

移动通信历经了基于模拟调制技术的第一代移动通信，以数字蜂窝通信为核心的窄带第二代移动通信，以及面向多媒体宽带通信的第三代移动通信，目前正在向更高带宽、更大容量、更优性能的第四代移动通信系统演进。在第三代移动宽带通信中，主要有 TD–SCDMA、CDMA2000、WCDMA 和 WiMAX 等技术体制。

TD–SCDMA 是我国拥有自主知识产权，并被国际接受和认可的无线通信国际标准。TD–SCDMA 系统采用直接序列 TDMA/CDMA 多址、时分双工方式。其码片速率为 1.28Mchip/s，每个载波占用带宽小于 1.6MHz。

CDMA2000 是窄带 CDMA 方式 IS–95 标准向第三代演进的技术体制方案，信道基本带宽为 $1.25\text{MHz} \times N$，室内最高数据速率为 2Mbit/s 以上，步行环境时为 384kbit/s、高速移动时为 144kbit/s 以上。

WCDMA 系统采用直接序列 CDMA 多址、频分双工方式。其码片速率为 3.84Mchip/s，每个载波占用带宽小于 5MHz。

WiMAX 采用正交频分复用 OFDM/OFDWA 和智能天线（MIMO）技术，每个频带的带宽为 20MHz，可实现 74.81Mbit/s 的最大传输速率，数据传输距离最远可达 50km，提供面向互联网的高速连接。

LTE 是第三代移动通信系统演进的主要技术，采用 OFDM/OFDMA、MIMO 等技术，主要性能目标包括：在 20MHz 频谱提供下行 1000Mbit/s、上行 50Mbit/s 峰值速率；改善小区边缘用户的性能，降低时延、提高用户数据速率；改善系统容量；最大支持 100km 半径的小区覆盖；能够为 350km/h 高速移动用户提供大于 100kbit/s 的接入服务；支持成对或非成对频谱，并可灵活配置 1.25～20MHz 多种带宽等。

（三）电力线载波通信技术

电力线载波（Power Line Carrier，PLC），是电力线作为信息传输媒介进行语音或数据传输的一种特殊的通信方式。近年来，高压电力线载波技术从模拟化时代逐步进入数字化时代。随着数字信号处理技术及 OFDM 调制技术的发展，中低压电力载波通信技术得到了越来越广泛的应用。

电力线载波通信系统一般由电力线路、结合设备、加工设备、电力线载波终端设备组成。一般将电力线路、结合设备、加工设备称为电力线载波通道，如图 2-35 所示。

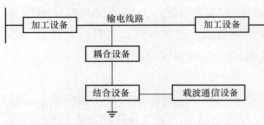

图 2-35　电力线载波通信系统示意图

高压电力线载波通信一般采用点对点通信方式，其加工设备是线路阻波器，安装在输电线路两端，主要由强流线圈和谐振电路组成，强流线圈保证高压电力电流传输到变电站，而强流线圈、谐振电路以及变电设备对地电容共同组成带阻滤波器阻止载波信号进入变电站。结合设备包括高压耦合电容器和结合滤波器，它们共同组成带通滤波器，为载波信号提供通道而阻止工频信号进入载波机。

中低压电力线载波通信一般采用点对多点通信方式，系统由耦合设备及载波通信终端设备组成，通常不加装阻波器。系统主要由主设备、中继设备（可选）及从设备组成。

目前电力载波通信使用的调制方式主要有 SSB 调制、FSK 调制、PSK 调制、工频调制、扩频调制、OFDM 调制等。

（四）电力特种光缆

电力特种光缆将光缆技术和输电线技术相结合，敷设在不同电压等级的输电线路上，具有高可靠、长寿命、与输电线路共用通道等突出优点。随着因特网、数据通信、视频点播、可视电话、电视会议、光纤到户等多媒体信息通信技术的应用，电力特种光缆得到了进一步的发展。

电力特种光缆主要有光纤复合架空地线（OPGW）、全介质自承式光缆（All Dielectric Self-Supporting Optical Cable，ADSS）、金属自承式光缆（Metallic Aerial Self-Supporting Cable，MASS）、架空地线捆绑光缆（AD-Lash）、架空地线缠绕光缆（Ground Wire Wrapped Optical Fiber Cable，GWWOP）、光纤复合架空相线（Optical Fiber Composite Phase Conductor，OPPC）和光纤复合低压电缆（Optical Fiber Composite Low-Voltage，OPLC）。主要的电力特种光缆的应用范围如表 2-8

所示。

表 2-8 　　　　　　　　　　　主要的电力特种光缆的应用范围

序号	光 缆 名 称	主要使用场合
1	光纤复合架空地线（OPGW）	新建线路或替换原有地线
2	全介质自承式光缆（ADSS）	杆塔上悬挂架设
3	光纤复合架空相线（OPPC）	新建线路或替换原有相线
4	光纤复合低压电缆（OPLC）	电力光纤到户

1. 光纤复合架空地线

光纤复合架空地线是将光纤单元内置于架空输电线的地线之中，既作为输电线的防雷地线，又作为通信光缆。OPGW 在建设中无须申请线路走廊和另设通信杆塔，可以节省大量的投资和人力。OPGW 具有比一般光缆更优良的机械强度和防腐蚀性能，寿命大于 30 年。

OPGW 的典型结构包括铝管式结构、铝骨架式结构和钢管式结构，如图 2-36～图 2-38 所示。

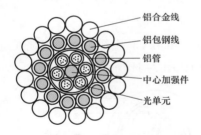

图 2-36　铝管+层绞塑管结构示意图

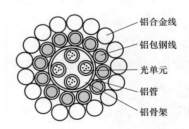

图 2-37　铝骨架槽结构示意图

图 2-38　不锈钢管结构示意图

2. 全介质自承式光缆

全介质自承式光缆是采用全非金属材料并以芳纶纱作为抗张元件承受自重及载荷的悬挂通信光缆。ADSS 结构为被覆内垫层的缆芯外或中心管外均匀缠绕芳纶纱，然后被覆黑色聚烯烃护套，如图 2–39 所示。

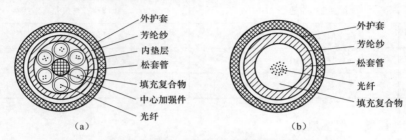

图 2–39 "圆"形 ADSS 光缆结构示意图

（a）层绞式；（b）中心管式

3. 光纤复合架空相线

光纤复合架空相线是光纤单元复合在相线中的光缆，具有普通相线和光通信的双重功能。

层绞不锈钢管 3 层 OPPC 光缆结构如图 2–40 所示。

4. 光纤复合低压电缆

光纤复合低压电缆是指将光纤复合在低压（0.4kV）电缆中，使电缆在进行电力传输的同时兼具光纤通信的功能，其结构如图 2–41 所示。

图 2–40 层绞不锈钢管 3 层结构示意图　　**图 2–41 光纤复合低压电缆结构示意图**

采用 OPLC，能够在布放电力电缆的同时构建覆盖居民用户的高速通信网络平台，降低了综合成本，也避免了二次施工造成的资源浪费。光纤随低压电缆敷设，实现到表到户，可以有效解决用户宽带接入问题，配合光接入设备，能够承载用电信息采集、智能用电双向交互业务，并在供电的同时实现与电信网、广播电视网、互联网的融合。

（五）IP接入网技术

IP接入网是指在IP用户和IP业务提供者（ISP）之间，为提供所需的IP业务接入能力的网络实体的实现。

IP接入网的参考模型如图2–42所示。IP接入网连接IP核心网与用户网络，它是由参考点来定界的。参考点是指逻辑上的参考连接，在某种特定的网络中，其物理接口不是一一对应的。

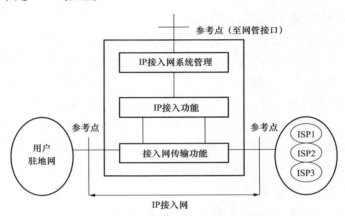

图2–42　IP接入网的参考模型

IP接入网的任务是将不同的用户网络与IP核心网连接起来，为各种用户终端提供综合的IP业务接入。在整个通信网中，IP接入网的位置位于用户网络与IP核心网之间。因此，它不仅包括各种传输功能（如复用、集中和交叉连接功能），还包括交换与选路功能以及计费功能。

IP接入网的主要特点如下：

（1）支持IP用户在众多ISP之间进行服务选择：如使用PPP动态分配IP地址、地址翻译、授权接入、加密、计费和远程授权拨入用户业务以及服务器的交互等。

（2）传输媒质和传输技术呈现多样性：如铜线接入、Cable TV接入、光纤接入、固定无线接入、移动无线接入、卫星接入、其他混合接入、各种LAN技术等。

（3）接入方式呈现多样性，可分为5类：直接接入方式、PPP隧道方式、IP隧道方式、路由方式、多协议标记交换方式。

（4）接入速率呈现多样性：IP接入网能支持多种接入速率。

三、物联网技术

（一）物联网的基本架构

物联网是"物物相连的互联网"，通过射频识别、传感器、全球定位系统等信息传感设备，按约定的协议，把物品与网络连接起来，进行信息交换和通信，以实现智能化识别、定位、跟踪、监控和管理。

物联网网络架构由感知层、网络层和应用层组成，如图 2-43 所示。感知层包括感知控制子层和通信延伸子层，感知控制子层实现对物理世界的智能感知识别、信息采集处理和自动控制，通信延伸子层通过通信终端模块直接或组成延伸网络后将物理实体联接到网络层和应用层。网络层主要实现信息的传递、路由和控制，包括接入网和核心网。网络层既可依托公众电信网和互联网，也可依托行业专用通信网络。应用层包括应用基础设施/中间件和各种物联网应用。应用基础设施/中间件为物联网应用提供信息处理、计算等通用基础服务设施、能力及资源调用接口，以此为基础实现物联网在众多领域的各种应用。

（二）物联网关键技术

物联网涉及感知、识别、测量、定位、网络通信、微电子、计算机、软件技术等众多技术，可以分为感知、网络和应用技术三大类。物联网技术架构如图 2-44所示。

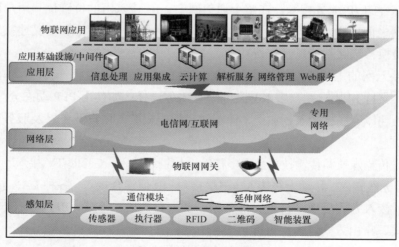

图 2-43　物联网网络架构

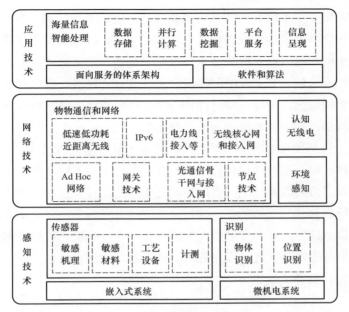

图 2-44 物联网技术架构

感知技术包括传感器技术和识别技术，是物联网感知物理世界获取信息和实现物体控制的首要环节。

传感器将物理世界中的物理量、化学量、生物量转化成可供处理的数字信号。物联网中应用各种微机电系统（Micro-Electro-Mechanical Systems，MEMS）传感器、基于嵌入式系统的智能传感器作为物体工作状态、机械状态、环境状态、空间位置等的信息采集装置。

微机电系统可实现对传感器、控制器、处理器、通信模块、电源系统等的高度集成，是支撑物联网感知层系统微型化、智能化的重要技术。

嵌入式系统是满足物联网对设备功能、可靠性、成本、体积、功耗等的综合要求，可以按照不同应用定制裁剪的嵌入式计算机技术，是实现感知层物体和通信设备智能的重要基础。

识别技术实现对物联网中物体标识和位置信息的获取。标识是一种自动识别各种物联网物理和逻辑实体的方法，识别之后才可以实现对物体信息的整合和共享、对物体的管理和控制、对相关数据的正确路由和定位，以及以此为基础的各种各样的物联网应用。物体识别以 RFID、GPS、二维码为主要技术。

网络技术用于实现物联网数据信息和控制信息的双向传递、路由和控制，其重点包括适应物物通信的广域无线接入网和核心网、区域宽带无线通信网、大容量光通信骨干网和接入网、网关技术，以及满足物联网低速率、低功耗、近距离等特点的感知层通信、节点及组网技术，涉及 IPv6、网关、宽带传输和接入、低功耗近距离无线通信、Ad Hoc 等自组织无线网络、网络环境感知、认知无线电、下一代通信网络、新一代光通信与交换技术等。

应用技术包括面向服务的体系架构和海量信息智能处理技术。面向服务的体系架构是一种松耦合的软件组件技术，它将应用程序的不同功能单元通过定义良好的接口和调用方式联系起来，实现快速可重用的组件开发和部署。面向服务的体系架构可提高物联网架构的扩展性，提升应用开发效率，充分整合和复用信息资源。海量信息智能处理综合运用高性能计算、人工智能、数据库和模糊计算等技术，对收集的感知数据进行通用处理，重点涉及数据存储、并行计算、数据挖掘、平台服务、信息呈现等。

第三章 大规模新能源发电及并网技术

新能源发电主要是指利用风能、太阳能、生物质能、海洋能和地热能等各种新型可再生能源进行发电。国外的新能源发电以分散接入为主，我国由于资源状况与经济发展区域的逆向分布，决定了新能源发电具有大规模集中接入的特点。与常规电源相比，大多数新能源发电方式提供的电力具有显著的间歇性和随机波动性，当并网规模较大时，将对电网的安全稳定运行带来影响。作为新能源发电方式的有益补充，储能技术可以通过存储电能来平滑随机和间歇的功率输出，并在大规模新能源发电并网中起到重要作用。本章主要介绍大规模新能源发电、大规模储能和大规模新能源发电集中并网等方面的内容。

第一节 大规模新能源发电

风力发电和太阳能发电作为技术成熟、具有规模化开发和商业化的新能源发电方式有着极大的应用前景，其发展速度居于各种可再生能源之首。本节将主要介绍风力发电和太阳能发电。

一、风力发电

（一）风电机组

1. 风电机组结构

目前，并网大型风电机组可分为叶片、轮毂、机舱、塔筒（塔架）和基础等部分，如图 3-1 所示。

风轮由叶片和轮毂组成，它是把风的动能转变为机械能的重要部件。叶片具有空气动力外形，当风吹来时产生的气动力矩驱动风轮转动。按叶片能否围绕其纵向轴线转动，可分为定桨距风轮和变桨距风轮。

机舱是风电机组最重要的部分，一般由传动系统、偏航系统、液压与制动系统、发电机、控制和安全系统等组成。传动系统负责将风轮中的机械能传递给发电机，一般包括主轴、齿轮箱和联轴节。齿轮箱的任务是把随风力大小不断变化的低的风轮转速通过调速机构使转速保持稳定并与发电机同步，然后再连接到发电机上。偏航系统能够保持风轮始终对准风向以获得最大的功率。制动系统主要分为空气动力制动和机械制动两部分。发电机最终将风轮吸收的机械能转变成电能。

图 3-1　风电机组的组成示意图

塔筒用于支撑机舱和风轮。塔筒结构有筒形和桁架两种形式。为了获得较大和较均匀的风力，塔筒具有一定的高度。目前的并网型风机塔筒的高度一般为40～120m。

基础通常采用钢筋混凝土结构，根据当地地质情况设计成不同的形式，周围还需设置防雷和接地系统。

2. 风电机组分类

风电机组的分类如表 3-1 所示。

表 3-1　　　　　　　　　　风 电 机 组 的 分 类

分类依据	分 类	主 要 特 点
桨叶与轮毂的连接方式	定桨距	桨叶固定连接在轮毂上
	变桨距	叶片可以绕其中心轴旋转
桨叶转速是否恒定	恒速风力发电机	风速变化时，风电机组的转速几乎保持恒定
	变速风力发电机	风电机组的转速随着风速的变化而变化
发电机类型	异步发电机	鼠笼型异步发电机和双馈异步发电机
	同步发电机	电励磁同步发电机和永磁同步发电机

续表

分类依据	分　类	主　要　特　点
风机旋转主轴	水平轴风机	根据风向的变化实时调整（主动或被动）并对准风向
	垂直轴风机	可接受不同方向的风能，但转换效率偏低
桨叶数量	单叶片、双叶片、三叶片和多叶片风机	三叶片风电机组是现代风机的主流
风机接收风的方向	上风向风机	必须安装调向装置来保持风机始终对准风向
	下风向风机	风电机组无需调向装置，能够自动对准风向
是否使用齿轮箱	齿轮箱型风机	传统大功率风机均采用高转速比齿轮箱，而目前越来越多的新风电机组技术采用低转速比的齿轮箱
	直驱型风机	被认为是新风机技术发展趋势之一
是否与电网相联	离网型	小规模开发应用
	并网型	大规模开发应用

目前应用最多的并网型风电机组是三叶片、上风向、水平轴的风电机组，其中具有代表性的机型主要有以下 4 种：

（1）基于普通异步发电机的恒速风电机组，其结构如图 3-2 所示。该类型风电机组采用普通的异步发电机、三叶片风轮，风电机组低速轴与发电机高速轴之间有齿轮箱，发电机机端有时还装有并联电容器等无功补偿装置。恒速风电机组叶片一般采用定桨距失速控制或者主动失速的桨距角控制，少数采用变桨距控制。

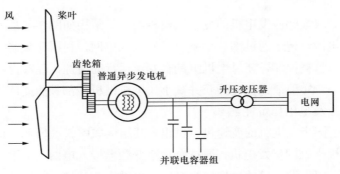

图 3-2　基于普通异步发电机的恒速风电机组结构

这种机型的风电机组转速基本不变，不能充分有效地利用风能，并且在额定运行时稳定裕度较小。为了有效地利用风能，恒速风电机组的感应发电机一般采用双速电机，根据风速的大小可以运行在两个不同转速工作点上。基于普通异步发电机的恒速风电机组还采用了晶闸管控制的软并网装置，在风电机组并网过程中减轻暂态过程的冲击电流。

（2）基于异步发电机的最优滑差风电机组，其结构如图3-3所示。该类型风电机组与基于普通异步发电机的恒速风电机组的最大不同是发电机转子绕组通过滑环接入变频器控制的外加转子可变电阻。根据机组运行方式的不同，通过变频器调节转子可变电阻，能够增大风电机组运行的稳定裕度。最优滑差风电机组的叶片一般采用桨距角控制，与基于普通异步发电机的恒速风电机组相比，其转速运行范围有所提高，但仍然在高于同步转速的很小转速范围内运行。

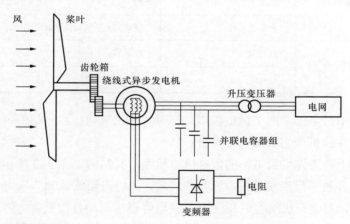

图3-3 基于异步发电机的最优滑差风电机组结构

（3）基于双馈感应发电机的变速风电机组，其结构如图3-4所示。发电机定子直接接入电网，转子通过部分功率变频器接入电网，利用变频器实现发电机有功、无功功率解耦控制，使风电机组具有变速运行的特性，能够提高风电机组的风能转换效率，实现最大风能捕获并减小风电机组机械部件所受应力，改善风电场的功率因数及电压稳定性。

（4）基于同步发电机的变速风电机组，其结构如图3-5所示。该类风电机组一般采用多极永磁同步发电机，通过全功率变频器接入电网。由于变频器的解耦控制，使基于同步发电机的变速风电机组与电网完全解耦，其特性完全取决于变频器的控制系统及控制策略。

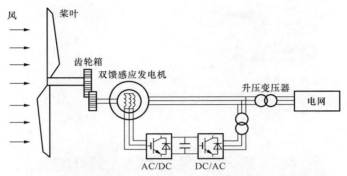

图 3—4　基于双馈感应发电机的变速风电机组结构

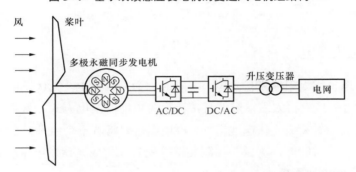

图 3—5　基于多极永磁同步发电机的变速风电机组结构

　　基于双馈感应发电机的变速风电机组与基于同步发电机的变速风电机组都属于变速恒频的风电机组，正逐步取代基于普通异步发电机的恒速风电机组，成为当前的主流机型。

　　基于双馈感应发电机的变速风电机组通过变频器的功率只是风电机组全部功率的一小部分，因此变频器的容量、成本及损耗要远远小于全功率变频器概念的变速风电机组。对于全功率变频器概念的变速风电机组，其发电机的功率经过容量与发电机相当的变频器输入到电网，网侧变频器可以运行在没有无功交换的状态，在原理上可以用于控制无功功率和电网的电压。

　　（二）并网风力发电系统

　　并网风力发电系统是指风电机组与电网相联，向电网输送有功功率，同时吸收或者发出无功功率的风力发电系统，一般包括风电场/机组、线路、变压器等。图 3—6 为并网风力发电系统的结构示意图。

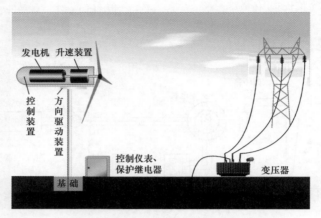

发电机　升速装置

控制装置

方向驱动装置

控制仪表、保护继电器

基础

变压器

图 3-6　并网风力发电系统的结构示意图

二、光伏发电

光伏发电也称太阳能光伏发电，本书通称为光伏发电。光伏发电是利用半导体"光生伏打效应"将太阳辐射能直接转换为电能的发电方式。将若干光伏转换器件即光伏电池封装成光伏电池组件，再根据需要将若干个组件组合成一定功率的光伏阵列，并与储能、测量、控制装置等配套，构成光伏发电系统。

（一）光伏电池原理

在半导体中掺入施主杂质，其将成为 N 型半导体；掺入受主杂质，其将成为 P 型半导体，当 P 型半导体和 N 型半导体共处一体时，它们的交界层就是 PN 结。以硅为例，在高纯硅的一端掺入少量的硼、铝和镓等杂质将形成 N 型半导体，在另一端掺入少量的磷、砷和锑等杂质将形成 P 型半导体，它们合在一起形成 PN 结。

光伏电池是以半导体 PN 结上接受光照产生光生伏打效应为基础，直接将光能转换成电能的能量转换器。当光照射到半导体光伏器件上时，在器件内产生电子–空穴对，在半导体内部 PN 结附近生成的载流子没有被复合，因而能够到达空间电荷区，受内建电场吸引，电子流入 N 区，空穴流入 P 区，结果使 N 区储存了过剩的电子，P 区有过剩的空穴。它们在 PN 结附近形成与内建电场方向相反的光生电场，光生电场除了部分抵消势垒电场的作用外，还使 P 区带正电、N 区带负电，在 N 区和 P 区之间的薄层就产生电动势，这就是光生伏打效应。图 3-7

为光伏电池受光照产生光生伏打效应示意图。一旦接通外电路，光伏电池即有电能输出；如果将外电路短路，则外电路中就有与入射光能量成正比的光电流通过；若将 PN 结两端开路，则在两端之间将产生电位差。

光伏电池等效电路的理想形式和实际形式如图 3-8 所示。光伏电池工作环境中的光照强度、环境温度及粒子辐射等因素都会对光伏电池的输出带来影响。

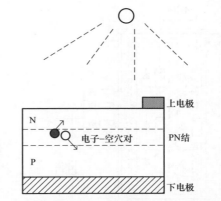

图 3-7　光伏电池受光照产生伏打效应示意图

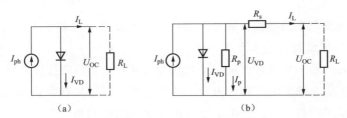

（a）　　　　　　　　　　　（b）

图 3-8　光伏电池的等效电路

（a）理想形式等效电路；（b）实际形式等效电路

（二）光伏阵列

单体光伏电池是光伏电池的基本单元，其容量较小，输出电压只有零点几伏，输出峰值功率也只有 1W 左右，一般不能满足负载用电需求。为了满足负载需求，需要将几片、几十片或几百片单体光伏电池串、并联构成组合体，再将这些组合体通过一定的工艺流程封装起来，引出正、负极引线，成为光伏电池组件；还可将若干个光伏电池组件根据负载容量大小要求，再串、并联组成较大的实际供电装置，称之为光伏阵列。图 3-9 为光伏阵列电气接线图。

（三）并网光伏发电系统

并网光伏发电系统是指光伏发电系统与电网连接在一起，可以向电网输送有功功率和无功功率的发电系统，一般包括光伏阵列、控制器、逆变器、储能控制器、储能装置等。图 3-10 为并网光伏发电系统的结构示意图。并网光伏发电系统又可分为与建筑物结合的光伏发电系统和大规模荒漠/开阔地光伏电站两大类。

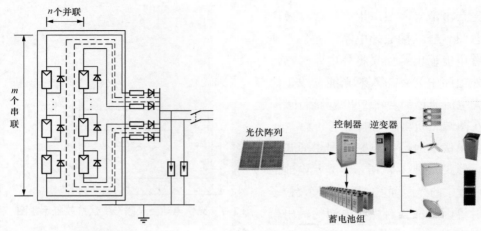

图 3-9　光伏阵列电气接线图　　　图 3-10　并网光伏发电系统结构示意图

　　并网光伏发电系统能够可靠并网运行，是依靠多个控制系统来实现的。

　　1. 光伏阵列及最大功率点跟踪控制

　　光伏阵列的输出特性曲线同单个光伏电池类似，当日照强度和环境温度发生变化时，光伏电池输出电压和电流呈非线性变化，其输出功率也随之改变；当光伏电池应用于不同的负载时，由于光伏电池输出阻抗与负载阻抗不匹配，也会使光伏发电系统输出功率降低。解决这个问题的有效方法是在光伏电池输出端与负载之间加入开关变换电路，利用开关变换电路对阻抗的变换原理，让负载的等效阻抗跟随光伏阵列的输出阻抗，从而使光伏阵列输出功率最大。常用的最大功率跟踪方法有：

　　（1）功率匹配方法。该方法需要得到光伏阵列的输出特性，且只能应用在特定的辐射和负载条件下，存在一定的局限性。

　　（2）曲线拟合技术。该方法需要先测得光伏阵列的特性，用详细的数学函数来表述，但是对于因寿命、温度和个别电池损坏引起的特性变化，该方法将失效。

　　（3）恒压跟踪法。该方法的优点是简化了整个控制系统，还可以保证功率输出接近最大功率输出点，但最大功率输出点会受温度的影响。

　　（4）扰动观测法。其原理是每隔一定的时间增加或者减少电压，并观测随后功率的增加或减小，来决定下一步的控制信号。该方法控制算法简单，且易于硬件实现，但响应速度较慢，适用于那些光照强度变化比较缓慢的场合。稳态情况下，这种算法会导致光伏阵列的实际工作点在最大功率点附近小幅振荡，造成一定的功率损失；光照发生快速变化时，该方法可能会失败。

（5）导纳增量法。该方法通过比较光伏阵列的电导增量和瞬间电导来改变控制信号，控制精确，响应速度比较快，适用于大气条件变化较快的场合。但是对硬件的要求，特别是对传感器的精度要求比较高，从而使整个系统的硬件造价较高。

2. 蓄电池组及充放电控制

光伏发电系统并网后，有时还需要储能装置。在白天光伏发电系统可以向负荷供电并储存一部分电能，在夜晚或阴雨天气时则由储能装置向负荷供电。如何控制充放电过程是光伏发电系统中蓄电池应用的关键，充电控制主要包括充电程度判断、从放电状态到充电状态的自动转换、充电各阶段模式的自动转换及停充控制等。现有的充电控制实现方法主要有经典控制和智能控制两种。经典控制包括充电电流自动监测调整、自动消除极化放电、充满自行关闭等功能；智能控制对充电过程采用模糊控制方法，保证充电控制过程中各阶段动作的及时性。

3. 光伏发电系统并网模式

由于光伏阵列所发的电力为直流电，除特殊用电负荷外，均需使用逆变器将直流电变换为交流电。并网光伏发电系统主要以电流源形式并网，其输出电流的相位跟踪电网电压相位变化，同时调整输出电流幅值的大小，跟踪辐照强度和组件温度等因素的变化，使光伏发电系统注入电网的功率最大。在这种模式下，并网光伏发电系统对输出电压不进行控制，通过对电流的控制使其和电网的无功功率交换为零或很小。但由于升压站中变压器和线路的一些损耗，光伏发电系统仍需要进行无功补偿。

三、太阳能热发电

太阳能热发电是利用聚光装置把收集到的太阳辐射能发送至接收器产生热空气或热蒸汽，推动汽轮机，带动与之相连的发电机进行发电。从 1878 年巴黎建立世界第一个小型点聚焦太阳能热交换式蒸汽机开始，能源领域专家从各个方面对太阳能热发电技术进行了探讨。尤其是 20 世纪 80 年代以来，美国、意大利、法国、苏联、西班牙、日本、澳大利亚、德国、以色列等相继建立各种不同类型的试验示范装置和商业化运行装置，促进了太阳能热发电技术的发展和商业化进程，太阳能热发电技术取得了显著进展。

（一）太阳能热发电的类型

太阳能热发电系统大致可以分为槽式、塔式和碟式系统 3 种基本类型。

（1）槽式太阳能热发电系统是一种借助槽形抛物面反射镜将太阳光反射聚焦到聚热管上，通过管内热载体将水加热成蒸汽，推动汽轮机发电的太阳能利用系统，如图 3-11 所示。该系统中，槽形抛物面镜集热器是一种线聚焦集热器，聚光比在 10～100 之间，温度可达 400℃左右。

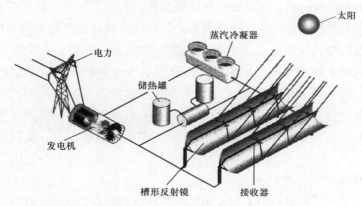

图 3-11　槽式太阳能热发电系统

槽式系统的容量可大可小，不像塔式系统只有大容量才有较好的经济效益；其集热器等装置都布置于地面上，安装和维护比较方便；特别是各种聚光集热器可同步跟踪，使控制成本大为降低。主要缺点是能量集中过程依赖于管道和泵，致使输热管路比塔式系统复杂，输热损失和阻力损失也较大。抛物槽式太阳能热发电系统在美国已取得了大规模商业化运行的经验。

（2）塔式太阳能热发电系统聚光装置由许多安装在场地上的大型反射镜组成，这些反射镜通常称为定日镜。每台定日镜都配有太阳跟踪机构，对太阳进行双轴跟踪，准确地将太阳光反射集中到高塔顶部的接收器上，如图 3-12 所示。塔式太阳能发电系统的聚光比通常可达 300～1500，运行温度可达 1000～1500℃，具有聚光倍数高、方法简捷、较高的光热转换效率的优点，但所需要的跟踪定位机构技术复杂，价格昂贵。

塔式太阳能发电系统的关键技术有如下 3 个方面：

1）反射镜及其自动跟踪。由于塔式系统要求高温、高压，对于太阳光的聚焦必须有较大的聚光比，需用成百上千面反射镜，同步自动跟踪太阳，并通过合理的布局，使其反射光都能集中到较小的集热器窗口。反射镜的反光率一般在80%以上。

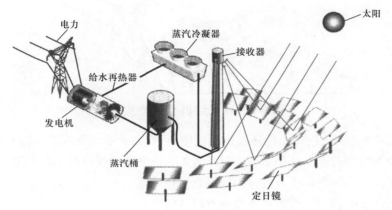

图 3-12　塔式太阳能热发电系统

2）接收器。塔式系统对接收器的要求是体积小，换热效率高。目前接收器主要有垂直空腔型、水平空腔型和外部受光型 3 种。对于垂直空腔型和水平空腔型，由于反射镜反射光可以照射到空腔内部，因而可将接收器的热损失控制到最低限度，然而最佳空腔尺寸与场地的布局有关。外部受光型接收器的热损耗要比上述两种类型大些，但是适用于大容量系统。

3）蓄热装置。一般选用传热和储热性能良好的材料作为蓄热工质。由于水汽系统有大量的工业设计和运行经验，而且其附属设备也已商品化，因此，选用水汽系统为蓄热装置比较合适，但不足之处是存在腐蚀问题。对于高温大容量系统，可选用钠做热传输工质，它具有优良的导热性能，可在 $3000kW/m^2$ 的热流密度下工作。

（3）碟式系统也称为盘式系统，主要特征是采用盘状抛物面镜聚光集热器，如图 3-13 所示。由于盘状抛物面镜是一种点聚焦集热器，其聚光比可以高达数百到数千，在 3 种聚光式发电系统中光热转换效率是最高的。这种系统可以独立运行，作为无电边远地区的小型电源，一般功率为 10～25kW，聚光镜直径为 10～15m；也可把数台至数十台装置并联起来，组成小型太阳能热发电站，用于较大的电力用户。目前碟式系统规模小，高效的发电技术还不成熟，其高温吸收器较为复杂，成本高，管道及其保温材料的费用也很可观。

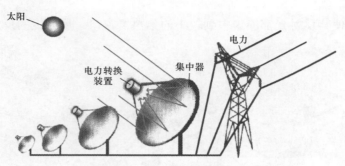

太阳

电力转换
装置

集中器

电力

图 3–13　碟式太阳能热发电系统

在上述 3 种类型的太阳能热发电系统中，目前只有槽式系统进入商业化阶段，其他两种类型均处于中试和示范阶段。这 3 种类型系统既可以单纯应用太阳能运行，也可以与常规燃料联合运行构成混合发电系统。

与光伏发电相比，太阳能热发电有以下特点：

（1）太阳能热发电能够进行热能存储，有利于系统调度，存储时间长，成本低，在没有阳光时能够产生电力。

（2）由于热电站具有热储存，而且热能容易储存，因此，与光伏发电相比，太阳能热发电的出力更为平滑。

（3）太阳能热发电要求太阳直射辐射，太阳跟踪控制比较困难。

（二）太阳能热发电面临的主要问题

太阳能热发电的初始投资和电价目前均比光伏发电低，其发电的中高温余热还可用于海水淡化，具有较大降低成本的可能性，但热发电也有一定的局限性，例如：只能吸收太阳能直射辐照量；需有水源或其他传热工质；工作温度高，运转部件多，运行和维护要求都相对较高等。

太阳能热发电技术目前没有得到大规模应用，主要是由于发电成本过高，这是因为：

（1）太阳能能量密度低，大都低于 $1000W/m^2$，需要大面积的光学反射装置和昂贵的接收装置将太阳能转换为热能，这一过程的投资成本就占整个电站投资的 50%。

（2）太阳能热发电系统的发电效率低，年太阳能总发电效率不超过 15%。在相同的装机容量下，低的发电效率意味着需要更多的聚光集热装置，会增加投资成本。

（3）由于太阳能供应不连续、不稳定，需要在系统中增加蓄热装置，而安装庞大、复杂的蓄热装置和管路系统使得成本增加。

可以从以下 3 个方面解决上述问题：① 提高系统中关键部件的性能，大幅度降低太阳能热发电的投资成本；② 研究开发新型太阳能热发电系统，对系统进行有机集成，提高转换效率；③ 将太阳能热发电系统和化石燃料发电系统互补，通过太阳能的利用来减少化石燃料热力发电系统中的燃料消耗量，同时也可以省略太阳能热发电系统中的储热装置，从而降低太阳能热发电的一次投资成本和运行成本。

第二节 大规模储能

目前，电能存储方式主要可分为机械储能、电磁储能、电化学储能和相变储能等。机械储能主要有抽水蓄能、压缩空气储能和飞轮储能等；电磁储能包括超导磁储能和超级电容器储能等；电化学储能主要有铅酸蓄电池、钠硫电池、液流电池和锂离子电池；相变储能包括冰蓄冷储能、热电相变蓄热储能等。由于电力系统的复杂性以及对储能需求的多样性，没有哪种储能技术可以同时满足电力系统的所有需求。目前大规模储能技术中只有抽水蓄能技术相对成熟，但由于地理资源的限制，其应用受到制约；而其他储能方式还处于实验示范阶段甚至初期研究阶段，距离大规模推广应用还有较大差距，尤其在可靠性、效率、成本、规模化和寿命等方面存在诸多问题。本节对上述储能技术进行简要介绍，并重点介绍电化学储能技术。

一、机械储能

（一）抽水蓄能

抽水蓄能技术是目前应用较为广泛的一种蓄能技术。其基本原理是在电力负荷低谷期将水从下池水库抽到上池水库，通过水这一能量载体将电能转化为势能存储起来；在电网负荷高峰期，释放上池水库中的水进行发电。抽水蓄能电站由于存在输水、发电、抽水的损失，放水发电的能量将小于抽水用去的电能，两者的比值为抽水蓄能电站的综合效率系数，数值一般在 0.65～0.80 之间。

1. 抽水蓄能电站在电网中的作用

抽水蓄能电站运行具有两大特性：一方面既是发电厂，又是用户，其削峰填谷功能是其他任何类型发电厂所不具备的；另一方面机组启动迅速，运行灵活、可靠，对负荷的急剧变化可以作出快速反应。由于抽水蓄能电站在电网中的调峰填谷、紧急事故备用、调频、调相等作用以及静态效益、动态效益和技术经济上的优越性，在电网中越来越不可缺少。抽水蓄能电站作为电力系统重要的组成部分，可以起到以下作用：

（1）削峰填谷。抽水蓄能电站在用电高峰期间发电，在用电低谷期间抽水填谷，可以改善燃煤火电机组和核电机组的运行条件，保证电网稳定运行。

（2）调频和快速跟踪负荷。为保证电网稳定运行，需要电网具备随时调整负荷的能力，以适应用户负荷的变化。电网所选择的调频机组必须快速灵敏，以便提供随电网负荷瞬时变化而调整的最大出力。由于抽水蓄能机组具有迅速而灵敏的开、停机性能，且特别适宜于调整出力，能很好地满足电网负荷急剧变化的要求。

（3）调相。当系统无功不足时，需要发电厂及时提供无功功率，抽水蓄能机组由于其结构上的优点，可以方便地做调相运行。不但在空闲时可供调相用，在发电和抽水时也可调相；既可以发出无功功率提高电力系统电压，也可以吸收无功功率降低电力系统电压。

（4）紧急事故备用。在电网发生故障和负荷快速增长时，要求发电厂能起紧急事故备用和负荷调整的作用。由于抽水蓄能电站快速灵活的运行特点，可以很容易实现这一功能。

（5）系统特殊负荷。由于抽水蓄能机组既可作电源又可作负荷，因此对电网调度组织功率较为容易，如：大功率核电、火电机组调试期间甩负荷实验、满负荷振动实验，都需要有抽水蓄能机组配合。

（6）保证特殊用电要求。抽水蓄能电站还肩负着保证电网特殊用电的任务，一旦出现甩机，抽水蓄能电站可在 1min 左右使出力增至最大，以确保系统的安全稳定运行，提高重要用户的供电可靠性。

（7）黑启动。提供黑启动服务的关键是启动电源，即具有黑启动能力的机组。抽水蓄能电站可在无外界帮助的情况下，迅速自启动，并通过输电线路输送启动功率带动其他机组，从而使电力系统在最短时间内恢复供电能力。

2. 抽水蓄能电站智能调度

抽水蓄能电站智能调度问题是一个高维数、非凸、离散、非线性的优化问题，很难找到理论上的最优解，每一种新的算法都会被尝试引入到这一问题的求解中，试图使问题得到更好的解决。但抽水蓄能电站智能调度问题的应用研究还刚刚起步，因此如何将智能算法与协调调度相结合，还有许多理论问题有待探讨。抽水蓄能电站的效益不仅来自静态功能，还来自辅助服务功能，但是多数模型对这一功能考虑较少。为了满足在电力市场条件下对辅助服务定价研究的需要，必须在模型中考虑其他辅助服务功能对系统中其他电源的影响并把这一影响体现在模型中，这是抽水蓄能电站优化调度模型发展的一个重要方向。抽水蓄能电站优化调度是一个复杂并且涉及范围广泛的问题，加之求解技术各自存在不足，当前的求解技术在计算速度和精度方面还不能令人满意，有必要寻求更为理想的求解策略及算法混合技术，以使问题得到更好的解决。

（二）压缩空气储能

压缩空气储能（Compressed Air Energy Storage，CAES）的概念是 20 世纪 50 年代提出来的，其原理是利用电网负荷低谷时的剩余电力压缩空气，并将其储存在典型压力为 7.5MPa 的高压密封设施内，在用电高峰释放出来驱动燃气轮机发电。供给燃气轮机的能量是压缩空气的势能和用以加热空气的燃料化学能的总和。压缩空气储能电站中燃气轮机的输出功率是其轴功率的全部；而在常规燃气轮机电站，燃气轮机的输出功率约为其轴功率的 1/3，其余 2/3 用于推动压缩机。所以消耗同样的燃料量，压缩空气储能电站的发电输出功率是常规燃气轮机电站的 3 倍。与常规燃气轮机电站不同，压缩空气储能电站的燃气轮机和压缩机布置在电动发电机组的两端，分别用离合器连接，这样可以各自独立运行。

压缩空气理想的储存深度是 150～900m，空气可以储存在岩盐或岩石中的人工洞穴中，也可储存在天然的疏松岩石含水层中。压缩空气储能安全系数高、寿命长，可以冷启动、黑启动，响应速度快，主要用于峰谷调节、负荷平衡、频率调整、分布式储能和发电系统备用等。

（三）飞轮储能

飞轮储能的基本原理是利用电动机带动飞轮高速旋转，将电能转化成机械能储存起来；在需要时飞轮减速，电动机作为发电机运行，将飞轮动能转换成电能，飞轮的升速和减速实现了电能的储存和释放。飞轮储能系统主要包括储存能量用的转子系统、支撑转子的轴承系统和实现能量转换的电动机/发电机系统 3 部分，如图 3-14 所示。

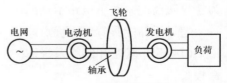

图 3-14　飞轮储能结构示意图

飞轮系统运行于真空度较高的环境中，其优点是没有摩擦损耗、风阻小、效率高、寿命长、对环境没有影响，几乎不需要维护。飞轮储能的缺点是能量密度比较低、系统复杂，对转子、轴承要求比较高。随着高强度碳素纤维和玻璃纤维材料、大功率电力电子交流技术以及磁悬浮轴承技术的发展，飞轮储能技术已经形成系列产品。

二、电磁储能

（一）超导磁储能

超导磁储能（SMES）利用超导磁体将电磁能直接储存起来，需要时再将电磁能返回电网或负载。SMES 一般由超导磁体、低温系统、磁体保护系统、功率调节系统和监控系统等主要部分组成。超导磁体是 SMES 系统的核心，它在通过直流电流时没有损耗。超导导线可传输的平均电流密度比一般常规导体要高 1～2 个数量级，因此，超导磁体可以达到很高的储能密度。低温系统维护超导磁体处于超导所必需的低温环境，其冷却效果直接影响超导磁体的技术性能，如热稳定性；同时，低温系统的成本和可靠性在 SMES 中也具有重要地位。功率调节系统控制超导磁体和电网之间的能量转换，是储能元件与系统之间进行功率交换的桥梁。目前，功率调节系统一般采用基于全控型开关器件的 PWM 变流器，它能够在四象限快速、独立地调节有功和无功功率，具有谐波含量低、动态响应速度快等特点。根据电路拓扑结构，功率调节系统用变流器可分为电流源型（Current Source Converter，CSC）和电压源型（Voltage Source Converter，VSC）两种基本结构。监控系统由信号采集、控制器两部分构成，其主要任务是从系统提取信息，根据系统需要控制 SMES 的功率输出。图 3-15

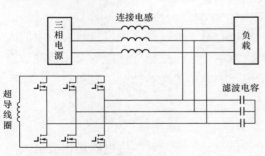

图 3-15　超导磁储能系统主电路示意图

为超导磁储能系统主电路示意图。

超导磁储能具有以下优点：

（1）除了真空和制冷系统外，没有旋转机械部件和动密封问题，装置使用寿命较长。

（2）能量密度很高，约 10^8J/m^3，可建成大容量系统。

（3）转换效率高，可达 95%。

（4）通过变流器实现与电网的连接，响应速度快，约几毫秒至几十毫秒，能快速地对电网的电压和频率进行调节。

（5）装置建造不受地点限制，且维护简单、污染小。

超导磁储能装置可用于补偿负荷波动，电力系统无功补偿和功率因数调节，提高系统电能质量和输电系统稳定性，消除系统低频振荡等。

20 世纪 90 年代以来，低温超导磁储能在提高电能质量方面的功能被高度重视并得到积极开发，美国、德国、意大利、韩国等国家都开展了兆焦级的 SMES 的研发工作，但低温超导磁储能装置的低温系统技术难度大、冷却成本高，不利于 SMES 的广泛应用。高温超导材料的研发近年来取得了很大的进展，Bi 系高温超导带材（也称第 I 代带材）已实现商品化，其性能已基本达到了电力应用的要求，为高温超导电力技术的应用研究奠定了基础，在电力系统中的应用包括负荷均衡、动态稳定、暂态稳定、电压稳定、频率调整、输电能力提高及电能质量改善等。

（二）超级电容器储能

超级电容器的电介质具有极高的介电常数，因此以较小体积制成容量为法拉级的电容器，比一般电容量大了几个数量级。电容器储能同样具有快速充放电能的优点，甚至比超导磁储能更快。但超级电容器的电介质耐压很低，制成的电容器一般仅有几伏耐压。由于它的工作电压低，在使用中必须将多个电容器串联使用。

采用电化学双电层原理的超级电容器——双电层电容器（Electric Double Layer Capacitor，EDLC）是一种介于普通电容器和二次电池之间的新型储能装置。该类超级电容器具有高能量密度、高功率密度、长寿命、工作温度宽、可靠性高、可快速循环充放电和长时间放电等特点。电极材料的表面积、粒径分布、电导率、电化学稳定性等因素都能影响电容器的性能。根据电极选择的不同，超级电容器主要有碳基超级电容器、金属氧化物超级电容器和聚合物超级电容器等，目前应用最广泛的为碳基超级电容器。碳基超级电容器的电极材料由碳材料构成，使用有机电解液作为介质，活性炭与电解液之间形成离子双电层，通过极化电解液来储能，能量储存于双电层和电极内部。直流电源为超级电容器单体充电时，电解质中的正、负离子聚集到固体电极表面，形成"电极/溶液"双电层，用以储存电荷。双电层厚度的形成依赖于电解质的浓度和离子的尺寸，其容量正比于电极表面积，与"电极/溶液"双电层的厚度成反比。其储能量受电极材料表面积、多孔电极孔隙率和电解质活度等因素的影响。

双电层超级电容器是一种电化学元件，但是其储能过程中并不发生化学反应，且储能过程是可逆的，因此超级电容器反复充放电可以达到数十万次，且不会造成环境污染；超级电容器具有非常高的功率密度，适用于短时间高功率输出；充电速度快且模式简单，可以采用大电流充电，能在几十秒到数分钟内完成充电过程，是真正意义上的快速充电；无需检测是否充满，过充无危险；使用寿命长，充放电过程中发生的电化学反应具有良好的可逆性；低温性能优越，超级电容器充放电过程中发生的电荷转移大部分都在电极活性物质表面进行，容量随温度的衰减非常小。

三、电化学储能

（一）铅酸蓄电池

铅酸蓄电池是以二氧化铅和海绵状金属铅分别为正、负极活性物质，硫酸溶液为电解质的一种蓄电池。铅酸蓄电池具有以下优点：

（1）自放电小，25℃下自放电率小于 2%/月。

（2）结构紧凑，密封良好，抗振动，比容量高，大电流性能好。

（3）电池的高低温性能较好，可在–40～50℃范围内使用。

（4）电池失效后的回收利用技术比较成熟，回收利用率高。

铅酸蓄电池作为车用辅助电源、电动车用电源、不间断电源、军用电源、电力系统负荷均衡的储能电源等，已经在各个行业得到了广泛的应用，在产量和产值方面，稳居各种化学电源首位。在储能系统应用中，铅酸蓄电池经常处于不断地充电—放电循环状态，为了保证足够的功率输出和高的充电效率，电池的荷电状态要保持在 50%左右，即要在部分荷电状态（Partial State of Charge，PSOC）下工作。电池在 PSOC 下运行时需经历几十万次的"小"循环，因此如何提高 PSOC 条件下的循环寿命成为决定铅酸蓄电池能否广泛应用的关键因素。图 3–16 为铅酸蓄电池结构示意图。

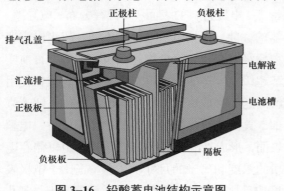

正极柱　　　负极柱
排气孔盖
电解液
汇流排
电池槽
正极板
负极板　　　隔板

图 3–16　铅酸蓄电池结构示意图

铅酸蓄电池经过百余年的发展与完善，技术比较成熟，具有价格低廉、安全性能相对可靠的优点。但循环寿命较短，不可深度放电，运行和维护费用高，其容量与放电功率密切相关是其最大弊端。常用的铅酸蓄电池主要分为以下 3 类：

（1）普通蓄电池。普通蓄电池的极板是由铅和铅的氧化物构成，电解液是硫酸的水溶液。它的主要优点是电压稳定、价格便宜；缺点是比能低（即每公斤蓄电池存储的电能）、使用寿命短和日常维护频繁。

（2）干荷蓄电池。其全称是干式荷电铅酸蓄电池，主要特点是负极板有较高的储电能力，在完全干燥状态下，能在 2 年内保存所得到的电量。使用时只需加入电解液，过 20～30min 就可使用。

（3）免维护蓄电池。免维护蓄电池由于自身结构上的优势，电解液的消耗量非常小，在使用寿命内基本不需要补充蒸馏水，还具有耐振、耐高温、体积小、自放电小的特点。使用寿命为普通蓄电池的 2 倍，但其价格较高。

（二）钠硫电池

1. 钠硫电池概述

钠硫电池是美国福特公司于 1967 年发明的。钠硫电池通常由正极、负极、电解质、隔膜和外壳等部分组成。常规二次电池如铅酸蓄电池、镉镍电池等都是由固体电极和液体电解质构成；而钠硫电池则与之相反，它是由熔融液态电极和固体电解质组成的，构成其负极的活性物质是熔融金属钠，正极的活性物质是硫和多硫化钠熔盐，硫填充在导电的多孔的炭或石墨毡里，固体电解质兼隔膜采用专门传导钠离子的陶瓷材料，外壳一般采用不锈钢等金属材料。图 3-17 为钠硫电池结构示意图。

钠硫电池具有以下优点：

（1）比能量高，其理论比能量为 760Wh/kg，目前已大于 100Wh/kg，是普通铅酸蓄电池的 3～4 倍。

（2）可大电流、高功率放电，放电电流密度一般可达 200～300mA/cm^2。

（3）采用固体电解质，没有通常采用液体电解质二次电池的那种自放电及副反应，充放电效率高。

钠硫电池的正、负极活性物质，尤其是正极活

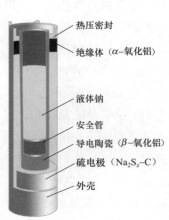

热压密封

绝缘体（α-氧化铝）

液体钠

安全管

导电陶瓷（β-氧化铝）

硫电极（Na_2S_x-C）

外壳

图 3-17 钠硫电池结构示意图

性物质具有强腐蚀性，对电池材料、电池结构及运行条件的要求苛刻，需要进一步开发降低成本，提高电池系统的安全性。

日本在钠硫电池的研究和开发中处于领先地位，并已有较成熟的商业化产品。截至 2008 年底，采用日本 NGK 公司的钠硫电池作为储能系统的示范项目共有 200 多个，总容量达 300MW。

我国对钠硫电池的研究始于 20 世纪 70 年代，并在"八五"期间研制出 30Ah 电池单体以及 6kW 电池组，用于电动汽车示范。目前已经成功研制出 650Ah 的大容量单体钠硫电池，循环寿命达到约 400 次，循环退化率小于每次 0.02%，表现出较良好的循环稳定性。2010 年 5 月，100kW 钠硫电池储能系统在上海市嘉定区钠硫电池试验基地并网运行。

2. 钠硫电池重点研究问题

（1）钠硫电池的界面特性及制备技术研究。钠硫电池采用陶瓷作为电解质和隔膜，因此在电池中存在陶瓷电解质/熔融电极、电解质/绝缘环、电解质/密封剂、电极/集流体等界面，需要开展相应的制备技术研究，保证电池中各种结合界面的机械性能和热匹配性能等。

（2）钠硫电池的一致性影响因素及控制技术研究。钠硫电池采用单电池模块化设计的技术路线，模块由数百个单体电池通过串联或并联组成，模块中各单体电池的一致性决定了模块的整体性能。影响电池一致性的因素不仅与电池中的材料、部件的特性相关，更取决于电池部件组合的一致性，因此需要深入开展一致性影响因素及其控制技术研究。

（3）钠硫电池性能稳定性、可靠性及退化机制研究。实用化的电池需要具有较长的寿命，钠硫电池的性能稳定性则是影响其寿命的主要因素，电池的性能退化是由多种机制所引起的，需要系统研究各种机制产生的根源及其对性能退化的影响。钠硫电池负极和正极的活性物质分别为金属钠和单质硫，钠和硫的直接反应具有安全隐患，因此需要开展电池及模块的安全设计及安全运行策略研究，建立用于电池模块与系统安全性试验的平台。

（三）液流电池

1. 液流电池概述

液流电池（Flow Redox Battery，FRB）也称氧化还原液流电池，是一种正、负极活性物质均为液态流体氧化还原电对的电池。液流电池最早由美国航空航天局（National Aeronautics and Space Administration，NASA）资助设计，1974 年由

Thaller H.L.公开发表并申请了专利。

　　在液流电池研究领域,目前已有多种不同的液流电池体系,如铈钒体系、全铬体系、溴体系、全铀体系、全钒体系液流电池等,其中全钒液流电池（Vanadium Redox Battery,VRB）是技术发展的主流。全钒液流电池将具有不同价态的钒离子溶液分别作为正极和负极的活性物质,储存在各自的电解液储罐中。图 3-18 给出了其基本工作原理图。在对电池进行充放电

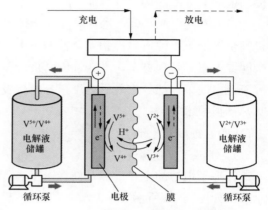

图 3-18　全钒液流电池基本工作原理图

时,电解液通过泵的作用,由外部储液罐分别循环流经电池的正极室和负极室,并在电极表面发生氧化和还原反应,实现对电池的充放电。与其他蓄电池相比,全钒液流电池具有如下优点:

　　（1）电池的功率和储能容量可以独立设计,给实际应用带来灵活性。

　　（2）循环寿命长,电解液活性物质易保持一致性和均匀性。

　　（3）可超深度放电（100%）而不引起电池的不可逆损伤。

　　（4）系统运行和维护费用低。我国的全钒液流电池研究始于 20 世纪 90 年代,在原理样机、关键材料上取得了一定的突破,并陆续开发出不同规模的全钒液流电池示范样机。

　　2009 年 7 月,在上海市崇明岛前卫村建成光伏发电与 10kW 液流电池储能混合系统。

　　2. 液流电池重点研究问题

　　（1）液流电池电极和隔膜关键材料研究。电极材料重点研究负极区金属类电极的稳定性、复合电极材料的聚合物高分子的高温氧化及导电碳素材料的优化配比等,进而研究提高材料的电导率、改善碳素类电极电化学活性的方法等。液流电池隔膜关键材料则重点研究新材料质子交换膜,如含氟或无氟型质子交换膜等。

　　（2）液流电池高性能电解液研究。电解液是影响液流电池效率及可靠性的关键因素,高性能电解液重点研究电池充电后二价钒的氧化和五价钒的析出对钒电

解液性能和充放电效率的影响。设计并优化液流电池流场结构以及单电池结构，提高电解液分配的均匀性和能量转化效率。

（3）液流电池冗余技术及失效安全技术。冗余技术及失效安全技术主要研究提高全钒液流电池可靠性和安全性的技术措施，确定全钒液流电池冗余类型、冗余配置方案和管理方案，确定管道、泵、阀和其他辅助部件类型及约束条件，研究液流电池单体部分失效后电堆拓扑结构及系统运行控制策略、电堆在线维护及其热插拔技术等。

（四）锂离子电池

1. 锂离子电池概述

锂离子电池的主要优点是储能密度高、储能效率高、循环寿命长等。其原理示意图如图 3-19 所示。

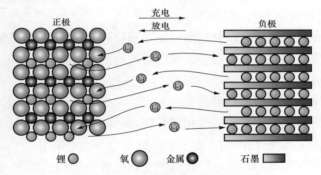

图 3-19 锂离子电池原理示意图

锂离子电池储能系统需要解决锂离子电池成组的技术问题。单体电池标准循环寿命已经超过 1000 次，仅从电池单体的角度来看，锂离子电池的比能量和循环寿命已基本满足储能应用的需求；但在锂离子电池成组应用时，循环寿命只有 400～600 次，甚至更低，严重制约锂离子电池储能应用。

在将锂离子电池应用于电力系统储能方面，美国走在世界的前列。美国电力科学研究院在 2008 年已经进行了锂离子电池系统的相关测试工作，在 2009 年的储能项目研究中，开展了锂离子电池用于分布式储能的研究和开发；同时还开展了兆瓦级锂离子电池储能系统的示范应用，主要用于电力系统的频率和电压控制以及平滑风电等。

除了磷酸铁锂（$LiFePO_4$）电池作为能量型储能电池的应用外，一种新型的可快速充放电的功率型锂离子电池也正在开发中。日本东芝公司开发出了在确保安全性的同时，即使反复快速充电也拥有 10 年以上使用寿命的锂离子充电电池。这种新型锂离子充电电池的负极材料采用钛酸锂（$Li_4Ti_5O_{12}$），仅需 1min 即可将电量快速充至电池容量的 80%，单元及标准模块均可在 5min 内充满电池容量的 90%以上。该类电池具有安全性好、循环寿命长、适用温度范围宽的优点。但是也存在电池单元的电压较低、能量密度较小的问题。该类电池技术目前还缺少规模化应用的实例，技术上还有待完善和考验。

中国是锂离子电池生产大国，早在 2005 年就已开展磷酸铁锂电池的研制工作。我国第一座兆瓦级磷酸铁锂电池储能示范电站于 2009 年 7 月在深圳建成，用于平抑峰值负荷及稳定光伏电站的输出。2008 年，中国电力科学研究院建立电池特性实验室，并重点围绕锂离子电池成组技术、锂离子电池系统的实验与测试技术、锂离子电池储能系统集成技术以及锂离子电池储能系统的应用模式和接入条件开展相关研究工作。2010 年 3 月，100kW 磷酸铁锂电池储能系统在上海市漕溪能源转换综合展示基地并网运行。

2. 锂离子电池重点研究问题

（1）锂离子储能电池一致性制造技术研究。一致性制造技术重点研究负极区金属类电极的稳定性问题，复合电极材料的聚合物高分子的高温氧化问题，导电碳素材料的配比，以及提高材料的电导率和使用寿命、改善碳素类电极电化学活性的方法等。

（2）锂离子电池储能系统热量管理技术。热管理是电池管理系统的主要组成部分，重点研究锂离子储能电池在各种运行条件下的热特性、锂离子电池系统内部热流场的模拟仿真、锂离子电池系统的冷却方式、锂离子电池系统运行过程中热量管理系统的控制方法等。

（3）锂离子电池储能系统状态监控及均衡技术。状态监控及均衡技术重点研究锂离子电池储能系统中各电池单体及模块的状态监控及通信技术、电池储能系统荷电状态（State of Charge，SOC）的计算方法、电池储能系统充放电均衡技术等，在此基础上研制电池储能系统状态监控及均衡装置。

（五）其他储能电池

1. 镍氢电池

镍氢电池具有较好的耐过充、过放电滥用能力和较高的安全性，受到相关行业的高度关注，但在规模储能应用领域，镍氢电池在性能一致性、可靠性、荷电保持能力、电池系统热电管理水平及环境适应性等方面仍有待于进一步提高。

日本镍氢电池的发展处于世界领先水平，日本新能源和工业技术开发组织在"电力并网用新型储能技术开发"项目中将镍氢电池列为重点开发的储能装置，开发的 75～1500kW 镍氢电池系统已应用于风力发电并网、光伏发电并网以及微电网供电系统等。

我国对通信用小型镍氢电池和电动汽车用镍氢动力电池进行过一些研究，但是在镍氢电池用于电力系统大规模储能方面，我国尚处于起步开发阶段，其中 100kW 镍氢电池储能系统已于 2009 年 4 月在上海市电力公司航头变电站并网运行，现搬迁至漕溪能源转换综合展示基地。

2. 钠/氯化镍电池

钠/氯化镍电池是一种在钠硫电池的基础上发展起来的新型储能电池，至今已发展了 3 代。其电池组成材料中无低沸点、高蒸汽压物质，电池具有过充过放电保护机制，是电池安全问题的重大突破。除此之外，钠/氯化镍电池还具有较高的能量密度和功率密度，具备可过充电、无自放电、运行维护简单等优势。由于高安全性、抗滥用以及宽泛的使用环境温度等特点，钠/氯化镍电池是储能系统较理想的化学电源。目前，关于钠/氯化镍储能电池的开发还处于起步阶段，离电池的标准化、规范化以及相应的检测和评价体系的建立还有一定的差距。

四、无机盐高温相变储能

受 20 世纪 80 年代能源危机的影响，相变储能的基础理论和应用技术研究在发达国家如美国、加拿大、日本、德国等迅速崛起并得到不断发展。相变储能利用材料在相变时吸热或放热来储能或释能，因此，它的核心和基础是相变储能材料，简称相变材料（Phase Change Materials，PCM）。相变储能材料是指在一定的温度范围内，利用材料本身相态或结构变化，向环境自动吸收或释放潜热，从而达到调控环境温度的一类物质。

高温盐储能属于相变储能技术的一种，相应的储能材料包括固-液无机盐高温相变储能材料、固-固无机盐高温相变储能材料和无机盐高温相变复合储能材料等。固-液相变材料是指在温度高于相变点时，物相由固相变为液相吸收热量，当温度下降时物相又由液相变为固相放出热量的一类相变材料。

固-液无机盐高温相变材料目前主要为高温熔融盐、碱、混合盐。高温熔融盐主要有氟化物、氧化物、硝酸盐、硫酸盐等。它们具有较高的相变温度，从几百摄氏度至几千摄氏度，因而相变潜热较大。不过此类盐存在价格昂贵、对设备要求高的缺点，一般只用于航天航空等特殊场合。碱的比热容高，熔化热大，稳定性好。碱在高温下蒸汽压力很低，且价格便宜，也是一种较好的中高温储能物质。混合盐熔化热大，熔化时体积变化小，传热较好。混合盐的最大优点是熔融温度可调，可以根据需要把不同的盐配制成相变温度从几百摄氏度至上千摄氏度的储能材料。

固–固相变储能材料是利用材料的相态改变来储热、放热的相变材料。目前，已研究的此类无机盐高温相变储能材料有 NH_4SCN、KHF_4 等物质。KHF_4 的熔化温度为 196℃，熔化热为 142kJ/kg；NH_4SCN 从室温加热到 150℃发生相变时，没有液相生成、相转变焓较高、相转变温度范围宽、过冷程度轻、稳定性好、不腐蚀，是一种很有发展前途的储能材料。

高温复合相变储能材料既能有效克服单一的无机物或有机物相变储能材料存在的缺点，又可以改善相变材料的应用效果以及拓展其应用范围。因此，研制高温复合相变储能材料已成为储能材料领域的热点研究课题之一。目前，已研究的无机盐高温复合相变材料主要有 3 类：金属基/无机盐相变复合材料、无机盐/陶瓷基相变复合材料和多孔石墨基/无机盐相变复合材料。

近年来，对无机盐高温相变储能的研究越来越广泛和深入。许多研究人员对大量潜在的无机盐高温储能材料的热物性及其测量进行了研究，同时对无机盐高温相变材料的封装和无机盐高温相变复合材料也进行了有意义的探索。

第三节　大规模新能源发电集中并网

我国新能源资源与能源需求在地理分布上存在巨大差异，风电、光伏发电等新能源电源远离负荷中心，必须远距离大容量输送，因此，新能源发电的集中开发和集中接入的特点非常明显。在未来发展中，大规模新能源发电将逐步实现可预测、可控制、可调度，并实现与电网的信息交互和协调控制，促进电网安全稳定水平的提高以及新能源有序建设和电网规划运行的良性互动。本节重点介绍以风电、光伏发电为代表的大规模新能源发电的集中并网技术。

一、大规模新能源发电并网的仿真与分析

（一）新能源发电的建模

电力系统仿真和分析是辅助电网运行决策的有效技术手段。新能源发电规模

化并网后，其仿真模型的准确程度决定着并网分析结论和控制策略的科学性及有效性。风电作为新能源发电中较为成熟的一种方式，其建模及并网分析工作开展较早，国外主流的大型电力系统分析软件（如 PSLF、PSS/E、DIgSILENT/PowerFactory 等）中已经具备较为详尽的风电模型库；光伏发电则由于其发展没有风电迅速，建模工作也稍显滞后。

目前在国内广泛应用的电力系统分析工具 PSD–BPA 和 PSASP 仿真程序包中，实现了 3 种典型风电机组的建模，即基于普通异步发电机的恒速风电机组、基于双馈感应发电机的变速恒频风电机组和基于同步发电机的永磁直驱风电机组的稳态和机电暂态模型。除了通用的风速模型外，针对恒速风电机组完成了异步发电机组及桨距角控制系统建模；针对变速恒频风电机组和永磁直驱风电机组完成了发电机组、换流器、有功及无功电气控制/桨距角控制系统建模；此外，还完成了风电机组低电压穿越功能及低频、高频、低压保护系统的建模。上述模型可用于分析机电暂态时间尺度内，不同类型风电机组采用不同控制模式以及是否具备低电压穿越能力和是否采取有功响应速率限制等不同情况对电网稳定的影响。

在风电的仿真研究中，将风电场作为整体进行建模研究非常重要。1 个风电场往往装有几十台甚至几百台风电机组，对电力系统而言，生产实际中更关心的是风电场作为一个整体与电网之间的交互影响。风电场整体建模的重点在于：① 真实模拟由于风电场内部各风电机组的地理分布及其相互作用对风电场出力的影响；② 真实模拟风电场内部各风电机组的有功/无功电气控制、涡轮机控制等的动作对外表现出的"合力"行为；③ 真实模拟风电场内部电气接线等的特性。结合甘肃酒泉千万千瓦级风电基地的开发，目前在准确模拟风电场的工作方面取得了一些初步进展，更深入的研究还在进行中。

相对于风电仿真建模技术而言，我国的光伏发电建模工作还处于起步阶段，目前正依托相关科技项目和光伏发电并网的工程项目有序进行。

（二）含新能源发电的电力系统全过程仿真

相对于常规电源而言，以风电为代表的新能源发电具有明显的间歇性，其功率输出的间歇性波动持续时间往往为分钟级甚至小时级。这一过程中涉及的电力系统慢动态元件较多，包括发电机失磁保护、发电机过励磁或欠励磁保护、原动机及其调速器、锅炉及锅炉调速器、汽轮机超速保护、自动发电控制、有载调压变压器分接头自动调节、负荷持续增加等。通常应用的机电暂态仿真程序由于简化或省略了电力系统慢动态元件，往往只能给出电力系统机电暂态过程（5～20s）

的稳定性，很难对上述慢过程进行准确的模拟，导致相关分析结论和安全稳定性措施不能完全满足实际系统的要求。

例如：规模化风电接入后引起的系统频率调整过程，不但涉及 1min 以内短时间的一次调频，同时也涉及几分钟至十几分钟相对长时间的二次调频，这就要求仿真程序不但模拟电厂调速器的调节，还要模拟电厂热力系统和水力系统的联调，仿真时间跨度从数秒到十几分钟。另外，当大型风电基地对电网的电力送出波动较大时，将导致系统潮流分布发生很大的变化，引起全网特别是送电通道上相关节点电压大幅波动。为寻找维持全网电压运行在合理水平的电压控制策略，需要通过长过程仿真分析研究大容量风电场集中外送时的系统电压控制方案，研究风电场无功调节与系统无功调节的协调控制。因此，在以风电为代表的间歇式新能源发电大量接入的现实状况下，积极推动含间歇式电源的电力系统全过程仿真研究具有重大的现实意义。

对于电力系统长过程动态稳定模拟软件的开发，国外已有较多的研究，比较成熟的软件有美国电力科学研究院的 LTSP、欧洲的 EUROSTAG、美国 PTI 公司的 PSS/E、日本中央电力研究所的 CHAMPS、美国 GE 公司和日本东京电力公司的 EXTAB 等软件包。在国内，中国电力科学研究院对电力系统长过程稳定模拟也进行了深入的研究，并自主开发了 PSD-FDS 全过程动态仿真软件。PSD-FDS 程序采用求解刚性问题稳定性较好的吉尔（GEAR）算法，采用自动变步长策略，在系统快变阶段采用小步长，在慢变阶段采用大步长，能够在保证计算精度的前提下缩短仿真时间。我国相关科研单位正在开展适用于长过程仿真的风电及光伏发电系统的建模工作。

（三）含新能源发电的电力系统随机生产模拟

电力系统随机生产模拟是一种通过优化发电机组的生产情况，考虑机组的随机故障及电力负荷的随机性，分析计算最优运行方式下各类电厂的发电量、系统的生产成本及系统的可靠性指标的算法。它是评价电力系统运行技术经济指标的重要工具，广泛应用于电力系统的成本分析、发展和规划运行及可靠性评估等方面。目前电力系统随机生产模拟的主要应用包括：① 提供各种类型常规发电厂在模拟期间的发电量、燃料消耗量及燃料费用；② 进行电力系统电能成本分析；③ 进行发电系统可靠性评估；④ 制订电力系统发电机组检修计划；⑤ 进行系统旋转备用容量的确定及辅助服务（如自动发电控制）的研究；⑥ 进行电价预测与风险预报研究。其中，应用随机生产模拟进行系统运行成本分析和发电系统可靠性评估的技术比较成熟。由于市场作用对电力系统生产运行的影响逐步增大，随机生产模拟也将在电价预测和监管、辅助服务（备用）定价、投资风险评估等方面发挥重要作用，具有十分广阔的应用前景。

国外从 20 世纪 70 年代就开始对随机生产模拟进行研究。传统的电力系统随机生产模拟的基本思路是将发电机组的随机故障影响转化为等效负荷，并依据发电机组的燃料成本和污染排放等指标设定的开机顺序，对原始的负荷持续曲线不断进行修正，得到等效持续负荷曲线，然后计算系统可靠性以及发电成本等指标。其基本工作流程是：① 收集包括负荷资料和发电机组技术经济数据等在内的开展随机生产模拟所需要的原始资料；② 处理负荷数据，形成负荷初始曲线；③ 按照既定的原则确定发电机组带负荷的优先顺序；④ 计算得到各台机组的发电量，期间需要注意对等效负荷曲线进行修正；⑤ 计算系统可靠性指标；⑥ 根据各发电机组的发电量计算系统燃料消耗量并进行发电成本分析；⑦ 进行其他特殊问题研究，如：制订燃料采购、运输及储存计划，研究系统扩建发电机组的合理性与必要性等。

含新能源发电的随机生产模拟对提高系统运行的经济性有着重要的作用。比如，风电与光伏发电是典型的间歇式电源，其所利用的一次能源存在着较大的不确定性。一般认为，风电与光伏发电的利用将节约常规发电机组燃料和减少环境污染。但是，当这些间歇式电源规模化发展到一定程度以后，由于其出力的波动性，系统需要提供更多的诸如调峰、调频等辅助服务，这些在一定程度上有可能引起常规发电机组燃料用量的增加。当间歇式电源在系统中所占比例较小时，可以不考虑其对发电容量的贡献，但当其规模增大和数量增加时，如果仍不考虑间歇式电源对发电容量的影响，将导致常规发电机组装机容量的大量浪费。要解决这些问题，开展含间歇式电源的电力系统随机生产模拟是一个相对有效的途径。

随机生产模拟需要确定发电机组的强迫停运率，建立发电机组可靠性模型，并确定发电机组的带负荷顺序。根据国家政策，电网须优先接纳诸如风电和光伏发电等间歇式新能源的发电电力，因此其发电顺序相对确定，应排在各种电源形式的最前面，但要确定其出力特性、强迫停运率等信息并建立可靠性模型，需要有多年积累的相关数据。国内相关科研单位已开展这方面的数据积累、分析与建模等工作。

二、大规模新能源发电并网的控制与保护

（一）网源协调控制技术

在电网扰动期间，新能源电源需要和电网进行协调配合，支撑电网安全。国外虽然在支撑电网安全的风电电源控制、保护等方面做了大量工作，取得了一定成果，但仍发生了电网故障时风电机组大面积脱网和无序并网的案例，如 2006 年 11 月 4 日欧洲互联电网发生的大范围停电事故。本次事故前，由于天气原因，风电输出功率较大，造成系统重要断面潮流加重。事故发生后，电网低频地区大量风电机组跳闸，进一步加剧了系统功率缺额，而电网中的高频地区大量被切除的风电机组在系统频率恢复阶段自动并网，延缓了频率恢复过程，并造成系统潮流重新分布和部分断面功率越限。可见，电网故障期间的新能源发电电源和电网的协调控制及保护还需进行更为深入和细致的研究。

目前，我国大规模新能源发电并网后的网源协调问题主要体现在风电并网领域。与常规电源相比，我国现有的风电机组尚不具备对电力系统的支撑能力，这给电力系统的安全稳定运行带来了风险。目前在并网风电方面的研究主要集中在风电场侧的技术，如有功、无功控制、低电压穿越能力、必备保护等，而较少从整个电网安全的角度系统地研究电源的控制和保护问题。随着风电规模的不断扩大，网源协调问题日益突出。为此，有必要针对风电运行的特点，结合电网自身特性，加强大规模风电接入后的网源协调技术研究，以提高电网接纳风电的能力，保障大规模风电接入后电力系统的安全稳定运行。

为了解决上述问题，国内从风电电源、电网两个层面开展了研究。在风电电源层面，由于技术的限制以及成本的考虑，我国已并网运行的风电机组大多都不具备有功、无功控制的功能，而且很多机组都无法进行功能扩展的二次开发。针对上述问题，相关科研单位开展了大量工作，在风电机组控制技术方面取得了多项技术突破，目前已完成了风电场无功控制系统和监控系统的开发。在电网层面，虽然国内在大规模风电并网的调峰、调频及无功电压控制等领域进行了一定的理论研究，但这些研究成果能否指导实际运行还有待进一步验证；同时，适用于大规模新能源发电并网的电网侧调峰、调频及无功电压控制技术还需建立系统的理论体系。

（二）间歇式新能源发电的保护技术

间歇式电源接入电力系统后，系统继电保护的配置应根据所接入系统的电网

结构及接入间歇式电源的规模，通过深入细致的计算分析来决定，应该满足电网安全稳定运行的要求。

间歇式电源接入电力系统将使传统的单电源辐射网络变成一个多源网络。正常运行时网络中的潮流分布及系统故障时短路电流的大小、流向和分布均会发生变化。传统保护设备之间建立起来的配合关系被打破，保护的动作行为和动作性能都会受到较大的影响。同时，间歇式电源接入后，有些元件通过的潮流可能是双向的，间歇式电源的接入或退出、出力状态的变化等都会对保护产生影响，如有关的线路保护的灵敏度降低、拒动或误动可能性增加，重合闸成功率也将受到影响。

以风电为例，风电机组大多采用软并网方式，但在启动时仍会产生较大的冲击电流。当风速超过切出风速时，风电机组会从额定出力状态自动退出运行。如果整个风电场所有风电机组同时动作，这种冲击容易造成电压波动与闪变。间歇式电源的接入对系统频率及电压的影响不容忽视。

三、大规模新能源发电功率预测技术

一个安全可靠的电力系统必须保证电力的生产与消耗在任意时刻的动态平衡。常规电力负荷的变化具有比较明显的规律性，电网调度人员可根据这一规律制订合理的发电计划，满足用电需求。以风力发电和太阳能发电为主的新能源，其输出功率具有随机波动特征，大规模并入电网后，将给电力系统的生产和运行带来极大的挑战，因此迫切需要开展针对大规模新能源发电功率预测技术的研究。通过预测，风力发电和太阳能发电功率将从未知变为已知，其预测结果用途主要包括：

（1）调度运行人员可根据预测的风力发电和太阳能发电功率波动情况，合理安排应对措施，提高电网的安全性和可靠性。

（2）将风力发电和太阳能发电功率预测与负荷预测相结合，调度运行人员可以调整和优化常规电源的发电计划，合理安排系统备用，改善电网调峰能力，增加风电并网容量。

（3）根据风力发电和太阳能发电功率预测结果，可以合理安排风电场/太阳能电站检修计划，减少弃风/弃光，提高新能源企业的盈利，增强风电/太阳能发电在电力市场中的竞争力。

风电功率预测技术受到广泛关注，研究成果丰硕，而太阳能发电预测系统研

发还没有大规模开展。下面详细介绍风电功率预测的研究和发展情况。风电功率预测可按照不同的划分原则进行分类。根据应用范围不同划分为：① 应用于风电机组自身控制的预测，对应时间尺度为毫秒级至秒级；② 与风电并网有关的预测，对应时间尺度为 0～48h，称为短期功率预测，主要关注常规机组发电计划安排、节能调度、安全性评估以及风电参与电力市场等；③ 更长时间的预测，如 5～7 天，称为中长期预测，主要用于风电机组与输电线路的检修。根据输入数据的不同，风电功率预测又可分为采用数值天气预报与不采用数值天气预报。

目前，风电功率预测已获得广泛应用。德国、丹麦等风电发达国家从 1992 年起就致力于风电功率预测系统的开发与应用，已开发了 Prediktor、WPPT、Zephyr、WPMS、Previento 及 SIPREóLICO 等风电功率预测系统。这些都在电网运行调度中得到了广泛应用，在保证电力系统的安全经济运行和提高风电价值等方面发挥着重要的作用。

我国在风电功率预测方面的研究起步较晚，实际投入运行的风电功率预测系统相对于国外较少。2008 年 11 月，我国首套具有自主知识产权的风电功率预测系统研发完成，并在吉林省电力公司调度中心正式投入运行。图 3-20 为吉林电网风电功率预测结果界面图。经过多年的技术攻关与工程实践，我国的功率预测技术已基本达到世界先进水平。目前，风电功率预测系统已应用于省级电力公司调度中心。

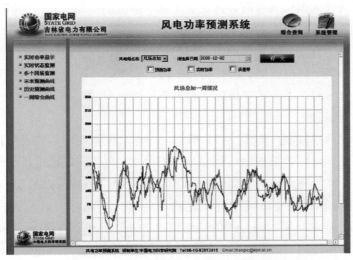

图 3-20　吉林电网风电功率预测结果界面图

四、大规模风电并网运行特性对电网适应性的影响

大规模风电并网运行特性包括有功频率控制、无功电压控制、低电压穿越等。随着风电装机规模的逐渐增大，其运行特性对电网适应风电能力的影响也越来越大。

国际上风电发达国家的风电场/机组运行控制水平较高，风电机组大多已具备有功、无功功率在线控制和低电压穿越的能力，在有风发电的情况下，可以实现出力绝对值控制、出力上升和下降速度控制等，甚至可在一定程度上参与电网的调频工作。如：德国要求风电在电网频率较高时可减少出力；英国要求风电参与调频；丹麦要求大规模集中接入的大型海上风电场留有一定的调节裕度，不仅要参与调频，而且要参与调峰，这样做显然有利于提高电网适应风电的能力。

目前，国内风电场/机组的运行控制水平与国外风电发达国家相比仍有较大差距，大部分在运行的风电机组本身的无功电压调节、功率因数在线调节、有功功率调节以及低电压穿越能力尚未实现。

（一）风电场有功功率控制

目前，在各国风电场接入系统技术规定中，都对有功功率控制提出了要求，其基本要求是：① 最大功率变化率限制；② 电网特殊情况下风电场的输出功率限制。另外，部分国家风电场接入系统技术规定还要求风电场应具有降低有功功率和参与系统一次调频的功能，并规定了功率缩减的范围和响应时间，以及参与一次调频的调节系统技术参数（死区、调差系数和响应时间等）。

控制风电场有功功率输出的方式包括切除风电机组、切除整个风电场和调节风电机组（变桨距风电机组）的有功功率输出水平。丹麦电力公司在风电场接入110kV 以上电网的技术规定中提出了对风电场进行有功功率控制的 7 种方式，下面给予详细介绍。

（1）绝对功率限制。如图 3-21 所示，绝对功率限制可以实现将风电场的输出功率控制在一个可调节的绝对输出功率限值上。可以限制风电场的输出功率在某一定值上，例如额定功率的 20%～100%。限定功率与并网点的 5min 测量平均值之间的偏差不应超过该风电场额定功率的±5%，同时可以设定在额定功率10%～100%的功率间隔内每分钟的输出功率上升速度和下降速度。

（2）偏差量控制。如图 3-22 所示，偏差量控制可以将风电场的输出功率控制在可能输出功率的一个固定偏差量上，也就是将风电场的输出功率总是限制在

可能出力以下的某个差值上，偏差量的单位可设为兆瓦。

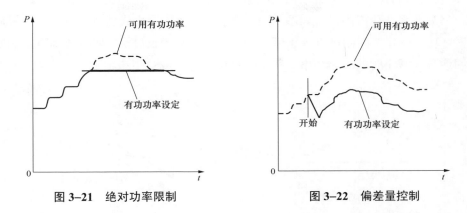

图 3-21　绝对功率限制　　　　　　　图 3-22　偏差量控制

（3）平衡控制。如图 3-23 所示，在需要的情况下，平衡控制作为快速有功功率调节手段来控制风电场输出功率的上升和下降速度。可以根据平衡控制指令有选择地设定功率变化量，一部分是基于当前输出功率的期望功率变化（以兆瓦为单位），一部分是期望的功率变化率（以 MW/min 为单位）。有功功率平衡控制可以在设定的时间后自动复位，根据可调节的功率变化率回到适当的功率设定值上。

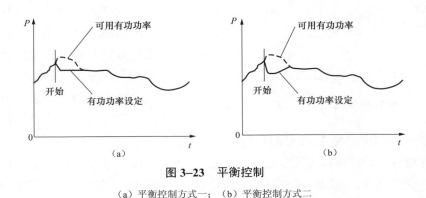

图 3-23　平衡控制

（a）平衡控制方式一；　（b）平衡控制方式二

（4）功率抑制控制。如图 3-24 所示，功率抑制控制可以保证风电场输出功率尽可能地维持在某时刻当前的输出功率值上（在风速下降时，这是不可能实现的）。当该项功能撤销时，风电场的输出功率可以根据可调节的功率变化率回到适当的功率设定值上（与第一种控制方式的区别在于，第一种方式是风电场的一个设定值，这种方式是调度根据系统运行情况对风电场下达的指令）。

（5）功率变化率限制。如图 3-25 所示，在风速增大或高风速条件下风机启动时，功率变化率限制可以防止风电场的输出功率增长过快，应可分别设定输出功率增长和减小时的最大功率变化率，也可以启用或禁用该项功能。

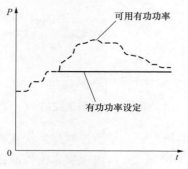

图 3-24　功率抑制控制

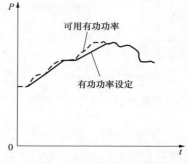

图 3-25　功率变化率限制

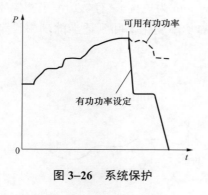

图 3-26　系统保护

（6）系统保护。如图 3-26 所示，系统保护是指可以由系统向风电场控制器传递外部信号，以系统保护控制的形式对风电场输出功率进行快速下行调节。下行调节应以预定的下降速度进行。系统保护控制可调节的风电场最大功率下行量应该是可以设定的。只要外部系统保护信号一直存在且功率变化量还未达到最大值，下行调节就应当继续进行。当外部信号停止时，系统保护控制应当结束，风电场保持当前的输出功率。

系统保护功能可以人工复位。当复位发生时，调节状态应返回到当前控制方式下的调节状态，返回速度可以单独设置。当该项功能复位后，如外部系统保护信号仍然存在，基于当前输出功率计算新的功率变化限定值，风电场的输出功率可能会进一步下行调节。

在系统保护接入风电场控制的情况下，最多在 30s 内可以将输出功率从满负荷下行调节到完全停止状态。系统保护功能是否接入应当可以独立设置。

（7）输出功率–频率控制调节。通过自动频率调节功能，每个风电机组的控制装置应根据电网频率调整输出功率。通过风电场整体控制器，可以设置风电场整体的频率调节特性。

图3-27给出了两种频率控制实例。实例1（实线）中频率控制只能对输出功率进行下行调节，而实例2（虚线）中由于前面的下行调节，还可以进行上行调节。当输出功率低于风机额定功率的20%时，如风机不能在持续高频情况下进行下行调节，风机就应当切除。

对风电场频率控制特性的设置应针对全体风电场进行全面考虑。

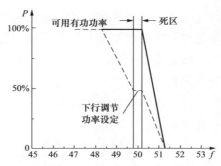

图3-27　输出功率–频率控制调节

风电场输出功率的波动引起系统潮流的变化，进而引起系统电压的波动和频率波动。风电场有功功率控制可以有效减小波动的不确定性。

（二）风电场无功功率调节

在风电场中，应用各种无功补偿设备是实现风电场无功电压调节最有效的手段。电力系统无功补偿可以分为串联补偿和并联补偿，也可分为有源补偿和无源补偿。常用的无功补偿设备有串联电容器组、并联电容器和并联电抗器、静止无功补偿器和静止无功发生器、同步调相机等。通过改变有载调压变压器的分接头位置也可以调节无功/电压。

串联电容器常用于提高长输电线路的功率传输能力和暂态稳定水平。当串联电容器用于较短线路时可以提高电压稳定性。串联电容器发出的无功功率与电流的平方成正比，与节点电压无关，可在系统最需要无功的时候提供更多的无功功率，串联电容器的这种自调节特性非常重要。从电压调节的角度看，串联电容器的作用在于减小了电压损耗 QX/U 分量中的 X，缩短了线路的电气距离。而风电场，尤其是采用恒速风电机组的风电场，在发出有功功率的同时需要从电网中吸收无功功率，可将风电场看作有功送端、无功受端。但是采用串联电容器作为无功补偿设备并不能减少电网向风电场的无功功率输送量，本着无功功率就地平衡、降低网损的原则，串联电容器补偿方案并不适用于风电场的无功/电压调节。另外，串联补偿方案可能引起的次同步谐振问题也应注意。

并联电容器（机械式投切并联电容器）是提供无功功率和电压支持较为经济

的方法，也是目前风电场无功电压调节的主要技术手段。并联电容器的装设容量可大可小，既可集中使用，又可分散装设就地供应无功功率。为了在运行中调节电容器的功率，一般将电容器连接成若干组，根据负荷的变化分组投切，实现补偿无功功率的不连续调节。并联电容器没有旋转部件，维护比较方便。然而从电压稳定和控制的观点看，并联电容器有以下固有的局限性：

（1）输出无功功率与电压的平方成正比，在系统低电压期间无功功率的输出反而降低。

（2）电压继电器中存在动作死区，不能快速准确地控制电压，容易出现过补偿或欠补偿。

（3）合闸速度太慢，对防止风电场发生暂态电压失稳效果不大。

并联电抗器的运行特征与并联电容器相似。为了吸收轻载时线路中的充电功率，并联电抗器也应用于风电场的无功电压调节。并联电容器组与并联电抗器的配合使用体现了风电场无功电压调节的特殊性。

静止无功补偿器（SVC）由带有可调可控部分的电容器与电抗器并联组成，能快速调节无功功率，投切电容器不受暂态过程限制。SVC 根据一定的斜率调节电压，该斜率与稳定增益有关，且在控制范围内，通常为 1%～5%。当达到控制极限时，SVC 相当于并联电容器的特性。目前，电力系统中的绝大多数 SVC 主要用于提高输电线路的输送功率和功角稳定性，也用于防止电力系统发生与电动机相关的暂态电压失稳。对于电压稳定的较慢形式，SVC 的快速响应特性并不是非常重要。正常情况时，SVC 工作在感性输出或无差调节范围，以便在扰动时可以得到快速容性升压。国内研究机构就 SVC 在风电场无功电压调节中的应用进行了研究，并肯定了其价值。目前国内已经有 SVC 应用于风电场无功电压调节的实例。

静止同步补偿器（STATCOM）是一种更加先进的静止型无功补偿装置，它的主体是电压源型逆变器。逆变器交流侧通过电抗器或变压器并联接入电网，适当控制逆变器的输入电压就可以灵活地改变 STATCOM 的运行工况，使其处于容性负荷、感性负荷或零负荷状态。STATCOM 比 SVC 响应速度更快，运行范围更宽；尤其重要的是，电压较低时它仍可向电网注入较大的无功电流。

同步调相机本身就是三相同步电机，现在都采用快速的自并激励磁系统，励磁调节系统时间常数小于 0.05s，但是调相机励磁绕组时间常数为几秒，比静止补偿器要慢；同时它的维护工作量大，价格高，目前有被淘汰的趋势。

调节有载调压变压器的分接头位置也可以起到调节无功电压的作用。改变变压器高压侧分接头的位置以调节低压侧电压，可以支持低压网络的电容器组和线路充电，并减小较低电压网络的无功损耗。但在系统无功不足时，如果采用调节有载调压变压器分接头来提高电压，则会扩大电网的无功缺额，导致整个电网的电压水平更加下降。有载调压变压器分接头调节是风电场无功电压调节的基本手段之一。

（三）风电场有功功率/无功功率的综合协调控制

为了控制风电场的有功功率、无功功率，减小风电场对系统的不利影响，有必要设计风电场的综合控制系统。其可根据调度的指令和风电场并网点的信号，对风电场的无功补偿设备和风电机组本身进行调节，从而实现对整个风电场的优化控制。

风电场综合控制系统的输入信号有调度的指令、风速、并网点的有功功率、无功功率、电压等，控制目标是保持风电场的有功功率、无功功率、电压等在合理范围内变化，系统的总体结构如图 3-28 所示。

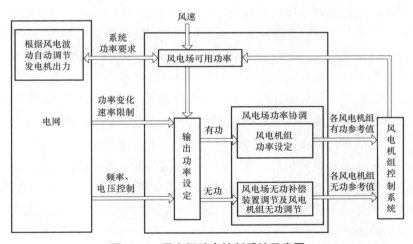

图 3-28　风电场综合控制系统示意图

在正常情况下，电网根据风电场的输出功率，对某些调频电厂的自动发电控制装置进行调整，保持系统的功率平衡。紧急情况下，调度中心根据电网的运行状况向风电场下达指令，对风电场的有功功率和无功功率提出要求。风电场根据调度指令以及风速、电压等信息确定风电场的功率输出，并向各风电机组下达控制命令。对于变速风电机组可以通过桨距角控制和转速控制调节风电机组输出功率；对于定速风电机组可通过主动失速控制调节风电场输出功率。如果风电机组具有无功调节能力，风电机组也可以参与系统电压调整；否则，只能通过调节风电场的无功补偿装置及升压变压器分接头位置调节风电场的无功功率。

如果风电场中各台风电机组型号相同，并且处于相同的运行状态，则整个风电场的特性就与单机特性基本一致，各台机组可以采用相同的控制策略。如果风电场机组类型不一致，或风电场分布范围较广，那么各台风电机组将处于不同的运行状态。在这种情况下可以采用机群控制的方法，即根据风电场中风电机组排列位置和风速状况，把风电机组划分为若干群，同一机群可以采用相同的控制策略。

（四）风电场低电压穿越能力

低电压穿越（Low Voltage Ride Through，LVRT）是指在风电场并网点电压跌落的时候，风电场能够保持并网，甚至向电网提供一定的无功功率，支持电网恢复，直到电网恢复正常，从而"穿越"此低电压时间。

在风力发电占电网发电比例较低时，若电网出现故障后，风电场实施被动式自我保护而解列，这样一方面能最大限度保障并网风电场风电机组的安全；另一方面由于所占比重较低，不会对整个系统产生较大的影响，这种情况是可以接受的。当风力发电在电网发电中占有较大比例时，若风电场在系统发生故障时仍采取被动保护式解列，则会增加整个系统的恢复难度，甚至可能加剧故障，最终有可能导致系统崩溃，因此必须采取有效的低电压穿越措施，以维护风电场电网的稳定。另外，具有低电压穿越能力的风电场不仅有利于整个电网的稳定与安全，对于风电场自身而言也有积极意义。当风电场具备低电压穿越能力时，在稳态运行情况下能够稳定风电场运行，增加风电场的最大接入容量；在电网发生故障时，还能够保证风电场不脱网地连续运行，减少风电场的发电量损失，保障风电场投资的回收与经济利益。

低电压穿越能力要求取决于当地电网。对于穿越电压降落的发电设备来说，理想情况是能向电网提供无功电流帮助恢复电压。这也是提供无功与故障穿越能力之间存在强相互作用的原因。

国外许多技术标准规定了风电场要具有图 3-29 所示的低电压穿越能力，以避免电网故障引起的风电场解列。

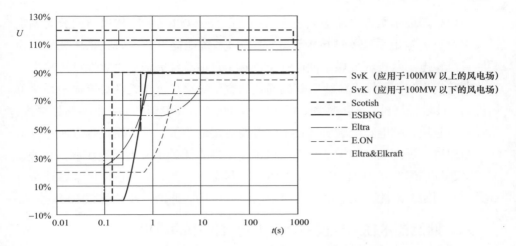

图 3–29　风电机组/风电场低电压穿越特性曲线

SvK—瑞典 TSO（Svenska Kraftnat）；Eltra—丹麦西部电网公司；Scotish—苏格兰（电网）公司；E.ON—德国

E.ON 电网公司；ESBNG—爱尔兰（电网公司）；Eltra&Elkraft—丹麦西部和东部电网公司

五、柔性直流输电技术在大规模新能源发电并网中的应用

　　由于风电利用规模的不断扩大，国外风电场大规模集中接入电网的应用也日益增多。当采用电缆且接入距离小于 50～75km 或采用架空线且接入距离小于 500km 时，高压交流输电接入方案在大多数风电场并网工程中被采用。但是电缆长度增加也将导致电缆的电容增大，当电缆容性电流接近电缆的额定电流时，采用交流方式送电将不再经济。此外，当风电场通过交流线路并网时，由于风电场与本地电网电气联系紧密，任何一方的故障都会迅速波及另一方，严重时会引起整个系统的电压大幅振荡、功角失稳及风电场失速。

　　与交流并网方式相比，直流输电技术作为风电的并网和送出手段可以在一定程度上隔离送、受端系统的故障，降低两端系统的相互影响。在风电的直流并网方式中，柔性直流输电并网方式具有非常突出的优越性，它不仅能够实现无功功率的动态控制，抑制并网风电场的电压波动和闪变，改善并网系统电能质量；而且可以精确控制有功潮流，为风电场提供优异的并网性能，并能有效提高并网系统的暂态稳定性。此外，风电通过柔性直流输电方式实现并网，还具有换流设备占地少、重量轻等优点，目前国外已有采用柔性直流输电技术将风电场接入电网的工程。

国内也开展了柔性直流输电技术的相关研究。2006 年初，国家电网公司制定了《柔性直流输电系统关键技术研究框架》，系统地提出技术研究总体规划，为柔性直流输电示范工程提供全面的技术支撑。目前已经完成了"柔性直流输电技术前期研究"和"柔性直流输电基础理论研究"等项目，在柔性直流输电系统总体规划、技术经济性、应用规划、可靠性和可用率、环境影响、主电路拓扑结构、系统数学建模、机电和电磁仿真技术、谐波与接地系统、系统损耗等方面进行了深入的探讨。近期还开展了上海南汇风电场柔性直流输电并网示范工程的建设。工程将建设输送容量为 18MW、±30kV（双极金属回路，不存在单极金属回路或单极大地回路）柔性直流输电线路用于南汇风电场的并网，计划于 2010 年建成。

六、储能技术在大规模新能源发电并网中的应用

风力发电和光伏发电等新能源发电方式具有不同于火电和水电等常规电源的波动性和间歇性，大规模并网会对电网的稳定运行造成影响。在间歇式新能源发电装机容量不断增加、规模不断扩大的情况下，利用储能技术能够为电力系统提供快速的有功支撑，增强电网调频、调峰能力。因此，对于风力发电、光伏发电等新能源发电系统，在电源侧配置动态响应特性好、寿命长、可靠性高的大规模储能装置，可有效解决风能、太阳能等间歇式新能源的间歇性和波动性问题，大幅提高电网接纳新能源发电的能力，促进新能源发电的集约化开发和利用。

各种储能技术在能量密度和功率密度方面均具有不同的表现，很少能有一种储能技术可以完全适应电力系统的各种应用，因此必须根据具体的需求，选择匹配的储能方式。

在大规模新能源发电并网应用中，充放电速度快、反应灵敏的储能装置可用于调频、调相和调压，以保证新能源电力的电能质量。以风电为例，将飞轮储能装置并联于风电系统直流侧，利用飞轮储能装置吸收或发出有功和无功功率，能够改善输出电能的质量。容量密度大的储能装置可以用于电网的调峰。当某个时间段内风力资源丰富而电网的用电需求处于低谷时，可以利用大容量的储能装置削峰填谷，将"过剩"的电能储存起来，在电网负荷高峰期将电能平稳地释放出来。

从目前的技术水平及发展趋势来看，已经用于或未来可能用于大规模储能的主要是抽水蓄能、压缩空气储能和电化学储能等储能技术，可根据系统条件进行选择。

抽水蓄能是电力系统中广泛采用的大规模、集中式储能手段，在有条件的地

区建设抽水蓄能电站，构建大规模风电–抽水蓄能互补系统，将为大力发展风电创造条件。利用抽水蓄能电站的多种功能和优良的技术特性可有效地弥补风电的间歇性和波动性，消除电网规模对发展大规模风电的限制。特别是当电力系统负荷处于低谷时段，抽水蓄能电站可以消纳风电多余有功功率，减少弃风，从而有效提高风能利用率和电网供电质量，使风能资源得到最大化的开发和利用。另外，抽水蓄能电站还具有灵活调节系统有功功率、无功功率等优点。因此，在风电比重较大的电网和准备发展大规模并网风电的地区，在建设百万千瓦、千万千瓦级风电基地的同时，应该利用当地的水利资源，配备一定比例的抽水蓄能电站，实现抽水蓄能电站与风电场的互补运行。

在电池储能中，钠硫电池具有容量大、体积小、效率高、寿命长等优点。目前国内外开展了一百多个兆瓦级以上规模储能示范项目（或商业运行）。其中，很多应用是将钠硫电池系统安装在风电系统或光伏发电系统中，用于输出功率的平稳控制。因此，相对于其他类型的二次电池，钠硫电池在大规模储能应用上已率先迈出了一步。

全钒液流电池与其他蓄电池相比，具有电池的功率和储能容量可以独立设计、循环寿命长、可深度放电而不引起电池的不可逆损伤、响应速度快等特点，在风能（或太阳能）储能联合发电系统中具有良好的应用前景。

锂离子电池的主要优点是比能量大，比功率高，自放电小，无记忆效应，循环特性好，可快速放电且效率高。由于具有上述优点，锂离子电池得到了快速发展，其储能应用前景广阔。

第四章 智能输电网技术

输电网是电能输送的物理通道，是连接发电、配电和用电等环节的纽带。先进的输电技术是构建智能输电网、满足新能源发展需要、实现资源大范围优化配置的关键技术；智能电网调度技术为电网的安全稳定经济运行提供重要的保障；智能变电站是智能电网中的重要节点，对各级电网起着联结作用。

本章将从先进输电技术、智能变电站、智能电网调度以及输电线路状态监测等方面介绍智能输电网的相关技术。

第一节 先 进 输 电 技 术

在未来的 15～20 年内，我国的电力需求仍将快速增长。由于我国能源供应和消费呈逆向分布特征，一次能源集中在西部和北部地区，而负荷又集中在中东部和南部地区，因此，需要采用先进的输电技术，建设坚强的网架结构，进行远距离、大容量、低损耗、高效率的电能输送，促进水电、火电、核电和可再生能源基地的大规模集约化开发，实现全国范围内的能源资源优化配置。

本节将主要介绍特高压交/直流输电、柔性输电等先进输电技术，同时展望超导输电等前沿技术。

一、特高压输电技术

特高压输电技术包括特高压交流输电技术和特高压直流输电技术。

（一）特高压交流输电技术

特高压交流输电是指 1000kV 及以上电压等级的交流输电工程及相关技术。特高压交流电网突出的优势是：可实现大容量、远距离输电，1 回 1000kV 输电线路的输电能力可达同等导线截面的 500kV 输电线路的 4 倍以上；可大量节省线路走廊和变电站占地面积，显著降低输电线路的功率损耗；通过特高压交流输电线实现电网互联，可以简化电网结构，提高电力系统运行的安全稳定水平。

2004 年以来，我国在特高压交流输电技术领域开展了全面深入的研究工作，掌握了特高压交流输电的核心技术，主要体现在以下方面：

（1）在过电压深度控制方面，采用高压并联电抗器、断路器合闸电阻和高性能避雷器联合控制过电压，并利用避雷器短时过负荷能力，将操作过电压限制到 1.6～1.7p.u.、工频过电压限制到 1.3～1.4p.u.、持续时间限制在 0.2s 以内，兼顾了无功平衡需求，有效降低了对设备绝缘水平的要求。

（2）采用高压并联电抗器中性点小电抗控制潜供电流方法，成功实现了 1s 内的单相重合闸，避免了采用动作逻辑复杂、研制难度大、价格昂贵的高速接地开关方案，解决了潜供电流控制的难题。

（3）通过对特高压交流输电系统绝缘配合的大量研究，获得了长空气间隙的放电特性曲线，初步提出了空气间隙放电电压的海拔修正公式，引入反映多并联间隙影响的修正系数，采用波前时间 1000μs 操作冲击电压下真型塔的放电特性进行绝缘配合，合理控制了各类间隙距离。

（4）大规模采用有机外绝缘新技术，在世界上首次采用特高压、超大吨位复合绝缘子和复合套管，结合高强度瓷/玻璃绝缘子、瓷套管的使用，攻克了污秽地区特高压交流输电工程的外绝缘配置难题。

（5）为了控制电磁环境水平，特高压输电线路采用大截面多分裂导线，变电站全部进行全场域三维电场计算和噪声计算，优化了变电站布置和设备金具结构，并成功研制出低噪声设备和全封闭隔音室，电晕损失和噪声控制水平达到国际先进水平。

（6）开展特高压电网安全稳定水平的大规模仿真计算分析，结合发电机及励磁系统的实测建模，以及系统电压控制、联网系统特性试验结果，研究掌握了特高压电网的运行特性，提出了特高压电网的运行控制策略并成功实施。

（7）建立特高压输电技术标准体系，形成了从系统集成、工程设计、设备制造、施工安装、调试试验到运行维护的全套全过程技术标准和试验规范。

（8）成功研制出代表世界最高水平的全套特高压交流设备：额定电压 1000kV、额定容量 1000MVA（单柱电压 1000kV、单柱容量 334MVA）的单体式单相变压器；额定电压 1100kV、额定容量 320Mvar 的高压并联电抗器；额定电压 1100kV、额定电流 6300A、额定开断电流 50kA（时间常数 120ms）的 SF_6 气体绝缘金属封闭组合电器；特高压瓷外套避雷器、特高压棒形悬式复合绝缘子、复合空心绝缘子及套管等特高压设备。

2009 年 1 月 6 日，晋东南—南阳—荆门特高压交流试验示范工程正式投入商业运行。首次实现了两大同步电网通过特高压线路的互联，掌握了系统的运行特性和控制规律，验证了运行控制策略的有效性和仿真计算分析的准确性。特高压交流系统表现出良好的动态运行特性和抗扰动能力，发挥了水火互济和事故支援等重要联网功能。

（二）特高压直流输电技术

国际上，高压直流通常指的是±600kV 及以下直流系统，±600kV 以上的直流系统称为特高压直流。在我国，高压直流指的是±660kV 及以下直流系统，特高压直流指的是±800kV 和±1000kV 直流系统。

从电网特点看，特高压交流可以形成坚强的网架结构，对电力的传输、交换、疏散十分灵活；直流是"点对点"的输送方式，不能独自形成网络，必须依附于坚强的交流输电网才能发挥作用。

特高压直流输电具有超远距离、超大容量、低损耗、节约输电走廊和调节性能灵活快捷等特点，可用于电力系统非同步联网；由于不存在交流输电的系统稳定问题，可以按照送、受两端运行方式变化而改变潮流，所以更适合于大型水电、火电基地向远方负荷中心送电。与高压直流输电相比，特高压直流输电具有以下技术和经济优势：

（1）输送容量大。采用 6 英寸晶闸管换流阀、大容量换流变压器和大通流能力的直流场设备；电压可以采用±800kV 或±1000kV；±800、±1000kV 特高压直流输电能力分别是±500kV 高压直流的 2.5 倍和 3.2 倍，能够充分发挥规模输电优势，大幅提高输电效率。

（2）送电距离远。采用特高压直流输电技术使超远距离的送电成为可能，为实现更大范围优化资源配置提供技术手段。研究结果表明，±800kV 经济输电距离为 1350～2350km；±1000kV 经济输电距离为 2350km 以上。

（3）线路损耗低。在导线总截面、输送容量均相同的情况下，±800kV 直流线路的电阻损耗是±500kV 直流线路的 39%，是±600kV 直流线路的 60%，可提高输电效率，降低输电损耗。

（4）工程投资省。由于特高压直流工程输送容量大、送电距离远，特高压直流工程的单位千瓦每千米造价显著降低，根据计算分析，±800kV 直流输电工程的单位千瓦每千米综合造价约为±500kV 直流输电方案的 87%，节省工程投资效益显著。

（5）走廊利用率高。±800kV 直流输电单位走廊宽度输送容量是±500kV 的 1.3 倍左右，提高输电走廊利用效率，节省宝贵的土地资源。

（6）运行方式灵活。特高压直流输电工程采用双极对称和模块化设计，每极采用双 12 脉动换流器串联的接线，单个换流器单元和单极故障不影响其他换流单元和极的运行，运行方式灵活，系统可靠性大大提高。任何一个换流器发生故障，系统仍能够保证 75%额定功率的送出。由于采用对称、模块化设计，工程可以分步建设、分期投入运行。

（7）可靠性高。特高压直流输电工程除采用对称和模块化设计提高系统可靠性外，还对控制保护等重要部分采取冗余设计，从而大大提高特高压直流输电系统的可靠性。直流输电可控性好，输电电压、电流和功率以及送电方向可以灵活调节。据分析，±800kV 特高压直流工程的单换流器停运率平均不大于 2 次/年，双极强迫停运率不大于 0.05 次/年，能量不可利用率不大于 0.5%。

（8）环境友好。特高压直流工程通过采用大截面、多分裂导线和增加对地距离，特高压直流工程的线路电磁环境指标与常规±500kV 直流输电工程相当，完全满足国家环境指标要求。通过采用低噪声设备、优化换流站平面布置、采用隔声屏障等措施，如：平波电抗器采用高效一体化消声装置，围墙合理装设隔音屏，经仿真计算表明特高压直流工程换流站噪声场界可达到国家二类标准，即昼间不大于 60dB（A），夜间不大于 50dB（A）。

到目前为止，我国已建和在建的特高压直流输电工程有±800kV 向家坝—上海直流输电示范工程、±800kV 锦屏—苏南直流输电工程和±800kV 云南—广东直流输电工程。±800kV 特高压直流换流阀阀厅如图 4-1 所示。

二、柔性输电技术

（一）灵活/柔性交流输电技术

20 世纪 80 年代，美国电力科学研究院的 Narain G Hingorani 博士提出柔性交流输电系统（FACTS）的概念。1997 年，IEEE PES 学会正式公布的 FACTS 的定义是：装有电力电子型和其他静止型控制装置以加强可控性和增大电力传输能力的交流输电系统。可以说，FACTS 的基石是电力电子技术，核心是 FACTS 装置，关键是对电网运行参数进行灵活控制。通过安装 FACTS 装置可以实现电

图 4-1 ±800kV 特高压直流换流阀阀厅

压、阻抗、功角等电气量的快速、频繁、连续控制，克服传统控制方法的局限性，增强电网的灵活性和可控性。FACTS 技术在输电系统中的典型应用如图 4-2 所示。

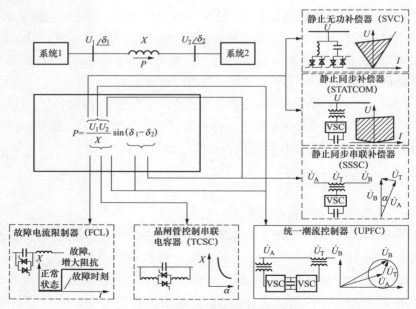

图 4-2 FACTS 技术典型应用示意图

在以晶闸管控制串联电容器、静止无功补偿器、可控并联电抗器、故障电流限制器为代表的第一代 FACTS 装置研究与应用方面，我国走在世界前列，关键技术和经济指标已经接近甚至超过了国外先进电气设备供应商的技术水平，并在我国电网中推广应用，获得了良好的社会效益和经济效益。在以静止同步补偿器和静止同步串联补偿器为代表的第二代 FACTS 装置方面，我国已开展相关技术研究，其中静止同步补偿器在输电网已有示范应用，但在容量、电压等级和可靠性等方面与国外技术水平尚存在一定差距；静止同步串联补偿器仍然处于实验室研究阶段，还没有实际的工业装置投入运行。以统一潮流控制器、线间潮流控制器、可转换静止补偿器为代表的第三代 FACTS 装置是对第二代 FACTS 装置的创新和发展，功能更强大，结构更加紧凑，性能大幅度提升，可以为电网提供更先进的控制手段，代表了 FACTS 技术的发展方向。

在智能电网中大规模应用 FACTS 装置，还要解决一些全局性的技术问题，例如：多个 FACTS 装置间的协调控制问题，FACTS 装置与已有常规控制、继电保护的配合问题，FACTS 装置纳入智能电网调度系统的问题等。下面对典型FACTS 装置的应用功能进行简单介绍。

1. 静止无功补偿器

静止无功补偿器（SVC）是在机械投切式电容器和电感器的基础上，采用大容量晶闸管代替机械开关而发展起来的，它可以快速地改变其发出的无功功率，具有较强的无功调节能力，可为电力系统提供动态无功电源。SVC 在电网运行中可以起到提高电压稳定性、提高稳态传输容量、增强系统阻尼、缓解次同步谐振（振荡）、降低网损、抑制冲击负荷引起的母线电压波动、补偿负荷三相不平衡等作用。SVC 主要包括以下 4 种结构：晶闸管控制电抗器（TCR）、晶闸管投切电容器（TSC）、TCR+固定电容器（FC）混合装置、TCR+TSC 混合装置。

TCR 的原理接线如图 4-3（a）所示。它由线性的空心电抗器与反并联晶闸管阀（VT1、VT2）串联组成。TCR 正常工作时，VT1、VT2 分别在其承受正向电压期间从电压峰值到过零点的时间间隔内触发导通。一般使用触发角 α 来表示晶闸管的触发时刻，它是晶闸管承受正向电压期间从电压零点到触发点的电角度，决定了电抗器中电流有效值的大小。图 4-3（b）为单相 TCR 的电流波形。当$\alpha=90°$ 时，电抗器吸收的感性无功功率最大；当 $\alpha=180°$ 时，电抗器吸收的感性无功功率为 0，电抗器不投入运行。如果 α 介于 0°～90°之间，将会产生含直流分量的不对称电流，所以一般在 90°～180°范围调节。晶闸管一旦导通，电流的关断将发生在自然过零点，这一过程称为电网换相。TCR 支路电流的基波分量是 α 的函数。通过控制 α 可以连续调节流过电抗器的基波电流幅值大小，从而导致电抗器吸收无功功率的连续变化。

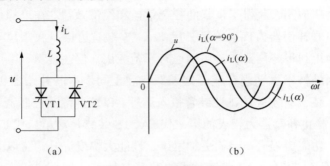

(a)   (b)

图 4-3 TCR 接线示意图

(a) TCR 的单相原理接线；(b) 单相 TCR 电流波形

单相 TSC 的结构及工作波形如图 4-4 所示。它由电容器、反并联晶闸管阀和阻抗值很小的限流电抗器组成。三相 TSC 由 3 个单相 TSC 按三角形连接构成，通常由同样连接成三角形的降压变压器低压绕组供电。TSC 有两个工作状态，即投入和断开状态。投入状态下，反并联晶闸管导通，电容器起作用，TSC 发出容性无功功率；断开状态下，反并联晶闸管阻断，TSC 不输出无功功率。

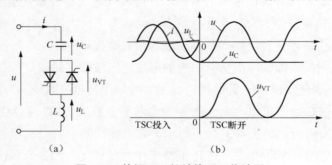

(a)   (b)

图 4-4 单相 TSC 的结构及工作波形

(a) 单相 TSC 的结构；(b) 单相 TSC 的工作波形

TCR 只能在滞后功率因数的范围内提供连续可控的无功功率。为了将动态范围扩展到超前功率因数区域，可以与 TCR 并联一个固定电容器 FC，如图 4-5（a）所示。通常 TCR 容量大于 FC 容量，以保证既能输出容性无功又能输出感性无功。固定电容器通常接成星形，并被分成多组。实际应用中每组电容器常用一个滤波支路（LC 或 LCR）来取代单纯的电容支路。滤波网络在工频下等效为容抗，而在特定频段内表现为低阻抗，从而能对 TCR 产生的谐波分量起滤波作用。FC-TCR 型 SVC 的典型运行特性如图 4-5（b）所示。固定电容器将 SVC 的可控范围扩展到了超前功率因数区。由于引入了电压控制，FC-TCR 的运行范围被压缩到一条特性曲线上，这种特性曲线体现了 SVC 的硬电压控制特性，它将系统电压精确地稳定在电压设定值 U_{ref} 上。根据系统要求，可分别确定 FC 和 TCR 的额定容量，就能确定发出和吸收无功功率的范围。

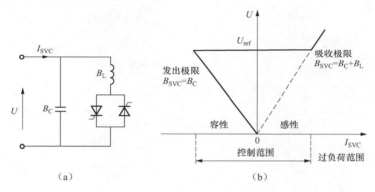

图 4-5　FC-TCR 型 SVC 结构与运行特性

（a）FC-TCR 型 SVC 单相结构；（b）FC-TCR 型 SVC 运行特性

TSC 装置不产生谐波，但只能以阶梯方式满足系统对无功的需求；FC-TCR 型 SVC 响应速度快且具有平衡负荷的能力，但由于 FC 工作中产生的容性无功需要 TCR 的感性无功来平衡，因此在需要实现输出从额定容性无功到额定感性无功调节时，TCR 容量是额定容量的 2 倍，从而导致器件和容量上的浪费。TSC-TCR 型 SVC 可以克服上述缺点，具有更好的灵活性，并且有利于减少损耗。TSC-TCR 型 SVC 的单相结构如图 4-6（a）所示，根据装置容量、谐波影响、晶闸管阀参数、成本等因素确定由 n 条 TSC 支路和 m 条 TCR 支路构成。图中 $n=3$、$m=1$，各 TSC、TCR 参数一致，通常 TCR 支路容量稍大于 TSC 支路容量。由于 TCR 的容量较小，因此产生的谐波也大大减小。实际应用中，TSC 支路通过串联电抗器被调谐在不同的谐波频率上。为了避免所有的 TSC 同时被切除的情况，需要添加一个不可切的电容滤波支路。在运行电压点附近协调 TCR 与 TSC 的运行状态，抑制临界点可能出现的投切和调节振荡是该条件下需要特别注意的问题。与 FC-TCR 型 SVC 外特性类似，TSC-TCR 型 SVC 的外特性也可表示为可控电纳，在一定的范围内能以一定的响应速度跟踪输入的电纳参考值。图 4-6（b）所示为其运行特性，总的运行范围由 4 个区间组成，包括 3 个 TSC 全部投入时的运行区间，以及 2 个、1 个或者没有 TSC 投入时的运行区间。稳态条件下，TSC-TCR型 SVC 与 FC-TCR 型 SVC 的运行特性相同。

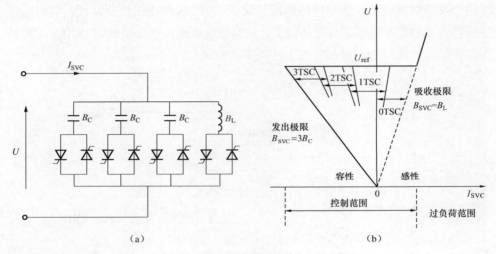

图 4-6 TSC-TCR 型 SVC 结构与运行特性

（a）TSC-TCR 型 SVC 单相结构；（b）TSC-TCR 型 SVC 运行特性

2. 晶闸管控制串联电容器

输电线路采用串联电容器补偿线路感抗的方式可以缩短线路的等效电气距离，减小功率输送引起的电压降和功角差，从而提高线路输送能力和系统稳定性。常规串联电容器补偿装置的补偿容抗固定，也称为固定串联电容器（FSC）补偿，它不能灵活地调整补偿容抗值以适应系统运行条件的变化。晶闸管控制串联电容器（TCSC）应用了电力电子技术，利用对晶闸管阀的触发控制，实现对串联补偿容抗值的平滑调节，使输电线路的等效阻抗成为动态可调，系统的静态、暂态和动态性能得到改善。TCSC 是 FACTS 技术应用的典型装置之一，在电网中可以起到控制电网潮流分布、提高系统稳定性极限、阻尼系统振荡、缓解次同步谐振、预防电压崩溃等作用。

典型的 TCSC 结构如图 4-7 所示。TCSC 由电容器组和晶闸管阀控制的电抗器并联组成，即在固定电容器组 FC 旁边并联 1 个 TCR 支路，其基本思路是用TCR 部分抵消固定电容器的容抗值，从而获得连续可控的等效串联阻抗，除了电容器组、晶闸管阀和电抗器外，还包括与电容器组一起安装的保护设备，如金属氧化物限压器（MOV）、火花间隙及其限流阻尼电路等，它们都被安装在与地面绝缘的高压平台上。另外还有其他辅助设备，如用于各支路电流测量用的电流互感器、旁路断路器、旁路开关、隔离开关、接地开关以及测量电容器两端电压的电阻分压器等。实际的 TCSC 结构通常采用多组 TCSC 模块串联构成，并常与 FSC 结合起来使用，采用 FSC 的目的主要是为了降低整套串补装置成本。每个 TCSC 模块参数可以不同，以提供较宽的阻抗控制范围。

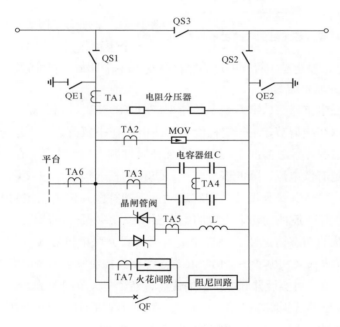

图 4–7　典型的 TCSC 结构图

对于 TCSC 而言，其等效串联阻抗是可变的，能够对线路功率进行大范围的连续控制。等效串联阻抗的变化是通过控制 TCR 支路触发角 α 来实现的。TCR 的基波电抗值是触发角 α 的连续函数，因此 TCSC 的等效基波阻抗由一个不可变的容性电抗和一个可变的感性电抗并联组成的。

X_{TCSC} 与 α 的关系曲线如图 4–8 所示。从图中可以看出，TCSC 的运行存在并联谐振区，谐振点对应的触发角为 α_{res}。当 $90° < \alpha < \alpha_{\text{res}}$ 时，TCSC 运行在感性区，呈现为可变的感性阻抗，且 $X_{\text{TCSC}} > X_{\text{L}}$。$\alpha$ 从 $90°$ 逐渐增大，在到达并联谐振

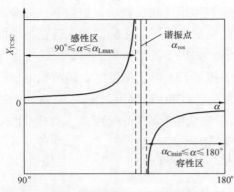

图 4-8 TCSC 等效基波阻抗与触发角的关系

点之前，TCR 的等效基波电抗逐渐增大，从而使 TCSC 的感性阻抗逐渐增大。当 $\alpha_{res} < \alpha < 180°$ 时，TCSC 运行在容性区，呈现为可变的容性阻抗，且 $X_{TCSC} > X_C$。α 从 180° 逐渐减小，在达到并联谐振点之前，TCR 的等效基波电抗逐渐减小，从而使 TCSC 的容性阻抗逐渐增大。当 $\alpha = \alpha_{res}$ 时，TCSC 处于谐振状态，呈现为无限大的阻抗，这显然是一个不可接受的状态。为防止 TCSC 工作在谐振区，设定晶闸管阀的最小容性触发角 α_{Cmin} 和最大感性触发角 α_{Lmax}。

3. 可控并联电抗器

可控并联电抗器（CSR）是一种新型 FACTS 装置，它并联于电力系统，且其电抗值可以在线调节，在一定程度上解决电压在小负荷方式下过高或大负荷方式下过低的情况，紧急情况下可以实现强补以抑制工频过电压，配合中性点电抗器还可以抑制潜供电流、降低恢复电压。CSR 的投入运行，使双回或多回线发生 $N-1$ 故障时，可按其最大调节范围实现动态无功补偿，提高系统的电压稳定性。同时，对于系统在各种扰动下出现的电压振荡或功率振荡也能起到一定的抑制作用，提高系统的动态稳定性。CSR 主要有磁控式并联电抗器（MCSR）和分级式可控并联电抗器（SCSR）两种。MCSR 通过晶闸管控制励磁系统电流来改变电抗器铁芯的饱和程度，可实现并联电抗值的快速、连续、大范围调节。SCSR 通过晶闸管分级投切变压器低压侧电抗器，可实现并联电抗值在有限个级别间的快速切换。

MCSR 由电抗器本体和控制系统两部分组成。对于 500kV 及以上电压等级应用的 MCSR，由于电抗器本体容量大，通常采用单相式结构，典型的单相磁路结构如图 4-9 所示。N11、N21 绕组为电抗器的一次绕组，同名端并联后接入 500kV 电网；N12、N22 为二次绕组，即励磁绕组（又称控制绕组），同名端串联后接可控直流电压源。一次绕组在外侧，二次绕组在内侧。在交流电压的作用下，一次绕组同名端并联，两铁芯 L1、L2 中将产生同方向的交流感应磁通 Φ_1、Φ_2，其中 Φ_1 主要通过 L1、L3 构成闭合回路，Φ_2 主要通过 L2、L4 构成闭合回路。在直流控制电压作用下，N12、N22 流过直流励磁电流，两铁芯 L1、L2 中将产生方向相反的直流感应磁通 Φ_0，并主要通过 L1、L2 和 L5 闭合。因此，Φ_0 对 L1、L2

分别起助磁和去磁作用,使两个分铁芯在一个工频周期内轮流达到饱和状态。L3、L4 主要受交流电压作用,始终工作于不饱和段状态。

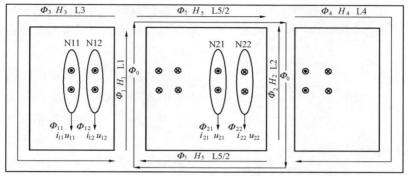

图 4-9　MCSR 单相磁路结构示意图

MCSR 的运行原理如图 4-10 所示。系统电压扰动触发控制器,控制器通过调节晶闸管整流器延时触发角 α 以改变励磁绕组的直流励磁电流,从而控制电抗器本体的磁饱和程度,最终实现电抗器本体吸收无功的平滑调节,抑制安装点的电压扰动。如果在安装点或输电线路上出现了操作过电压或工频过电压,旁路断路器 QF2 快速闭合,使电抗器励磁绕组短路。这种情况下,电抗器的运行不依赖于控制设备的运行模式,而类似于自饱和电抗器,输出无功功率发生突变甚至超过额定容量,限制过电压。

SCSR 充分利用了变压器的降压作用,使晶闸管阀工作在低电压下,同时加大变压器的漏抗,使漏抗值达到或接近 100%;再在变压器的二次侧串联接入多组电抗器,并由晶闸管和机械开关组合进行分级调节,实现感性无功功率的分级控制。典型的 SCSR 主电路方案,如图 4-11 所示。SCSR 可以满足潮流变化时电压

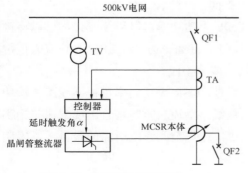

图 4-10　MCSR 运行原理图

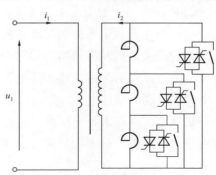

图 4-11　SCSR 主电路结构图

和无功控制要求，对于大幅值振荡，可以采用乒乓投切方式阻尼，在系统发生故障或扰动时响应迅速，不产生谐波。由于免除采用晶闸管冷却回路，成本显著降低，维护方便。由于高阻抗变压器的磁通全部为漏磁通，需要特别注意电抗器本体局部过热问题。

此外，还有一种分级/连续调节 CSR 主电路方案，如图 4-12 所示。该方案相当于 1 台多个二次绕组依次工作于短路状态的多绕组变压器，每个控制绕组中串接反并联晶闸管和限流电抗器。当通过控制晶闸管使第 n 个控制绕组投入工作时，第 1、2、…、$n-1$ 个控制绕组均已处于短路状态。因此，可以认为其电流中没有谐波。这样，一次绕组中电流谐波含量的绝对值只由第 n 个控制绕组的功率和晶闸管的导通程度决定，谐波含量不仅与第 n 个控制绕组本身的电流有关，而且还与已经处于短路状态的第 1、2、…、$n-1$ 个控制绕组的电流有关。由于每个控制绕组的额定功率是根据电网谐波要求而设计的，只占电抗器总额定功率的一部分，所以尽管从单个控制绕组来看谐波并不小，但从工作绕组来看要小得多。因此，通过依次把各个控制绕组投入工作并正确控制晶闸管的导通，在满足电流谐波要求的前提下，该装置能够实现无功功率从空载功率到额定功率的分级平滑控制。这种 CSR 主电路方案要求根据调节的级数确定变压器二次绕组的数目，当要求级数较多时，变压器的结构会变得比较复杂。

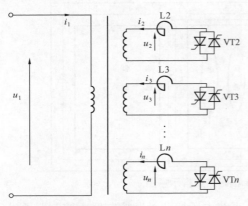

图 4-12 分级/连续调节 CSR 主电路结构图

CSR 在电网中的应用主要体现在以下方面：

（1）简化无功电压控制措施。由于 CSR 无功功率可以连续变化，可以将输电线路的广义自然功率调节为线路自然功率的 30%～100%。在电网潮流的正常变化范围内，无需配置或使用其他无功电压调节手段。

（2）限制工频过电压。在电网正常运行时，CSR 无功功率可根据线路传输功率自动调节，以稳定其电压水平。此外，在线路潮流较重时，若出现末端三相跳闸甩负荷的情况，处于轻载运行的 CSR 可快速调节到系统所需的容量，以限制工频过电压。

（3）消除发电机自励磁。发电机带空载线路运行时，有可能产生自励磁。CSR

可以自动调整到合适的补偿容量，以消除自励磁，为大机组直接接入电网创造条件。

（4）限制操作过电压。由于 CSR 的调节作用使电网的等效电动势降低，加之由于 CSR 的补偿作用使空载线路的工频过电压得以抑制，从而降低了系统的操作过电压水平。CSR 具备较强的过电压和过负荷能力，可有效地限制线路计划性合闸、重合闸、故障解列等的操作过电压。

（5）无功功率动态补偿。CSR 可快速调节自身无功功率，是特高压电网理想的无功补偿设备。采用 CSR 后，可以起到无功功率动态平衡和电压波动的动态抑制。如果施加适当的附加控制，还可以增加系统阻尼，提高输电能力。

（6）抑制潜供电流。单相重合闸在我国电网 500kV 输电线路中广泛采用，因此，降低线路单相接地时的潜供电流以提高单相重合闸的成功率是改善系统可靠性和稳定性的一个重要环节。模拟实验和理论分析表明，CSR 配合中性点小电抗和一定的控制方式，可大大减小线路单相接地时的潜供电流，有效促使电弧熄灭。

由以上分析可知，CSR 主要用于解决长距离重载线路限制过电压和无功补偿的矛盾，还可将其作为一种无功补偿的手段，与 SVC 等无功补偿方案进行经济技术比较。

4. 故障电流限制器

故障电流限制器（FCL）是一种串联在输电线路中的 FACTS 装置，在系统正常运行时其阻抗为零，不对系统运行产生任何影响。当系统发生故障时，FCL 通过投切或以其他的方式迅速增大串联阻抗来达到限制线路短路电流的目的。在适当位置装设合适的 FCL 可使电网的互联和电源容量的增加不再受制于短路电流水平，对于电网安全稳定运行具有重要意义。

串联谐振型 FCL 技术较容易实现，经济特性较好，而且满足电力系统对可靠性的要求，是目前具有应用前景的技术方案，如图 4–13 所示。该方案面向 500kV 电网，其中电容器旁路采用了避雷器、晶闸管阀与快速开关 3 种保护相结合的形式，从而最大限度地保证电容器旁路保护动作的可靠性。主要部件有限流电抗器 L、谐振电容器 C、用来保护电容器的金属氧化物限压器 MOV、晶闸管保护阀 VP、旁路断路器 QF、旁路开关 QS3、阻尼电路和电流互感器 TA1～TA6。系统正常运行时 VP 处于断开状态，限流电抗器 L 和谐振电容器 C 串联接入系统中，并配置在工频谐振状态，正常运行时对系统的短路阻抗和无功特性几乎没有影响。当发生短路故障时，谐振电容器 C 流过短路电流，两端电压迅速上升，检测电路判断出系统短路故障，控制保护系统分别向 QF 和 VP 发出闭合、触发命令，谐振电容器 C 被旁路退出运行,限流电抗器 L 单独接入系统起到限制故障电流的目的。QF 的闭合时间远长于晶闸管保护阀的触发导通时间,即 VP 首先导通,而 QF 在约 30ms 之后也闭合,VP 随即退出导通状态。此种开关组合的好处是,VP 中流过电流的时间很短,只有几十毫秒,可以不需要复杂的水冷却系统。系统断路器分闸后 VP 和 QF 也要随之断开,完成与电力系统继电保护重合闸的整定配合。如遇到永久性短路故障,VP 应具有重复动作能力,在重合闸后再次将 FCL 投入限流状态。

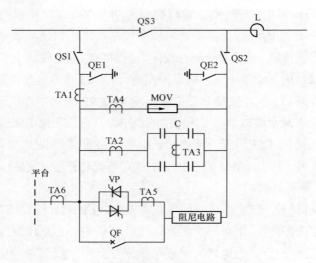

图 4-13　基于晶闸管的串联谐振型 FCL 方案

系统发生故障后,FCL 动作时序如图 4-14 所示。方案设计中的 TA1 用于实现系统正常运行电流和故障电流的检测,TA2 用于电容器支路电流的检测与保护,

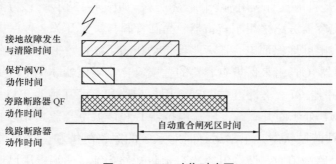

图 4-14　FCL 动作时序图

TA3 用于实现电容器的差动电流的检测与保护，TA4 用于 MOV 的电流检测，TA5 用于晶闸管阀支路电流的检测与保护，TA6 用于平台的闪络保护。阻尼电路用来阻尼谐振电容器通过晶闸管阀或旁路断路器放电时放电电流的峰值与频率。

5. 静止同步补偿器

静止同步补偿器（STATCOM）是一种基于电压源换流器（VSC）的动态无功补偿设备，是第二代 FACTS 装置的典型代表。STATCOM 以 VSC 为核心，直流侧采用电容器为储能元件，VSC 将直流电压转换成与电网同频率的交流电压，通过连接电抗器或耦合变压器并联接入系统。当只考虑基波频率时，STATCOM 可以看成一个与电网同频率的交流电压源通过电抗器联到电网上。由于 STATCOM 直流侧电容仅起电压支撑作用，所以相对于 SVC 中的电容容量要小得多。此外，STATCOM 与 SVC 相比还拥有调节速度更快、调节范围更广、欠压条件下的无功调节能力更强的优点，同时谐波含量和占地面积都大大减小。

图 4-15（a）为 STATCOM 接入系统示意图。STATCOM 以 VSC 为核心，将直流电容电压变换为与电网同频率的交流电压，通过等效连接电抗器接入系统。STATCOM 可被看做一个电抗后的可控电压源，这意味着无需并联电容器或并联电抗器来产生或吸收无功功率，见图 4-15（b）。

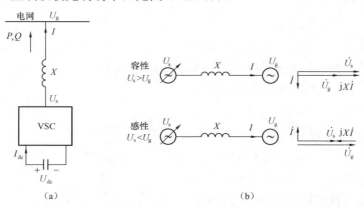

图 4-15　STATCOM 简化原理图

（a）接入系统示意图；（b）无功功率交换示意图

STATCOM 与电网间的无功交换可以通过改变 VSC 交流输出电压来控制。通常 VSC 交流输出电压 U_s 与电网电压 U_g 相位相同，如果 U_s 大于 U_g，这时 STATCOM 就向电网发出无功功率；如果 U_s 小于 U_g，这时 STATCOM 就从电网吸收无功功率。如果 U_s 等于 U_g，那么无功交换为零。更进一步，由于直流侧无功功率被定义为零，因此直流支撑电容作为 VSC 的输入是不提供无功的。VSC 仅仅将交流侧三相端子通过一定的开关逻辑连接起来，在各相间建立了一种循环的无功功率交换，所以无功功率是在 VSC 内部产生的。

　　实际运行时，应考虑直流电容器、VSC、耦合变压器或连接电抗器的损耗，可以将 STATCOM 等效成内阻抗为 $R+\mathrm{j}X$、内电动势幅值为 U_s 的同步发电机。稳态时，忽略高次谐波的影响，并假设直流电容电压 U_{dc} 恒定，且 $U_s > U_g$，则 STATCOM 的工作状况可以用图 4–16 所示的相量图来描述。对照图 4–15 可知，考虑了 STATCOM 的损耗后，其

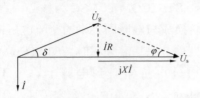

图 4–16　STATCOM 的稳态相量关系

运行特性跟理想情况有很大差别。根据稳态相量关系，STATCOM 向系统注入的有功功率、无功功率分别为

$$\left.\begin{aligned} P &= -\frac{U_g^2}{R}\sin^2\delta \\[2mm] Q &= \frac{U_g^2}{2R}\sin 2\delta \end{aligned}\right\} \tag{4–1}$$

　　由式（4–1）可知，稳态时 STATCOM 总是从系统吸收有功功率，而向系统注入的无功功率仅依赖于系统电压与 STATCOM 输出电压之间的夹角 δ。通过调节 δ，可以得到大范围的无功输出响应。

　　STATCOM 的典型运行特性如图 4–17 所示。可以看出，STATCOM 可以提供容性或感性补偿，并且可以在额定最大容性和感性范围内独立控制其输出电流，而与交流系统电压无关。无论在容性区还是在感性区，STATCOM 都具有短时过载能力。容性区可以达到的短时过载电流由 VSC 中可关断器件的最大电流关断能力来决定。而在感性区，可关断器件是自然换相的，因此 STATCOM 的短时过载电流受开关器件的最大允许结温限制。

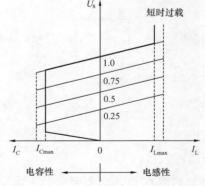

图 4–17　STATCOM 的运行特性

6. 静止同步串联补偿器

静止同步串联补偿器（SSSC）属于第二代 FACTS 装置，它可以等效为串联在线路中的同步电压源，通过注入与线电流呈合适相角的电压来改变输电线路的等效阻抗，具有与输电系统交换有功功率和无功功率的能力。图 4-18 为 SSSC 接入系统示意图。若注入的电压与线路电流同相，那么就可以与电网交换有功功率；若注入的电压与线路电流正交，那么就可以与电网交换无功功率。SSSC 不仅调节线路电抗，还可以同时调节线路电阻，且补偿电压不受线路电流大小影响，是比 TCSC 更具潜力的一种 FACTS 装置。

当注入滞后于线路电流 90° 的电压时，SSSC 可等效成串联在线路中的容抗，此时称 SSSC 工作在容性补偿模式。当注入超前于线路电流 90° 的电压时，SSSC 可等效成串联在线路中的感抗，此时称 SSSC 工作在感性补偿模式。SSSC 工作在容性模式和感性模式下的等效电路及相量图如图 4-19 所示。SSSC 具有等效补偿电抗 X_q，容性时取正值，感性时取负值。

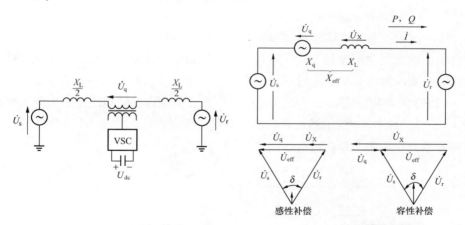

图 4-18　SSSC 接入系统示意图　　　图 4-19　SSSC 等效电路及相量图

从图 4-19 中的相量图可以推导

$$P = \frac{U^2}{X_L}\sin\delta + \frac{U}{X_L}U_q\cos\frac{\delta}{2} \tag{4-2}$$

式中：U_q 为 SSSC 注入电压，容性补偿模式时取正值，感性补偿模式时取负值。

由式（4-2）可以绘出串联接入 SSSC 装置的两机系统在补偿电压取不同标

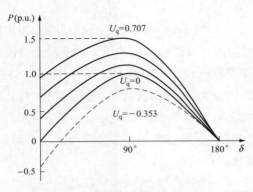

图 4-20 接入 SSSC 装置的两机系统功角特性曲线

幺值时的功角特性曲线，如图 4-20 所示。可以看出，当 $U_q > 0$ 时，功角特性比没有 SSSC 时的功角特性上升了，只有在 $\delta = 180°$ 时功角特性没有变化，这说明通过 SSSC 装置的正向调节可以提高线路输送有功功率的能力。当 $U_q < 0$ 时，功角特性比没有 SSSC 装置时的功角特性下降了，只有在 $\delta = 180°$ 时功角特性没有变化，这说明通过 SSSC 装置的反向调节可以降低线路输送有功功率的能力。在 δ 较小时，送端向受端的输送功率为负，即线路反送有功功率。可见，SSSC 装置不仅可以控制线路潮流大小，还可以改变潮流的流向。

7. 统一潮流控制器

统一潮流控制器（UPFC）是由并联补偿的 STATCOM 和串联补偿的 SSSC 相结合构成的新型潮流控制装置，是目前通用性最好的 FACTS 装置，仅通过控制规律的改变，就能分别或同时实现并联补偿、串联补偿和移相等功能。

UPFC 的结构如图 4-21 所示，包括两个通过公共直流侧相连接的电压源换流器（VSC）。其中，VSC1 通过并联耦合变压器并联在输电线路上，VSC2 通过一个串联耦合变压器串联在输电线路中。

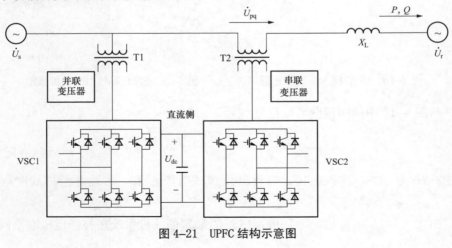

图 4-21 UPFC 结构示意图

两个 VSC 的电压是通过公共的直流电容器组提供的。VSC2 提供一个与输电线路串联的电压相量，其幅值变化范围为 $0\sim U_{\text{pqmax}}$，相角变化范围为 $0\sim360°$。在此过程中，VSC2 与输电线路既交换有功功率，也交换无功功率。虽然无功功率是由串联 VSC 内部发出或吸收的，但有功功率的发出或吸收需要直流储能元件。VSC1 主要用来向 VSC2 提供有功功率，该有功功率是从线路本身吸收的。VSC1 用来维持直流母线的电压恒定。这样，从交流系统吸收的净有功功率就等于两个 VSC 及其耦合变压器的损耗。VSC1 还兼具 STATCOM 功能。

UPFC 进行潮流控制的原理可以用图 4–22 所示的双机系统来说明。

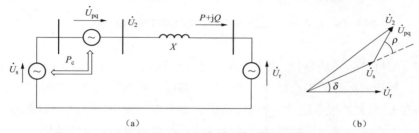

（a）   （b）

图 4–22 接入 UPFC 装置的输电系统及相量图

（a）简化电路；（b）相量关系

令 $U_{\text{s}} = U_{\text{r}} = U$，则含 UPFC 的双机系统受端功率可表示为

$$\left.\begin{array}{l} P = \dfrac{U^2}{X}\sin\delta + \dfrac{U^2}{X}\sin(\rho+\delta) \\[4mm] Q = \dfrac{U^2}{X}(\cos\delta - 1) + \dfrac{U^2}{X}\cos(\rho+\delta) \end{array}\right\} \tag{4–3}$$

当 $\rho = \dfrac{\pi}{2} - \delta$ 时，U_{pq} 对传输功率的作用最大。图 4–23 绘出了不同 U_{pq} 的功角特性曲线。由图 4–23 可见，UPFC 可以控制线路功率在较大范围内变化，因此能够较好地适应输电系统对功率变化的需求。

将式（4–3）作适当变换，可得

$$\left(P - \dfrac{U^2}{X}\sin\delta\right)^2 + \left[Q - \dfrac{U^2}{X}(\cos\delta - 1)\right]^2 \leqslant \left(\dfrac{UU_{\text{pqmax}}}{X}\right)^2 \tag{4–4}$$

δ 取不同值时，受端有功功率 P 与无功功率 Q 之间的关系曲线如图 4–24 所示。可以看出，UPFC 装置大大扩展了输电系统的运行范围，特别是 $\delta=90°$ 时，

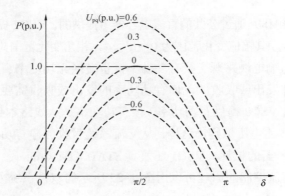

图 4-23   接入 UPFC 装置的双机系统功角特性曲线 $\left(\rho = \dfrac{\pi}{2} - \delta\right)$

如果没有 UPFC 装置的补偿,输电系统已经到达稳定运行的极限点;而加入 UPFC 装置后,系统的运行范围已经大大超出原有范围,但系统仍然能够稳定运行,所以 UPFC 能大大扩展系统 P–Q 运行范围。如果在系统中安装适当数量的 UPFC 装置,对于系统的优化运行(优化系统潮流,提高系统稳定运行极限,增加系统稳定运行裕度)具有重要意义。

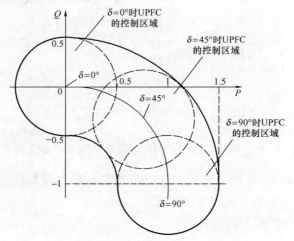

图 4-24   UPFC 补偿后输电系统运行图

(二)柔性直流输电技术

柔性直流输电(VSC–HVDC)是以 VSC 和 PWM 技术为基础的新型直流输电技术,也是目前进入工程应用的较先进的电力电子技术。VSC–HVDC 在孤岛供电、城市配电网的增容改造、交流系统互联、大规模风电场并网等方面具有较强的技术优势。

当两个 VSC 的交流侧并联到不同的交流系统中，而直流侧连在一起时就构成了 VSC–HVDC 输电系统，其结构如图 4–25 所示。典型的 VSC–HVDC 换流站采用三相两电平 VSC，每个桥臂都由多个 IGBT 串联而成，称之为 IGBT 阀。直流侧电容器为 VSC 提供直流电压支撑，缓冲桥臂关断时的冲击电流，减小直流侧谐波。换相电抗器是 VSC 与交流系统进行能量交换的纽带，同时也起到滤波器的作用。交流滤波器的作用是滤去交流侧谐波。换流变压器是带抽头的普通变压器，其作用是为 VSC 提供合适的工作电压，保证 VSC 输出最大的有功功率和无功功率。双端 VSC–HVDC 系统通过直流输电线（电缆）连接，一端运行于整流状态，称之为送端站；另一端运行于逆变状态，称之为受端站。两站协调运行能够实现两端交流系统间有功功率的交换。

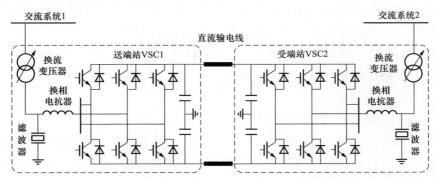

图 4–25　两端 VSC–HVDC 结构示意图

两端 VSC–HVDC 输电系统可以看作为两个独立的基于 VSC 技术的 STATCOM 通过直流线路连接合成的系统。对于交流系统而言，交流系统只向 VSC–HVDC 换流站（STATCOM）提供连接节点，即换流站与交流系统是并联的。由以上 VSC–HVDC 拓扑结构特点分析可知，VSC–HVDC 具有 STATCOM 动态无功补偿的功能。除此之外，由于两个 VSC 的直流侧互联，它们之间具备功率交换的能力，可以在互联系统间进行有功功率的传输。

当不计换流变压器和换流电抗器的电阻时，VSC 交流母线电压基频分量 U_s 与交流输出电压的基频分量 U_c 共同作用于换流变压器和换流电抗器的等效电抗 X_c，并决定了 VSC 与交流系统间交换的有功功率 P 和无功功率 Q 分别为

$$P = -\frac{U_s U_c}{X_c}\sin\delta$$

$$Q = \frac{U_s(U_s - U_c\cos\delta)}{X_c}$$

$$(4-5)$$

由式（4-5）可知，有功功率的传输主要取决于 U_c 相对于 U_s 的移相角度 δ。当 $\delta < 0$ 时，VSC 吸收有功功率，VSC 运行于整流状态；当 $\delta > 0$ 时，VSC 发出有功功率，运行于逆变状态。调节 δ 角就可以控制 VSC-HVDC 传输有功功率的大小和方向。无功功率的交换主要取决于 VSC 交流侧输出电压的基波幅值 U_c，当 $(U_s - U_c\cos\delta) > 0$ 时，VSC 吸收无功功率；当 $(U_s - U_c\cos\delta) < 0$ 时，VSC 发出无功功率。控制 U_c 的幅值，可以控制 VSC 吸收或发出的无功功率。

综上所述，VSC-HVDC 不仅能够控制输送的有功功率，还可以同时控制换流站注入交流系统的无功功率。此外，为保证 VSC-HVDC 正常运行，输入直流网络的有功功率必须等于直流网络输出的有功功率与换流站和直流网络的有功功率损耗之和。任何功率的不平衡，都将会引起直流电压的升高或降低。为了实现 VSC-HVDC 有功功率的自动平衡，必须选择一端换流站控制直流侧电压，充当整个直流网络的有功功率平衡换流器，其他换流站则可在额定容量允许的范围内任意设定有功功率。

VSC-HVDC 与 HVDC 比较具有下列显著的技术优势：

（1）VSC-HVDC 换流站可以工作在无源换流的方式，不需要外加的换相电压，从而克服了 HVDC 必须连接于有源网络的根本缺陷，使利用 VSC-HVDC 为远距离的孤立负荷（如海上石油平台、海岛）送电成为可能。

（2）VSC-HVDC 在进行精确有功功率控制的同时，还可以对无功功率进行控制，较 HVDC 的控制更加灵活。

（3）VSC-HVDC 不仅不需要交流系统提供无功功率，而且能够起到 STATCOM 的作用，稳定交流母线电压。若换流站容量允许，当交流电网发生故障时，既可以向故障区域提供紧急有功功率支援，又可以提供紧急无功功率支援，提高交流系统的功角稳定性和电压稳定性。

（4）VSC-HVDC 潮流翻转时，其直流电压极性不变，直流电流方向反转，与 HVDC 恰好相反。这个特点有利于构成多端直流输电网络。

（5）VSC-HVDC 采用 VSC 和 PWM 技术，省去了换流变压器。在交流母线上安装一组高通滤波器即可满足滤波需求，在同等容量下的占地面积显著小于

HVDC 换流站，使直流输电在较短距离上也可以和交流输电竞争。今后还可用于城市配电系统增容，并用于接入燃料电池、光伏发电等分布式电源。

由于独特的技术优势，VSC–HVDC 可在孤岛供电、风电场等新能源并网、电能质量控制、城市负荷中心供电、弱电网互联、钻井平台变频调速等方面获得广泛应用。

三、其他输电技术展望

智能电网的内涵是随着技术进步而不断发展的，许多前瞻性技术代表了智能电网未来的发展方向和电力技术的需求方向。本部分从定义、研究现状、支撑作用和未来前景等方面对其他输电技术进行展望。

（一）超导输电技术

高温超导电缆是超导输电技术领域中技术进步较快、有望在不久的将来获得广泛工程应用的输电技术。高温超导电缆由电缆芯、低温容器、终端和冷却系统四个部分组成，其中电缆芯是高温超导电缆的核心部分，包括通电导体、电绝缘和屏幕导体等主要部件。

高温超导电缆是采用无阻的、能传输高电流密度的超导材料作为导电体并能传输大电流的一种电力设施，具有体积小、重量轻、损耗低和传输容量大的优点，可以实现低损耗、高效率、大容量输电。高温超导电缆的传输损耗仅为传输功率的 0.5%，比常规电缆 5%～8% 的损耗要低得多。在重量、尺寸相同的情况下，与常规电力电缆相比，高温超导电缆的传输容量可提高 3～5 倍、损耗下降 60%，可以明显地节约占地面积和空间，节省宝贵的土地资源。用高温超导电缆改装现有地下电缆系统，不但能将传输容量提高 3 倍以上，而且能将总费用降低 20%。利用高温超导电缆还可以改变传统输电方式，采用低电压、大电流传输电能。因此，高温超导电缆可以大大降低电力系统的损耗，具有可观的经济效益。

美国、日本、丹麦、韩国等国家先后研制出长度数十米至百米、0.8～3kA、12.5～138kV 超导电缆，并进行了额定通流、负荷转移、短路过载、耐压和模拟地下及过河等环境下的性能试验。美国长岛 610m、2.4kA 三相超导电缆是世界上第一条在 138kV 输电网中应用的最长的超导电缆，由并行排列的 3 条独立单相超导电缆通过 6 个终端装置与电网相连，采用液氮冷却，为 30 万户、600MW 容量的家庭用户供电，自 2008 年 4 月至今一直稳定运行。

2004 年 4 月中国第一组实用高温超导电缆在云南普吉并网运行，为 33.5m、35kV/2kA 户外分相、室温绝缘、铋系高温超导电缆；同年，75m、10.5kV/1.5kA 三相室温绝缘、铋系高温超导电缆在甘肃投运。

高温超导电缆首先应用于短距离、大电流的输电场合。随着科学技术的进步，未来将应用于大容量远距离输电，替换海底电缆，实现离岸风电场接入等。

（二）多端直流输电技术

多端直流输电（Multi-Terminal HVDC，MTDC）系统由 3 个或 3 个以上换流站以及连接换流站之间的高压直流输电线路组成，与交流系统有 3 个或 3 个以上的连接端口。多端直流输电系统可以解决多电源供电或多落点受电的输电问题，还可以联系多个交流系统或者将交流系统分成多个孤立运行的电网。

根据接线方式的不同，MTDC 主要可分为有串联式多端直流输电系统、并联式多端直流输电系统和混合式多端直流系统。

（1）串联式多端直流系统。在串联接线的多端直流输电系统中，流经各换流站的直流电流是相同的，且直流电流由一个换流站控制，其余各站通过改变本换流站的直流电压来控制各自的功率，因此，要求各换流站的换流变压器抽头调节电压范围大，换流器控制角的运行范围大，导致换流器功率因数低、阀阻尼回路损耗大。需要潮流反转时，可直接通过改变 α 角来改变潮流方向。如果某个换流站出现故障，可通过先将其投旁通对，再将其隔离，系统其他部分可继续运行；如果是直流线路故障，则需将整个系统停运。

（2）并联式多端直流系统。并联接线方式可分为两种典型接线方式，一种是树枝型，另一种是环网型。并联接线的多端直流系统各换流站直流电压相同，要通过控制各站的直流电流来达到分配功率的目的，因此可调节范围较大；其调节比较简单，因此系统效率较高，经济性较好。并联方式的系统扩展灵活、绝缘配合问题比较简单；但各换流站必须改变流入该换流站的直流电流方向，即进行换流器的倒闸操作才能进行潮流反转。对于并联环网型接线，直流线路故障可利用其他线路过负荷能力，使各换流站继续运行，具有较好的运行灵活性。

（3）混合式多端直流系统。混合式多端直流系统是既有串联又有并联的多端直流接线方式，对于重要性较低、带基本负荷的部分可使用串联方式，较重要的换流站可采用并联方式。这样在线路故障运行时，可以将采用串联接线方式的部分断开，从而保护部分系统继续运行。

多端直流输电和电容换相高压直流输电等新型输电技术的研究已经取得重

大突破，已经达到工程化应用水平，如意大利—科西嘉—撒丁岛的三端直流工程，魁北克—新英格兰的五端直流工程等。

尽管目前世界上已有多个多端直流输电工程，但在实际运行中最多只采用了三端运行，并没有实现真正意义上的多端运行。一方面是因为控制的复杂性随着换流站的连入个数呈指数性增大；另一方面在于多端运行对于控制命令所需的通信系统的可靠性要求很高，任何一条命令的延迟都有可能造成整个系统的崩溃。

基于换流设备的控制保护技术以及高压直流断路器方面的问题也是研究难点。多端直流输电的控制保护技术在原有直流输电的基础上，增加了多个换流站的协调控制，主控制站和从属站之间的地位互换，会在部分线路上造成潮流反转等问题。多个换流站的协调必定会提高对通信系统的要求，通信系统或者高层控制系统出现故障，会出现控制保护指令无法传达到各个换流站的问题，此时如何保证多端直流系统继续安全运行、防止整个多端直流系统瓦解、保证换流设备稳定转换运行工况等都值得深入研究。

为了使多端直流系统中的某个换流站或直流线路故障不致引起整个多端直流系统停电，需要开发出可靠性更高、运行维护更容易的实用化控制系统及保护系统。我国曾经对西北电网中从拉西瓦水电站送电到兰州和西安采用三端直流输电的方案进行研究，对该三端直流输电工程的控制保护系统进行了模拟试验和数字仿真，研究结果表明，该三端直流输电工程是可以稳定运行的，同时证明了多端直流输电系统的控制保护策略的复杂程度并没有以往概念中那么复杂，它可以通过在两端系统控制保护的基础上加以改进而得到。

多端直流输电技术适用于多送单受（风电场）和单送多受（多个负荷中心）。以前风力发电的研究多局限于单极及其换流器系统，而随着风电场规模的不断扩大，往往需要数百台风电机组互联，这就迫切需要多端直流输电技术。利用多端直流输电技术，发电侧的各个换流器可独立控制相应的风力发电机组，获得最大的风能，提高风电场的风能利用率。各个换流器与直流母线相连，经过1 个或数个逆变器向电网输送能量。这种并网方式优点在于：可以简化大型风电场结构，减少线路走廊施工环节，易于扩充新机组，减小风力的不确定性的影响等。

基于 VSC 的多端直流输电技术比传统的多端直流输电技术的应用前景更广阔，而且基于风电场电能传输的 VSC 多端直流输电技术可提高风能的利用率，因此基于 VSC 的控制保护技术是研究多端直流输电技术的方向之一。

目前在西北兴建的大型光伏电站以及在东南沿海地区计划建设的大型风电场，这些大规模新能源都可以应用多端直流输电技术。在控制多种电源入网的智能输电网建设中，多端直流输电技术将具有广阔的发展前景。

（三）三极直流输电技术

三极直流输电（Tripole HVDC）是指由 3 个直流极输电的新型直流输电技术，可以将已有的三相交流输电线路采用换流器组合拓扑改造而成，从而大大提高线路输电容量，有效利用宝贵的输电走廊。与传统的两极直流输电系统相比，三极直流输电系统成本低、可靠性高，过负荷能力强，融冰性能好。

将交流线路转化为直流输电系统通常的做法是采用两极结构，另外一相交流线路作为接地线或故障备用线。在这种条件下，交流线路输送固有的输电能力只有 2/3 得到了充分应用。

如果采用大地作为回路，那么交流系统的第三条将可以被改造为一个单极直流输电系统，这样输电能力就可以在双极能力的基础上提高到 1.5 倍。如果单极系统为电压和电流可翻转形式，就可以将两极系统调制为三极系统，从而实现无大地回流的三极直流输电系统。调制极交替返回第一极和第二极中的部分电流。

国外学者提出了三极直流输电技术的基本概念，并分析了其技术优越性，德国开展了相关的试验研究。我国三极直流输电技术的研究处于起步阶段，还缺少试验研究和运行经验。

第二节　智　能　变　电　站

智能变电站以先进的信息化、自动化和分析技术为基础，灵活、高效、可靠地完成对输电网的测量、控制、调节、保护、安稳等功能，实现提高电网安全性、可靠性、灵活性和资源优化配置水平的目标。

一、概念与特征

变电站是电力网络的节点，它连接线路，输送电能，担负着变换电压等级、汇集电流、分配电能、控制电能流向、调整电压等功能。变电站的智能化运行是实现智能电网的基础环节之一。

目前国内在建设常规变电站及数字化变电站方面均具有较为成熟的经验。随着智能电网建设的开展，以数字化变电站技术为基础，以设备智能化、信息标准化、控制智能化及互动技术为特征的新型智能变电站模式应运而生。

智能变电站采用先进、可靠、集成、环保的智能设备，以全站信息数字化、通信平台网络化、信息共享标准化为基本要求，不仅能自动完成信息采集、测量、控制、保护、计量和监测等常规功能，还能在线监测站内设备的运行状态，智能评估设备的检修周期，从而完成设备资产的全寿命周期管理；同时具备支持电网实时自动控制、智能调节、在线分析决策、协同互动等高级应用功能。

如图 4-26 所示，智能变电站能够完成比常规变电站范围更宽、层次更深、结构更复杂的信息采集和信息处理，变电站内、站与调度、站与站之间、站与大用户和分布式能源的互动能力更强，信息的交换和融合更方便快捷，控制手段更灵活可靠。与常规变电站相比，智能变电站设备具有信息数字化、功能集成化、结构紧凑化、状态可视化等主要技术特征，符合易扩展、易升级、易改造、易维护的工业化应用要求。

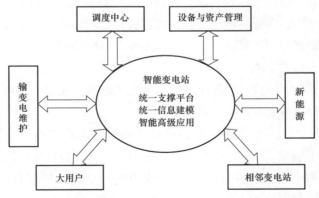

图 4-26　智能变电站概念示意图

二、体系结构

DL/T 860《变电站通信网络和系统》是针对变电站系统和网络的电力行业标准，等同采用国际电工委员会（IEC）发布的 IEC 61850 *Communication Networks and Systems in Substation*。根据 DL/T 860，智能变电站系统结构从逻辑上可以划分成 3 层，分别是站控层、间隔层和过程层。智能变电站的系统结构如图 4-27 所示。

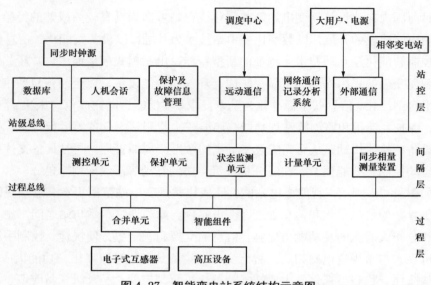

图 4-27　智能变电站系统结构示意图

（1）站控层。站控层包含自动化站级监视控制系统、站域控制、通信系统、对时系统等子系统，实现面向全站设备的监视、控制、告警及信息交互功能，完成数据采集和监视控制（SCADA）、操作闭锁以及同步相量采集、电能量采集、保护信息管理等相关功能。

站控层功能高度集成，可在计算机或嵌入式装置中实现，也可分布在多台计算机或嵌入式装置中实现。

（2）间隔层。间隔层设备一般指继电保护装置、系统测控装置、监测功能组的主智能电子装置（Intelligent Electronic Device，IED）等二次设备，实现使用一个间隔的数据并且作用于该间隔一次设备的功能，即与各种远方输入/输出、传感器和控制器通信。

（3）过程层。过程层包括变压器、断路器、隔离开关、电流/电压互感器等一次设备及其所属的智能组件以及独立的智能电子装置。

三、智能高压设备

智能高压设备体现了智能变电站的重要特征，是智能变电站的重要组成部分，需满足高可靠性和尽可能免维护的要求。

（一）智能组件

智能组件是若干智能电子装置的集合，安装于宿主设备旁，承担与宿主设备相关的测量、控制和监测等功能。满足相关标准要求时，智能组件还可集成相关继电保护功能。智能组件内部及对外均支持网络通信。

智能组件集成与宿主设备相关的测量、监测和控制等基本功能，由若干智能电子装置实现。同一间隔电子式互感器的合并单元、传统互感器的数字化测量与合并单元以及相关继电保护装置可作为智能组件的扩展功能。

智能组件是一个灵活的概念，可以由一个组件完成所有功能，也可以分散独立完成，可以外置于主设备本体之外，也可以内嵌于主设备本体之内。

如图 4-28 所示，智能组件的通信包括过程层网络通信和站控层网络通信，均遵循 DL/T 860 通信协议。智能组件内所有 IED 都应接入过程层网络，同时，

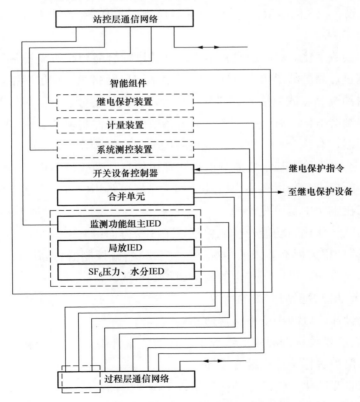

图 4-28　智能组件的结构与通信示意图

需要与站控层网络有信息交互需要的 IED，还要接入站控层网络，如监测功能组的主 IED、继电保护装置 IED（如集成）等。根据实际情况，组件内可以有不同的交换机配置方案，通过采用优先级设置、流量控制、虚拟局域网划分等技术优化过程层网络通信，可靠、经济地满足智能组件过程层及站控层的网络通信要求。

（二）智能高压设备

智能高压设备是一次设备和智能组件的有机结合体，是具有测量数字化、控制网络化、状态可视化、功能一体化和信息互动化等特征。智能控制和状态可观测是高压设备智能化的基本要求，其中运行状态的测量和健康状态的监测是基础。

1. 构成

智能高压设备由 3 个部分构成：① 高压设备；② 传感器或控制器，内置或外置于高压设备本体；③ 智能组件，通过传感器或控制器，与高压设备形成有机整体，实现与宿主设备相关的测量、控制、计量、监测、保护等全部或部分功能。

2. 技术特征

（1）测量数字化。对高压设备本体或部件进行智能控制所需设备参量进行就地数字化测量，测量结果可根据需要发送至站控层网络或过程层网络。设备参量包括变压器油温、有载分接开关的分接位置，开关设备分、合闸位置等。

（2）控制网络化。对有控制需求的设备或设备部件实现基于网络的控制。如变压器冷却器、有载分接开关，开关设备的分、合闸操作等。

（3）状态可视化。基于自监测信息和经由信息互动获得的设备其他信息，通过智能组件的自诊断，以智能电网其他相关系统可辨识的方式表述自诊断结果，使设备状态在电网中是可观测的。

（4）功能一体化。功能一体化包括以下 3 个方面：

1）在满足相关标准要求的情况下，将传感器或控制器与高压设备本体或部件进行一体化设计，以达到特定的监测或控制目的。

2）在满足相关标准要求的情况下，将互感器与变压器、断路器等高压设备进行一体化设计，以减少变电站占地。

3）在满足相关标准要求的情况下，在智能组件中，将相关测量、控制、计量、监测、保护进行一体化融合设计。

（5）信息互动化。信息互动化包括以下两个方面：

1）与调度系统交互。智能设备将其自诊断结果报送（包括主动和应约）到调度系统，使其成为调度决策和制定设备事故预案的基础信息之一。

2）与设备运行管理系统互动。包括智能组件自主从设备运行管理系统获取宿主设备其他状态信息，以及将自诊断结果报送到设备运行管理系统两个方面。

3. 状态监测与状态检修

智能高压设备通过先进的状态监测、评价和寿命预测来判断一次设备的运行状态，并且在一次设备运行状态异常时进行状态分析，对异常的部位、严重程度和发展趋势作出判断，可识别故障的早期征兆。根据分析诊断结果在设备性能下降到一定程度或故障将要发生之前进行维修，从而降低运行管理成本，提高电网运行可靠性。

4. 设备内部结构可视化技术

设备内部结构可视化技术主要是采用新型可视化技术及手段（可移动探头、X 射线等），提高电气设备内部结构可视化程度，满足智能电网运行需要，同时，针对不同电压等级、不同内部结构的电气设备，开发适用于不同类型设备的可视化检测仪，总结天气、运行条件等影响因素对可视化清晰度的影响规律，提出相应的现场检测方法，并使检测方法及诊断与评估标准化、规范化。

（三）智能断路器和组合高压电器

在 IEC 62063 中对于智能断路器设备的定义为"具有较高性能的断路器和控制设备，配有电子设备、传感器和执行器，不仅具有断路器的基本功能，还具有附加功能，尤其是在监测和诊断方面"。DL/T 860 定义了智能开关的逻辑节点（XCBR），对于在物理设备上实现了 XCBR 的断路器，称为智能断路器；同样，实现了 DL/T 860 中定义的智能隔离开关的逻辑节点（XSWI），称为智能隔离开关。

智能断路器的重要功能之一是实现重合闸的智能操作，即能够根据监测系统的信息判断故障是永久性的还是瞬时性的，进而确定断路器是否重合，以提高重合闸的成功率，减少对断路器的短路合闸冲击以及对电网的冲击。

智能断路器的另一个重要功能就是分、合闸相角控制，实现断路器选相合闸和同步分断。选相合闸指控制断路器不同相别的弧触头在各自零电压或特定电压相位时刻合闸，避免系统的不稳定，克服容性负荷的合闸涌流和过电压。断路器同步分断指控制断路器不同相别的弧触头在各自相电流为零时实现分断，从根本上解决过电压问题，并大幅度提高断路器的开断能力。断路器选相合闸和同步分断首先要求实现分相操作，对于同步分断还应满足以下 3 个条件：① 有足够高的初始分闸速度，动触头在 1～2ms 内达到能可靠灭弧的开距；② 触头分离时刻应在过零前某个时刻，对应原断路器首开相最小燃弧时间；③ 过零点检测及时可靠。

对于敞开式开关设备，一个智能组件隶属于一个断路器间隔，包括断路器及与其相关的隔离开关、接地开关、快速接地开关等。对于高压组合电器设备，还可包括相关的电流和电压互感器。断路器和高压组合电器的智能化主要包括测量、控制、计量、状态监测和保护。

断路器和组合高压电器的状态监测主要包括局部放电监测、操动机构特性监测和储能电机工作状态等。

（四）智能变压器

智能变压器的构成包括：变压器本体，内置或外置于变压器本体的传感器和控制器，实现对变压器进行测量、控制、计量、监测和保护的智能组件。

变压器的冷却器控制器和有载分接开关控制器具有可连接智能组件的接口，并可以响应智能组件的控制。

图 4-29 是智能变压器的结构示意图。从图中可以看出，变压器的状态监测主要包括局部放电监测、油中溶解气体监测、绕组光纤测温、侵入波监测、变压器振动波谱和噪声等。

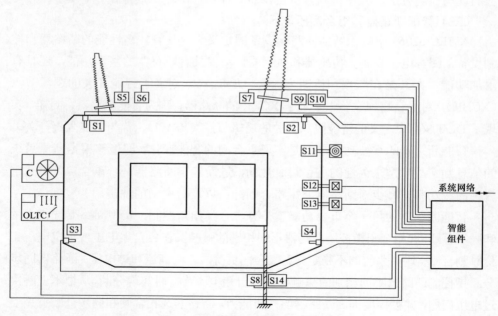

图 4-29　智能变压器的结构示意图

S1、S2—顶层油温；S3、S4—底层油温；S5、S6、S9、S10—电压、电流；S7、S8—局部放电；

S11—气体继电器；S12—油中溶解气体；S13—油中水分；S14—铁芯接地电流；

C—冷却系统；OLTC—有载调压系统

（五）电子式互感器

电子式互感器是实现变电站运行实时信息数字化的主要设备之一，在电网动态观测、提高继电保护可靠性等方面具有重要作用。准确的电流、电压动态测量，为提高电力系统运行控制的整体水平奠定测量基础。

鉴于光电互感器以及其他新型互感器的快速发展，国际电工委员会制定了 IEC 60044–7：2002 *Instrument Transformers–Part 7: Electronic Voltage Transformers* (《电子式电压互感器标准》)、IEC 60044–8：2002 *Instrument Transformers–Part 8：Electronic Current Transformers* (《电子式电流互感器标准》)。按照这两个标准，电子式互感器包括所有的光电互感器及其他使用电子设备的互感器。

根据 IEC 的标准定义，电子式互感器由一次部分、二次部分和传输系统构成，如图 4–30 所示。

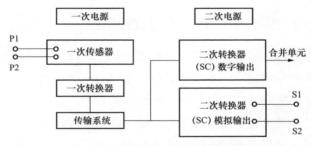

图 4–30　电子式互感器的通用结构

图 4–30 中，P1、P2 是一次输入端，S1、S2 是电压模拟量的二次输出端，数字输出与过程层的合并单元对接。如一次传感器是半常规测量原理的，一次转换器就需要将一次传感器输出的电信号转换为光信号，此时的一次转换器是电子部件，需要一次电源供电。若一次传感器是光学原理的，则无需一次转换器，直接输出到光纤传输系统。

电子式互感器利用电磁感应等原理感应被测信号，对于电子式电流互感器，采用罗氏（Rogowski）线圈；对于电子式电压互感器，则采用电阻、电容或电感分压等方式。罗氏线圈为缠绕在环状非铁磁性骨架上的空心线圈，不会出现磁饱和及磁滞等问题。电子式互感器的高压平台传感头部分具有需用电源供电的电子电路，在一次平台上完成模拟量的数值采样，采用光纤传输将数字信号传送到二次的保护、测控和计量系统。电子式互感器的关键技术包括电源供电技术、远端电子模块的可靠性和采集单元的可维护性等。

光学电子式电流互感器采用法拉第磁光效应感应被测信号，传感头部分又分为块状玻璃和全光纤两种方式。目前的光学电子式电压互感器大多利用 Pokels 电光效应感应被测信号。光学电子式互感器传感头部分不需要复杂的供电装置，整个系统的线性度比较好。光学电子式互感器的关键技术包括光学传感材料的稳定性、传感头的组装技术、微弱信号调制解调、温度对精度的影响、振动对精度的影响、长期运行的稳定性等。

与传统电磁感应式电流互感器相比，电子式互感器具有以下优点：① 高、低压完全隔离，具有优良的绝缘性能；② 不含铁芯，消除了磁饱和及铁磁谐振等问题；③ 动态范围大，频率范围宽，测量精度高；④ 抗电磁干扰性能好，低压侧无开路和短路危险；⑤ 互感器无油可以避免火灾和爆炸等危险，体积小，重量轻；⑥ 经济性好，电压等级越高效益越明显。

四、基于统一信息平台的一体化监控系统

针对传统变电站应用系统众多、信息孤岛林立等问题，智能变电站采用了基于统一信息平台的一体化监控系统，实现了 SCADA、"五防"闭锁、同步相量采集、电能量采集、故障录波、保护信息管理、备自投、低频解列、安全稳定控制等功能的集成，并包含了智能化操作票系统，实现倒闸操作的程序化控制。通过设备信息和运维策略与电力调度实现全面互动，能实现基于状态监测的设备全寿命周期综合优化管理。

一体化监控系统支持 DL/T 860 的信息对象模型和服务，满足测控、保护等各种智能装置的无缝通信，实现"即插即用"；支持功能自由分配和重构，满足装置互换性的要求；支持信息智能分析、综合处理，满足变电站安全操作、经济运行等管理需求，同时提供变电站的用户接口，满足智能变电站的用户互动需求。

（一）变电站的统一信息建模

在 DL/T 860 标准中，采用面向对象的建模思想，将变电站内的信息模型从具体的通信协议栈中剥离出来，从而为统一建模提供了可能性。工程实践证明，DL/T 860 在变电站的统一建模上起着极为关键的作用。

为了完整地描述变电站和相对应的变电站自动化系统，需要分别对变电站、通信系统、IED 设备等进行建模定义。

变电站模型：变电站模型用于描述变电站的一次系统的拓扑结构、相对于一

次设备的变电站自动化功能即逻辑节点。变电站模型的层次依次为变电站、电压等级、间隔、设备、子设备、连接节点、终端。

IED 模型：变电站自动化系统设备通过逻辑节点执行变电站自动化的功能。IED 一般通过通信系统与其他的 IED 进行通信。通信系统中访问点对象形成 IED 和通信系统子网络的连接。IED 模型的层次结构依次是 IED、服务器、逻辑设备、逻辑节点、数据。

通信模型：通信系统模型和其他模型相比，不是分层结构模型。它借助访问点跨过子网和 IED 间建立可能的逻辑连接。子网络在此仅被视为访问点之间的一个连接节点，并不是一个物理结构。IED 的逻辑设备通过访问点连接到子网络。访问点可能是一个物理口或是 IED 的一个逻辑地址（服务器）。客户逻辑节点利用访问点的地址属性与包含在别的 IED 中的服务器建立关联，此 IED 包含逻辑设备以及相应的逻辑节点。

（1）变电站内信息模型。变电站内的信息模型是按照功能来建模的，逻辑节点是变电站内的最小功能单位，不同的功能分类由不同的逻辑节点组来表示，如表 4-1 所示。

表 4-1 变电站内信息模型分类

代码	逻辑节点组名	内容举例	代码	逻辑节点组名	内容举例
L	系统逻辑节点组	通用逻辑节点	P	保护功能	距离保护
A	自动控制	无功控制	Q	电能质量事件	频率波动
C	控制功能	开关控制器	R	与保护相关的功能	断路器失灵
F	功能模块	设点控制功能	S	监视功能	绝缘介质检测（气体）
G	通用功能引用	通用过程 I/O	T	仪用变压器和传感器	电流互感器
I	接口和存档	人机接口	X	开关设备	电流断路器
K	机械与非电力的一次设备	风扇	Y	电力变压器	电力变压器
M	计量和测量	测量	Z	电力系统设备	电池组

（2）变电站之间的信息模型。变电站之间的信息模型主要用于特定保护功能（如差动保护、带许可和闭锁的距离保护、方向和相序比较保护、跳闸传输）和控制功能（自动重合、互锁、发电机和负荷减载）等。

除了变电站内的信息模型，变电站之间需要的信息模型主要有：

1）站间通信接口：需要定义变电站间通信的物理接口参数和监控模型。

2）远方保护方案：需要定义变电站间协调实现的远方保护方案及参数。

3）差动测量：为了变电站间同步而需要定义的采样值和参数。

（3）变电站与控制中心之间的信息模型。在已经发布的IEC 61850中，并没有对变电站的远方控制接口进行定义和规范,变电站与远方控制中心之间没有统一的共享信息模型。为此，国际电工委员会TC57成立了专门的工作组WG19，负责控制中心与变电站之间的信息模型的共享和协调问题,从而形成真正意义上的无缝通信体系。图4-31是TC57规划中的变电站模型和公共信息模型（Common Information Model，CIM）之间的统一建模示意图。目前正在制定的标准包括两部分，分别是：

1）IEC 61850-80-1：*Guideline to exchange information from a CDC based data model using IEC 60870-5-101/104*（《基于公共数据类模型的应用IEC 60870-5-101/104的信息交换》）。规范了IEC 61850的公共数据类映射到IEC 60870-5-101/104的规则和指导方法。

2）IEC 61850-90-2：*Using IEC 61850 for the communication between substations and control centres*（《应用 IEC 61850 实现在变电站和控制中心之间的通信》）。

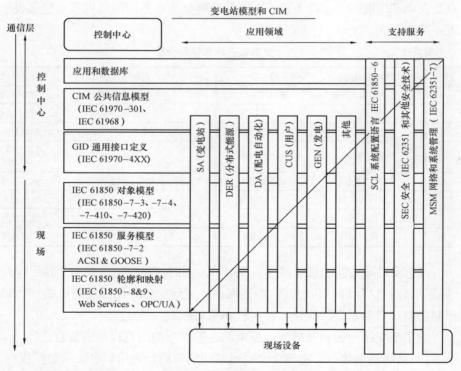

图 4-31　TC57 规划中的变电站模型和 CIM 之间的统一建模示意图

涉及到控制中心的 CIM 和变电站的信息模型之间的转换和融合问题。IEC 61850-90-2 的主要应用领域包括：SCADA 实时系统、扰动记录、计量、广域测量系统、电能质量监测、资产监控、远方参数管理等。

（4）变电站与新能源之间的信息模型。如图 4-26 所示的那样，智能变电站还会与以分布式能源、风电场等为代表的新能源互动。为此，国际电工委员会已在 IEC 61850 的第二版中将变电站的信息建模规则扩展到水电厂、分布式能源、风电场等领域，这必将对智能变电站与新能源的互动起到良好的推动作用。

1）水电厂。IEC 61850–7–410 *Communication for Monitoring and Control– Hydroelectric Power Plants*（《水力发电厂监控通信》）中给出了水电厂的信息模型。

主要建模内容包括：① 电气功能。包含各种控制功能，尤其是发电机励磁，这些逻辑节点不仅仅针对水电厂，也可用在大型发电厂。② 机械功能。包括涡轮机和相关设备，原来用在水电厂，但修改后也可以用在其他如风电场上。③ 水电特定功能。包括与水流、控制、大坝和水库相关的功能，虽然是水电厂的特定功能，但有关水文管理的数据类型也可以用于自来水管理系统。④ 传感器。发电厂的特定测量数据。

2）分布式能源。IEC 61850–7–420 *Basic Communication Structure—Distributed Energy Resources Logical Nodes*（《基本通信结构——分布式能源逻辑节点》）给出了分布式能源的信息模型。

分布式能源包括活塞发动机、燃料电池、微型燃气轮机、光伏系统、热电联产、储能等。图 4–32 为针对分布式能源的建模汇总图。

3）风电场。IEC 61400–25 *Communications for Monitoring and Control of Wind Power Plants*（《风电场监控通信》）给出了风电场的信息模型。IEC 61400–25 系列标准虽然没有被纳入到 IEC 61850 系列标准之内，但可以认为是 IEC 61850 在风力发电领域内的延伸。标准的核心内容继承了 IEC 61850 的精髓和特点。

IEC 61400–25 从风电场的信息模型、信息交换模型以及向通信协议的映射 3 个方面来定义风电场通信方法。风电场的专用信息模型以 W 打头，共计 20 个逻辑节点，主要包括风电场的风轮、发电机、齿轮、转子、输电网等。

（二）站内全景数据的统一信息平台

站内全景数据的统一信息平台是智能电网全网信息系统的关键组成部分。它将统一和简化变电站的数据源，形成基于同一断面的唯一性、一致性基础信息，以统一标准的方式实现变电站内外的信息交互和信息共享，形成纵向贯通、横向

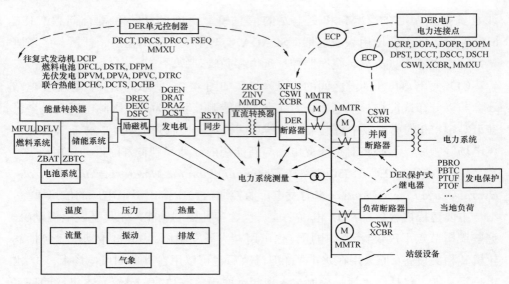

图 4-32　针对分布式能源的建模汇总图

导通的电网信息支撑平台。

　　智能变电站内全景数据的统一信息平台利用先进的测量技术获得数据并将其转换成规范的信息，包括功率因数、电能质量、相位关系、设备健康状况和能力、表计的损坏、故障定位、变压器和线路负荷、关键元件的温度、停电确认、电能消费和预测等，为电力系统运行相关决策提供数据支持。该平台的数据记录功能主要包括实时数据采集及分布式处理、智能电子设备资源的动态共享、大容量高速存取、冗余备用、精确数据对时等。图 4-33 显示了智能变电站内全景数据的统一信息平台。

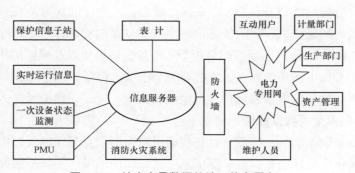

图 4-33　站内全景数据的统一信息平台

全景数据的统一信息平台实现变电站三态数据（稳态、暂态、动态）、设备状态、图像等全景数据综合采集技术；根据全景数据的统一建模原则，实现各种数据的品质处理技术及数据接口访问规范。开发满足各种实时性需求的数据中心系统，为智能化应用提供统一化的基础数据。

需要整合和存储的信息包括：

（1）电网运行数据：反映电网运行状态的电压、电流、开关状态等一次设备的数据，反映用户用电状态的数据。

（2）变电站高压设备状态数据：反映站内高压设备运行状态的状态监测数据，反映与变电站相邻的运行设备，如输电线路的状态监测数据。

（3）相邻变电站的状态数据：反映本站与相邻变电站的沟通过程和沟通状态的数据。

（4）变电站保护控制设备等其他设备的运行状态或控制状态数据及动作信息。

（5）保证变电站正常运行的环境数据，如站内火警监测数据、烟警监测数据、视频监测信息等。

该平台的建设将形成满足智能变电站高实时性、高可靠性、高自适应性、高安全性需求的变电站信息库，作为站内的各种高级应用功能的基础，为智能变电站基于统一信息平台的一体化监控互动系统提供基本的测量数据。

信息的一体化和数据共享可以促进电量测量、相量测量、故障录波、故障测距、保护及控制等功能的融合，使变电站不仅向 SCADA/EMS 提供稳态的测量数据，也可以向广域测量系统提供动态的同步相量数据，为电网的动态状态预测、低频振荡、电力参数校核、故障分析提供分析数据。在变电站内部实现数据的整合和规范化处理，提供基于 Web 的安全网络技术，对信息进行远程访问，为系统安全运行提供重要的参考。

（三）站内网络通信技术

由于电力生产的连续性和重要性，站内通信网络的可靠性是第一位的，必须避免因某个装置损坏而导致站内通信中断，特别是在智能变电站中，保护和控制等功能的实现完全依赖于通信网络，因此通信网络必须可靠。

1. 网络结构

智能变电站的网络通信架构设计需要充分考虑到网络的实时性、可靠性、经济性与可扩展性。网络的通信架构设计应具有网络风暴抑制功能，网络设备局部运行维护或故障不应导致系统性问题。网络架构的设计应支持变电站内设备的灵活配置，减少交换机数量，简化网络的拓扑结构，从而降低变电站的建造和运行成本。另外，在智能变电站的设计中，还应对网络内的信息流量进行计算和控制，设立最大节点数和最大信息流量，以保证在变电站扩展时仍能保证满足系统自动化的功能和性能指标。

对于智能变电站自动化系统，数据交换十分关键，因此必须保持系统冗余。即将发布的 IEC 62439 标准，最初设计应用于工厂自动化，是一种基于光纤环网（HyperRing）冗余系统定义的规约，称为中级冗余规约（MRP）。目前快速生成树协议（Rapid Spanning Tree Protocol，RSTP）也成为 IEC 62439 的一部分，涵盖环形冗余和网状系统配置，是使用最多的适用于站级总线应用的冗余规约。IEC 62439 也描述了并行冗余规约（PRP），该规约基于双接口装置和完全独立的双以太网组成的系统，另外还描述了其他类型的冗余方式，尤其针对现场总线系统。

最近，IEC 62439 提出了一种新方案，称为高可用性无缝自动网（HSR）。该规范给出了没有报文丢失的环形冗余，类似于并行配置的 PRP。

智能变电站自动化系统通常采用的网络架构有总线型、环型或星型等网络，也可以将不同的网络架构进行混合，实现网络冗余，保证网络的可靠性。网络冗余方式需要满足 IEC 61499 及 IEC 62439 的要求。目前，变电站控制系统大多为分布式控制系统，因此多采用双星型结构或环型结构组网。

在智能变电站的网络系统中，站级总线的网络结构可采用总线型、星型或环型网络结构，而过程总线的网络结构可采用双星型及环型结构。随着智能变电站网络系统的发展，还可以将站级总线和过程总线的网络合二为一，采用单一总线结构。

2. 网络通信介质

控制室内网络通信介质宜采用屏蔽双绞线，通向户外的通信介质应采用铠装光缆。传输面向对象的变电站事件（Generic Object–Oriented Substation Event，GOOSE）报文和采样值的通信介质可采用光缆。

3. 网络的配置与管理

通信网络的配置应设有专用的网络配置向导工具，该工具应简单、直观、易操作。通信网络内使用的工业级交换机应具有网络管理功能，可对网络进行实时监视与控制。这种监视与控制既包括识别故障早期征兆的预测报警功能，又包括对已经发生的故障作出及时响应的能力。

DL/T 860 中允许利用配置工具以某种兼容方式将整个系统的配置描述传递给智能电子设备，并为此规定了变电站配置描述语言 SCL，对变电站系统结构、通信系统结构及 IED 功能配置进行统一的描述，使配置数据可以被不同的物理设备识别。

（四）站内时钟同步技术

DL/T 860 将变电站内的时钟精度根据不同的应用要求划分为 5 级，分别用 $T_1 \sim T_5$ 表示，见表 4-2。其中，T_1 要求最低，为 1ms；T_5 要求最高，为 1μs。

表 4-2   智能变电站的时钟同步要求

时间性能类	精　　度	目　　　的
T_1	±1ms	事件时标
T_2	±0.1ms	用于分布同期的过零和数据时标
T_3	±25μs	采样值传输的时钟同步要求（共有 3 级）
T_4	±4μs	
T_5	±1μs	

为保证全网设备和系统的时间一致性，以及智能变电站的正常运行，站内必须配置满足 DL/T 860 要求的时钟系统。

1. 时钟同步技术的分类

目前自动化系统解决同步的方法主要有硬件时钟同步法和软件时钟同步法。硬件时钟同步是指利用一定的硬件设施，如 GPS 接收机实现同步，可获得很好的同步精度，但需引入专用的硬件时钟同步设备，这使得时钟同步的代价较高，且操作不便；软件时钟同步是利用算法实现时钟同步，同步灵活，成本较低，但由于采用软件对时，需要 CPU 干预，工作量很大，且时钟信号延迟具有不确定性，同步精度较低。

（1）同步脉冲方式。同步脉冲由统一时钟源提供，在现场应用较多的是基于 GPS 的变电站统一时钟。合并单元的同步功能模块利用同步时钟源对其内部时钟进行校正控制，将每秒 1 次的同步时钟倍频后作为采样脉冲提供给电子式互感器。电子式互感器在接收到采样脉冲后随即进行采样，从而保证全站的瞬时数据都是在同一个时间点上采样（误差不超过±2μs）。

（2）简单网络时钟协议（Simple Network Time Protocol，SNTP）方式。SNTP 是使用最普遍的国际互联网时间传输协议，也是 DL/T 860 中选用的站内对时规范，属于 TCP/IP 协议族，是一种基于软件协议的同步方式。SNTP 以客户机和服务器方式进行通信，根据客户机和服务器之间数据包所携带的时间戳确定时间误差，并通过一系列算法来消除网络传输不确定性的影响，进行动态延时补偿。时间准确度范围是：100～1000ms（广域网）、10～100ms（城域网）、200μs～10ms（局域网）。SNTP 组网方式技术成熟，适用于电力系统 IP 网络已覆盖的站点，但由于 IP 网的固有属性，其对时精度较低，不能满足变电站绝大部分装置的对时精度要求。

（3）IEC 61588 方式。为了解决分布式网络时钟同步的需要，相关领域的技术人员共同开发了精确时间协议（Precision Time Protocol，PTP），后得到 IEEE 的赞助，于 2002 年 11 月获得 IEEE 批准，形成 IEEE 1588（版本 1），并转化为 IEC 61588（版本 1）。

PTP 集成了网络通信、局部计算和分布式对象等多项技术，适用于所有通过支持多播的局域网进行通信的分布式系统，特别适合于以太网，但不局限于以太网，能够实现亚微秒级同步。其在硬件上要求每个网络节点必须有 1 个包含实时时钟的网络接口卡，可以实现基于 PTP 协议栈的相关服务。PTP 将时标打在硬件层，根据网络客户端和时间服务器之间的时间标签，计算两者之间的传输延时和时钟偏差，其精度高于 SNTP。利用同步数字系列（SDH）通信网传输时间同步信号的实测精度已达到 1μs。

2. 对时系统方案

智能变电站内配置一套全站公用的时间同步系统，高精度时钟源要双重化配置；优先采用北斗系统标准授时信号进行时钟校正。时间同步系统可以输出 SNTP、IRIG–B（DC）、1PPS 信号。站控层设备采用 SNTP 或 IRIG–B 对时方式。间隔层、过程层设备采用 IRIG–B 对时方式或 IEC 61588 网络对时。主时钟源要提供满足 DL/T 860 通信标准的通信接口，直接与自动化系统连接，将装置运行情况、锁定卫星数量、同时或失步状态等信息传输至站控层。

（五）分析决策控制技术

智能变电站的分析决策控制技术实现故障定位和站域保护协调控制中心功能，同时留有与广域保护协调控制中心的接口。来自广域保护协调控制中心的调整控制命令可以直接对设备层进行调整控制，也可以通过智能变电站内的分析决策控制中心间接对设备层进行调控。

智能变电站的分析决策控制主要具有以下 4 种能力：

（1）自治能力。变电站能自主实现站域保护功能，并在必要时根据就地信息完成安全稳定控制、电压控制、负荷调节等功能的就地子站功能。

（2）实时建模能力。变电站能实时监测和辨识设备的运行状态，建立变电站的网络模型，为分析决策控制提供依据。

（3）协调能力。变电站应服从保护控制中心指令，因此应有专门的系统协调变电站自治和保护控制中心指令之间的关系。

（4）操作自动化。变电站在计算机的控制下取代操作人员进行程序化倒闸操作。

站域保护利用站内全景数据的统一信息平台提供的全站数据信息，整合变电站内的后备保护和部分控制装置的功能，一体化实现变压器后备保护、线路后备保护、母线后备保护、分段后备保护、电容器后备保护、电抗器后备保护、备自投、过负荷保护、低频减载等功能或功能的一部分，对站内保护控制设备的运行状态进行系统层面上的监测，不仅简化了现有变电站保护的后备保护配置，而且还可判断切除故障对变电站安全稳定运行产生的影响，甚至有选择地选取切机、切负荷等措施。站域保护在变电站内实现信息的整合利用，综合判断站内设备的运行状态，在站内实现保护控制设备的协调和集成，为简化后备保护配置、协调后备保护与控制系统的动作行为提供可行的解决办法。

五、新型保护与控制技术

智能电网的建设为继电保护及测控装置的发展提供了广阔的前景。保护测控装置的信息获取更为全面，控制手段更为灵活，为保护测控装置新功能的开发和实践提供了可能。电子式互感器具有传统互感器难以比拟的优点，其应用将对继电保护系统产生重要而深远的影响。

（一）自适应继电保护技术

电力系统是一个参量状态处在不断变化中的动态系统。随着电网规模的日益扩大，网络结构日趋复杂，特别是新能源发电的大规模并网，传统继电保护"事先整定、实时动作、定期检验"的模式越来越难以满足要求，而自适应保护的出现为解决这些问题提供了途径。

自适应保护实时整定保护的定值、特性和动作性能，使其能更好地适应系统的变化，实现保护的最佳性能。自适应保护可以采用基于就地信息、周边信息及广域信息等自适应算法，如图4–34所示。

目前继电保护的自适应主要表现在以下方面：

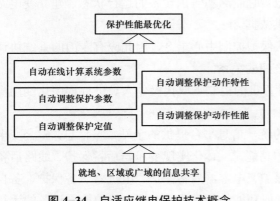

图 4-34　自适应继电保护技术概念

（1）自动在线计算与保护性能有关的系统参数。例如：实时计算带自动调压功能的变压器变比，调整变压器保护中的平衡系数；利用故障数据计算系统阻抗、零序互感等参数；考虑故障时接地电阻的影响，自适应计算接地距离保护的视在阻抗、改善距离保护对高阻接地故障的灵敏度，自动判断新能源发电系统的当前工作状态等。

（2）自动在线计算整定值和相关参数。保护需要根据系统运行方式、运行参数的变化、定值的变化，调整与保护特性有关的门槛值及各种系数；考虑助增系数的变化，自适应调整保护的范围，以适应多端线路的保护及调整保护的整定值；对第二套纵联保护要求自适应改变断路器失灵保护的整定时间，以消除后备开关的不必要跳闸；自动根据新能源发电系统的当前工作状态，实时调整保护特性或保护定值等。

（3）实时判断系统运行状态，自适应调整保护动作方式。自适应地检测对端断路器的开断，以便实现保护的纵续跳闸；自适应的重合逻辑使不成功的重合闸减到最少；对故障或干扰后可能出现的系统稳定破坏等二次事故进行监视和预测，协调安全稳定控制装置的动作措施自适应于相应的可能事故，以提高机组维持工作、易于恢复负荷的可能性。

自适应保护的技术特点包括：

（1）保护性能最优化。自动识别系统运行状态和故障状态的能力，并针对状态的改变，实时自动地调整保护性能，其中包括动作原理和保护算法，从而使其达到最佳保护效果。

（2）自适应计算实时化。对电力系统中已经配置好的各种保护控制设备，按照电力系统的有关参数和运行要求，通过计算分析判断是否给以相应的保护控制策略，以使全系统中的保护装置正确协调地工作，有效地发挥其作用。

（3）使用简便化。可以简化现场运行的定值、保护接线、保护调试维护、就地保护操作，促使保护设备进一步智能化。

（二）暂态保护技术

现有的保护装置由于受传统互感器性能的限制，基本采用基于工频量信息进行保护判断。随着电力系统规模的日益扩大，要求继电保护切除故障的时间越来越短，而利用故障暂态信息进行判断则可以大大提高动作速度。

在输电线路发生故障时，将产生频带很宽的暂态电流和电压行波。一方面，暂态电流行波由故障点向线路两侧传播，在遇到变电站母线等波阻抗不连续处，将产生行波的折射和反射。其中折射行波经由母线进入其他线路，反射行波则经由母线反射回故障点，并在故障点和母线之间来回反射。另一方面，由于存在母线对地电容，因此，暂态电流行波经由母线进入其他线路时，将受到一定的衰减。由于母线的对地杂散电容和结合电容对于暂态电流低频成分呈现出高阻抗，而对于暂态电流高频成分则呈现出低阻抗，因此暂态电流频率越高的成分受到的衰减越大。故障暂态保护就是利用故障暂态电流不同频率成分的衰减差别来区别区内、区外故障的。

故障时高频信号含有丰富的故障信息。高频分量的产生与线路参数、故障情况等有关，而与系统运行状况、过渡电阻等无关，因此基于暂态量的保护不受系统振荡、过渡电阻等的影响，而高频分量的检测和识别较工频分量更快速，因而基于暂态量的保护具有快速的特点。

充分提取故障时的高频暂态量信息，可以获得更多的故障信息，实现保护功能之外的故障测距、选相、自动重合闸等功能。传统电磁式互感器频响范围较窄，不能完整地再现一次电流波形，而电子式互感器测量的频响范围宽，能够较好地传递高频信号，真实地再现一次电流波形，为暂态保护提供可靠的数据。当区外故障时，故障产生的暂态电流经过母线时，由于母线对地杂散电容和结合电容器的影响，对低频电流成分呈现出高阻抗，而对于高频电流成分则呈现出低阻抗，因此在保护安装处测量到的暂态电流高频与低频成分的衰减差别很大；当区内故障时，高频与低频成分的衰减差异较少，从而可利用此特征区别区内、区外故障。

暂态保护技术的实施关键是暂态特征的提取和暂态保护机理的建立，行波保护运行效果还不是很理想，其原因是暂态特征提取困难，以及故障信息处理的手段落后。

暂态特征的提取对互感器的线性度、动态特性等都有较高的要求。电子式互感器能满足高速暂态保护的要求，为暂态保护的应用提供了契机。

（三）自协调区域继电保护控制技术

自协调区域继电保护控制技术以区域内信息的共享为基础，以区域内保护控制设备协同工作机制为手段，同时借助区域内保护控制设备的智能整定和在线校核技术，来提高区域内保护控制设备相互配合的性能，减少保护级差，达到切除故障，确保电网稳定运行的目的。

区域继电保护系统各保护单元协同工作机制主要表现在以下方面：

（1）电网的拓扑结构发生变化时，区域内各保护的整定值需要适应这种变化以保持合理的相互配合关系。

（2）电网中出现大的扰动期间，区域内各保护需要协调配合使电网不会发生稳定事故，提高电网运行稳定性。

（3）电网中负荷是随机波动的，区域内各保护需相互配合以适应这种波动，使得既能最大限度地保证重要用户的供电可靠性，又能提高整个电网的经济效益。

（4）故障诊断自适应是指自适应电网保护处理电网中单个（或几个）保护继电器或控制装置故障的能力，即整个系统的容错能力。

（5）不同原理与性能保护的自适应是指自适应电网保护能充分利用系统中各保护继电器原理与性能的不同来提高整个保护系统的动作可靠性和快速性，如：发生接地故障时，让有关反应接地故障的保护动作而闭锁其他保护，以提高动作可靠性。

（6）区域内保护和控制装置的协调是指在一定区域内对保护和控制装置的动作进行协调，如区分线路过载与故障，及时采取相应的处理措施。

（四）继电保护的智能整定和在线校核

随着智能电网的建设，使实时获取大量的电网同一断面的信息成为可能，为继电保护的在线整定提供了可能。同一断面信息的获得为电网的等值计算、建立简化模型创造了条件，从而大大提高整定计算的速度，使继电保护的在线整定成为可能。智能整定软件位于控制中心，以数据图形平台为基础，网络拓扑、系统建模、故障分析、整定计算、定值校正、在线校核、系统管理等功能模块间可实现无缝结合，一体化地实现定值的计算和管理工作。

继电保护在线整定的第一步是实现实时的网络拓扑。实时采集区域内与网络接线方式变化有关的模拟量信息和开关量信息，在线进行全网络的连通性判断，同时得出支路子系统、电源子系统、负荷子系统的关联关系。

继电保护在线整定的第二步是实现实时的系统建模。对区域内外的电源子系统、负荷子系统、支路子系统建立计算模型。综合系统结构及参数和电网运行的实时状态，建立简化的符合整定计算要求的模型。

在实时网络拓扑和系统建模的基础上，进行故障分析计算，如计算各种简单、多重复杂故障、各类等值计算包括母线等值计算、区域等值计算、电网化归计算、线路两端等值计算、短路容量计算、分支系数计算、支路电流极值计算等。根据计算结果和整定的规则库，经过校正后，计算区域内的保护定值。图 4-35 为继电保护的智能整定和在线校核流程图。

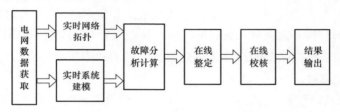

图 4-35　继电保护的智能整定和在线校核流程

在线校核是获取电力系统实时数据，对当前系统中各种继电保护的性能进行在线校验的过程。根据电力系统的实时数据（系统拓扑结构、系统运行方式、保护配置定值等），实时判别系统所有保护的性能，包括保护的保护范围和选择性，对存在误动、拒动隐患的所有保护给出报警信息，向调度人员提供保护的实时状态，为其制定正确的系统电网调度策略和系统运行方式提供在线技术支持，同时根据调控要求选择是否切换保护设备的实时运行定值。区域保护在线校核系统借助区域通信网络，采集、获取电网的实时运行信息，在线计算、校核保护装置的定值。在条件允许时，可实现在线修改保护定值、选择保护装置的投退，以适应运行方式的要求，保证保护装置在各种运行方式下的选择性、可靠性和灵敏度。保护灵敏度主要校核在当前系统方式下保护所在的元件内部故障时，保护是否能够可靠动作。保护的选择性主要校核在当前系统方式下保护所在的线路外部发生故障时，保护是否能够可靠不动作。由于保护延时段的保护范围通常超越了保护所在线路，与其相邻保护各段动作区域存在重叠部分，因此，进行保护选择性校核时，需要校验保护延时段与相邻保护各段是否满足选择性。

（五）自适应重合闸

传统的自动重合闸装置对故障性质不做区分而是设置一定的时延进行重

合。若故障仍然存在则重合不成功，会对系统造成二次冲击，不利于系统的安全运行。

自适应重合闸是一种增加重合闸选择性的智能技术，主要方法有：

（1）利用电弧的一些特性识别永久性与瞬时性故障，如利用空气中长电弧特性识别瞬时性故障与永久性故障的数学信号处理算法。由于电弧是十分复杂的物理化学过程，涉及物质的组成和物性变化以及许多复杂的时变过程，其中许多因素又是高度非线性的，因此要建立准确的电弧模型很难，加上不同类型电弧特性的差异，这种方法的普遍适用性受到限制。

（2）基于人工神经网络技术识别永久性故障和瞬时性故障的方法。这种方法能可靠识别瞬时性和永久性故障，但网络结构及其权值需要离线用学习样本进行训练，需要精确模拟大量的故障类型以得到不同的故障模型，需要存储大量的数据，方法比较复杂。

（3）利用故障暂态产生的高频信号来判别瞬时性与永久性故障，可以解决各种复杂情况下的选相问题，同时能比较准确地判断瞬时性与永久性故障，从而为形成重合闸提供判据。

电子式互感器的应用为暂态高频能量的提取提供了条件。基于暂态高频能量的自适应重合闸判据主要依据瞬时性故障是电弧性故障，其一次电弧和二次电弧中包含高频分量；而永久性故障为非电弧性故障，只有一次电弧包含有大量的高频信号，在断路器跳闸后，故障相的电压、电流为零，不再含有可用的故障信息。这种自适应重合闸装置主要包含一个故障性质鉴别单元和一个最佳重合闸时间单元。在发生故障后，通过选相元件选出故障相后，提取故障相电压中的故障高频暂态电压信号，计算高频能量，确定故障性质。对于瞬时性故障，则最佳重合单元检测故障信息，确定最佳重合闸时间，在故障消失后发重合闸命令；对于永久性故障则不发重合闸命令。

第三节　智能电网调度技术

本节重点介绍面向服务体系架构技术、智能电网调度技术支持系统体系结构、统一建模技术、电网实时监控与预警、调度预警与决策支持技术、节能发电调度技术以及安全防御技术等内容。

一、面向服务体系架构技术

（一）面向服务

1. 面向服务体系架构

基于组件和面向服务体系架构（Service–Oriented Architecture，SOA）已经成为企业软件的发展趋势。SOA 是一种应用框架，它将业务应用划分为单独的业务功能和流程（服务），使用户可以构建、部署和整合这些服务，且无需依赖应用程序及其运行平台，从而提高业务流程的灵活性。

服务是整个 SOA 实现的核心，是 SOA 的基本元素。SOA 指定一组实体（服务提供者、服务消费者、服务注册表、服务条款、服务代理和服务契约），这些实体详细说明了如何提供和消费服务。这些服务具有可互操作、独立、模块化、位置明确、松散耦合等特点，并且可以通过网络查找其地址。

2. 面向服务要素

SOA 中，服务一般有 3 种角色，分别是服务注册中心、服务提供者、服务请求者。

（1）服务注册中心用来为服务提供者注册服务、提供对服务的分类和查找功能，以便服务消费者发现服务。对于请求/应答类的消息，设立服务管理中心。该中心可以分布在一个节点或多个节点。服务中心负责存放该系统内的各类服务。服务中心为服务请求者提供服务的查询功能，为服务提供者提供服务注册功能。对于基本服务类的服务，每个系统均缺省配置、注册。

（2）服务提供者负责服务功能的具体实现，并通过注册服务操作将其所提供的服务发布到服务注册中心，当接收到服务消费者的服务请求时，执行所请求的服务。服务提供者指能提供具体服务的进程。该进程可以直接对外提供服务，也可以通过本地服务代理提供服务。对于通过服务代理提供的服务，一般用于封装遗留系统的服务；对于新开发的应用服务，可采用直接提供服务的方式，接入到服务总线上。

（3）服务请求者则是服务执行的发起者，首先需要到服务注册中心中查找符合条件的服务，然后根据服务描述信息进行服务绑定/调用，以获得需要的功能。服务要素如图 4–36 所示。

3. 面向服务特征

（1）服务间的互操作性。通过服务之间既定的通信协议进行互操作，主要有

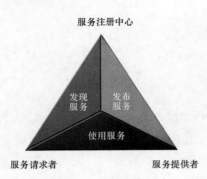

图 4-36　SOA 服务要素

同步和异步两种通信机制。SOA 提供服务的互操作特性更利于其在多个场合被重用。SOA 可以使用任何平台上的功能，而与编程的语言、操作系统和计算机类型等无关，可以确保各种基于 SOA 解决方案之间的集成和互操作性。

（2）服务的松散耦合。服务请求者不知道提供者实现的技术细节，比如程序设计语言、部署平台等。服务请求者往往通过消息调用操作，请求消息和响应，而不是通过使用 API 和文件格式。

服务提供者使用标准定义语言定义和公布它的服务接口，接口定义服务消费者和服务提供者之间的调用契约。只要服务接口保持一致，改动调整应用程序的内部功能或结构对其他部分没有影响。

（3）服务的位置透明。SOA 通过"发布/检索"机制实现位置透明性，即服务请求者无需知道服务提供者的实际位置。服务是针对业务需求设计的。实现业务与服务分离，就必须使服务的设计和部署对用户来说是完全透明的。

（4）服务的封装。将服务封装成用于业务流程的可重用组件的应用程序函数。它提供信息或简化业务数据从一种有效的、一致的状态向另一种状态的转变。封装隐藏了复杂性。服务的 API 保持不变，使用户远离具体实施上的变更。

（5）服务的重用。服务的可重用性设计显著降低了成本。为了实现可重用性，服务只工作在特定处理过程的上下文中，独立于底层实现和客户需求的变更。

（6）服务是自治的功能实体。服务是由组件组成的组合模块，是自包含和模块化的。SOA 强调提供服务的功能实体的完全独立自主的能力，强调实体自我管理和恢复的能力。

（二）服务总线

支撑 SOA 的关键是构建企业服务总线（Enterprise Service Bus，ESB），用于实现企业应用不同消息和信息的准确、高效和安全传递。企业服务总线技术最大的特点在于，它是完全面向企业的解决方案，可以架构在企业现有的网络框架、软硬件系统之上，构筑一个企业级的信息系统解决方案。

企业服务总线采用了"总线"这一模式来管理和简化应用之间的集成拓扑结构，以广为接受的开放标准为基础来支持应用之间在消息、事件和服务级别上动态的互联互通。企业服务总线是一种在松散耦合的服务和应用之间的集成方式，是在 SOA 架构中实现服务间智能化集成与管理的中介，是 SOA 的具体实现方式之一，是 SOA 架构的支柱技术。它提供一种开放的、基于标准的消息机制，完成服务与服务、服务与其他组件之间的互操作。其功能包括通信及消息处理、服务交互及安全性控制、服务质量及级别管理等。

服务总线采用 SOA 架构，屏蔽实现数据交换所需的底层通信技术和应用处理的具体方法，从传输上支持应用请求信息和响应结果信息的传输。服务总线以接口函数的形式为应用提供服务的注册、发布、请求、订阅、确认、响应等信息交互机制，同时提供服务的描述方法、服务代理和服务管理的功能，以满足应用功能和数据在广域范围的使用和共享。

1. 应用服务总线

（1）服务原语。服务总线为各个应用提供封装和调用原语，完成服务的功能。这些原语分为服务管理原语和应用调用原语。服务管理原语主要完成服务的注册、发现和注销。应用调用原语主要完成应用服务接入总线，包括服务请求、服务应答、服务订阅、服务订阅响应、服务发布和服务分发等。

（2）服务描述语言。电力应用服务对服务的描述具有特殊性，服务总线对应用服务的描述应满足这些特殊要求。服务描述语言支持不同应用、不同厂家和不同电力企业之间高效便捷的服务描述、服务请求、服务响应要求。常用的服务包括基本服务、查询服务列表、文件类服务、商用数据库类服务、实时数据库类服务、数据模型服务、图形类服务、SCADA 类服务、EMS 应用服务、在线电网安全稳定服务、调度交易计划服务等。该描述语言支持中文和英文的服务描述。

（3）服务封装。服务封装指将具体某个应用功能通过系统提供的封装方法形成系统中可以被发现和使用的服务。

2. SOA 管理服务

SOA 管理服务指实现面向服务体系架构的基本服务，主要包括服务注册、服务查询、服务监控和代理等服务。所有管理服务均要求能实现多重化部署，实现自动切换和负荷均衡。

（1）注册服务实现服务的发布注册服务（也称发布服务），各应用服务器向注册服务器注册所能提供的服务，即服务器位置、服务的描述（输入、输出参数等）、服务类型（订阅/发布、请求/应答类等）等。

（2）查询服务提供给客户端查询已注册服务的有关信息，包括注册的服务参数〔服务器位置、服务的描述（输入、输出参数等）、服务类型（订阅/发布、请求/应答类等）〕，以及服务当前状态。

（3）监控服务监视及管理应用服务工作状态，并对它们进行管理。实现管理服务监视、切换、重启、同步，监视应用服务并设置应用状态供查询服务、注销应用服务等。

（4）代理服务用于实现对远程服务的访问，从服务范围上分为本地服务代理和远程服务代理。本地服务管理直接通过服务代理获取服务的具体位置，而后直接和服务建立连接，进行数据交换。对其他系统提供的服务必须通过远程服务代理进行。远程服务代理可查询和使用其代理的远程系统中的所有服务。

3. 业务服务

业务服务从功能上可分为基本服务类和应用服务类。基本服务类分为文件类服务、关系数据库类服务、实时数据库类服务等最基本服务；应用服务类包括画面类、曲线类、模型类、状态估计类、安全约束类等服务。基本服务类是应用服务类的基础服务。

（三）基于 SOA 架构的智能电网调度技术支持系统的基础平台

调度技术支持系统基础平台的面向服务的体系架构如图 4–37 所示。根据自动化系统的需求特点，基础平台在通用的应用服务总线（Application Service Bus，ASB）的基础上扩充了实时数据消息总线（Data Message Bus，DMB），即基础平台采用实时数据消息总线加应用服务总线的双总线体系。其中，消息总线用于传输实时信息报文，主要用于底层的应用集成和信息传输；服务总线等效于企业服务总线，用于支持 SOA 框架的应用信息交换。

SOA 基本服务包含服务注册、资源定位、监控以及管理等；基本应用服务提供针对支持系统应用开发的最基本服务，包含基本的数据传输、文件传输、数据库访问；应用封装服务提供对传统应用的封装支持。在电力二次安全分区的环境下，通过特殊的转发处理和网关代理，服务总线和消息总线应当能贯穿 3 个安全区。

该结构可实现：

（1）通过通用的面向服务的企业服务总线，对外提供统一和标准的模型服务、数据服务、系统管理服务、人机交互服务和应用服务，不会因为新的应用功能而增加一套系统。

（2）在安全 I 区内，为了满足实时监视控制应用的实时性需求，采用基于事件的高速消息总线，解决应用间数据和信息传递的效率问题。

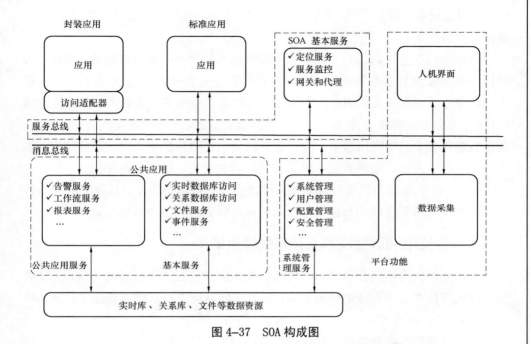

图 4–37　SOA 构成图

（3）通过安全Ⅱ区、安全Ⅲ区的邮件传输消息总线实现在横向、纵向上安全Ⅱ区、安全Ⅲ区的基于消息邮件的数据文件传输。

（4）提供方便快捷的使用界面和应用功能，应用人员无需关心应用的具体部署位置。

（5）平台完全是开放的，按照应用插件化的思想进行新应用或者个性化应用的实现，能满足业务应用功能的可扩展性要求。

（6）安全Ⅰ、Ⅱ区分别提供统一风格的展示和操作界面。

图 4–37 以 SOA 架构形式表示基础平台的体系结构，平台中的各类服务均以模块方式实现。系统在 SOA 基本服务的协调下通过应用服务总线集成为一个整体。严格按照 SOA 架构开发的基本服务、公共应用服务、通信服务、人机服务等为应用的开发提供有力的支持。按照 SOA 架构开发的应用或通过适配器封装的传统应用，可以无缝地集成到系统中。全面基于 SOA 架构开发的基础平台，可以为不断发展的自动化应用提供很好的支持。

基础平台的服务可以分为系统平台服务和应用服务。系统平台服务指基础平台为所有应用（或称功能区/功能域）提供的服务基础设施，包括数据转换、数据访问、日志记录、安全管理、人机管理等。应用服务指各个应用提供给企业内部、外部的业务服务。

每个应用服务模块又分为私有业务功能服务和公共业务功能服务。私有业务功能服务指注册到本地服务总线（对应私有服务注册中心），仅为本安全区业务人员、业务系统提供支持的应用服务。公共业务功能服务指注册到公共服务总线（对应公共服务注册中心），为本安全区、其他安全区、上下级安全区的业务人员、业务系统提供支持的应用服务。应用服务模块包括服务描述语言、服务定义、服务注册、服务发布、服务查找、服务绑定、服务调用、服务实现等。

基于 SOA 架构的调度技术支持系统建立了开放式的调度自动化系统平台，可以通过应用服务总线和数据消息总线提供的服务进行应用功能集成。

二、智能电网调度技术支持系统体系结构

本部分以国家电网公司组织研发的智能电网调度技术支持系统为例，介绍智能电网调度技术支持系统的体系结构，以及支撑整个支持系统的基础平台的各项关键技术。

为了对调度核心业务的一体化提供全面技术支持，系统在设计和研发上体现如下的特点：

（1）系统平台标准化。标准化、一体化基础平台是整个系统的基础，也是整个系统建设的重点和关键点。系统采用统一的平台规范标准及接口规范标准，通过标准化实现平台的高度开放性。基础平台在图形、模型、数据库、消息、服务、系统管理等方面提供标准化的应用接口，为各种应用提供统一的支撑，为系统功能的集成化打下坚实基础，为开发新应用、扩充功能和可持续发展创造条件。

（2）系统功能集成化。统筹考虑电力调度中心各应用功能的数据及应用需求，以面向服务的体系结构，按照应用和数据集成的理念，构造统一支撑的数据平台和应用服务总线，实现数据整合和应用功能整合，构筑具有集成化功能的实时监控与预警、调度计划、安全校核和调度管理类应用，为实现调度智能化服务。

（3）系统应用智能化。系统综合利用包括电网静态、动态和暂态等一次信息、二次系统运行信息和电网运行环境等信息资源，实现计划编制、方式安排、运行监视、自动控制、安全分析、稳定分析、风险预警、预防预控、辅助决策、分析评估等电网调度生产全过程的精益化、智能化。实现电网运行可视化全景监视、

综合智能告警与前瞻预警、协调控制和主动安全防御；将电网安全运行防线从年月方式分析向日前和在线分析推进，实现运行风险的预防预控。

（一）系统架构

系统采用国家电网、区域电网、省级电网等多级调度系统统一设计的思路。主调和备调采用完全相同的系统体系架构，实现相同的功能，主、备调一体化运行。横向上，系统通过统一的基础平台实现四类应用的一体化运行以及与 SG186 的有效协调，实现主、备调间各应用功能的协调运行和系统维护与数据的同步；纵向上，通过基础平台实现上下级调度技术支持系统间的一体化运行和模型、数据、画面的源端维护与系统共享，通过调度数据网双平面实现厂站和调度中心之间、调度中心之间数据采集和交换的可靠运行。

在调度中心内部，智能电网调度技术支持系统的功能分为实时监控与预警、调度计划、安全校核和调度管理四类，这种分类方式突破了传统安全分区的约束，完全按照业务特性划分。

系统整体框架分为应用类、应用、功能、服务 4 个层次。应用类是由一组业务需求性质相似或者相近的应用构成，用于完成某一类的业务工作；应用是由一组互相紧密关联的功能模块组成，用于完成某一方面的业务工作；功能是由一个或者多个服务组成，用于完成一个特定业务需求，最小化的功能可以没有服务；服务是组成功能的最小颗粒的可被重用的程序。

（二）基础平台与四类应用的关系

智能电网调度技术支持系统的四类应用建立在统一的基础平台之上，平台为各类应用提供统一的模型、数据、CASE、网络通信、人机界面、系统管理等服务。应用之间的数据交换通过平台提供的数据服务进行，还通过平台调用提供分析计算服务。

（三）基础平台结构

基础平台是智能电网调度技术支持系统开发和运行的基础，负责为各类应用的开发、运行和管理提供通用的技术支撑，为整个系统的集成和高效可靠运行提供保障。其功能包括：

（1）建立应用开发环境。提供多层次的软件接口，为应用开发提供数据交换机制、人机支撑、数据支持、公共服务模块和系统管理功能，支持业务定制和调整。

（2）建立应用集成环境。具有良好的系统集成和业务集成能力，支持横向、纵向业务的集成和应用、基础信息的共享。

（3）建立应用运行环境。建立能充分满足业务需求的运行环境和有效的安全防护体系，提供强大的软、硬件环境和丰富的数据资源，支持技术支持系统的一体化运行、维护和管理，实现系统和各类应用的安全稳定运行。

（4）建立应用维护环境。建立有效的系统管理和安全管理机制，提供从系统到应用的多层次、多角度体系化的维护管理工具，实现系统资源、各类应用的运行监视和系统资源的调度与优化，完成各类应用的集成配置和维护。

基础平台包含硬件、操作系统、数据管理、信息传输与交换、公共服务和功能 6 个层次，如图 4-38 所示，采用面向服务的体系架构。

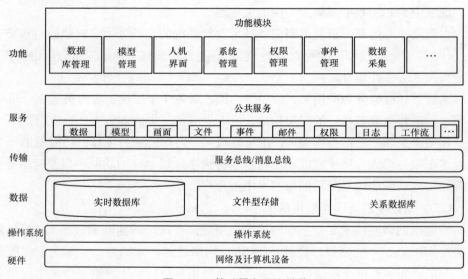

图 4-38　基础平台层次结构

SOA 具有良好的开放性，能较好地满足系统集成和应用不断发展的需要；层次化的功能设计能有效地对硬件资源、数据及软件功能模块进行良好的组织，对应用开发和运行提供理想环境；针对系统和应用运行维护需求开发的公共应用支持和管理功能，能为应用的运行管理提供全面的支持。

（四）数据存储与管理

基础平台为应用提供各类数据的存储与管理功能，按照存储的形式可分为基于关系数据库的数据存储与管理、基于实时数据库的数据管理和基于文件的数据存储与管理。应用可根据需要选择合适的数据存储和管理形式。数据存储满足电网调度领域数据存储周期短、连续性强、数据量大和可靠性高的需求。

（1）基于关系数据库的数据存储与管理是指使用通用的关系数据库产品，完成数据库的创建以及数据的存储和访问，支持标准的 SQL 访问和编程接口访问。基于关系数据库的数据存储与管理主要用于数据保留时间长、数据访问实时性不高的场合，如电网调度模型数据和历史数据等。

（2）基于实时数据库的数据管理支持实时数据的快速存储和访问，提供高速的本地访问接口、远方服务访问接口和友好的人机界面，具有数据定义、存储、验证、浏览、访问和复制等功能，支持数据关系描述和检索。

（3）基于文件的数据存储和管理提供文件在系统内的存储和管理功能，支持基于组件和服务的文件传输，提供用户级管理工具。

（五）消息总线和服务总线

基础平台的信息交互采用消息总线和服务总线的双总线设计，提供面向应用的跨计算机信息交互机制。服务总线按照企业级服务总线设计，其 SOA 环境对应用开发提供广泛的信息交互支持；消息总线按照实时监控的特殊要求设计，具有高速实时的特点，主要用于对实时性要求高的应用。

（1）消息总线。基于事件的消息总线提供进程间（计算机间和内部）的信息传输支持，具有消息的注册/撤销、发送、接收、订阅、发布等功能，以接口函数的形式提供给各类应用；提供传输数据结构的自解释功能，支持基于 UDP 和 TCP 的两种实现方式，具有组播、广播和点到点传输形式，支持一对一、一对多的信息交换场合。针对电力调度的需求，支持快速传递遥测数据、开关变位、事故信号、控制指令等各类实时数据和事件；支持对多态（实时态、反演态、研究态、测试态）的数据传输。

（2）服务总线。服务总线采用 SOA 架构，屏蔽实现数据交换所需的底层通信技术和应用处理的具体方法，从传输上支持应用请求信息和响应结果信息的传输。服务总线以接口函数的形式为应用提供服务的注册、发布、请求、订阅、确认、响应等信息交互机制，同时提供服务的描述方法、服务代理和服务管理的功能，以满足应用功能和数据在广域范围的使用和共享。

（3）公共服务。公共服务是基础平台为应用开发和集成提供的一组通用的服务，这些服务随着系统功能设计的深化需要不断增加。公共服务至少包括数据服务、图形服务、事件/告警服务、文件服务、权限服务、消息邮件服务和工作流服务等。

（4）平台功能。基础平台提供数据库管理、模型管理、人机界面、系统管理、权限管理、CASE 管理、数据采集与交换、报表、并行计算管理等功能。

（5）安全防护。基础平台遵循《电力二次系统安全防护总体方案》中"安全分区、网络专用、横向隔离、纵向认证"的要求，并在其基础上实施加密认证和安全访问控制，建立纵深的安全防护机制。

基础平台针对机密性、完整性、可用性和可证实性的要求，采用完备的安全技术，建立全面的安全管理体系。安全防护功能的内容包括：

1）采用专用隔离装置实行安全分区，并在分区的基础上建立起安全、透明的横向数据传输机制。

2）建立密钥、标签及证书管理系统。

3）开发安全的实时通信网关，实现端对端的安全通信。

4）实现基于证书的身份认证，并在此基础上实现基于角色的访问控制。

5）建立入侵检测、病毒防护等安全防护手段。

6）建立安全审计等安全管理系统。

三、统一建模技术

电网模型统一建模管理平台是以电网模型为核心的全区域统一模型中心，整合了能量管理系统、配电管理系统、广域测量系统的各种模型，通过分布式建模和拼接技术，以"源端维护，全网共享"为目标，实现全区域统一模型，并以此为基础，形成对实时、计划等各类电网应用模型的统一管理；通过电网模型发布服务，满足调度中心各类应用对电网模型的需求，为实现调度中心基于全电网模型的分析、计算、预警和辅助决策奠定坚实基础。本部分介绍的建模技术是对调度应用而言的，智能变电站的建模技术参见本章第二节。

（一）现状

长期以来，电力系统各级调度中心对电网模型的维护是分散的，而在同一调度中心各应用之间，对电网模型的需求各不相同，对电网模型的建模侧重点也不相同。例如，EMS 强调的是电网模型拓扑的正确、设备参数的完备，DMIS 关注电网模型设备对象的建立以及资产设备的完整，计划模型则要求能够反映未来时间段内模型的变化情况。由于侧重点不同，在过去相当长的时间内，各个应用需要的模型是各自独立维护的，彼此无法共享。因此，需要通过模型管理平台提供统一的模型维护和管理机制，为各应用提供符合其需求的模型。

目前，模型管理平台关键技术，如分布式建模技术、模型同步技术等在国内外已经逐步应用。

（二）一体化模型版本管理服务

调度中心内部各应用之间以及调度系统之间的信息共享包括图形信息、电网实时调度运行数据（简称实时数据）、电网模型信息，又称图、数、模一体化的信息共享。DL/T 890《能量管理系统应用程序接口标准》（等同采用 IEC61970）为电力调度信息标准化提供了技术规范。国内主要调度系统平台都遵循 DL/T 890，支持使用 CIM 描述电网结构，支持 CIM/XML 文件（以 XML 格式表示的 CIM 模型文件，简称 CIM 文件）的导入和导出，支持可扩展向量图形（Scalable Vector Graphics，SVG）标准图形的导入/导出。另外，国家电网公司制定的 E 格式规范（简称 E 文件）作为国内实时数据交换标准也被广泛使用。在工程应用中以 CIM 文件作为电网模型交换的标准格式，以 E 文件作为实时数据交换的标准格式，以 SVG 文件作为图形交换的标准格式，其中 CIM 文件主要包括电网运行设备参数、网络拓扑、量测等信息，SVG 文件主要包括厂站图、潮流图等。

以 CIM 文件为主，对应以 SVG 图形文件和 E 格式文件等组成的信息集合称为版本信息。调度系统之间以版本为单位进行信息交换，通常一个版本除了包含图、数、模信息以外，还包含版本描述文件、边界描述文件（纵向版本）等。版本描述文件是 XML 格式的文本文件，记录该版本的生成时间、模型时态（历史态，实时态，未来态）。CIM 文件可以同时包含 SCADA 模型、PAS 模型。版本建立原则是：① 各文件语法正确，包含信息符合规范；② 版本以 CIM 文件为主，其他格式的文件必须与模型文件一致。

图、数、模一体化的版本管理服务（简称版本管理）是整个统一建模平台的枢纽（见图 4-39），主要实现规范的版本交换机制、版本校验及版本信息管理等，所以版本管理又分为版本接收/发送服务（简称信息接收/发送）、版本信息校验服务（简称信息校验）和版本信息管理服务（简称信息管理）3 部分。

版本管理包括服务器端和客户端（见图 4-40），客户端部署在上下级调度系统中，主要功能包括上传信息、下载信息、E 格式文件订阅、信息交换日志浏览、模型边界定义修改/浏览等。依托调度数据网，客户端/服务端、服务端/服务端共同形成调度系统之间常态的版本信息交换机制，版本信息交换支持 FTP、WebService、CORBA/CIS 等通信方式，客户端可以主动上传信息，服务端也可以主动获取信息。上级调度系统为下级调度系统发送的信息内容包括：① 全网的版本信息（模型合并生成的全网 CIM 文件、对应的 E 格式文件、对应的 SVG

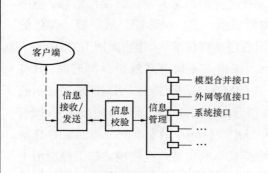

图 4-39 版本管理服务功能结构图

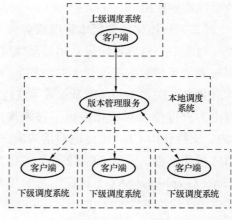

图 4-40 版本管理信息交换示意图

图形文件）；② 外网等值的版本信息（外网等值 CIM 文件、E 格式文件、SVG 图形文件）。下级调度系统为上级调度系统发送的信息包括本地调度系统的版本信息（本地的 CIM 文件、对应的 SVG 图形文件、对应的 E 格式文件）。

版本管理接收或获取到版本信息，自动触发信息校验。如果信息校验正确，则进入信息管理，并记录日志信息。日志内容包括信息发送成功、发送时间、文件个数、名称等，发送日志至客户端，系统提示客户端用户有新信息。如果信息校验出错，则生成错误文件，记录信息的出错原因，同时记录日志。日志内容包括信息发送失败、发送时间、文件个数、名称、错误记录文件名称等，发送日志至客户端，客户端可下载错误文件。

（三）模型拆分/合并

模型拆分/合并技术是实现上下级调度系统信息共享非常重要的环节。通过结合 SVG 图形转换、E 格式导入等技术，能够实现全网在线监控，为提高互联大电网的在线监控、静态和动态安全稳定分析水平提供信息基础和技术支撑。

基于 CIM 文件的模型合并，就是通过 CIM 文件解析、模型调度边界拆分、模型拼接等一系列技术手段，对各模型进行有效合成，形成一个完整的全网模型。模型合并分为两类：① 本地调度 CIM 文件和若干下级调度系统的 CIM 文件形成全网的大模型（简称 1+n 模型合并），为实现全电网的监控及静态、动态稳定分析提供数据基础。② 本地调度的 CIM 文件和外网等值模型（上级调度系统提供）形成本地更加精确的电网模型（1+1 模型合并），用来提高本地应用软件的计算精度。

规范的模型合并方法主要包含 CIM 解析、模型拆分、模型拼接、结果导出及纵向新版本生成等技术（见图 4–41）。基于 CIM 文件的模型合并是一个复杂的过程，大量的工作是对模型文件的处理，解决大批量文件处理的效率问题是模型合并的关键技术之一。为此，必须根据 CIM 文件的特点，采用共享内存高速索引技术，开发 CIM 文件的专用解析器。模型拆分就是根据调度边界信息表，利用拓扑关系，通过设置记录状态的方式裁掉各模型中外部模型信息（包括外部模型的量测信息），只保留模型内部信息（包含调度边界，拆分后边界设备是模型之间唯一的重叠信息），然后再通过调度边界把各模型合并在一起。经过一系列的处理，各模型只剩下调度管辖范围内的部分（包含调度边界设备），其边界设备一端悬空，另一端连接内部设备。将拆分后的各个模型通过边界设备连接起来，从而在逻辑

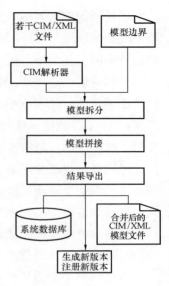

图 4–41　模型合并流程

上形成全电网的完整模型。导出结果有两种：一种是把拼接结果导出成 CIM 文件，另一种是把拼接结果直接导入系统数据库。模型合并流程最后一步是生成纵向版本，调用版本管理接口，由版本管理负责新版本的生成与发布。

（四）外网等值

调度应用软件能否实现计算结果准确，与本地电网的外网如何处理直接有关。通常的做法是进行外网静态等值，对外部系统进行等值有以下方法：① 在边界节点挂一个等值机或等值负荷；② 对外网中的重要环路及其相关设备详细建模；③ 利用离线程序对外网做等值，将等值信息加在内部电网的边界上。

这 3 种方法都有缺陷，方法①无法正确感知外部网络对内部网络的响应和影响；方法②对不属于本地调度管辖范围内的外网精确建模以及要获取这部分设备的实时运行数据，维护难度很大，不实用；当外部网络运行方式发生变化时，采用方法③时系统无法及时获取变化信息，导致应用分析软件结果不准确。

上级调度系统实时准确地掌握着下级调度系统外围电网的运行方式和运行状态，它可以实时为下级调度系统计算出带有缓冲网的外网等值信息。下级调度系统获取外网等值信息后，在线合并到自己的内网模型中，形成自己的带缓冲厂站的外网等值信息，从而以更加合理的方式提高调度系统应用软件的计算精度。

缓冲网的选取有两种方式：① 用分布因子法计算出缓冲厂站；② 根据与内网电气距离远近，缓冲厂站可分为一级缓冲厂站、二级缓冲厂站等，调度系统可根据外网的实际情况，选择性地做到几级缓冲厂站。

外网等值信息包括：外网等值模型（CIM 文件）、对应于外网等值模型的 SVG 厂站图形文件、对应外网等值模型的 E 格式实时数据文件。外网等值模型有两种形式：① 下级调度系统边界厂站、缓冲厂站、动态等值数据；② 下级调度系统模型、缓冲厂站、动态等值数据。其中，可根据下级调度系统的具体需求，缓冲厂站能选择一级缓冲厂站、二级缓冲厂站、……、n 级缓冲厂站。第一种形式的外网等值模型发送到下级调度系统后，必须和本地模型合并才能使用；第二种形式的外网等值模型可直接导入本地系统使用。两种形式可以选择使用。

外网等值模型的生成过程是：① 基于下级调度系统的电网模型、缓冲厂站（作为内部厂站），计算出外网等值信息；② 基于大模型文件的模型拆分，拆分出下级电网模型的边界厂站和缓冲厂站；③ 模型拆分结果与计算的等值数据合并形成外网等值模型。外网等值信息实时下发给下级调度系统，如果模型本身没有变化，只发送 E 格式实时数据，否则发送全部的外网等值信息。

在线外网等值技术与模型拆分/合并技术，增强了调度系统对外部电网信息的感知能力，提高了调度应用软件的计算精度。

（五）模型管理平台的发布方式

统一建模管理平台是控制中心的模型中心，需要为各类应用提供模型。针对实时性强的特殊应用，如 EMS，可以采用系统同步方式；而对于其他应用，需要通过模型管理平台的发布功能获得模型、图形和断面数据。

模型管理平台提供以下数据发布的方式：

（1）标准 CIM 模型文件交互。采用基于 DL/T 890 CIM 标准的文件为应用提供电网模型，采用基于 DL/T 890.453 标准的 SVG 文件提供电网图形。此类方式通过文件传输，方便第三方理解和解析，交互双方职责清晰，目前在国内得到广泛应用。

（2）标准 CIS 服务发布。DL/T 890 CIS 标准提供应用间数据交互的标准服务发布方式。但是，采用标准 CIS 方式，对模型获取的应用方要求较高，目前该方式在国内外实际数据交互中应用并不广泛。

（3）基于服务总线的发布方式。服务总线是控制中心内部的数据传输通道，担负着各应用之间数据传输的任务。第三方应用通过服务总线获取模型，是今后模型发布的趋势。

（4）基于 SOA 的发布方式。与采用 CORBA 组件技术的 CIS 服务不同，SOA 采用基于文本的消息传递机制，适用于大数据量、低频率访问。利用 SOA 技术实现数据发布将是今后模型发布的趋势。

四、电网实时监控与预警

实时监控与预警类应用主要包括电网实时监控与智能告警、电网自动控制、网络分析、运行分析与评价、辅助监测和调度员培训模拟等应用。

（一）电网实时监控与智能告警

电网实时监控与智能告警应用利用电网信息及气象、水情等辅助监测信息对电网进行全方位监视，实现电网运行状况监视全景化。

功能主要包括以下部分：

（1）电网运行稳态监控。电网运行稳态监控功能模块实现对电网实时运行稳态信息的监视和设备控制，主要包括数据处理、计算和统计、人工数据输入、历史数据保存、顺序事件记录、断面监视、备用监视、设备负荷率监视、事故追忆和反演、事件和报警处理、遥控和遥调、动态着色、图形显示、趋势曲线等功能。

（2）电网运行动态监视。电网运行动态监视功能模块实现对电网广域实时动态过程的监视，主要包括相角差的监视和预警，实时相量数据分析处理和存储归档、越限报警等功能。

（3）二次设备在线监视与分析。二次设备在线监视与分析功能模块实现对继电保护装置和安全自动装置运行信息、动作信息、录波信息、测距信息的分析处理，为用户提供告警、分析、统计、查询等功能。

（4）在线扰动识别。在线扰动识别功能模块综合电网稳态信息和动态信息，实时监视电网电压、电流、功率、频率、角度的越限及突变和开关动作信息，实现对电网短路、潮流突变、机组甩负荷、频率和电压跌落等扰动的识别，提供告警信息并保存当前的动态数据。

（5）低频振荡在线监视。低频振荡在线监视功能模块根据发电机有功功率、功角和转速变化率，以及联络线有功功率、母线电压、母线功角差等连续的动态过程数据，分析功角和线路有功功率的振荡模式，确定功角振荡模式和机组的关系，实现对系统低频振荡的监测、预警和分析。

（6）综合智能告警。综合智能告警功能模块实现在线智能告警，智能判断电网故障并准确推出事故画面，综合分析电网一、二次设备的运行信息，包括电网开关动作、设备量测信息、继电保护和安全自动装置动作信息、故障录波信息、PMU 量测信息和雷电定位信息等，实现电力系统在线故障诊断和智能告警，利用形象直观的方式展示故障诊断和智能告警结果。

（二）电网自动控制

调度应用中的电网自动控制是指利用电网实时信息，结合实时调度计划信息、实时方式信息自动调整可调控设备，实现电网的闭环调整，主要包括自动发电控制（AGC）和自动电压控制（AVC）。

1. 自动发电控制

自动发电控制功能模块通过控制调度区域内发电机组的有功功率使发电自动跟踪负荷变化，维持系统频率为额定值，维持电网联络线交换功率，监视备用容量，实现负荷频率控制、备用容量计算、控制区域和机组性能考核等功能。可以按北美电力可靠性委员会的 A1、A2 标准及 CPS1、CPS2 标准进行 AGC 控制和评估。

AGC 接收和处理实时遥测和遥信数据，包括系统频率、联络线交换功率、时差、上级调度下发的区域控制偏差（ACE）、机组有功功率、机组调节上下限、机组 AGC 受控状态、机组升（降）功率闭锁信号等。AGC 运行状态包括在线状态（AGC 所有功能都投入正常运行，进行闭环控制）、离线状态（AGC 不对机组下发控制命令，但数据处理、区域控制偏差计算、性能监视等功能均正常运行）和暂停状态（由于某些量测数据异常导致区域控制偏差计算错误时，AGC 暂停计算）。三种状态可根据量测数据情况和电网状态进行切换。

AGC 控制模式包括：

定频率控制——AGC 的控制目标是维持系统频率恒定，此时，ACE 计算公式中仅包含频率分量。

定联络线交换功率控制——AGC 的控制目标是维持联络线交换功率的恒定，此时，ACE 计算公式中仅包含联络线交换功率分量。

联络线和频率偏差控制——AGC 同时控制系统频率和联络线交换功率，此时，ACE 计算公式中同时包含频率分量和联络线交换功率分量。

AGC 在控制过程中，应及时纠正系统频率偏差产生的时钟误差和净交换功率偏离计划值时所产生的无意交换电量，时差校正和电量偿还应支持人工或自动两种启动方式。

2. 自动电压控制

自动电压控制（AVC）功能模块实现对电网母线电压、发电机无功功率、电网无功潮流监视和自动控制；利用电网实时数据和状态估计提供的实时方式进行分析计算，对无功可调控设备进行在线闭环控制。

无功优化在满足电网运行和安全约束的前提下，以整个电网的网损最小化为优化目标，给出各分区中枢母线电压和关键联络线无功的优化设定值，支持运行监视、控制决策、协调控制、控制执行及闭锁等功能。该功能可协调国家电网、区域电网、省级电网、地级电网等各级电网的电压控制，保证整个互联电网的电压安全和质量，实现无功的分层分区平衡。另外还可提供历史记录和考核统计信息，便于用户对无功电压控制效果进行查询、分析和评价，同时也作为电网无功电压管理的依据。

AVC 的基本原则是无功的"分层分区，就地平衡"，它基于采集的电网实时运行数据，在确保安全稳定运行的前提下，对发电机无功功率、有载调压变压器分接头、可投切无功补偿装置、静止无功补偿装置等无功电压设备进行在线优化闭环控制，保证电网电压质量合格，实现无功分层分区平衡，降低网损。

目前我国主要采用无功电压三级协调控制模式：

（1）第一级电压控制即厂站控制，由 AVC 子站来实现，通过协调控制本厂站内的无功电压设备，满足第二级电压控制给出的厂站控制指令。

（2）第二级电压控制具备分区控制决策功能，通过协调控制本分区内的无功电压设备，给出各厂站的控制指令。其目标是将中枢母线电压和重要联络线无功控制在设定值上，保证分区内母线电压合格和足够的无功储备。控制周期为 1～5min，可由用户设置。

（3）第三级电压控制具备全网在线无功优化功能，通过优化给出各分区中枢母线电压和重要联络线无功的设定值，输出给第二级电压控制使用。其目标是在安全前提下降低全网网损。无功优化可周期启动，周期为 15min～1h，也可定时启动，可由用户设置。

（4）第三级电压控制和第二级电压控制由 AVC 主站实现。

（三）网络分析

网络分析应用实现智能化的安全分析功能。该应用利用电网运行数据和其他应用软件提供的结果数据来分析和评估电网运行情况，确定母线模型，为运行分析软件提供实时运行方式数据，研究分析实时方式和各种预想方式下电网的运行情况；分析电力系统中某些元件或元件组合发生故障时，对电力系统安全运行可能产生的影响。

网络分析应用主要包括网络拓扑分析、状态估计、调度员潮流、灵敏度分析、静态安全分析、可用输电能力、短路电流计算、在线外网等值等功能模块。

（1）网络拓扑分析功能模块根据逻辑设备状态，对网络进行拓扑分析，确定网络接线模型，建立网络母线模型和电气岛模型，并提供给其他应用和功能模块使用。

（2）状态估计功能模块根据网络接线信息、网络参数、冗余的模拟量测值和开关量状态，求取母线电压幅值和相角的估计值，检测可疑数据，辨识不良数据，校核实时量测量的准确性，并计算全部支路潮流，为电力系统的可观测部分和不可观测部分提供一致的、可靠的电网潮流解。状态估计维护一个完整而可靠的实时网络状态数据，为其他应用和功能模块提供实时运行方式数据。

（3）调度员潮流功能模块实现实时方式和各种假想方式下电网运行状态的分析功能，在网络拓扑模型基础上，根据给定的注入功率及母线电压计算各母线的状态量（电压的相角及幅值）、网络各支路的有功和无功功率。

（4）灵敏度分析功能模块利用电网运行数据和方式数据计算机组有功功率对线路有功潮流、机组有功功率对断面潮流、机组无功功率对母线电压、无功补偿设备投切对母线电压、变压器抽头对母线电压的灵敏度；计算网络有功损耗对机组有功功率、区域交换功率、联络线功率等的灵敏度和罚因子。

（5）静态安全分析功能模块用于评估电力系统中某些元件（包括线路、变压器、发电机、负荷、母线等）或元件组合发生故障时，对电力系统安全运行可能产生的影响，计算故障发生后引起元件越限时系统的运行状态，对整个电网的安全水平进行评估，对电网安全运行可能构成威胁的故障，如线路过载、电压越限和发电机功率越限等进行警示，评价这些故障对系统安全运行的影响。

（6）可用输电能力功能模块用于计算实时和未来的基态或 N–1 条件下系统联络线、大电厂出线断面、重要线路或断面的有功潮流及其输送能力。

（7）短路电流计算功能模块对规定的故障条件（包括各种短路故障和断线故障）计算故障后各支路电流和各母线电压，用来校核开关遮断容量。

（8）在线外网等值功能模块实现上下级调度之间的联合网络等值，上级调度实现各下级调度的外部网络的在线静态等值，下级调度支持外网等值模型的接入及处理。

（四）运行分析与评价

运行分析与评价应用实现对电网运行的动态化运行评估。利用实时监控与预警类各应用的输出结果，对电网安全经济运行水平、计划执行及技术支持系统运行情况进行统计分析，为调度运行值班人员及时掌握电网和技术支持系统的运行情况及后续分析提供支持。

（五）辅助监测

辅助监测应用主要包括水情监测、雷电监测、火电机组综合监测、新能源综合监测及气象监测等功能。

（1）水情监测功能模块主要包括水情数据采集、水务计算、枢纽运行和流域监视。水情数据采集包括遥测数据采集，报汛数据采集和处理、数据通信；水务计算包括实时数据处理，常规数据处理和水务计算处理；枢纽运行是对水利枢纽进行综合监视；流域监视是基于位图和 GIS 对流域或子流域区间进行监视。

（2）雷电监测功能模块接收并保存雷电数据，生成雷电走势图，提出电网设备的雷电活动告警，查询线路雷击故障发生的位置、判别线路跳闸性质是否为雷电引起，并通过统计分析得出电网雷电活动报表和雷电活动强弱分布图。

（3）火电机组综合监测功能模块包括燃煤机组烟气脱硫实时监测、火电机组煤耗在线监测、热电机组热负荷在线监测等。实现火电厂脱硫系统，火力发电机组供电煤耗，供热机组热力和电力数据的在线采集、传输、处理、计算和分析。

（4）新能源综合监测功能模块包括对风电、光伏发电等新能源发电相关数据的监测。风电数据监测通过实时采集风电场区域范围内的各种气象要素，监测风电场风力变化情况，为风电机组出力预测提供及时、准确的数据来源；光伏发电数据监测接收外部气象数据并将其解析成太阳能板电压、电池电压等数据，为光伏发电机组出力预测提供及时、准确的数据来源。

（5）气象监测功能包括用于水情的气象监测和气象信息接入。用于水情的气象监测是在重要变电站及输电网架周围，布设各种自动气象观测、图像监视和雷电监测等设施，建立气象信息采集及传输、存储中心，结合地理信息和遥感影像等技术，进行实时监测，并开展气象信息在电网中的应用工作。气象信息接入主要是从气象台获取预报和实时气象信息。

技术支持系统监视功能实现对调度技术支持系统运行工况的统一实时监视管理，监视对象包括电网运行重要数据、通信通道、系统网络、应用子系统运行工况以及自动化系统机房运行环境监视，对数据进行处理，以短消息等方式向相关人员报告各应用子系统的运行情况。

（六）调度员培训模拟（DTS）

调度员培训模拟应用提供电网正常状态下的操作模拟功能，支持电网事故状态下的培训和演练，支持联合反事故演习，包括电力系统仿真、教员台和控制中心仿真3个部分。

1. 电力系统仿真

电力系统仿真功能模块对电力系统一次设备建立稳态和动态模型，实现对电力系统的稳态、暂态、中长期动态的仿真，同时对电力系统二次设备（继电保护、安全自动装置）以及数据采集系统进行建模和仿真。

电力系统仿真功能模块可以从实时态的网络分析获得实时方式，也可以通过基础平台获取保存的历史研究方式作为培训教案的初始断面；从平台提供的统一模型管理中获得电网网络模型，支持基于在线模型和未来模型的仿真培训；同时还需要从平台提供的二次设备模型管理中获得电网二次设备模型。这些数据经过初始化的整合和处理，构成培训仿真的运行初始环境。

电力系统仿真中包含数据采集仿真。一方面可以将仿真的遥测、遥信传送给仿真状态下的电网实时监控与智能告警模块，进而支持仿真状态下网络分析、实时调度计划、电网自动控制等功能模块的应用；另一方面可以接受模拟的遥控、遥调及电网自动控制指令，模拟外部各类控制装置对电力系统仿真状态的作用和影响。

2. 教员台

教员台功能模块提供仿真培训中的教案制作、培训控制以及培训评估等功能。在教员台上可以编制教案，包括培训初始断面的调整制作和管理以及培训事件序列的制作和管理，支持培训过程的开始、暂停、继续、回退、重演、结束等各种控制操作，对培训过程信息进行记录，形成相应的报表资料，同时可以对培训任务进行评估。

3. 控制中心仿真

控制中心仿真功能模块是建立学员培训过程中的应用环境，实现对控制中心的模拟。在该环境下，学员可以应用各种分析工具，实现对仿真状态下电网的监视和控制。主要包括以下部分：

（1）电网实时监控与预警模块以数据采集仿真的遥测和遥信作为输入，同时将遥控、遥调操作及控制指令发送至电力系统模型，实现对电力系统仿真状态的交互影响。

（2）其他应用模块包括仿真状态下的状态估计、调度员潮流等分析应用模块以及 AGC、AVC 等控制应用模块。这些模块可以根据培训目标进行配置裁剪。

（3）实时调度计划仿真模块用于模拟实时计划调整手段和效果。

我国已经开发出具有大电网多级调度联合反事故演习功能的调度员培训模拟系统，极大地提高了各级电网调度运行人员协同管理电网运行和处理大电网事故的能力，很好地满足了对特高压交直流互联大电网实时监控和培训模拟的要求。

五、调度预警与决策支持技术

调度预警与决策支持技术通过快速信息采集、监视和共享，实现敏锐、综合、前瞻和智能的在线情境分析和决策支持，全面把握电网稳态、暂态、动态等多种运行状态和安全稳定水平，对电网安全运行的薄弱环节及时进行告警并给出相应的控制措施，以有效预防电网大面积停电事故的发生。

国外相关的技术研究主要集中在 EMS 高级应用的基础上，实现采用实时数据的静态安全稳定分析、全时域仿真以及配合扩展等面积法或暂态能量函数法的暂态稳定评估，重点拓展可视化显示功能。

国内重点开展了电网动态安全监控、在线安全稳定评估与预警、在线调度辅助决策等方面的技术研发和推广应用工作，比较有代表性的是国家电力调度通信中心的"跨区电网动态稳定监测预警系统"和华东电网的"广域动态监视分析和保护控制系统"。2009 年初，国家电网公司启动了智能电网调度技术支持系统的研发工作，该系统结合大电网安全稳定运行、节能发电调度、调度管理等实际业务需求，将电网实时监视控制、不同时序和空间的信息采集、安全稳定分析预警和辅助决策等智能化应用功能集成在一起，建成后可提高特大互联电网的安全稳定预警和决策水平。

本部分以国家电网公司组织研发的智能电网调度预警与决策支持系统为例，介绍电网调度预警与决策支持技术的各项关键技术。

（一）系统架构

电网调度预警与决策支持系统以独立开发的分布式并行计算平台作为支撑，有效整合 EMS 在线运行数据和电网离线模型数据，为在线安全分析提供计算数据；集成暂态稳定、小干扰稳定、电压稳定、$N-1$ 静态安全分析等多种稳定计算功能，实现对电网在线稳定性的准确评估和预警；根据在线稳定分析的结果，给出迅速、有效的控制措施或调整策略。总体结构如图 4-42 所示。

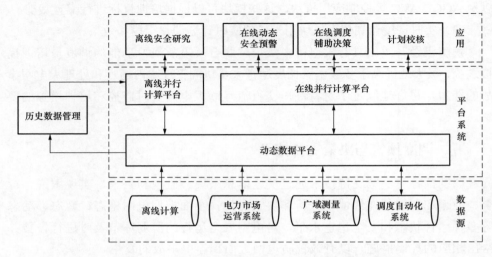

图 4-42　电网调度预警与决策支持的总体结构图

（二）关键技术

1. 支撑技术

（1）动态数据平台。动态数据平台为调度预警与决策支持系统提供分析数据。动态数据平台的主要功能是实现在线数据整合和数据交换。动态数据平台把各级电网的离线数据和 EMS 在线数据资源结合在一起，将电网在线运行数据引入到传统的稳定分析计算当中，使电网的高级计算分析更加符合实际运行情况。

（2）并行计算平台。并行计算平台是调度预警与决策支持系统的计算载体。并行计算平台的软件功能包括计算任务管理、在线数据广播、计算结果汇总、出错处理、数据备份等。并行计算平台分为在线并行计算平台和离线并行计算平台。前者主要完成电网稳定预警的在线计算及预警，后者主要完成交互式、研究型电网离线稳定计算分析。

（3）历史数据存储与管理。对在线收集到的大量周期运行数据进行有效存储和管理，方便离线研究使用。功能包括：

1）存储收集到的 1～2 年的系统运行方式数据。

2）提供基于稳定分析结果的索引方式，方便用户查询具有失稳隐患的历史运行方式。

3）提供从在线数据到离线数据的转换接口，方便用户离线使用在线数据。

（4）可视化展示。通过人机界面的可视化显示，提供直观明了的系统运行信息、稳定分析计算结果信息，提供方便、灵活的使用操作手段。

2. 在线安全分析与决策技术

（1）安全稳定预警。通过对电网在线运行状态的监控、潮流计算和全面的稳定性分析和评估（包括暂态稳定评估、电压稳定评估、小干扰稳定评估、静态安全分析等多种手段），及时发现电网中存在的安全隐患。

（2）调度辅助决策。当电力系统安全稳定运行裕度不足时，根据故障位置自动确定调节对象，根据预警结果进行灵敏度计算，利用任务分解枚举算法快速确定运行方式调整方案。能在两次故障仿真时间内及时自动给出合理的调度策略，供调度人员决策参考，提高电网应对风险的能力，避免电网失稳事故的发生。

（3）安全稳定裕度在线计算。引入合理安全原则，基于改进的重复潮流法，针对不同的电网状况采用不同的断面功率增长方式，兼顾暂态稳定、电压稳定等多种安全稳定约束，提出同时控制多断面功率的潮流调整方法，利用任务并行处理技术，实现大型互联电网传输功率极限的在线评估。

（4）低频振荡监测与分析。将低频振荡监测与小干扰稳定计算相结合，利用广域测量系统提供的在线辨识数据，进行小干扰稳定分析，获取振荡模式及其参与因子等重要信息，辅助调度人员采取及时有效的控制措施。

（5）计划校核。对电力系统的检修计划、发电计划和电网运行操作（临时操作、操作票）等调度计划和调度操作，进行全面的安全稳定校核（包括静态安全、暂态稳定、动态稳定和电压稳定）；校核完成后进行辅助决策和安全稳定裕度评估计算。针对调度计划和调度操作中存在的安全稳定问题，提出运行方式的调整建议，给出重要输电断面的安全稳定裕度。

（6）大批量离线运行方式计算。利用并行计算平台，进行大批量离线运行方式自动稳定计算（如各级运方部门制定年度运行方式），可大幅度提高工作效率。

智能电网调度系统遵循规范化的设计原则，在功能要求、技术指标和技术条件等方面满足现有 EMS 和未来在线安全稳定预警及决策系统的技术要求。其中，计算平台采用开放性的软、硬件架构，通过规范的软件接口和数据格式，实现各类应用分析软件"即插即用"式的无缝接入，在充分利用已有资源的前提下，不断提高系统性能。

（三）发展趋势

为满足智能电网建设的需要，大电网调度预警与决策将逐渐由"预案"发展到"情境"、由"预警"上升为"决策"；在传统离线分析的基础上，不断提高在线应用的实用化水平，实现离线分析和在线决策的协调，使电网调度逐渐由"人工分析型"上升为"自动智能型"。我国在大电网安全稳定在线分析、预警与智能决策技术方面总体上达到国际领先水平，发展趋势如下：

（1）全景式电网运行分析评估。基于并行计算平台与各类分析算法，统一实现规划、日前、操作前及当前的电网运行状态评估和分析，使电网规划和运行各阶段的分析结果具有一致性，促进电力资源在更大范围内的优化配置，实现电网安全与经济运行的有机结合；基于统一的模型管理，有效整合包括广域信息、运行状态、动态模型参数在内的各种信息资源，为智能电网调度的分析和决策提供完整、一致、准确、及时、可靠的一体化模型与数据基础；基于模型拼接技术，实现电网模、图、数在上下级调度间的"源端维护、全网共享"，满足调度中心基于全电网模型的分析、计算、预警和辅助决策以及智能调度等新型业务需要。

（2）全面准确的大电网在线分析与预警技术。精确性、鲁棒性、快速性和实用性是对大电网预警与安全防御技术的基本要求。除此之外，还要重点开展的研究工作包括：在分析范畴方面，能够分别对热稳定、功角稳定、电压稳定和频率稳定进行定量分析；在分析能力方面，能够提供安全稳定灵敏度信息，区分不同机组出力、不同母线负荷变化对安全稳定程度影响的差异，有效界定电网中安全稳定的薄弱环节。

（3）统筹协调的大电网智能决策技术。研究电力系统优化决策协调模型及机制，提高电网在线决策智能化水平，对确保电网安全与经济运行有着极其重要的意义。为此，需协调考虑不同类型的预防控制措施，协调考虑安全稳定性和运行经济性，协调考虑多道防线之间的关系，切实提高在线安全稳定辅助决策技术的实用化和智能化水平。

六、节能发电调度技术

电力行业是国民经济发展中重要的基础能源产业，也是能源消耗和污染物排放较高的行业。长期以来，我国发电调度一直以平均分配机组发电小时数为调度原则，导致我国的电力生产处于高耗能、高污染、低效率的粗放式增长方式。当前我国电煤消耗约占全国煤炭产量的 50%，火电用水约占工业用水的

40%，SO_2 排放量约占全国排放总量的 50%，烟尘排放量占全国排放总量的 20%，产生的灰渣约占全国的 70%，电力行业已成为我国节能降耗和污染减排的重点领域。

节能发电调度是智能电网调度的重要组成部分。特高压电网的建设和全国联网的推进，为在全国范围内实行节能发电调度提供了可能。开展节能发电调度，可以在更大范围内调度不同能源类型、不同经济和环保性能的发电机组，更大程度地减少能源资源消耗和污染物排放。

（一）安全约束机组组合和安全约束经济调度

节能发电调度技术是在满足安全约束条件下，集节能、环保、经济为一体的多目标优化调度，其核心技术是安全约束机组组合（Security Constraint Unit Commitment，SCUC）和安全约束经济调度（Security Constraint Economic Dispatch，SCED）。节能发电调度隶属于电力系统经济调度范畴，随着电力系统的发展和社会需求的不断变化，国内外理论界和实践领域都在探索如何通过技术创新实现资源优化配置的目标。

20 世纪 80 年代末期，英国等一些国家陆续开始了电力市场化改革。电力市场的发展，特别是日前市场的需求推动了安全约束交易计划应用软件的发展。机组组合考虑复杂大电网的运行约束条件，基于不同的调度运行模式，综合考虑市场参与者的报价、机组的煤耗特性、机组环保特性等因素，编制兼顾安全、经济、节能、环保的机组组合计划。

在美国，区域输电组织规模的不断扩大，为电力系统优化计算及电力系统分析带来很多新的技术挑战。对机组组合、经济调度、安全校核等软件的处理规模、计算精度和计算速度提出了更高的要求。随着计算机硬件和软件的发展以及线性规划方法的成熟，混合整数规划法取得了重大进展，其最大优点是可以方便地处理各种约束条件，尤其是与时间相关的约束。在求解 SCUC 问题时，很多难以处理的约束条件，应用混合整数规划法可以直接处理。

我国对机组组合和经济调度的研究开始于 20 世纪 60 年代。1982 年，国内第一套微机版经济调度软件在京津唐电网投入运行，对安全经济地制定发电计划起到了积极的作用。节能发电调度的主要内容是优先安排可再生能源及高效、污染排放低的机组发电，限制能耗高、污染大、违反国家产业政策的机组发电，重点对火电机组进行优化调度，鼓励煤耗低、污染排放少、节水型机组发电；禁止已到关停期限和违反国家产业政策的机组进入电力市场交易。目前，国家电网公司已在江苏、河南、四川等地开展了节能发电调度的试点工作，并取得了初步成效。如江苏电网采取大小机组替代发电的办法，构建从发电、输变电到用电的"全流程"节能降耗链；河南电网实行"差别电量"计划，建立"以大代小"机制配合节能发电调度办法的推进。前阶段节能发电调度试点工作主要采用简便易行的按煤耗排序方法，目前正在进一步深入研究采用安全约束机组组合和安全约束经济调度技术的节能发电调度优化模型和算法。

（二）节能发电调度模型

节能发电调度本质上是电力系统机组组合和经济调度问题，从数学角度来说，机组组合是一个大规模、非线性、时变的、混合整数优化问题。从时间维度来说，节能发电调度可以应用到中长期发电计划、日前发电计划、日内发电计划和实时发电计划；从应用的角度来说，节能发电调度需要在省级、区域级、国家级三级联合协调应用。

SCUC 的优化目标包括总煤耗最小、发电成本最小、社会效益最大、污染物排放最小等多个目标函数；优化对象主要是火电、水电机组的启停、发电出力计划、调频和备用计划，在满足系统安全性约束的前提下，以全局最优的方式实现电力电量的平衡。也可以根据调度的实际需求灵活地考虑其他类型的机组。

SCUC 需要考虑的各种约束条件比较多，按类型划分为：

（1）机组约束：发电机组出力限制约束、发电量约束、爬坡速率约束、机组最小启停时间约束、最大启停次数约束、机组启停出力曲线约束等。

（2）系统约束：功率平衡约束、系统与分区的备用约束等。

（3）网络约束：线路和变压器容量极限、断面的传输极限约束等。

（4）其他约束：燃料约束、环保约束等。

SCED 是指在电网负荷预测以及机组启停方式确定的基础上，以经济、节能或者公平为目标，综合考虑电网各类实际调度运行约束，形成最优有功功率计划。与 SCUC 相比，SCED 的实用化要求更强，需要考虑很多实际运行约束条件，如 SCED 应能够考虑网损对优化结果的影响，通过将网损、厂用电等因素加入到优化目标中，形成综合考虑网损的最优发电计划，主要包括：

（1）系统约束：功率平衡约束、AGC 调节备用约束等。

（2）机组约束：水电机组振动区约束、机组最小调节量约束等。

（3）网络约束：$N-1$ 条件下线路和变压器容量极限、断面的传输极限约束等。

（4）其他约束：机组发电出力曲线平稳性、机组合同电量约束、电厂发电量约束、电厂发电总出力约束等。

传统经济调度一般专注于满足电力系统的安全和经济性能，节能发电调度则包括安全、经济、节能减排、电能质量等多个目标。由于节能发电调度尚处在快速发展过程中，目前尚无关于节能发电调度所必须满足的各类指标的具体规定，可以根据各地实际情况灵活设定相关目标和约束条件。同时由于各目标之间相互关联，在多目标彼此冲突时如何调节各目标的权重和顺序，需要有明确的解决方案。一般来说，在系统正常运行状态下主要考虑系统的经济性、节能环保性和电能质量的优化调度，而在故障或紧急状态下必须首先保证系统的安全性。

（三）包含新能源的节能发电调度

随着新型电源的逐步接入，智能电网需要为新型发电能源的接入和风光储互动提供调度技术支撑，保证电网安全稳定运行和可再生能源有效消纳。新型电源的有功和无功功率有其特有的特性，如核电的可调节能力差，风电和光伏发电具有随机性和间歇性。智能电网调度的安全分析和经济运行算法如何引入新能源发电模型，以及引入后新能源发电模型对电网分析计算的影响与新的安全应对策略，是智能电网必须解决的课题。

各种新型发电能源并网后，将对传统的电力系统优化调度技术理论提出新的挑战。节能发电调度需要全面、深入、系统地研究包含火电、水电、风电、核能、太阳能、生物质能等多种能源类型的电力系统联合优化发电调度技术，研究联合优化调度中各种新型发电方式的建模问题，研究新型能源接入后发电计划和安全校核算法，主要包括：各种新型发电能源在联合优化调度目标中规范、灵活、高效的数学表示方法；各种新型发电能源在优化目标和约束条件中的建模和处理方法；各种新型发电能源在安全性、经济性、节能性、环保性等方面的建模和处理方法；包含新型发电能源的大规模安全约束机组组合、安全约束经济调度、安全校核的数学模型和高效算法。

（四）发展趋势

在智能电网发展目标下，节能发电调度需要的关键技术主要是大规模、多目标、多约束、多时段的安全约束机组组合和经济调度技术，节能环保优化调度的静态、动态和暂态多维度安全校核和大规模电网多时段快速安全校核技术。另外还包括负荷需求预测和可再生能源发电能力预测及需求管理技术；年、月、日、日内和实时多周期协调优化技术；优化调度与电网运行控制协调优化技术；常规电源和可再生能源发电联合优化理论；多级调度协调优化技术以及优化调度的评估分析技术等。

智能电网节能发电调度的目标是：建立先进完整的节能环保优化调度理论体系和决策支持体系；实现节能环保优化调度模型和算法的技术突破；大规模多时段快速安全校核算法技术突破；实现大规模互联电力系统节能环保优化调度和分层协调优化；促进可再生能源的开发应用；挖掘电网输送能力，实现大范围资源优化配置，保证大规模电力系统安全经济运行。

七、安全防御技术

智能电网能够提高电网输送能力和电网安全稳定水平，具有强大的资源优化配置能力和有效抵御各类严重故障及外力破坏的能力，确保电力的安全可靠供应。图 4-43 显示了智能电网应对大面积停电各种过程的应对方案。

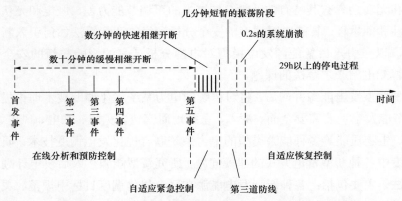

图 4-43　大面积停电典型演化过程分析及相应控制配置

（一）安全防御系统的功能

安全防御系统的功能包括：

（1）电网正常运行状态下的优化调度及经济运行，通过提高输电容量降低电网运行成本，实现电网运行、维护、建设的节能增效。

（2）电网警戒状态下对故障隐患及时发现、诊断和消除，避免事故发生，降低电网运行风险。

（3）电网故障状态下，通过及时告警、提供辅助决策方案，避免系统偶发故障扩大，减小事故影响和损失；进一步通过故障隔离、清除，实施优化控制，平息事故，避免大停电事故的发生。

（4）极端灾害情况下，通过全局优化整定的控制策略和分布式控制装置，实施有序的主动减载、切机、解列等措施，避免电网无序崩溃，保障重要负荷供电，减小停电范围，并为电网后续的恢复控制、黑启动提供条件和执行策略。

（二）安全防御关键技术

（1）数据获取与整合环节的技术需求主要包括：数据采集、通信技术；实测实时数据采集、传输、存储及实时数据库技术；在线状态数据存储及在线数据库技术；离线模型、运行方式等数据及历史数据库技术。汇总采集的电网各类稳态、暂态、动态数据，以及相关电网 EMS 状态估计、离线典型方式数据等，形成综合的状态估计和数据整合技术，为满足实时信息发掘、在线动态预警、辅助决策、优化控制的在线计算速度和准确性的要求提供正确的数据源。

（2）电网分析评估与优化决策环节是实现智能电网安全防御系统的关键部分，通过综合应用仿真计算、安全稳定分析、优化控制理论等，形成自适应诊断、预防、决策，实现电网安全的主动的智能防御功能。该环节技术需求主要包括考虑新能源发电大规模并网的实测数据信息挖掘技术、在线运行经济调度计算技术、在线安全稳定仿真计算技术、安全稳定风险量化评估技术和控制寻优技术等。

（3）控制实施环节。电网控制执行可以分为基于决策指令和应对系统动态响应的两种控制方式。基于决策指令方式，比如基于故障驱动的控制，常指第二道防线的紧急控制；应对系统动态响应的控制，常指低频低压减载、高频切机、振荡解列等第三道防线的校正控制。两种控制执行方式有不尽相同的技术需求：前者注重故障辨识，特别是复杂相继故障辨识，实时运行工况匹配，控制执行量及不同控制站间协调等技术；后一种需要考虑措施执行间的时延配合，实际动态过程的抗干扰等技术。另外，这两种不同控制方式执行中的优化协调也是应对复杂故障的重要技术。

（三）安全稳定防御技术的发展趋势

随着互联电网的发展以及新能源的大规模接入，电网的规模日趋扩大，运行方式更加复杂，需要从电网运行和控制、网源协调等方面提高安全稳定防御能力。

电网安全防御技术的发展趋势是从定性分析到定量分析，从确定性或概率分析到风险分析，从离线预决策到在线预决策，从无自适应优化能力到自适应优化，从无协调的控制到协调控制，从单独故障的控制到相继故障的控制。

智能电网对可靠性提出了更高的要求。一方面，由于风电、光伏发电等新能源发电的大量接入，电网发生事故的不确定性增加，需要提高停电风险管理能力。另一方面，电力市场环境使发电容量充裕性的动态行为更加复杂。电力的物理系统与经济系统间的作用是动态的，两者是紧密联系、互相影响的。因此建立经济系统稳定性与物理系统稳定性的综合防御也是电网安全防御技术的重要发展方向。

第四节　输电线路状态监测技术

输电线路作为电力输送的物理通道，地域分布广泛、运行条件复杂、易受自然环境影响和外力破坏、巡检维护工作量大。采用先进的状态监测技术手段及时获取输电线路的运行状态和环境信息显得越来越重要和迫切。

一、现状

随着传感器、数据传输、数据处理及监测装置供电等技术的发展，输电线路状态监测技术在国内得到了较快的发展。目前，在华中、华北、山西、湖南、福建等地电网的线路上大量装设了有关微风振动、导线温度、风偏、覆冰、舞动、杆塔倾斜、绝缘子污秽度、微气象、图像（视频）等在线监测装置，已经初步实现了区域电网和省级电网层面的集中监测；建立了大跨越状态监测系统，对华北、安徽、福建、湖北、湖南、河南等地电网部分线路及大跨越导地线微风振动等开展实时集中监测；部分地市电力公司已经建成集中监控、有人值守的状态监测系统。

雷电监测系统已经在全国 28 个省级电网建成，并实现全国联网。国网电力科学研究院研制成功的新一代雷电监测系统也已挂网运行，探测范围及定位精度等主要技术指标得到大幅提升和改善。

二、关键技术

（一）数据采集技术

监测装置的选择应具有针对性，需结合工程实际情况，合理选用安全可靠、先进适用、维护方便的监测装置进行状态监测。下面简要介绍与线路安全运行紧密相关的导线温度与弧垂、等值覆冰厚度、微风振动、导线舞动、杆塔倾斜、绝缘子污秽、微气象等监测装置。

1. 导线温度、弧垂监测装置

为防止运行线路导线及金具过热，采用铂电阻或热敏电阻等传感器，对导线及金具温度进行监测，同时为实现输电线路动态增容功能提供数据信息。为防止运行线路对地或线下物安全距离不足，采用激光传感器等，对导线弧垂进行监测，为状态监测系统提供预警信息。

导线温度监测装置主要安装在：① 需提高线路输送能力的重要线路；② 跨越主干铁路、高速公路、桥梁、河流、海域等区域的重要跨越段。

导线温度与弧垂监测装置主要安装在：① 需验证新型导线弧垂特性的线路区段；② 因安全距离不足而导致故障（如线树放电）频发的线路区段。

2. 等值覆冰厚度监测装置

采用称重法或倾角法等，通过对绝缘子串悬挂载荷或线夹出口处导线倾角、绝缘子串风偏角的实时监测，建立数学模型，计算出等值覆冰厚度，掌握覆冰分布的规律和特点，为采取有效的防冰、融冰和除冰措施提供技术依据。

线路等值覆冰厚度监测装置主要安装在：① 重冰区部分区段线路；② 迎风山坡、垭口、风道、大水面附近等易覆冰的特殊地理环境区；③ 与冬季主导风向夹角大于 45°的线路易覆冰舞动区。

3. 微风振动监测装置

为了判断线路微风振动水平和导线的疲劳寿命，采用 IEEE 标准测量方法，监测导/地线、OPGW 的动弯应变，为状态监测系统提供基础信息，掌握大跨越或普通线路导地线、OPGW 微风振动特点和断股原因，提出治理措施。

微风振动监测装置主要安装在：① 跨越通航江河、湖泊、海峡等的大跨越；② 观测到较大振动或发生过因振动断股的普通档距。

4. 导线舞动监测装置

为了防止导线发生舞动时对铁塔、连接金具及导线本身产生较大的损坏，可通过舞动监测装置及时发现舞动并预警，便于掌握易舞动区线路舞动的特点和规律，提出舞动防治措施。

舞动监测装置由多个导线舞动监测传感器组成，传感器的数量根据档距和线路具体情况确定。一般在一档导线中至少安装 8 个舞动传感器，通过建立数学模型，分析计算导线的舞动振幅、舞动频率、半波数等，绘制舞动轨迹，及时发出报警信息，评估线路是否发生舞动危害。

导线舞动监测装置主要安装在：① 易舞动区；② 输电线路档距较大或与冬

季主导风向夹角大于 45°；③ 易发生舞动的微地形、微气象区。

5. 杆塔倾斜监测装置

杆塔倾斜监测装置采用双轴倾角传感器，主要用于监测顺线倾斜度、横向倾斜度及综合倾斜度，为状态监测系统提供基础信息，便于掌握杆塔的倾斜特点和规律，分析原因，提出杆塔纠偏措施，避免杆塔过度倾斜影响线路运行。

杆塔倾斜监测装置主要安装在：① 采空区、沉降区；② 不良地质区段，如土质松软区、淤泥区、易滑坡区、风化岩山区或丘陵等。

6. 绝缘子污秽监测装置

绝缘子污秽监测装置通常包括绝缘子污秽度（盐密/灰密）监测装置。采用光纤盐密传感器，监测绝缘子附近空气中的污秽，通过建立数学模型，计算得到等值盐密，为污秽预警、线路清扫、污区图绘制等提供基础信息。

7. 微气象监测装置

线路沿线发生大风、飑线风、台风、暴雨等恶劣气象时可能引起倒塔或跳闸等事故，通过监测风速、风向、雨量、环境温度、湿度等主要气象参数，可有效监测线路的复杂运行条件，积累线路运行气象资料，为线路的规划设计提供依据。

气象参数监测装置主要布置在复杂气象区域，应选择有代表性、典型的监测点，原则上在同一通道的同一区域内设置一个监测点。

微气象监测装置主要安装在：① 大跨越、易覆冰区和强风区等特殊区域；② 因气象因素导致故障（如风偏、非同期摇摆、脱冰跳跃、舞动等）频发的线路区段；③ 行政区域交界、人烟稀少区、高山大岭区等无气象监测台站的区域。

（二）监测装置供电技术

一般情况下安装在输电线路野外现场的监测装置没有可供使用的交流电源，为此必须借助能量收集技术，开发独立的供电装置，目前主要有两种方法：① 采用电磁感应原理获取交流导线周围的电磁能来提供能量；② 利用太阳能电源装置解决监测装置的供电问题。

1. 感应供电

感应供电电源由感应装置和电源调理电路组成，其结构如图 4-44 所示。其中感应装置主要由铁芯和环绕于铁芯上的线圈组成，用于感应电力线周围交变电磁场的能量，以交变电压的形式送入电源调理电路进行处理。电源调理电路一方面把交变电压转换为直流电压给监测装置提供电源，另一方面利用蓄电池进行能量的储存。

采用该供电方式时，应注意装置的启动电流（导线电流）和具备大电流电源保护功能。

2. 太阳能供电

太阳能电源由太阳能电池板和充放电控制器组成，其结构如图 4–45 所示。充放电控制器的功能是将太阳能电池板供给的电压转换成稳定直流电压给监测装置供电，并给蓄电池充电，完成电能的储存。在夜晚无法供给太阳能或因阴天等气候情况太阳能供给不足时由蓄电池继续给监测装置供电。

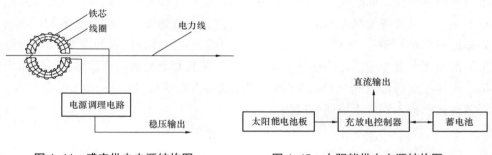

图 4–44　感应供电电源结构图　　　　图 4–45　太阳能供电电源结构图

采用该供电方式时，应根据监测装置的功耗和蓄电池备用时间，结合当地的日照状况，合理配置太阳电池板和蓄电池的容量。

（三）数据传输技术

监测数据传输网络可以分为骨干层和接入层两个层次。接入层通信网络实现监测系统、子站和监测装置之间的通信，采用光纤通信和无线通信相结合的方式组建，也可采用光纤专网、无线专网等通信方式。对于实时性、可靠性要求很高和数据量较大的应用，需要充分利用 OPGW、光纤接头盒等资源和先进的光通信设备构建高速的光传输网络。在没有 OPGW 接入资源的杆塔，通过 WiMAX、Wi-Fi、WLAN、WPAN 等无线方式实现向下的延伸覆盖。

（1）光纤专网（基于以太网无源光网络）。光纤专网通信方式可应用到输电线路状态监测系统的数据传输网络中，宜选择以太网无源光网络（EPON）等技术。监测子站和监测装置的通信采用以太网无源光网络技术组网，以太网无源光网络由光线路终端（Optical Line Terminal，OLT），光分配网络（Optical Distribution Network，ODN）和光网络单元（Optical Network Unit，ONU）组成。ONU 设备配置在监测装置处，和监测装置通过以太网接口或串口连接。OLT 设备一般配置在变电站内，负责将所带的以太网无源光网络的数据信息综合，并接入骨干层通信网络。

（2）光纤专网（基于工业以太网）。监测子站和监测装置的通信采用工业以太网网络通信时，工业以太网从站设备和监测装置通过以太网接口连接；工业以太网主站设备一般配置在变电站内，负责收集工业以太网自愈环上所有站点数据，并接入骨干层通信网络。

（3）无线专网。选用适合输电线路状态监测业务的无线专网技术，应充分验证技术的成熟性、标准性、开放性和安全性。采用无线专网方式时，一般作为光纤专网（以以太网无源光网络为例）向下的进一步延伸覆盖。将无线接入点连接到最近的一个 ONU，负责通过无线方式将附近的监测装置接入到该 ONU。为每个监测装置配置相应的无线通信模块，负责本装置和无线接入点的通信，将无线接入点连接到最近的一个 ONU，ONU 将无线接入点的信息接入，进行协议转换，再通过光缆接入到骨干层通信网络。

第五章　智能配电网技术

智能配电网（Smart Distribution Grid，SDG）是智能电网的重要组成部分。它以灵活、可靠、高效的配电网网架结构和高可靠性、高安全性的通信网络为基础，支持灵活自适应的故障处理和自愈，可满足高渗透率的分布式电源和储能元件接入的要求，满足用户提高电能质量的要求。智能配电网技术有机集成和融合现代计算机与通信、高级传感和测控等技术，满足未来配电系统集成、互动、自愈、兼容、优化的要求。本章主要从高级配电自动化（包括运行自动化、管理自动化）及支撑技术、配电网定制电力技术、智能配电网规划、分布式发电与微电网技术等方面，介绍与智能配电网发展密切相关的新技术。

第一节　高级配电运行自动化

高级配电运行自动化包括高级配电运行监视与控制、自动故障隔离与配电网自愈等内容，是本地自动化、现场设备远程监控与成熟应用分析软件的有效结合。除实现传统配电运行自动化功能（如配电 SCADA、故障定位、隔离和供电恢复、多重网络重构等）外，高级配电运行自动化还实现含分布式电源的配电网监视与控制、故障应急处理、安全预警和自愈控制等功能。本节主要介绍高级配电运行自动化主要内容、高级配电运行监视与控制、配电网风险评估与配电网自愈。

一、高级配电运行自动化主要内容

（1）配电数据通信网络。这是一个覆盖配电网所有节点（环网柜、分段开关、用户端口等）的基于 IP 的实时通信网，采用光纤、无线与载波等通信技术，支持各种配电终端与系统"上网"。它将彻底解决配电网的通信瓶颈问题，实现实时或准实时通信，给配电网保护、监控与自动化技术带来革命性的变化，并影响一次系统技术的发展。

（2）智能化用户。通过智能电能表、一体化通信网络以及可扩展的智能化电气接口，支持双向通信、智能读表、用户能源管理（需求侧管理）以及智能家居。与用户互动是智能配电网区别于传统配电网的重要特征之一，主要体现在：一是应用智能电能表，实行分时电价、动态实时电价，让用户自行选择用电时段，在节省电费的同时，为降低电网高峰负荷作贡献；二是允许并积极创造条件让分布式电源（包括电动汽车）用户在用电高峰时向电网送电。

（3）具有自愈能力的配电网络。自愈的配电网要求在所有节点上安装由新型开关设备、测量设备和通信设备组成的控制设备，可自动实现故障定位、故障隔离以及恢复供电。

（4）定制电力。根据电能质量的相关标准，以不同的价格提供不同等级的电能质量，以满足不同用户对电能质量水平的需求。

（5）智能主站系统。该系统可实现智能化、可视化，管理多种分布式电源，包括光伏发电、风力发电、自备发电、储能设备等。它采用 IP 技术，强调系统接口、数据模型与通信服务的标准化与开放性，也强调计算和分析的快速性。

（6）分布式电源并网。关键技术主要包括分布式电源的"即插即用"和微电网的运行控制。"即插即用"技术涉及分布式电源的规划建设、分布式电源并网的保护控制与调度、设备接口的标准化等方面。对微电网的运行控制应做到：在主网正常时，保持微电网与主网的协调运行；在主网停电时，微电网独立运行；当主网恢复正常时，微电网可再次与主网协调运行。

二、高级配电运行监视与控制

（一）高级配电运行监视与控制的功能

（1）解决智能配电网的双向潮流监控问题。与单向潮流监控的传统配电SCADA 相比，高级配电运行监视与控制将重点解决配电网中大量分布式电源并网运行及微电网操作所引起的双向潮流问题。

（2）提高设备互操作能力。智能化配电设备不但具有传统的测量、保护、控制等功能，还具有自我诊断、与其他智能设备交换数据及互操作等能力。

（3）提升电力服务水平。需求响应和实时电价的市场驱动力日益显著，高级配电运行监视与控制的双向性（双路通信、双向表计）将促进电网企业和用户之间的互动沟通，推进电力需求响应，进一步提升电力服务水平。

（4）提高电能质量。高级配电运行监视与控制更加重视用户对提高电能质量的要求，包括最小化停电次数和停电时间的需求。

（5）实现电网运营成本的最小化。引入人工智能的高级配电运行监视与控制系统不仅能够提高供电可靠性，而且能够提高配电网的经济运行水平。

（二）高级配电运行监视与控制的目标

随着对新能源产业扶持力度的不断加大，光伏发电、小型风电机组等新能源发电并网项目的建设将迅速推进。此外，作为未来发展方向的智能楼宇/小区逐渐成为热点，燃气轮机、内燃机和微燃机等分布式电源同样具有并网运行的需求。为满足大量分布式电源的并网要求，高级配电运行监视与控制系统应实现以下目标：

（1）在紧急状态下，配电系统解列成若干个孤岛，可以使用本地分布式电源对重要负荷持续供电。

（2）通过控制分布式电源，辅助实施电压与无功优化。当并联电容器停运时，配电系统可以从分布式电源获得电压支持。

（3）通过实时电价，激励用户参与电力系统的削峰填谷。

（4）在微电网范围内有效解决电压、谐波问题，避免间歇式电源对用户电能质量的直接影响。

（5）尽量就地平衡分布式发电电能，实现可再生能源优化利用和降低配电网损耗。

三、配电网风险评估

配电网风险评估是配电网自愈的基础，其主要研究内容包括基于实时测量的配电网风险预测、不确定性分析方法和安全水平评估方法，考虑气候、环境及自然灾害因素的配电网安全预警及预防控制技术。

配电网风险的根源在于配电网中设备的随机故障、负荷的不确定性、外部自然和人为等因素的影响都难以准确预测，而这些因素可能会导致系统发生停电事故。

配电网概率风险评估是通过建立表征系统风险的指标，辨识系统元件（如变压器、线路等）失效事件发生的可能性和后果的严重程度，反映负荷变化以及元件故障等方面的概率属性，确定系统可接受的风险水平和风险控制措施。

配电网风险评估主要评估配电网运行中的充裕性。充裕性主要用于表征配电网设施是否能充分满足用户的负荷需求和系统运行的约束条件，充裕性评估一般只涉及配电网在稳态条件下的评估。

传统意义上的配电网充裕性分析通常基于确定性的分析原则，包括研究单个元件停运（N–1）和涉及一些关键设备的多重停运事件。**但存在**以下不足：

（1）任何系统，即使满足单个元件故障准则的要求，也仍然存在更高阶失效事件的运行风险。许多电力中断和大面积停电都是由多重设备同时失效引起的。

（2）由于系统存在多种运行方式，无法识别哪种运行方式使配电网风险最小。

（3）确定性分析方法以包括计及峰荷和极端运行工况在内的最严重情况作为分析基础，其分析结果趋于保守。

在配电网风险评估中引入概率风险评估，可以反映系统行为、负荷变化以及元件故障等方面的概率属性。与确定性方法相比，概率风险评估具有以下优势：

（1）确定性方法无法覆盖所有元件失效事件，而概率风险评估可以给出由所有可能的失效事件及其发生概率相结合的综合风险指标。

（2）如果存在多种运行方式，针对不同时间段和负荷水平，概率风险评估可以通过识别其中最低风险运行方式来保证系统可靠性。

（3）考虑电网负荷和运行工况的不确定性，与只分析单一负荷水平的确定性分析相比，概率风险评估可以全面反映配电网在不同负荷水平下的风险。

（4）在安排检修时，由于检修具有一定的持续时间，概率风险评估可以分析检修过程中配电网的风险水平是否在可以接受的范围之内。

通过比较各设备的风险指标，可以发现配电网中风险水平高的设备，在设计运行方式和校正措施中给予重点关注，并在实际运行中予以重点监视。

四、配电网自愈

配电网自愈是指配电系统能够及时检测出系统故障或对系统不安全状态进行预警，并进行相应的操作，使其不影响对用户的正常供电或将其影响降至最小。自愈主要解决"供电不间断"的问题，是对供电可靠性概念的延伸，其内涵要大于供电可靠性。例如，目前的供电可靠性管理不计及一些持续时间较短的断电，但这些供电短时中断往往都会使一些对电能质量敏感的精密设备损坏或长时间停运。

配电网的自愈有两方面的含义：一方面是指系统故障后，自动隔离故障，自动恢复供电。另一方面是指系统出现不安全状态后，通过自动调节使系统恢复到正常状态。

配电网自愈研究的关键技术包括：非健全信息条件下的快速故障定位、隔离与恢复供电优化策略，分布式智能自愈控制技术，严重故障情况下断电快速自愈恢复技术，以及含分布式电源的继电保护与系统协调控制技术。

实现配电网自愈，除了需要高效的智能设备外，还需要有强大应用软件支撑的智能配电主站。智能配电主站系统从全局角度，通过人工智能等计算分析手段得到故障条件下的配电网优化运行方案，不仅能够快速恢复故障区域供电，而且可以通过潮流调整等方式有效提高馈线的负荷率，实现配电网优化运行。

第二节　高级配电管理自动化

高级配电管理自动化是利用现代计算机技术、自动控制技术、数据通信技术和信息管理技术，将配电网的实时运行状态、电网结构、设备、用户以及地理图形等信息进行集成，实现配电网管理的自动化、信息化。其主要内容包括设备管理、停电管理等，本节介绍这两方面的内容。

一、配电设备管理

配电设备种类繁多、数量庞杂、地域性强，在空间上呈现出典型的点、线、面分布，相互之间存在着地理上和逻辑上的密切关系，因此地理信息系统（GIS）成为配电设备管理的重要支撑技术。配电设备管理将配电网所涉及的设备资源信息、空间地理信息以及在此基础上开展的设备状态监测、运行维护、工程建设、用户需求等信息资源进行整合，对配电设备进行全面、精确、及时的监控与管理，并对设备状况进行智能分析。配电设备管理主要包括图形资源管理、设备资源管理、设备状态监测与智能分析等内容。

（一）配电网图形资源管理

1. 图形资源输入

主要包括地理背景图输入和网络接线图生成。可以采用商用电子地图作为地理背景图，也可以将纸质地图数字化后作为地理背景图。网络接线图的生成有两种方式：自动成图和手动成图。自动成图是根据录入的信息，自动生成配电网络图；手动成图是在地理背景图上用地图工具绘制配电网络图。自动成图与手动成图方式可以相互结合，自动成图后，再用手动成图工具进行编辑。

2. 图形资源管理

将地理背景图、配电网络图、各种设备图等进行分层管理、动态标注。通过图形资源管理，可以实现图形无级缩放和平滑漫游，实现导航和热点区域定位；可以进行图形信息疏密协同校正，保证最佳的视觉效果和最快显示速度，可以在地理背景图上，使用不同的颜色表示不同电压等级的线路、不同容量的分段开关、不同大小的用户（负荷）等信息。除颜色分类外，也可以用点密度、饼状图、柱状图等直观的专题图来进行分类显示。

3. 图形资源输出

支持多种地图输出方式，包括绘图仪、打印机等。

（二）配电网设备资源管理

包括设备档案的录入、修改、查询、统计等功能，也包括资产全寿命周期管理等功能。

1. 设备档案的输入

设备档案为设备运行及综合分析提供基本信息。编码设计是利用计算机管理配电设备的关键，采用统一的、规范的、科学的编码技术，能够将各种不同类别的配电设备连成一个整体，并进行信息的提取与交换。编码要求具有唯一性、规律性、可扩展性，同时兼顾适应性，在充分考虑计算机处理需要的同时，也要便于人工处理。

2. 设备档案的查询统计

提供专用图形查询工具，以多种方式对图形信息和属性信息进行灵活多样的双向查询，包括指定图形范围来查询设备台账信息，指定任意条件设备属性组合来查询对应的图形信息；按规则分区或任意范围进行设备查询和分类统计；寻找线路或变压器的供电区域以及所对应的用户等。

3. 资产全寿命周期管理

资产全寿命周期管理涵盖规划、投资、项目建设、运行维护与检修、处置报废全过程。资产全寿命周期管理以实物、价值和信息为基础，建立状态检修体系，利用资产健康状态评估方法来量化评估健康状况，并按照资产健康状况合理延长设备使用寿命。

4. 模拟运行分析

在地理背景图上，模拟线路、变压器、断路器、隔离开关等设备状态；分析设备状态改变后的电网运行状态，通过高亮度或闪烁方式，突出显示停电线路和线路上设备；统计模拟运行后各类设备信息和用户信息；在设备巡视和工程抢修时模拟最短路径。

（三）设备状态监测与智能分析

配电网设备状态监测系统采用先进的传感技术，对配电设备状态进行在线监测，为电气设备的状态检修管理和资产全寿命周期管理提供辅助决策。通过设备状态监测与智能分析，一方面可以提高在线监测手段的集成化程度，提出状态检修策略，节约设备维修保养费用；另一方面可以提高防止灾难性故障的能力，提升系统整体安全，防止操作人员以及公众在灾难性故障中受到伤害，避免因系统不稳定、损失负荷及环境污染而导致的潜在影响。

建立配电网设备状态监测系统，不仅可以降低人工作业的劳动强度，提高工作效率，同时还有助于提高配电网的供电能力。运行人员充分利用已有的状态信息，通过多方位、多元化的分析，最大限度地把握配电网设备的状态，制定合理的检修维护策略，提高电网设备可用时间，延长设备使用寿命。

二、配电网停电管理

作为高级配电管理自动化的重要组成部分，配电网停电管理的智能化是配电网智能化的重要标志之一。配电网停电管理技术，可以为故障停电提供更科学、准确和快速的分析手段。它在配电系统数据集成的基础上，实现用户故障的电话报修，停电范围、原因、恢复供电时间的自动应答和基于用户性质、设备信息、班组计划的故障检修协调指挥。

（一）配电网停电管理业务分析

停电管理业务作为配电管理中较高层次的应用，以设备管理、维修人员调度和运行调度为基础，全面处理计划停电、临时停电、事故停电等所有停运事件，其目的是缩短停电时间，提高供电可靠性，提高服务质量。

1. 计划停电管理

计划停电管理是指在制定停电计划时进行供电可靠性分析，在执行计划停电时进行最佳停电隔离点决策和负荷转移决策，并对制定计划、执行计划和恢复供电的流程进行管理。具体来说，计划停电管理根据计划停电的要求进行分析，以最小的停电范围和最短的停电时间来确定停电设备，列出造成停电的用户名单，并将计划停电信息自动传送给故障报修管理系统。

2. 故障停电管理

故障停电管理是指收到故障停电信息后，确定故障停电位置，进行最佳停电隔离点和负荷转移决策，并将发生故障到恢复供电的完整信息保存下来，作为供电可靠性分析的依据。

故障停电管理主要包括如下 3 个部分：

（1）故障诊断和定位。根据来自 SCADA 系统、故障报修管理系统、地理信息系统（GIS）、生产管理系统（Production Management System，PMS）等系统的信息，自动把报修电话和故障停电关联起来，估计故障区段，分析故障停电范围，并排出可能的故障点顺序，确定可能发生故障的设备，指挥现场人员迅速准确地找到故障区域，并隔离故障点。

（2）故障抢修和恢复供电。帮助运行维护人员设计处理故障的最佳方案，使尽可能多的用户供电得到恢复，同时不引起设备过载或较大的电压下降。在故障抢修过程中，还可以帮助运行维护人员分析、安排和协调抢修队伍，以便尽快地完成关键抢修任务，提高工作效率。当停电范围较大时，停电管理系统能帮助运行维护人员根据故障的轻重缓急，优先处理最重要的工作。

（3）故障信息的统计分析。当配电网恢复供电后，故障停电管理系统可以打印出停电报告，包括故障停电区域、故障发生地点、故障类型、停电时间及恢复供电时间、受影响的用户数、每一受影响用户的负荷（或电量）损失、开关操作次数等信息。同时，对配电网停电故障进行统计分析，按故障原因及设备分类进行统计，生成可靠性统计等报表。

（二）配电网停电管理系统

停电管理系统为电力客户服务中心提供一套具有地理背景的可视化管理系统，该系统综合分析各类停电信息（包括 SCADA 信息、故障报修电话信息、计划检修停电信息等），进行故障诊断、定位，并在地理图上直观的可视化显示，指导停电抢修。

配电网停电管理分析指挥功能组织如图 5-1 所示。

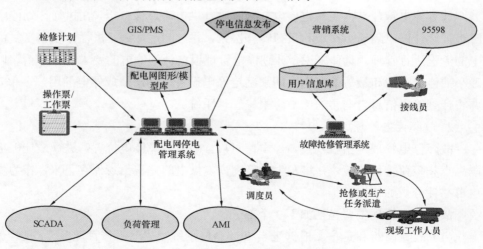

图 5-1　配电网停电管理分析指挥功能组织

停电管理系统涉及地理信息系统、生产管理系统、SCADA 系统、高级量测体系、用电营销系统、电力客户服务中心等。需要各系统数据共享与互操作，才能完整实现停电管理功能。因此，基于 SOA 的智能配电网体系架构、企业集成总线的建立，将为实现停电管理系统提供技术支撑。配电网停电管理系统主要具有以下功能：

1. 故障分析及抢修指挥

（1）综合接警分析。配电网停电管理系统在接到停电告警信息后，进行故障预测、故障诊断及影响用户分析。

（2）故障抢修指挥。包括应急处理方案优化、应急电源车出救方案优化以及分布式电源调度等，可充分利用风电、光伏发电、大用户发电或智能家居等各种资源，在故障发生时合理调度，保证重要用户、设施的供电安全。

（3）停电信息发布。将停电相关信息以图形方式显示，通过 Web 发布，用户可以通过互联网方便地浏览相关停电信息，也可将停电信息传送给电力客户服务中心，为用户提供语音应答。

2. 计划检修

计划检修管理以配电网调度日常工作为中心，采用流程化的管理思想，对配电工作进行规范。灵活的业务表单制作工具可以定制出各种调度业务表单，全面实现无纸化管理。以配电网计划检修为应用主线，对配电网调度、运行、服务等方面进行一体化设计，建立具有人工智能的规则库，采取先进高效的专业算法，整合电网企业相关的信息资源，全面实现图形、实时信息、网络模型的资源共享，保证检修信息的实时性、准确性与完整性。

在调度计划执行过程中，检修作业人员可以通过掌上电脑实现检修任务下载，检修数据现场录入，检修数据上传等功能，与调度指挥中心形成互动。

3. 数据统计及数据挖掘

数据统计功能是指对配电网的各类数据（包括实时的、准实时的和非实时的）进行统计和分析，提出分析报告，提供各种定制的报表。数据挖掘是利用现有的海量数据，利用数据仓库、数据集市，通过联机分析和数据挖掘等技术，抽取出潜在的、有价值的知识，根据预定义的目标，对大量的企业数据进行探索和分析，揭示其中隐含的规律，并进一步将其模型化。数据挖掘是提高电网企业效益、实现管理创新、实现信息系统由成本发生型向利润生成型转变、变数据资源为信息/知识资源的必由之路。

第三节　高级配电自动化支撑技术

高级配电自动化主要支撑技术包括基于 SOA 的智能配电网体系架构、企业信息集成总线、地理信息交互技术、城市智能电网的全景感知技术等。

一、基于 SOA 的智能配电网体系架构

（一）智能配电网采用 SOA 的必要性

智能配电网体系架构确定了将要建立的系统整体结构、层次划分，以及不同部分之间的协作关系。从设计角度而言，架构就是一系列构建系统的准则。通过这些准则，可以把一个复杂的系统划分为一系列更简单的子系统的集合，这些子系统之间应该保持相互独立，每一个子系统还可以继续细分下去，从而构成一个开放的企业级架构。

SOA 是由开放式面向服务架构（Open Service Oriented Architecture，OSOA）组织发布的企业信息集成的设计原则。SOA 可以促进在不同的软件间进行服务合成（Service Composition），无论这些软件是已有的还是新建的，是部门级的、企业级的还是跨企业级的，也不管它们是运行在大型机、台式计算机还是移动设备上，都可以通过 SOA 将它们组合为流畅的 IT 流程，改进 IT 环境。

经过多年的信息化建设，电网企业中存在着许多应用系统，不同种类的操作系统、应用软件、系统软件相互交织，在构建企业的信息集成环境时，无论是建立新的应用，还是替换现有应用，都要面对这样的复杂情况，这是一项重大挑战。如果所有应用都使用公共的编程接口及互操作协议（Interoperability Protocol），将有助于降低复杂性，重用已有功能。公共编程接口统一了应用的使用方式，通过设立这样一种公共编程接口，能够更轻松地完成对现有 IT 基础设施（IT Infrastructure）的替换和更新。目前已经将 IEC 61968 改为完全符合面向服务的架构，这种设计原则为企业信息集成提供了关于创建和使用业务服务的各方面内容。一些现存的应用系统被用来处理当前的业务流程（Business Processes），在进行业务扩充时，从头建立一个新的应用基础结构是不可能的，企业应该能对业务的变化作出快速反应，利用现有的应用程序和应用基础结构来解决新的业务需求，为新的业务流程提供互动渠道，并呈现一个可以支持现有的成建制业务（Organic Business）的构架。SOA 凭借其松耦合的特性，使企业可以按照模块化

的方式来添加新服务或更新现有服务，以满足新的业务需要，可以通过不同的渠道提供服务，并可以把企业现有的或已有的应用作为服务，从而保护了现有的 IT 基础建设投资。

（二）SOA 对智能配电网的适应性

SOA 架构的一些典型特征，包括松耦合性、位置透明性以及协议无关性被 IEC 61968 采用。松耦合性要求智能配电网体系架构中的不同服务之间应该保持一种相对独立的关系；位置透明性要求智能配电网体系架构中每个服务的调用者只需要知道它们调用的是哪一个服务，并不需要知道所调用服务的物理位置在哪里；协议无关性要求每一个服务都可以通过不同的协议来调用。

SOA 架构的出现为电网企业体系架构提供了更加灵活的构建方式。如果现有的孤立系统对外提供的数据都采用基于 SOA 来构建体系架构，就可以从体系架构的级别来保证整个系统的松耦合性和灵活性。这为未来企业业务的扩展打好了基础，真正消除了信息孤岛，实现了信息共享。

（三）基于 SOA 的智能配电网的体系架构设计

配电自动化系统中有很多应用系统，如 SCADA/DMS、设备管理系统、线损管理系统等。这些有专门用途的产品一般来说是专用的，各种数据散落在多个封闭的系统中。一个较好的解决方案是使用服务标准，通过使用一种企业应用集成的产品来增加一个开放的、基于标准的抽象层。这样有可能实现与现有环境的集成，而不必处理由不兼容的应用引入的复杂性。

传统的三层（界面展示层、业务逻辑层、服务访问层）结构的应用可以被视为一个面向服务的应用：在业务逻辑层创建服务，利用服务总线（Service Bus）将上述应用与其他应用集成。如果业务逻辑层支持服务，将更易于实现表示逻辑与业务逻辑的分离，容易实现各种图形用户界面（Graphical User Interface，GUI）及移动设备与应用的连接。可以将表示逻辑置于一个独立的设备上，然后通过服务总线实现与应用的通信。

使用公共信息模型（CIM）在业务逻辑层定义的服务，与使用各种不同的集成技术相比，更利于进行数据交换，因为服务体现了公共信息模型的一个公共标准。CIM 模型由可扩展性标记语言（XML）来体现，XML 的模（Schema）可被用于独立地定义数据类型和结构。在业务逻辑层进行面向服务入口点的通用接口定义（Generic Interface Definition，GID）开发，令业务流程引擎可以启动一个涉及多个服务的自动执行流程。

为应用的业务逻辑层 CIM 模型创建一个公共的业务逻辑层，使得可以通过公共的基于 XML 服务仓库（Service Repository）来存放和获取服务描述。如果一个新的应用要使用已有的服务，它可以通过查询基于 XML 服务仓库获得服务描述，然后利用服务描述生成与该服务进行交互的 Schema 消息。

基于 SOA 的智能配电网体系架构设计如图 5-2 所示。

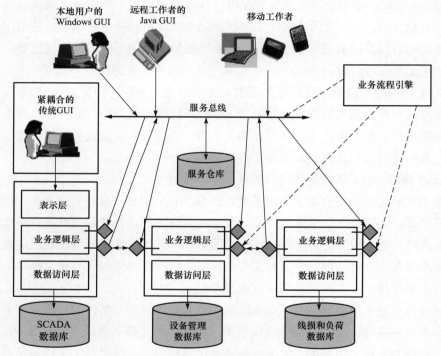

图 5-2 基于 SOA 的智能配电网体系架构设计

（四）智能配电网统一数据模型

配电系统由配电网络（包括馈线、降压变压器、各种开关等配电设备）、通信、控制、继电保护、自动装置、测量和计量仪表等设备构成。它们之间的数据访问必须有一个统一的接口和标准，使互联互通时不必针对每个厂家的设备专门制定通信规约、编码规则。

国际标准化工作使得建立智能配电网统一的接口和标准成为现实。DL/T 890《能量管理系统应用程序接口标准》中远动设备和系统中的 CIM 模型、数据访问接口等标准规定了对不同独立开发商的 EMS 应用进行集成，或对 EMS 和其他涉及电力系统运行的不同方面的系统进行集成的规则。DL/T 1080《电力企业应用集成——配电管理的系统接口》（等同采用 IEC 61968）标准用于对配电管理系统进行集成。DL/T 860《变电站通信网络和系统标准》用于对变电站自动化系统进行集成。

这 3 个系列标准的发展和融合构成智能配电网统一数据模型的基础。它们将配电网的物理模型映射为标准的数据模型，使相关的数据源能够以一种结构化和清晰的方式联结起来，并且这种关联不依赖于现有设备的物理特性。具体来说，就是要将配电网中相关的设备，以及配电网拓扑结构进行统一的数字化建模。在此基础上，针对不同的应用主题，构建相应主题的数据库，实现相关标准之间的互联，实现数据无缝传输和共享。

根据国际信息技术发展的潮流以及设备互操作的要求，数据访问接口必须遵循开放性原则。"开放性"包括以下几个方面：① 要求解决不同系统和产品之间的接口和协议的标准化问题，以保证它们之间具备"互操作性"。② 在系统设计和设备选型上采用开放的技术标准，避免系统互联或扩展的障碍。③ 采用标准化设计，选择标准化的产品，便于备件储备和互换。④ 系统和设备在横向上应具备广泛的兼容性，一方面能兼容多种主流品牌、协议、厂家的不同或相同的设备，便于广泛利用先进的技术和设备进行系统扩充和升级；另一方面能在通信协议上广泛兼容相关的二次系统，以便使二次系统无缝地集成为一个先进的一体化系统。采用符合国际标准的信息技术作为系统的接口技术，可以有效地降低配电系统的信息资源集成难度和工作量，获得最高的投资效益和效率。

统一的数据模型解决了配电应用之间所交换的信息都必须具有共同的含义的问题，而统一的数据访问接口，则是解决如何交换的问题。在统一的数据模型、统一的数据访问接口基础上，可实现数据的无障碍交换和充分利用，协助对整个生产运行流程的精细化管理。通过分析配电网中各个环节的历史数据，优化各种业务的典型模板和操作流程，可实现智能化配电网的统一标准服务。通过对配电网整个流程的数字化运行、维护和管理，在优化决策、固化流程的同时，有利于在技术和管理上进行创新，使配电网的各项业务规范化、标准化，简化业务流程，提高业务的处理速度与准确性，减少人工干预。同时，使各个电网企业的配电管理实现标准化、统一化，减少管理的复杂度，降低企业运营成本。

二、企业集成总线设计

针对上面复杂的多源信息集成，如果用传统的实现方法，必须开发多个接口，这样不仅会使系统变得十分复杂，而且系统维护很困难，因此有必要提出一种解决办法，即企业集成总线（Enterprise Service Bus，ESB）。

企业集成总线架构是 IEC 61968 标准提出的，如图 5-3 所示，它是目前企业信息集成理想的解决方案。同时，企业集成总线又是基于 SOA 架构的企业服务总线，即企业集成总线是完全依据 SOA 架构的服务总线要求设计的。

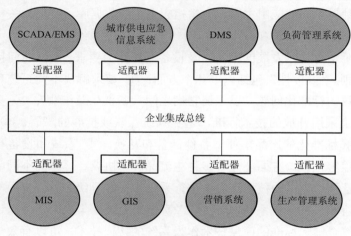

图 5-3　企业集成总线架构

对照 SOA 的特性可以清楚地说明企业集成总线满足 SOA 架构：

（1）SOA 服务使用平台独立的 XML 格式进行自我描述，企业集成总线的服务也是使用平台独立的 XML 格式进行自我描述。

（2）SOA 服务用消息进行通信，该消息通常使用 XML 模（Schema）来定义。企业集成总线的服务消息由通用接口定义，完全由模来定义消息。

（3）在一个企业内部，SOA 服务通过登记处（Registry）来进行维护。企业集成总线也设计一个登记处来部署服务，服务登记的标准是统一的。

（4）每项 SOA 服务都有一个与之相关的服务品质（Quality of Service，QoS），企业集成总线的服务也有一个与之相关的服务品质。

（一）企业集成总线标准

企业集成总线架构是 IEC 61968 标准提出的，主要标准出自 IEC 61968 和 IEC

61970 两大系列。

IEC 61968 关注松耦合集成，IEC 61970 也有一部分涉及此内容。IEC 61968 和 IEC 61970 的组件没有相互控制，相反，像工作管理系统和地理信息系统这样的系统可能只是利用它们共有的 CIM 知识，相互请求对方而已，不允许直接的控制。通过这种方式，当组件变化时，系统的管理和重新配置可以最小化。

IEC 61968 和 IEC 61970 为了利用共有的 CIM 知识的通信，定义了一套通用的抽象动词/服务，这些动词/服务和组件与如何运作或者在什么上面运行无关。换言之，这两套标准寻求的是弱化组件间的耦合，因此定义的是关注于数据的服务而不是命令。例如，IEC 61968 和 IEC 61970 都没有提供一个通用的"运行"命令，而是允许一个组件去请求、改变或删除另一个组件所维护的 CIM 模型的某一部分。

（二）企业集成总线的功能设计

企业集成总线提供给用户集中地管理信息和获取信息的能力，同时也使用户可以从多数据源获取实时信息，为数据管理和内容发布提供全面的解决方案，如图 5–4 所示。

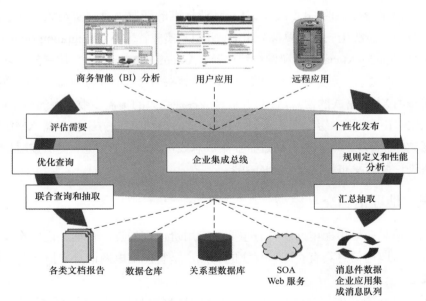

图 5–4　企业集成总线图

企业集成总线是基础软件平台，能自动从异构数据源集成和展示信息，被集成的数据源可能是关系型数据库，也可能是文件系统保存数据，且这些结构化或非结构化的文档集合都缺乏数据处理能力。企业集成总线可以集成这些信息，按配电自动化系统定义的规则转换这些信息的结构或内容，动态地分析和发布这些信息，以及允许应用程序及时地按配电自动化系统期望的方式提供给服务对象想要的信息。其核心的功能包括：

（1）从异构数据源集成多种格式的信息，包括数据库记录、分散的或遗留的应用系统、字处理文档、网页等。

（2）集中管理、加工信息，通过单个视图组织信息。使用 XML 定义关联信息并发布信息给工作人员或应用程序。

（3）充分利用现有的信息基础，包括已有的数据库管理系统、实时数据库、企业应用系统以及配电自动化系统。

（三）企业集成总线的软件架构

企业集成总线是一个信息服务器，把多个已经存在的信息系统和新的应用系统联系起来，提供无缝覆盖多个数据源的实时分析数据的能力。企业集成总线捕获知识和信息并自动集成这些信息，提供给直接和交互的应用服务系统。开发人员可以使用平台提供的 GUI 或者 J2EE 行业标准的开发工具来实现这些功能。

企业集成总线由三个主要部分组成，分别是集成管理器（Integration Manager）、查询引擎（Query Manager）和发布管理器（Assembly Manager）。这三部分紧密结合在一起，提供了一个完整的信息集成和分析解决方案。集成管理器从多个数据源集成统一的 XML 格式的信息，查询引擎提供各种强大的覆盖多数据源的搜索能力。XML 数据库可以用来缓存查询结果，建立可行的数据存储方案，存储 XML 格式的数据。发布管理器对于所有通过企业集成总线可以获得的信息，提供按用户认可的格式进行快速发布和报表分析的功能。

三、地理信息交互模型

地理信息在城市配电网中具有重要的应用价值，如资产管理、设备检修、电网规划等。地理信息具有直观、真实的特点，是智能配电网信息支撑平台的重要组成部分。

同配电网中其他信息系统类似，目前的地理信息应用同样存在信息孤岛问题，主要源于标准不统一和数据不规范。如何保证地理信息在配电网的多个系统之间进行交互与共享，是智能配电网必须解决的重要问题。地理信息本质也是一种信息，在 DL/T 1080 中，电网对象已经包含了地理信息部分。但对于智能配电网来说，DL/T 1080 还不能满足要求，因为它仅限于配电网数据层面的信息交互，不涉及基础地理数据和地理信息服务（包括配电网地理信息服务和基础地理信息服务）。

开放空间信息协会（Open Geospatial Consortium，OGC）制定了一系列地理信息共享方面的标准和规范，统称为 OpenGIS 规范，包括 Web 覆盖服务、地理标签语言、Web 地图服务和 Web 要素服务规范等。这些规范提高了地理信息的互操作性，消除了地理信息应用之间以及地理应用与其他应用之间的障碍，建立了一个无"边界"的、分布的、基于构件的地理数据互操作环境。与传统的地理信息处理技术相比，基于这些规范的 GIS 软件将具有很好的可扩展性、可升级性、可移植性、开放性、互操作性和易用性。

（一）Web 覆盖服务规范

Web 覆盖服务（Web Coverage Service，WCS）规范面向空间影像数据，将包含地理位置值的地理空间数据作为"覆盖（Coverage）"在网上相互交换。

（二）地理标签语言规范

地理标签语言（Geography Markup Language，GML）规范是一个基于 XML 的地理信息描述、转换、传输标准。它可以作为一个公共的地理空间数据转换格式标准，不同软件生产的数据可以转换成用 XML 描述的文件，按照 ISO 19117 空间模型表达的数据格式，应用软件可以读取这一文件，并将文件包含的信息转到相应的系统中。此外，规范还制定了地理数据实时传输协议，当两个系统要进行在线互操作时，按照这种公共描述语言所描述的格式进行实时通信，可以实现互操作。

（三）Web 地图服务规范

Web 地图服务（Web Map Service，WMS）规范主要定义用于创建和显示地图图像的三大操作：获取服务能力（GetCapabilities）、获取地图（GetMap）和获取对象信息（GetFeatureInfo）。其中获取地图为核心操作，此操作返回的不是地图数据，而是地图图像。

（四）Web 要素服务规范

Web 要素服务（Web Feature Service，WFS）规范是一个基于 Web 服务技术的地理要素在线服务标准，它有两方面作用：① 实现地理数据的 Web 服务，用户可以通过该标准得到自己所需的地理空间数据；② 用于异构系统互操作规范，包括数据查询、浏览、提取、修改及更新等操作。

在智能配电网中，需要将 DL/T 1080 和 OpenGIS 的各种规范结合起来，共同完善智能配电网的地理信息交互模型。智能配电网地理信息交互模型如图 5-5 所示。

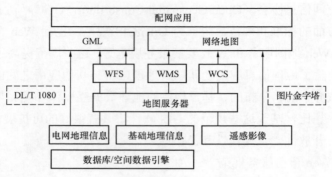

图 5-5　智能配电网地理信息交互模型

四、城市智能电网的全景感知技术

智能城市是城市发展的新阶段，是信息化的高度集成应用，其核心思想是基于时空一体化模型，以网格化的传感器网络作为其神经末梢，形成自组织、自适应并具有进化能力的智能生命体。具体而言，智能城市是在交通、能源、服务、环境等方面应用智能化技术，实现城市运行全过程监控和各环节智能运行。

智能电网为城市智能化建设提供基础性保障，是智能城市的核心内容之一。智能城市建设不仅对智能电网建设提出新需求，也将促进通信、信息网络等公共设施建设和信息处理、智能控制等各种技术的进步，为智能电网建设提供技术支撑。从电网外部来看，全球气候变化导致的灾害频发对电网系统的运行影响越来越严重，可再生新能源的大量接入等使得电网系统的运行控制更加复杂。除此之外，城市环境中的配电网还更易受到市政施工、交通事故等各类突发性外力破坏事件的影响。智能电网正日益成为智能城市这一社会化复杂大系统的关键组成部分。

因此，在规划和建设智能电网过程中，应该站在更全面和更高层次的智能城市角度去研究电网的稳定、安全和高效运行。电网的智能化特征不仅体现在电网系统内部环节的智能化，也体现在对外部影响因素的感知和智能化反应。图 5-6 展示了智能电网全景感知的三个维度。

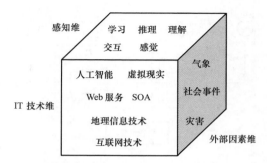

图 5-6　智能电网全景感知的三个维度

第四节　配电网定制电力技术

在现代企业中，变频调速驱动器、机器人、自动生产线、精密的加工工具、可编程控制器以及计算机信息系统的广泛使用，对电能质量提出了严格的要求，这些设备对电源的波动和各种干扰十分敏感，任何供电质量的恶化都可能造成产品质量的下降，导致重大损失。重要用户为保证优质的不间断供电，往往采取如安装不间断电源（UPS）等措施，但这并不是经济合理的解决办法。美国电力科学研究院的 Narain G Hingorani 博士提出定制电力（CP）的概念，它是应用现代电力电子和控制技术为实现电能质量控制及为用户提供特定需要的电力供应技术。随着大功率电力电子器件（如晶闸管、GTO、IGCT、IGBT）的出现，以 SSTS、DVR、APF 为代表的定制电力设备研制成功并投入运行，取得了良好的经济效果。

一、固态切换开关

固态切换开关（SSTS）利用晶闸管的快速开通特性，可以在数毫秒内实现两路电源的切换，应用于要求提供不间断电源的场合，作为主电源和备用电源的自动切换装置。SSTS 能在一定程度上解决中大型工业和商业用户中电能质量敏感设备的供电可靠性问题。

最常见的 SSTS 接线方式是图 5-7（a）所示的备用电源式。正常运行期间，高速机械开关 S1 闭合，晶闸管开关 VT1 被旁路。这种结构形式的 SSTS 切换过程如图 5-7（b）所示。

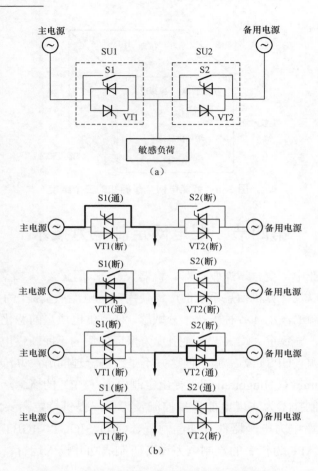

图 5-7　备用电源式 SSTS 接线方式及切换过程

（a）备用电源式 SSTS 接线方式；（b）备用电源式 SSTS 切换过程

　　主电源发生故障时，S1 分闸，同时触发 VT1 使之导通，待电流转移到 VT1 后闭锁其触发脉冲，VT1 在电流过零关断后立即触发另一侧的晶闸管开关 VT2 使之导通，备用电源开始给负荷供电。经过一段时间稳定后，高速机械开关 S2 闭合，VT2 被旁路后闭锁其触发脉冲，整个切换过程完毕。

　　SSTS 另一种接线为如图 5-8（a）所示的分裂母线式。当电源 1 出现故障时，开关 SU1 打开，开关 SU3 闭合，这样全部负荷均由电源 2 供电。这种结构形式的 SSTS 切换过程如图 5-8（b）所示。

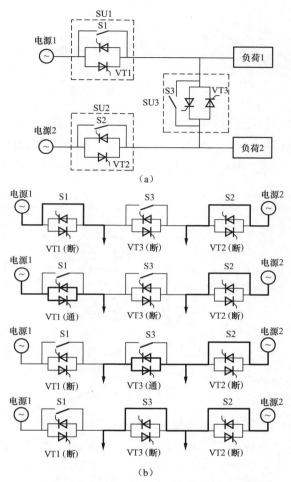

图 5-8　分裂母线式 SSTS 接线方式及切换过程

（a）分裂母线式 SSTS 接线方式；（b）分裂母线式 SSTS 切换过程

二、动态电压恢复器

动态电压恢复器（DVR）是公认的解决电压暂降问题最有效的技术手段，工作原理如图 5-9所示。DVR 串联在系统和用户设备之间，当检测到系统电压出现暂降或暂升时，快速地输出一个幅值和相角可变的补偿电压，以保证负荷供电电压稳定。

图 5-9　DVR 工作原理示意图

　　一种用于低压场合的 DVR 主电路结构如图 5-10 所示。DVR 每相采用相互隔离的直流储能电容器，逆变器输出电压通过无源滤波器接入系统。滤波器的主要功能是滤除逆变器输出电压中的高次谐波，防止对系统和负荷造成高次谐波污染。

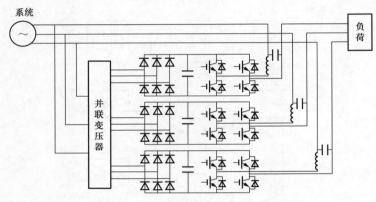

图 5-10　低压 DVR 主电路结构

　　一种用于高压场合的 DVR 主电路结构如图 5-11 所示，每相由若干个结构完全相同的 H 桥交流侧串联而成，H 桥采用载波移相 PWM 控制技术，大大减小了谐波含量。这种类型的 DVR 具有电压等级高、开关频率低、易于实现模块化和冗余运行等特点，常用于高压场合。

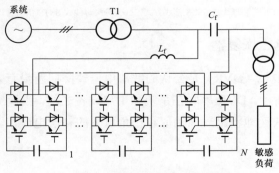

图 5-11　高压 DVR 主电路结构

三、有源电力滤波器

有源电力滤波器（APF）可以看作是可控的电流源，能快速（响应时间可在5ms 以内）补偿负荷的谐波、无功或不平衡电流，而且这些不同的电流成分可以按需要分别补偿，从而使非线性负荷流入系统的电流为基波正序有功电流。从接入电网连接方式看，APF 可分为并联型、串联型和串–并联混合型三大类。

并联型 APF 系统构成原理如图 5–12 所示。当需要补偿非线性负荷（如整流负荷）产生的谐波电流时，只需要检测到负荷电流中含有的谐波分量并产生出与其大小相等、方向相同的电流，则系统电流中只含有基波分量，这样就达到了抑制谐波电流的目的。当要求补偿谐波的同时补偿负荷的无功功率，则只需要在APF 输出的补偿电流中增加负荷电流的基波无功分量，这样系统电流只含有基波有功分量，最终系统电压和电流同相位。

串联型 APF 系统构成原理如图 5–13 所示。当系统电压受到干扰时，串联型APF 将产生适当的补偿电压，使负荷侧电压不受系统电压变化的影响。串联型 APF的另一功能是接在供电系统与非线性负荷之间，将系统与非线性负荷隔离开，同时在负荷侧并联无源滤波器，防止非线性负荷的谐波电流注入系统。此时，串联型APF 的谐波阻抗较大，非线性负荷的谐波电流都通过谐波阻抗较小的无源滤波器支路分流。串联型 APF 通常作为动态电压调节使用，其作用和 DVR 相似。

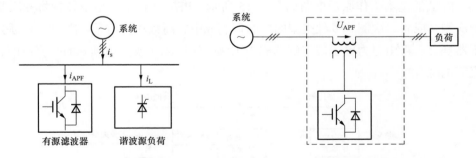

图 5–12　并联型 APF 系统构成原理图　　图 5–13　串联型 APF 系统构成原理图

串–并联混合型 APF 系统构成原理如图 5–14 所示，又称为统一电能质量控制器（UPQC）。UPQC 被认为是最理想的 APF 结构，它综合了串联型 APF 和并联型 APF 两种结构，充分发挥了两者的优点。UPQC 并联部分主要起到补偿负荷谐波电流、无功电流、三相不平衡电流以及直流母线电压调节的作用；串联部分通过耦合变压器串联接入系统，主要起到补偿系统电压暂降、电压谐波、电压波动与电压闪变等作用。

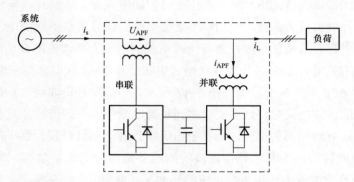

图 5-14　串-并联混合型 APF（UPQC）系统构成原理图

四、电力电子变压器

电力电子变压器（PET）是一种基于电力电子装置和中、高频变压器的新型变压器，不但可以实现传统电力变压器的基本功能，而且还可以提供无功支撑、潮流控制、电能质量治理等辅助服务，有望在分布式电源接入领域获得广泛应用。

PET 的基本工作原理框图如图 5-15 所示。PET 通过电力电子装置将变压器一次侧（或者二次侧）多种类型的电源调制成中、高频功率信号，经中、高频变压器耦合，再由电力电子装置解调成为工频交流电源（或其他频率的交流电源、直流电源）。

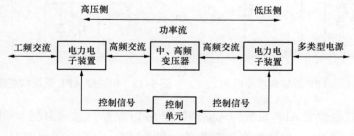

图 5-15　PET 的基本工作原理框图

PET 的单相典型结构如图 5-16 所示。高压级由 n 个 H 桥模块级联分压组成，模块的个数主要由接入电压等级和直流母线电压等级决定；隔离级由 H 桥模块和中、高频变压器组成，该中、高频变压器可以是双绕组或多绕组结构；低压级主要由 H 桥模块串联或并联组成，低压级结构与用户供电电源需求有关。

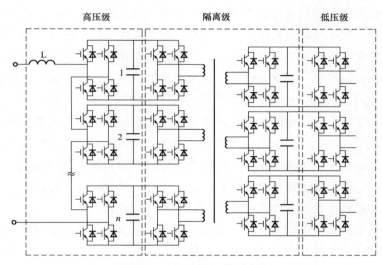

图 5–16　PET 单相典型结构

PET 的控制策略可以分为高压级控制策略、隔离级控制策略和低压级控制策略。不管是高压级、隔离级还是低压级的控制策略，都是根据用户或电网对 PET 的功能需求而定。

第五节　智能配电网规划

智能配电网的新特征使得规划具有特殊性。智能配电网规划包括含分布式发电和储能装置的配电网优化规划、强调自愈和互动特征的智能配电网多目标规划、适应智能配电网特征的负荷预测及负荷特性分析、输配电压等级序列协调规划、考虑灾害影响的配电网评估与规划、智能配电网专项规划与评估、智能配电网规划辅助决策支持系统。

一、含分布式发电和储能装置的配电网优化规划

智能配电网的重要特征之一，就是对大量分布式发电和储能装置的合理接纳

与优化利用。但是，分布式发电和包括电动汽车在内的储能装置的大量接入，会使配电网的负荷预测、规划和运行与过去相比有更大的不确定性。由于规划问题的动态属性同其维数相关联，若再出现许多发电机节点，使得在所有可能的网络结构中寻找到最优的网络布置方案就更加困难。对于想在配电网安装分布式电源的用户或独立发电公司，大量分布式电源的并网运行将对配电网结构产生深刻影响。分布式发电机组类型及所采用一次能源的多样化，如何在配电网中确定合理的电源结构，如何协调和有效地利用各种类型的电源，已成为新出现的并且迫切需要解决的问题。这些影响都对传统配电网规划提出了挑战。

目前在包含分布式电源的配电网规划中，主要面临以下几方面问题：

（1）利用可再生能源发电的分布式电源（如光伏发电、风力发电）和传统发电厂相比其输出是经常波动的，且这种波动受气候等自然条件的影响，难以进行有效调节，它们的输出能量具有明显的随机特性。因此，有必要研究这类分布式电源随气象条件变化的规律和统计特性，建立相应的模型。

（2）在电力市场环境下，用户安装的分布式电源可能与电力负荷直接抵消，从而对整个电力系统的负荷增长模式产生影响，其结果是对电源的扩建规模和进度产生影响。因此，必须研究用户侧分布式电源对电网侧负荷增长模式的影响。

（3）对于不同的区域及发展阶段，应探讨分布式电源的合理规模、最优布点以及电网扩展规划问题。应研究传统增容方法和非传统增容方法（如增设分布式电源）的配合问题及其技术经济评价方法和体系，深入分析配电网可接受的分布式电源容量，以及有助于分布式电源接入的配电网结构设计方法和规划技术原则，研究不同分布式电源接入对配电网可靠性的影响，以及相应的配电网网架优化问题。

（4）根据出发点的不同，含分布式电源的配电网规划大致可以分为两种情况，即分布式电源在配电网中的布点规划及考虑分布式电源的配电网扩展规划。前者以电源规划为出发点，后者以电网规划为出发点。

因此，在智能配电网优化规划中，通过充分评估分布式电源（包括含电动汽车在内的储能装置）接入配电网的发展趋势、模式和速度，对不同电压等级、不同结构的配电网接纳分布式发电的能力进行深入分析；根据不同类型分布式电源的特征和各地的能源资源，研究分布式电源在配电网中的优化布点和容量选择、负荷预测和无功补偿、综合效益评估等规划相关内容。不仅如此，还应探索"即插即用"接纳分布式发电接入对配电网和互联接口的要求、标准、技术原则等；

而对于微电网这种分布式发电新组织形式的发展前景、影响及相关规划应用也应充分考虑。

二、强调自愈和互动特征的智能配电网多目标规划

自愈是智能配电网的重要特征之一，实现自愈一方面需要配电自动化等二次系统和快速分析及仿真技术的支持，另一方面需要以灵活的一次网架为基础。因此，有必要研究自愈特性的内涵及其对配电网网架结构的要求，不同网架结构的负荷转移和故障恢复能力，以及分布式电源和储能装置对自愈的影响等问题。

与用户互动是智能配电网的另一重要特征，对用户和全社会而言，可以节约电能消耗；对电网企业而言，可通过与用户互动，支持和引导用户进行能源管理从而提高配电网资产利用率。因此，对于可能参与互动的用户类型、规模和分布的研究，以及互动模式等对配电网负荷特性的影响研究，将能够分析出互动行为对配电网建设的影响，并为分析提高配电网资产利用率提出重要依据。

三、适应智能配电网特征的负荷预测及负荷特性分析

由于配电网规划需要确定变电站的位置、容量和馈线的走向及类型，所以在对配电网进行负荷预测时，不仅要包含对未来负荷容量的估计，还要包括对负荷类型、地理分布等的预测。配电网的负荷预测是配电网规划的基础，负荷预测的准确度高低将直接影响到规划的效果和可行度。随着电网企业逐步走向电力市场，市场经济对负荷预测提出了新的要求。由于电力系统的负荷预测实际上是对电力市场需求的预测，因此，近年来配电网的负荷预测技术越来越受到重视。

然而，在智能配电网中，负荷预测及其特性分析问题开始变得越来越复杂。一方面，大量的分布式电源（特别是用户侧小容量分布式电源）以分散的方式接入智能配电网后，往往直接本地消纳，与电力负荷相抵消，同时由于分布式电源分布范围广泛，输出能量经常波动，具有明显的随机特性，从而会对整个电力系统的负荷特性产生影响；另一方面，智能配电网强调与用户的交互性，智能电能表、智能家电、家庭储能装置等设备的影响会越发显著，而合理有序地控制用户侧负荷需求越发迫切，需求侧管理也更加重要。例如电动汽车的大规模应用，一方面会在充电时增加电网负荷；另一方面在放电时则会充当小型分布式电源的角色。这些具备智能配电网显著特征的运行和管理需求，对配电网规划所依赖的负

荷预测及负荷特性分析技术都提出了新的要求,其成果应用将对配电网高效有序的能源利用模式产生深远影响。

四、输配电压等级序列协调规划

国内外电网发展进程表明,合理的输配电电压序列配置方式,不仅可以提高电网的整体输配电能力,扩大整个电网对不同负荷性质、负荷密度的适应性,同时也可以降低电网的综合损耗,节约有限的站点资源和线路走廊资源,减少电网的建设费用和运行费用。因此,输配电网电压等级的优化选择和配置问题是关系到输配电网能否可持续发展,能否满足我国未来社会经济发展需要的战略性问题。

对于智能配电网的规划和建设而言,不但强调配电网自身的智能化特征,同时还应符合输配协调的基本规划原则,这样才能使电网总体上实现和谐有序发展。因此,输配电压等级序列协调规划技术就成为指导和规范智能配电网规划的重要支撑技术之一。

该项技术将根据功能定位、经济规模等因素对城市进行分类,考虑远期受电规模、内部电源配置、供电能力、供电可靠性和自愈供电的要求等因素,研究不同类型城市各电压等级协调的目标网架结构和典型供电模式,并获得从现有网架结构和供电模式向目标网架结构和供电模式过渡的方案。

此外,该技术还将从协调规划的角度出发,深入分析城乡一体化条件下典型地区的农网负荷特性、分布及发展趋势,明确城乡一体化建设对农网规划建设的影响和要求,探讨城乡一体化条件下的农网规划标准及城、农网规划在时间和空间上的有效衔接,并提出现有农网向目标模式过渡的策略和方案。

五、考虑灾害影响的配电网评估与规划

由于电网分布于广阔的地理空间之中,自然条件是影响其安全稳定的重要因素。据统计,约40%的电网故障是由恶劣天气引起的。从实际情况来看,无论是2008年初的南方雨雪冰冻灾害还是2008年5月的汶川地震,地区电网都发生了大面积长时间的停电事故,这对当地的灾情无疑是雪上加霜。如何更好地提高电力系统的抗灾能力,不仅是电力系统的问题,也是国家防御能力问题,并且是一个长期的涉及公共安全的系统工程。

配电网设备众多,受自然条件影响的几率更大。特别是在全球性气候变化背景下,极端天气事件发生的频率和强度正在持续升高,成为近年来威胁电网安全

的首要因素。面对智能配电网的发展契机，有必要分析在各种自然条件影响下，不同地域极端灾害事件的发生规律及配电网故障模式，改变按照几十年一遇标准规划建设的相对粗放的传统经验，提出更具针对性的配电网规划建设标准，从而既保证极端灾害下的电网安全，又避免不必要的投资浪费。此外，也应分析气候变化趋势对于配电网长期规划的影响，例如平均温度升高和极端高温和低温等对负荷预测的影响，探讨将不同气候变化情况纳入配电网规划的考虑因素。

特别是在继续规划和发展集中式大机组大电网的同时，要逐步增加分布式电源和微电网的布局建设，注重在负荷中心建设足够的分布式电源和微电网，以在出现非常规灾害或者战时攻击情况下，保证居民和重要用户最小能源供应和最基本生活条件，并将这种电源作为保障电网安全的重要设施和手段，其成本应纳入整个电网运营成本当中。即在未来大型电网规划设计中，既有大容量，又有小容量；既可联网运行，又可解列成微电网运行，形成大小并存互补的格局。从智能配电网本身来看，对分布式电源和微电网的接入和控制也正是其重要特征之一。

六、智能配电网专项规划与评估

（一）配电自动化规划技术

配电自动化的发展与配电网一次网络不同，它在很大程度上依赖于计算机、通信、信息等先进的技术，而根据目前计算机、通信技术以及信息化的发展情况来看，在未来五六年，这些与配电自动化密切相关的技术都会发生显著变化。此外，配电自动化实施过程中，由于配电网变化较快，在规划的年限内，其线路和设备都会发生一定的变化，因此为了确保配电自动化能够高效顺利地实施，可以考虑在整体规划的基础上，根据配电网的变化对配电自动化规划进行及时地调整和修正，以确保配电自动化工作能够长期、顺利、高效地开展。同时，配电自动化规划原则应与配电网规划协调一致，并最大限度保证配电自动化规划与其他相关规划（如城市规划、企业规划等）协调发展。

从流程上看，配电自动化规划主要包括现状分析、目标设定、制定方案、综合评估和决策评估等步骤；从内容上看，主要包括馈线自动化方式、高级配电运行自动化功能、高级配电管理自动化功能、实施对象选取、信息管理方案、通信方案、配电终端规划方案等方面。特别对于智能配电网特色应用而言，配电网状态估计、配电网快速建模与仿真、计及分布式电源和微电网的配电自动化规划等将是重点规划内容。

（二）无功规划技术

无功补偿配置的合理性是影响电网安全运行的重要因素之一，在电网的规划阶段就应予以重视。国际上电压崩溃性事故多发生在负荷密集的大型城市受端电网，这在一定程度上反映出城市电网（主要指高、中压配电网）的安全性与无功补偿配置密不可分。无功规划是配电网规划的重要组成部分，合理的无功规划不仅能保证电压质量，有效降低有功损耗，对于提高配电网的安全性也至关重要。

在智能配电网建设进程中，在输配电压等级序列协调规划的原则指导下，以智能配电网特征为出发点，以现有技术条件为基础，不但要探讨智能配电网中各种可行的无功补偿控制技术及无功补偿新技术应用前景，更重要的是要进一步提出各电压等级配电网无功补偿原则、无功规划方法和流程，以及确定不同设备和条件下（如存在分布式电源和微电网）的补偿技术和原则。这将成为智能配电网运行的重要保障之一。

（三）供电可靠性规划技术

配电网规划一方面要保证对用户的优质供电，另一方面也要充分考虑电网自身的安全、经济运行，因而规划设计时应对 3 个方面加以足够的重视：

（1）应考虑网络的长时期适用性，网架结构坚强而灵活，能够适应线路运行负荷水平的变化，同时当用电负荷增加时网架改造工程量应最小。

（2）满足用户供电需求是电网企业的基本责任，作为企业同时要充分考虑合理的运营成本，主要是要根据用电负荷等级进行合理、经济配置。

（3）供电可靠性无疑体现了电网企业的综合能力，现阶段如果单纯采用增加线路、环网等手段实现可靠性指标的提升，从长远来看并不是明智之举。可靠性指标应与用户实际需求结合，对供电可靠性要求不高的用户采用高可靠性供电，在未实施"优质优价"形势下，效益方面显然存在问题。

因此，在智能配电网框架下，对供电可靠性规划技术也提出了新的要求。同时结合智能配电网特征（如分布式电源、微电网接入等），研究智能配电网近、中、远期可靠性指标目标值的预测方法，以制订出为达到各个阶段目标应采取的技术和管理措施。总之，配电网的供电可靠性指标将会由目前单纯的数据统计，逐步提高应用到电网规划、技术设计以及日常生产领域中，并日益满足电网安全运行和优质服务的要求。

（四）供电能力评估技术

智能配电网供电能力评估技术就是要在新的网络条件下，提出新型配电网供电能力的定义、范围和评价方法，充分评估配电网满足电量需求的能力、满足电力需求的能力、满足用户电能质量的能力，以及满足供电可靠性的能力等各个方面，建立配电网供电能力的分层分级指标体系和综合性评价模型，对配电网结构及其设施基本状况、供电能力、运营指标等进行量化分析，特别要对计及分布式电源接入的供电能力进行科学和深入细致的评估，部分内容甚至要考虑到配电网在灾害条件下的应对能力。

七、智能配电网规划辅助决策支持系统

为做好配电网规划工作，不仅需要系统、科学的流程和方法以及经验丰富的规划工程师，还需要借助功能强大的规划软件来完成大量计算分析和数据处理工作，以提高工作效率。对于智能配电网而言，将涉及更为多样的规划对象、面临更为复杂的规划问题、包含更为丰富的规划内容。因此，必须借助高效软件工具的强力支撑才能顺利实施。

智能配电网规划辅助决策支持系统的重要目标之一，就是要构建一个不仅能够适应智能配电网未来面临的各种挑战、体现各种智能特征，而且能够随着规划环境的变化而及时更新的电网规划辅助决策软件系统。能通过统一的用户界面，以电网规划智能化信息平台为基础，以企业生产管理系统为核心，在生产管理平台基础上，从智能配电网规划的角度出发，集成各类来自不同环境和系统的相关数据及功能模块，充分考虑智能配电网特征，利用智能化分析手段，作出正确的决策支持，最终制定出合理的规划方案。

就基本功能来看，除了具备常规配电网规划系统的普遍特征外，还应具备多适应性智能规划功能，如包括基于预想事故集的电网规划、节能减排下的电网规划、计及分布式电源影响的电网规划及辅助决策、适用于微电网发展的电网规划及辅助决策、电能质量优化和评估、考虑全寿命成本周期管理的电网规划方案设计、上下级电网协调规划等。

从决策支持功能来看，不但包括各种决策方法（个体决策方法和群体决策方法），还能对影响决策结果稳定性的参数灵敏度进行分析，对影响决策结果的可靠性进行分析，以及进行决策的一致性分析，这些都能为实现电网协调发展的规划及优化能力提供重要支持。

第六节　分布式发电与微电网技术

一、分布式发电

分布式发电技术是充分开发和利用可再生能源的理想方式，它具有投资小、清洁环保、供电可靠和发电方式灵活等优点，可以对未来大电网提供有力补充和有效支撑，是未来电力系统的重要发展趋势之一。

（一）分布式发电的基本概念

分布式发电目前尚未有统一定义，一般认为，分布式发电（Distributed Generation，DG）指为满足终端用户的特殊需求、接在用户侧附近的小型发电系统。分布式电源（Distributed Resource，DR）是指分布式发电与储能装置（Energy Storage，ES）的联合系统（DR=DG+ES）。它们的规模一般不大，通常为几十千瓦至几十兆瓦，所用的能源包括天然气（含煤层气、沼气等）、太阳能、生物质能、氢能、风能、小水电等洁净能源或可再生能源；而储能装置主要为蓄电池，还可能采用超级电容器、飞轮储能等。此外，为了提高能源的利用效率，同时降低成本，往往采用冷、热、电联供（Combined Cooling、Heat and Power，CCHP）的方式或热电联产（Combined Heat and Power，CHP 或 Co-generation）的方式。因此，国内外也常常将这种冷、热、电等各种能源一起供应的系统称为分布式能源（Distributed Energy Resource，DER）系统，而将包括分布式能源在内的电力系统称为分布式能源电力系统。由于能够大幅提高能源利用效率、节能、多样化地利用各种清洁和可再生能源。未来分布式能源系统的应用将会越来越广泛。

分布式发电直接接入配电系统（380V 或 10kV 配电系统，一般低于 66kV 电压等级）并网运行较为多见，但也有直接向负荷供电而不与电力系统相联，形成独立供电系统（Stand-alone System），或形成所谓的孤岛运行方式（Islanding Operation Mode）。当采用并网方式运行时，一般不需要储能系统，但采取独立（无电网孤岛）运行方式时，为保持小型供电系统的频率和电压的稳定，储能系统往往是必不可少的。

由于这种发电技术正处于发展过程，因此在概念和名词术语的叙述和采用上尚未完全统一。CIGRE 欧洲工作组 WG37-33 将分布式电源定义为：不受供电调度部门的控制、与 77kV 以下电压等级电网联网、容量在 100MW 以下的发电系统。英国则采用"嵌入式发电"（Embedded Generation）的术语，但文献中较少使用。此外，有的国外文献和教科书将容量更小、分布更为分散的（如小型户用屋顶光伏发电及小型户用燃料电池发电等）称为分散式发电（Dispersed Generation）。本节所采用的 DG 或 DR 的术语，与 IEEE 1547—2003《分布式电源与电力系统互联》中的定义相同。

目前，分布式发电的概念常常与可再生能源发电和热电联产的概念发生混淆，有些大型的风力发电和太阳能发电（光伏或光热发电）直接接入输电电压等级的电网，则称为可再生能源发电而不称为分布式发电；有些大型热电联产机组，无论其为燃煤或燃气机组，它们直接接入高压网，进行统一调度，属于集中式发电，而不属于分布式发电。

当分布式电源接入配电网并网运行时，在某些情况下可能对配电网产生一定的影响，对需要高可靠性和高电能质量的配电网来说，分布式发电的接入必须慎重。因此需要对分布式发电接入配电网并网运行时可能存在的问题，对配电网的当前运行和未来发展可能产生的正面或负面影响进行深入的研究，并采取适当的措施，以促进分布式发电健康地发展。

（二）发展分布式发电系统的意义

发展分布式发电系统的必要性和重要意义主要在于其经济性、环保性和节能效益，以及能够提高供电安全可靠性及解决边远地区用电等。

1. 经济性

有些分布式电源，如以天然气或沼气为燃料的内燃机等，发电后工质的余热可用来制热、制冷，实现能源的梯级利用，从而提高利用效率（可达 60%～90%）。此外，由于分布式发电的装机容量一般较小，其一次性投资的成本费用较低，建设周期短，投资风险小，投资回报率高。靠近用户侧安装能够实现就近供电、供热，因此可以降低网损（包括输电和配电网的网损以及热网的损耗）。

2. 环保效益

采用天然气作燃料或以氢能、太阳能、风能为能源，可减少有害物（NO_x、SO_x、CO_2 等）的排放总量，减轻环保压力。大量的就近供电减少了大容量、远距离、高压输电线的建设，也减少了高压输电线的线路走廊和相应的征地面积，减少了对线路下树木的砍伐。

3. 能源利用的多样性

由于分布式发电可利用多种能源，如洁净能源（天然气）、新能源（氢）和可再生能源（生物质能、风能和太阳能等），并同时为用户提供冷、热、电等多种能源应用方式，对节约能源具有重要意义。

4. 调峰作用

夏季和冬季往往是电力负荷的高峰时期，此时如采用以天然气为燃料的燃气轮机等冷、热、电三联供系统，不但可解决冬、夏季的供热与供冷的需要，同时能够提供电力，降低电力峰荷，起到调峰的作用。

5. 安全性和可靠性

当大电网出现大面积停电事故时，具有特殊设计的分布式发电系统仍能保持正常运行。虽然有些分布式发电系统由于燃料供应问题（可能因泵站停电而使天然气供应中断）或辅机的供电问题，在大电网故障时也会暂时停止运行，但由于其系统比较简单，易于再启动，有利于大电力系统在大面积停电后的黑启动，因此可提高供电的安全性和可靠性。

6. 边远地区的供电

许多边远及农村、海岛地区远离大电网，难以从大电网直接向其供电，采用光伏发电、小型风力发电和生物质发电的独立发电系统是一种优选的方法。

（三）分布式发电技术

1. 燃气轮机、内燃机、微燃机发电技术

燃气轮机、内燃机、微燃机发电技术是以天然气、煤层气或沼气等为常用燃料，以燃气轮机（Gas Turbine 或 Combustion Turbine）、内燃机（Gas Engine 或 Internal Combustion Reciprocating Engines）和微燃机（Micro-Turbine）等为发电动力的发电系统，如图 5–17～图 5–19 所示。

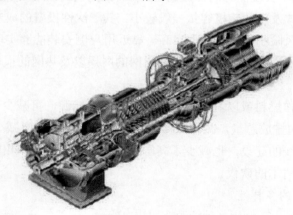

图 5–17 燃气轮机

图 5-18　内燃机　　　　　　　　　　图 5-19　微燃机

（1）燃气轮机。燃气轮机由压缩机、燃烧室和涡轮发电机组组成。它可以利用天然气、高炉煤气、煤层气、馏出燃料等作为燃料。燃气轮机将燃料燃烧时释放出来的热量转换为旋转的动能，再转化为电能输出以供应用。燃气轮机有轻型燃气轮机和重型燃气轮机两种类型。轻型燃气轮机为航空发动机的转型，优点是装机快、体积小、启动快、快速反应性能好、简单循环效率高，适合在电网中调峰、调节或应急备用。重型燃气轮机为工业型燃机，优点是运行可靠、排烟温度高、联合循环效率高，主要用于联合循环发电、热电联产。

燃气轮机技术十分成熟，其性能也在逐步改进、完善。一般大容量的燃气轮机（如 30MW 以上）的效率较高，即使无回热利用，效率也可达 40%。特别是燃气-蒸汽联合循环发电技术更为完善，目前已有燃气、蒸汽集于一体的单轴机组，装置净效率可提高到 58%～60%。这种联合循环式燃气轮机因具有更高的效率而得到日益广泛的应用。但其主要缺点是由于利用燃气余热的蒸汽轮机具有凝汽器、真空泵、冷却水系统等，使结构趋于复杂，因此容量小于 10MW 的燃气轮机往往不采用燃气-蒸汽联合循环的发电方式。燃气轮机发电的优点是：每兆瓦的输出成本较低，效率高，单机容量大，安装迅速（只需几个月时间），排放污染小，启动快，运行成本低，寿命周期较长。目前，以天然气为燃料的燃气轮机应用极其广泛。

（2）内燃机。内燃机的工作原理是将燃料与压缩空气混合，点火燃烧，使其推动活塞做功，通过气缸连杆和曲轴驱动发电机发电。

由于较低的初期投资，在容量低于 5MW 的发电系统中，柴油发电机占据了主导地位。然而随着对排气的要求越来越严格，天然气内燃机市场占有量不断提升，其性能也在逐步提高。在效率方面，在相同排量和转速的条件下，柴油发电机有较高的压缩比，因而具有更高的发电效率。天然气内燃机发电机组对瞬时负荷的反应能力较差，却能够较好地对恒定负荷供电。柴油发电机由于其较高的功率密度，在同样的输出功率下，比天然气内燃机发电机体积更小；对于相同的输出功率，柴油发电机比天然气内燃机发电机更经济。然而，由于按产生相同热量比较，天然气较柴油便宜，因此对于恒定大负荷系统，包括初期投资和运行费用在内，使用天然气发电机可能会更经济。尽管天然气内燃机发电机的效率没有柴油发电机高，但在热电联供系统中却有更高的效率，各种燃料类型的内燃机发电效率在 34%～41% 之间、热效率在 40%～50% 之间，因此总效率可以达到 90%，而柴油发电机只有 85%。

在分布式发电系统中，内燃机发电技术是较为成熟的一种。它的优点包括初期投资较低，效率较高，适合间歇性操作，且对于热电联供系统有较高的排气温度等。另外，内燃机的后期维护费用也相对低廉。往复式发电技术在低于 5MW 的分布式发电系统中很有发展前景，其在分布式发电系统中的安装成本大约是集中式发电的一半。除了较低的初期成本和较低的生命周期运营费用外，它还具有更高的运行适应性。

目前，内燃机发电技术广泛应用在燃气、电力、供水、制造、医院、教育以及通信等行业。

（3）微燃机。微燃机是指发电功率在几百千瓦以内（通常为 100～200kW 以下），以天然气、甲烷、汽油、柴油为燃料的小功率燃气轮机。微燃机与燃气轮机的区别主要为：

1）微燃机输出功率较小，其轴净输出功率一般低于 200kW。

2）微燃机使用单级压气机和单级径流涡轮。

3）微燃机的压比是 3:1～4:1，而不是燃气轮机的 13:1～15:1。

4）微燃机转子与发电机转子同轴，且尺寸较小。

微燃机发电系统由燃料系统、涡轮发电系统和电力电子控制系统组成。助燃用的洁净空气通过高压空气压缩机加压同时加热到高温高压，然后进入燃烧室与燃料混合燃烧，燃烧后的高温高压气体到涡轮机中膨胀做功，驱动发电机，发电机随转轴以很高的速度（5 万～10 万 r/min）旋转，从而产生高频交流电，再利用电力电子装置，将高频交流电通过整流器转换为直流电，经逆变器将直流电转换为工频交流电。

微燃机技术主要包括高转速的涡轮转子、高效紧凑的回热器、无液体润滑油的空气润滑轴承、微型无绕线的磁性材料发电机转子、低污染燃烧技术、高温高强度材料及可变频交直流转换的发电控制技术等。

微燃机可长时间工作，且仅需很少的维护量，可满足用户基本负荷的需求，也可作为备用调峰以及用于废热发电装置。另外，微燃机体积小、重量轻、结构简单、安装方便、发电效率高、燃料适应性强、燃料消耗率低、噪声低、振动小、环保性好、使用灵活、启动快、运行维护简单。基于以上这些优势，微燃机正在得到越来越多的应用，特别适合用于微电网中。

2. 光伏（Photo-Voltaic，PV）发电技术

（1）光伏发电技术是一种将太阳光辐射能通过光伏效应、经光伏电池直接转换为电能的发电技术，它向负荷直接提供直流电或经逆变器将直流电转变成交流电供人们使用。光伏发电系统除了其核心部件光伏电池、电池组件、光伏阵列外，往往还有能量变换、控制与保护以及能量储存等环节。光伏发电技术经过多年发展，目前已获得很大进展，并在多方面获得应用。目前用于发电系统的光伏发电技术大多为小规模、分散式独立发电系统或中小规模并网式光伏发电系统，基本上均属分布式发电的范畴。光伏发电系统的建设成本至今仍然很高，发电效率也有待提高，目前商业化单晶硅和多晶硅的电池效率为 13%～17%（薄膜型光伏电池的效率为 7%～10%），影响了光伏发电技术的大规模应用。但由于光伏发电是在白天发电，它所发出的电力与负荷的最大电力需求有很好的相关性，因此今后必将获得大量应用。

（2）单个光伏电池的输出电流、电压和功率只有几安、几伏和几瓦，即使组装成组件，将电池串联、并联起来，输出功率也不大。使用时往往将多个组件组合在一起，形成所谓的模块化光伏电池阵列。

光伏发电具有不需燃料、环境友好、无转动部件、维护简单、维护费用低、由模块组成、可根据需要构成及扩大规模等突出优点，其应用范围十分广泛，如可用于太空航空器、通信系统、微波中继站、光伏水泵、边远地区的无电缺电区以及城市屋顶光伏发电等。光伏发电系统由光伏电池阵列、控制器、储能元件（蓄电池等）、直流-交流逆变器、配电设备和电缆等组成，如图 5-20 所示。

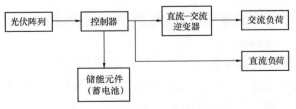

图 5-20 光伏发电系统示意图

一般可将光伏发电系统分为小规模分散式独立供电系统和中小规模并网发电系统，以及与小风电和柴油发电机等构成混合供电系统。对于并网系统可不用蓄电池等储能元件，但独立供电系统储能元件是不可缺少的，因此光伏发电系统各部分的作用和功能对不同系统而言并不完全相同。

3. 燃料电池（Fuel Cell）发电技术

燃料电池主要包括碱性燃料电池、质子交换膜燃料电池、磷酸燃料电池、熔融碳酸盐燃料电池、固体氧化物燃料电池等。燃料电池的分类及特性参见表5-1。

表5-1　　　　　　　　　　燃料电池的分类及特性

电池类型	碱性燃料电池	质子交换膜燃料电池	磷酸燃料电池	熔融碳酸盐燃料电池	固体氧化物燃料电池
英文名及简称	Alkaline Fuel Cell（AFC）	Proton Exchange Membrane Fuel Cell（PEMFC）	Phosphoric Acid Fuel Cell（PAFC）	Molten Carbonate Fuel Cell（MCFC）	Solid Oxide Fuel Cell（SOFC）
电解质	KOH	质子交换膜PEM	磷酸	$Li_2CO_3-K_2CO_3$	YSZ（氧化锆等）
电解质形态	液体	固体	液体	液体	固体
燃料气体	H_2	H_2	H_2、天然气	H_2、天然气、煤气	H_2、天然气、煤气
工作温度（℃）	50～200	60～80	150～220	650	900～1050
应用场合	空间技术，机动车辆	机动车辆，电站，便携式电源	机动车辆，轻便电源，发电	发电	发电

燃料电池在技术上尚未完全过关，电池寿命有限，材料价格也较贵。尽管国外已有各种类型和容量的商品化燃料电池可供选择，但目前在国内基本上处于实验室阶段，尚无大规模的国产商业化产品可用。

燃料电池发电技术在电动汽车等领域中有所应用，其基本流程如图5-21所示。这种静止型发电技术的发电效率与容量大小几乎无关，因此在小规模分布式发电的应用中有一定的优势，是一种很有前途的未来型发电技术。

4. 生物质（Biomass）发电技术

生物质发电系统是以生物质能为能源的发电工程总称，包括沼气发电、薪柴发电、农作物秸秆发电、工业有机废料和垃圾焚烧发电等，这类发电的规模和特点受生物质能资源的制约。可用于转化为能源的主要生物质能资源包括薪柴、农

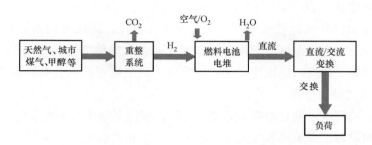

图 5-21 燃料电池发电的基本流程

作物秸秆、人畜粪便、酿造废料、生活和工业的有机废水及有机垃圾等。生物质发电系统装置主要包括：

（1）能源转换装置。不同生物质发电工程的能源转换装置是不同的，如垃圾焚烧电站的转换装置为焚烧炉，沼气发电站的转换装置为沼气池或发酵罐。

（2）原动机。如垃圾焚烧电站用汽轮机，沼气电站用内燃机等。

（3）发电机。

（4）其他附属设备。

生物质发电系统的工艺流程如图 5-22 所示。

图 5-22 生物质发电系统工艺流程图

生物质发电的优点包括：① 生物质是可以再生的，因此其能源资源不会枯竭；② 粪便、垃圾、有机废弃物对环境是有污染的，大量的农作物秸秆在农田里燃烧会造成大气污染和产生一定的温室效应，如用于发电则可以化害为利，变废为宝；③ 由于生物质资源比较分散，不易收集，能源密度低，因此所用发电设备的装机容量一般也较小，比较适合作为小规模的分布式发电，体现了发展循环经济和能源综合利用的方针，是能源利用的极好形式，同时也解决了部分电力需求。

5. 风力发电技术

我国自 20 世纪 50 年代开始发展风力发电，最初是用于农村和牧区的家庭自用小风力发电机，之后在新疆、内蒙古、吉林、辽宁等省区建立了一些容量在 10kW 以下的小型风电场，还在西藏、青海等地建立了一些由小型风力发电、光伏发电和柴油机发电共同构成的联合发电系统。这些小型发电系统往往远离大电力系统而以分散的独立小电力系统的形式运行，因此可归入分布式发电的范畴。在国外，也有在城市郊区建设少量（几台）大单机容量（1MW以上）的风力发电机组，并接入低压配电网，这些风力发电也可归入分布式发电的范畴。

6. 分布式储能技术

当分布式发电以独立或孤岛方式运行时，储能系统是必不可少的，因此电能储存技术和设备正越来越多受到人们的关注。分布式储能技术主要包括蓄电池、飞轮、超级电容器、电动汽车等。另外，还有利用电加热蓄热砖或蓄热水的蓄热储能，以及制冰及冷水的蓄冷储能等。

（四）分布式发电与并网技术

分布式发电接入配电网时，除基本要求外，还需满足一些其他要求，主要包括对配电网事故情况下的响应要求、电能质量方面的要求、形成孤岛运行方式时的要求、控制和保护方面的要求以及投运试验的要求等。

1. 分布式发电接入配电网的基本要求

（1）与配电网并网时，可按系统能接受的恒定功率因数或恒定无功功率输出的方式运行。分布式发电本身允许采用自动电压调节器，但在进行电压调节时应遵照已有的相关标准和规程，不应造成在公共连接点（Point of Common Coupling，PCC）处的电压频繁越限，更不应对所联配电网的正常运行造成危害。一般而言，不应由分布式发电承担 PCC 处的电压调节，该点的电压调节应由电网企业来负责，除非与电网企业达成专门的协议。

（2）采用同期或准同期装置与配电网并网时，不应造成电压过大的波动。

（3）分布式发电的接地方案及相应的保护应与配电网原有的接地方式相协调。

（4）容量达到一定大小（如几百千伏安至 1MVA）的分布式发电，应将其连接处的有功功率、无功功率的输出量和连接状态等方面的信息传给配电网的控制调度中心。

（5）分布式发电应配备继电器，以使其能检测何时应与电力系统解列，并在条件允许时以孤岛方式运行。

（6）与配电网间的隔离装置应该是安全的，以免在设备检修时造成人员伤亡。

2. 分布式发电与电能质量

与分布式发电相关的电能质量问题主要应考虑以下方面：

（1）供电的短暂中断。许多情况分布式发电设计成当电网企业供电中断时，它可作为备用发电来向负荷供电，较典型的是采用柴油发电机作为备用电源。但从主供电电源向备用电源的转移往往不是一种无缝转移，开关切换需要一定的时间，所以可能仍存在极短时间的中断。

如果正常运行时，分布式发电与电网企业的主供电电源并列运行，情况有可能好一些，但需要付出一定的成本费用，并且还要受到容量和运行方式的限制。如果分布式发电处于热备用状态，且与系统并列运行或同时还带部分负荷，一旦系统出现故障，若分布式发电容量太小，或转移的负荷太大，则可能需要切除部分负荷，也可将负荷分组，在电源转移时仅带少量不可中断的负荷，否则会引起孤立系统电压和频率的下降并越限，无法维持正常运行。

（2）电压调节。由于分布式发电的发电机具有励磁系统，可在一定程度上调节无功功率，从而具有电压调节能力。由此，一般认为分布式发电可以提高配电馈线的电压调节能力，而且调节的速度可能比调节变压器抽头或投切电容器快，但实际上并非完全如此。

当分布式发电远离变电站时，对变电站母线电压的调节能力就很弱；有些发电机采用感应电机（如风力发电机），可能还要吸收无功，而不适用于电压调节；逆变器本身不产生无功功率，需要由其他无功设备作补偿；电网企业往往不希望分布式发电对公共连接点处的电压进行调节，担心对自己的无功调节设备产生干扰；在多个分布式发电之间有时也会产生调节时的互相干扰；小容量的分布式发电通常也无能力进行电压调节，而往往以恒定功率因数或恒定无功功率的方式运行；大容量的分布式发电虽然可以用来调节公共连接点处的电压，但必须将有关信号和信息传到配电系统的调度中心，以进行调度和控制的协调。问题是分布式发电的启停往往受用户控制，若要其来承担公共连接点处的电压调节任务，一旦停运，公共连接点处的电压调节就有可能成问题。

（3）谐波问题。采用基于晶闸管和线路换相的逆变器的分布式发电会有谐波问题，但采用基于 IGBT 和电压源换相的逆变器越来越多，使谐波问题大大缓解。采用后者有时在切换过程中会出现某些频率谐振，在电压波形上也会出现高频的杂乱信号，造成时钟走时不准等。这种情况需要在母线上安装足够容量的电容器，将高频成分滤除。

由于分布式发电的发电机本身有时会产生 3 次谐波，如与发电机相连的供电变压器在发电机侧的绕组是星形的，则 3 次谐波就有可能形成通路。若该绕组是三角形的，则 3 次谐波会在绕组中相互抵消。

（4）电压暂降。电压暂降（Voltage Dip 或 Voltage Sag）是最常见的电能质量问题，分布式发电是否有助于减轻电压暂降，取决于其类型、安装位置以及容量大小等。

3. 分布式发电并网的控制和保护

当分布式发电与配电网并网运行时，有时配电网会出现故障，此时为使其与配电网配合良好，除了配电网本身需要配备一定的控制和保护装置外，分布式发电也应配备能检测出配电网中故障并作出适当反应的装置和保护继电器。

分布式发电系统应配备什么样的保护装置，与容量的大小和系统的复杂程度有关。但至少应配备有过电压和欠电压继电器，主要检测电网侧的扰动，以判断配电系统是否有故障存在。另外，还需配备高/低频继电器，以检测与电网相连的主断路器是否已跳开，即是否已形成孤岛状态，因为主断路器断开后会产生较大的频率偏移。过电流继电器的配置取决于不同类型的分布式发电提供故障电流的能力。有些电力电子型分布式发电在故障时并不能提供较大的短路电流，采用过电流继电器就不合适。对于较大容量的分布式发电和较复杂的系统，除了上述保护装置外，还可配备一些其他继电保护装置，如用于防止发电机因不平衡而损坏的负序电压继电器，防止发生铁磁谐振的瞬时过电压（峰值）继电器，用于检测单相接地故障防止发电机成孤岛运行方式的中性线零序电压继电器，用于控制主断路器闭合的同步继电器。

除了上述主要用于发电机并网的保护装置外，发电机本身也应安装一些保护装置，如快速检测发电机接地故障的差动接地继电器，以及失磁继电器、逆功率继电器、发电机过电流继电器等。故障时，分布式发电配备的故障检测继电器在经过一定的时延将其与系统解列。

4. 分布式发电并网运行时与电网的相互影响

（1）对电能质量的影响。

1）电压调整。由于分布式发电是由用户来控制的，因此用户将根据自身需要频繁地启动和停运，这会使配电网的电压常常发生波动。分布式发电的频繁启动会使配电线路上的负荷潮流变化大，从而加大电压调整的难度，调节不好会使电压超标。未来的分布式发电可能会大量采用电力电子型设备，电压的调节和控制与常规方式会有很大不同（有功和无功可分别单独调节，用调节晶闸管触发角的方式来调无功，且调节速度非常快），需要相应的控制策略和手段与其配合。若分布式电源为采用异步电机的风电机组，由于需从配电网吸收无功功率，且该无功功率随风的大小和相应的有功功率变动而波动，使电压调节变得困难。

2）电压闪变。当分布式发电与配电网并网运行时，因有配电网的支撑，一般不易发生电压闪变，但切换成孤岛方式运行时，如无储能元件或储能元件功率密度或能量密度太小，就易发生电压闪变。

3）电压不平衡。如电源为电力电子型，则不适当的逆变器控制策略会产生不平衡电压。

4）谐波畸变和直流注入。电力电子型电源易产生谐波，造成谐波污染。此外，当分布式发电无隔离变压器而与配电网直接相连，有可能向配电网注入直流，使变压器和电磁元件出现磁饱和现象，并使附近机械负荷产生转矩脉动（Torque Ripple）。

（2）对继电保护的影响。

1）分布式发电须与配电网的继电保护装置配合。配电网中大量的继电保护装置早已存在，不可能做大量改动，分布式发电必须与之配合并尽可能地适应。

2）可能使重合闸不成功。如配电网的继电保护装置具有重合闸功能时，则当配电网故障时，分布式发电的切除必须早于重合时间，否则会引起电弧的重燃，使重合闸不成功（快速重合闸时间为 0.2～0.5s）。

3）会使保护区缩小。当有分布式发电功率注入配电网时，会使继电器原来的保护区缩小，从而影响继电保护装置正常工作。

4）使继电保护误动作。传统的配电网大多为放射型的，末端无电源，不会产生转移电流，因而控制开关动作的继电器无须具备方向敏感功能，如此当其他并联分支故障时，会引起安装有分布式发电分支上的继电器的误动，造成该无故障分支失去配电网主电源。

（3）对配电网可靠性的影响。分布式发电可能对配电网可靠性产生不利的影响，也可能产生有利的作用，需要视具体情况而定，不能一概而论。

1）不利情况包括：① 大系统停电时，由于燃料（如天然气）中断或辅机电源失去，部分分布式发电会同时停运，这种情况下无法提高供电的可靠性。② 分布式发电与配电网的继电保护配合不好，可能使继电保护误动，反而使可靠性降低。③ 不适当的安装地点、容量和连接方式会降低配电网可靠性。

2）有利情况包括：① 分布式发电可部分消除输配电网的过负荷和堵塞，增加输配电网的输电裕度，提高系统可靠性。② 在一定的分布式发电配置和电压调节方式下，可缓解电压暂降，提高系统对电压的调节性能，从而提高系统的可靠性。③ 特殊设计的分布式发电可在大电力输配电系统发生故障时继续保持运行，从而提高系统的可靠性水平。

一般而言，人们相信分布式电源系统能支持所有重要的负荷，即当失去配电网电源时，分布式电源会即刻取代它从而保证系统电能质量不下降，但实际上很难做到这一点，除非配备适当且适量的储能装置。燃料电池的反应过程使其本身难以跟随负荷的变化作出快速反应，更不用说在失去配电网电源时保持适当的电能质量，即使是微燃机、燃气轮机等也难以平滑地从联网运行方式转变到孤岛运行方式。

（4）对配电系统实时监视、控制和调度方面的影响。传统配电系统的实时监视、控制和调度是由电网统一来执行的，由于原先配电网的受电端是一个无源的放射形电网，信息采集、开关操作、能源调度等相应比较简单。分布式发电的接入使此过程复杂化。需要增加哪些信息，这些信息是作为监视信息，还是作为控制信息，由谁来执行等，均需要依据分布式发电并网规程重新予以审定，并通过具体的分布式发电并网协议最终确定。

（5）孤岛运行问题。孤岛运行往往是分布式电源（分布式发电）需要解决的一个极为重要的问题。一般而言，分布式发电的保护继电器在执行自身的功能时，并不接受来自于任何外部与之所联系统的信息。如此，配电网的断路器可能已经打开，但分布式发电的继电器未能检测出这种状况，不能迅速地作出反应，仍然向部分馈线供电，最终造成系统或人员安全方面的损害，所以孤岛状况的检测尤为重要。

当配电系统采用重合闸时，分布式发电本身的问题也值得关注。一旦检测出孤岛的情况，应将分布式发电迅速地解列。若当配电网的断路器重合时，分布式发电的发电机仍然连接，则由于异步重合带来的冲击，发电机的原动机、轴和一些部件就会损坏。这样，由于分布式发电的存在使配电网的运行策略发生了变化，即那些采用瞬时重合闸的配电网将不得不延长重合闸的间隔时间，以确保分布式发电能有足够的时间检测出孤岛状况并将其与系统解列。这说明当配电网故障，分布式发电有可能采取解列运行方式时，解列后再并网时的判同期问题成为减小对配电网和分布式发电本身的冲击所需要考虑的主要问题，为此必须要有一定的控制策略和手段来给予保证。

（6）其他方面影响。

1）短路电流超标。有些电网企业规定，正常情况下不允许分布式发电功率反送。分布式发电接入配电网侧装有逆功率继电器，正常运行时不会向电网注入功率，但当配电系统发生故障时，短路瞬间会有分布式发电的电流注入电网，增加了配电网开关的短路电流水平，可能使配电网的开关短路电流超标。因此，大容量分布式发电接入配电网时，必须事先进行电网分析和计算，以确定它对配电网短路电流水平的影响程度。

2）铁磁谐振（Ferro-resonance）。当分布式发电通过变压器、电缆线路、开关等与配电网相联时，一旦配电网发生故障（如单相对地短路）而配电网侧开关断开时，分布式发电侧开关也会断开，假如此时分布式发电变压器未接负荷，变压器的电抗与电缆的大电容可能发生铁磁谐振而造成过电压，还可能引起大的电磁力，使变压器发出噪声或使变压器损坏。

3）变压器的连接和接地。当分布式发电采用不同的变压器连接方式与配电网相连时，或其接地方式与配电网的接地方式不配合时，就会引起配电网侧和分布式发电侧的故障传递问题及分布式发电的 3 次谐波传递到配电网侧的问题，而且，分布式发电侧保护继电器也会检测到配电网侧的故障而动作，由此可能引起一系列问题。

4）调节配合。配电网电容器投切应与分布式发电的励磁调节相配合，否则会出现争抢调节的现象。

5）配电网效益。分布式发电的接入可能使配电网的某些设备闲置或成为备用。例如，当分布式发电运行时，其相应的配电变压器和电缆线路常常因负荷小而轻载，这些设备成为了它的备用设备，导致配电网的成本增加，电网企业的效益下降。另外，还可能使配电系统负荷预测更加困难。

对于光伏发电接入电力系统还有一些特殊问题，由于光伏是在白天发电，根据日本和德国的家用光伏发电设备的安装情况和运行经验，大多安装在居民屋顶，且大部分并网运行，但一般并不安装蓄电池等储能设备，如此会产生一定量的反向功率输入电网，此时会由于云层的变化而造成公共连接点的电压波动和电压升高，如与各相负荷连接的光伏发电设备数量不均匀的话，很容易产生不平衡电流和不平衡电压。由此，对于大量安装光伏发电设备的情况下，无功补偿和调节手段显得极为重要。

由此当分布式发电并网运行时，人们很关心它会对配电网产生什么样的影响，采取什么措施可将其负面影响减到最小。分布式发电的影响与其安装的地点、容量大小以及数量密切相关。配电馈线上能安装分布式发电的数量，是与电能质量问题密切相关的，也与电压调节能力有关，在将来有大量分布式发电时，通信和控制就可能成为关键。

5. 分布式电源的并网规程

分布式电源可以独立地带负荷运行，也可与配电网并网运行。一般而言，并网运行对分布式发电的正常运行无论从技术上还是经济上均十分有利，目前分布式发电在电网中的比例也越来越大，并网运行的方式逐渐成为一种普遍的运行方式。当其并网运行时，对与之相联配电网的正常运行会产生一定影响，反之配电网的故障也会直接影响到其本身的正常运行。为使分布式发电可能产生的负面影响减低到最小，并尽可能发挥其积极的作用，同时也为了保证其本身的正常运行，按照一定的规程进行并网极为重要。为此，世界上的一些发达国家和专门的学会、标准化委员会，如 IEEE、IEC 以及日本、澳大利亚、英国、德国等纷纷制定相应的并网导则和规程，中国也开展了这方面的工作。

这里特别要指出的是 IEEE 主持制定了 IEEE 1547—2003《分布式电源与电力系统互联标准》，并以此作为美国国家层面的标准。该标准于 2003 年获得批准并发布实施。

IEEE 1547 规定了 10MVA 及以下分布式电源并网技术和测试要求，其中包含 7 个子标准：IEEE 1547.1 规定了分布式电源接入电力系统的测试程序，于 2005 年 7 月颁布；IEEE 1547.2 是 IEEE 1547 标准的应用指南，提供了有助于理解 IEEE 1547 的技术背景和实施细则；IEEE 1547.3 是分布式电源接入电力系统的监测、信息交流与控制方面的规范，于 2007 年颁布实施，促进了一个或多个分布式电源接入电网的协同工作能力，提出了监测、信息交流以及控制功能、参数与方法方面的规范；IEEE 1547.4 规定了分布式电源独立运行系统设计、运行以及与电网连接的技术规范（目前仍是草案，尚未颁布实施），该标准提供了分布式电源独立运行系统接入电网时的规范，包括与电网解列和重合闸的能力；IEEE 1547.5 规定了容量大于 10MVA 的分布式电源并网的技术规范，提供了设计、施工、调试、验收、测试以及维护方面的要求，目前尚是草案；IEEE 1547.6 是分布式电源接入配电二级网络时的技术规程，包括性能、运行、测试、安全以及维护方面的要求，目前尚是草案；IEEE 1547.7 是研究分布式电源接入对配电网影响的方法，目前亦为草案。

日本于 2001 年制定了 JEAG 9701—2001《分布式电源系统并网技术导则》，

对分布式发电的并网起到了很好的指导作用。

（五）分布式发电技术的研发重点与应用前景

1. 分布式发电技术的研究与开发的重点

近年来我国分布式发电工程项目发展较快，就北京、上海、广州等大城市而言，工程相继付诸实施。《可再生能源法》的颁布更促进了各种生物质发电的发展，大量的小型生物质电厂在农村和中小城市接连投运。但相关技术的研究和开发显得有些滞后，因此应加大研发的力度，研制出具有我国自主知识产权的产品和系统并降低它们的成本。此外，由于大多数分布式发电采用与配电网并网运行的方式，因此对未来配电网的规划和运行影响较大，须进行深入研究。这些研究具体包括以下几个方面：

（1）分布式发电系统的数学模型和仿真技术研究。建立分布式发电本身及并网运行的稳态、暂态和动态的数学模型，开发相应的数字模拟计算机程序或实验室动态模型和仿真技术，也可建立户外分布式电源试验场。

（2）规划研究。进行包括分布式发电在内的配电网规划研究，研究分布式发电在配电网中的优化安装位置及规模，对配电网的电能质量、电压稳定性、可靠性、经济性、动态性能等的影响。配电网应规划设计成方便分布式发电的接入并使分布式发电对配电网本身的影响最小。

（3）控制和保护技术研究。研究对大型分布式发电的监控技术，包括分布式发电在内的配电网新的能量管理系统、将分布式发电作为一种特殊的负荷控制、需求侧管理和负荷响应的技术，对配电网继电保护配置的影响及预防措施等。

（4）电力电子技术研究。新型的分布式发电技术常常需要大量应用电力电子技术，须研究具有电力电子型分布式电源的交/直流变换技术、有功和无功的调节控制技术等。

（5）微电网技术研究。微电网的模拟、控制、保护、能量管理系统和能量储存技术等与常规分布式发电技术有较大不同，须进行专门的研究；还要研究微电网与配电网并网运行以及电网出现故障时微电网与配电网解列和解列后的再同步运行问题。

（6）分布式电源的并网规程和导则的研究与制定。我国目前尚无国家级分布式电源的并网规程和导则，应尽快加以研究并制定相应的规程和导则，以利于分布式发电（分布式电源）的接入。

2. 分布式发电的应用前景

随着分布式发电技术水平的提高、各种分布式电源设备性能不断改进和效率不断提高，分布式发电的成本也在不断降低，应用范围也将不断扩大，可以覆盖到包括办公楼、宾馆、商店、饭店、住宅、学校、医院、福利院、疗养院、大学、体育场馆等多种场所。目前，这种电源在我国仅占较小比例，但可以预计未来的若干年内，分布式电源不仅可以作为集中式发电的一种重要补充，而且将在能源综合利用上占有十分重要的地位。分布式发电与集中式发电的关系示意如图 5-23 所示。

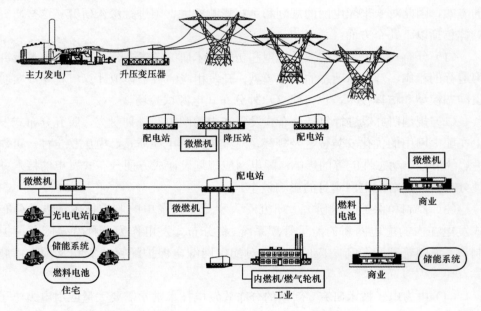

图 5-23　分布式发电与集中式发电的关系示意图

二、微电网技术

（一）基本设备和技术

分布式电源尽管优点突出，但本身存在一些问题。例如，分布式电源单机接入成本高、控制困难等。同时由于分布式电源的不可控性及随机波动性，其渗透率的提高也增加了对电力系统稳定性的负面影响。分布式电源相对大电网来说是一个不可控电源，因此目前的国际规范和标准对分布式电源大多采取限制、隔离的方式来处理，以期减小其对大电网的冲击。IEEE P 1547 标准规定：当电力系统发生故障时，分布式电源必须马上退出运行，大大限制了其效能的充分发挥。为协调大电网与分布式电源间的矛盾，最大限度地发掘分布式发电技术在经济、能源和环境中的优势，在 21 世纪初学者们提出了微电网的概念。

微电网从系统观点看问题，将发电机、负荷、储能装置及控制装置等结合，形成一个单一可控的独立供电系统。它采用了大量的现代电力电子技术，将微型电源和储能设备并在一起，直接接在用户侧。对于大电网来说，微电网可被视为电网中的一个可控单元，可以在数秒钟内动作以满足外部输配电网络的需求；对用户来说，微电网可以满足他们特定的需求，如降低馈线损耗、增加本地可靠性、保持本地电压稳定、通过利用余热提高能量利用的效率等。

微电网或与配电网互联运行，或独立运行（称为孤立运行方式），当配电网出现故障而微电网与其解列时，仍能维持微电网自身的正常运行。这种微电网的结构、模拟、控制、保护、能量管理系统和能量储存技术等与常规分布式发电技术有较大不同，须进行专门的研究。

由美国的电力集团（Electric Power Group，EPG）、伯克利劳伦斯国家实验室（Lawrence Berkeley National Laboratory）等研究机构组成的 CERTS（Consortium for Electric Reliability Technology Solutions）合作组织，在美国能源部（Department of Energy，DOE）和加州能源委员会（California Energy Commission）等资助下，对微电网技术开展了专门的研究。CERTS 定义的微电网基本概念：这是一种负荷和微电源的集合。该微电源以在一个系统中同时提供电力和热力的方式运行，这些微电源中的大多数必须是电力电子型的，并提供所要求的灵活性，以确保能以一个集成系统运行，其控制的灵活性使微电网能作为大电力系统的一个受控单元，以适应当地负荷对可靠性和安全性的要求。

CERTS 定义的微电网提出了一种与以前完全不同的分布式电源接入系统的新方法。传统的方法在考虑分布式电源接入系统时，着重在分布式电源对网络性能的影响。传统方法在 IEEE 1547—2003 中得到充分的体现，即当电网出现问题时，要确保联网的分布式电源自动停运，以免对电网产生不利的影响。而 CERTS 定义的微电网要设计成当主电网发生故障时微电网与主电网无缝解列或成孤岛运行，一旦故障去除后便可与主电网重新连接。这种微电网的优点是它在与之相连的配电系统中被视为一个自控型实体，保证重要用户电力供应的不间断，提高供电的可靠性，减少馈线损耗，对当地电压起支持和校正作用。因此，微电网不但避免了传统的分布式发电对配电网的一些负面影响，还能对微电网接入点的配电网起一定的支持作用。

基于上述概念，微电网中功率范围在 100kW 以下的微型燃气轮机将得到广泛的应用。它具有转速高（5 万～10 万 r/min）、采用空气轴承等特点，所发出的高频（1000Hz 左右）交流电须经交流–直流–交流环节转变为 50Hz 工频交流电供给负荷，但燃烧过程所产生的 NO_x 仍将对城市的环保产生不利的影响。燃料电池由于具有高效和低排放的特点，自然也很适合作为微电网的电源，特别是高温 MCFC 和 SOFC 比较适用于发电，但目前价格较贵，较少实际应用。光伏发电、小型风电和生物质发电也是很好的电源选择。蓄电池、飞轮和超级电容器等是微电网重要的储能元件。余热回收装置也是重要的部件之一，正是由于余热的利用提高了能源利用的效率，因为热水或热蒸汽并不能像电那样容易而经济地长距离输送，而微电网的结构恰恰能使热源更接近热负荷。

（二）微电网结构

一种典型的微电网系统结构如图 5-24 所示。

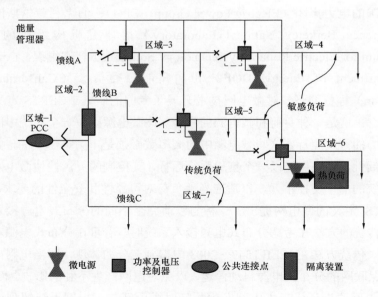

图 5-24 一种典型的微电网系统结构

相对于电力系统而言，微电网类似于一个独立的控制单元，其中每一个微电源都具有简单的即拔即插功能。对每一个微电源，最关键的是它本身的接口、控制、保护以及对微电网的电压控制、潮流控制和维持其运行稳定性。另一个重要的功能是微电网的联网运行和孤岛运行方式间的平稳转移。由图 5-24 可见，在微电网中，为防止微电网与配电网解列时对微电网内负荷的冲击，微电网的配电结构需重新设计，将不重要的负荷接在同一条馈线上，如馈线 C，重要或敏感的负荷接在另外馈线上，如馈线 A 和馈线 B。馈线 A 和馈线 B 上还安装有分布式电源、储能元件及相应的控制、调节和保护设备。如此，在微电网与主网解列时，通过隔离装置可甩去一些不重要负荷，但仍能保证一些重要负荷的正常、连续运行。

微电网具有控制、协调、管理等功能，并由以下系统来实现。

1. 微电源控制器

微电网主要靠微电源控制器来调节馈线潮流、母线电压及与主网的解、并网运行。由于微电源的即拔即插功能，控制主要依赖于就地信号，且响应是毫秒级的。

2. 保护协调器

保护协调器既适用于主网的故障，也适用于微电网的故障。当主网故障时，保护协调器要将微电网中最重要的负荷尽快地与主网隔离。某些情况下微电网中重要负荷允许电压短时暂降，在采取一定的补偿措施后可使微电网不与主网分离。当故障发生在微电网内，该保护应该在尽可能小的范围内将故障段隔离。

3. 能量管理器

能量管理器按电压和功率的预先整定值对系统进行调度，响应时间为分钟级。

（三）微电网的控制功能

微电网控制功能基本要求包括：新的微电源接入时不改变原有的设备，微电网解、并列时是快速无缝的，无功功率、有功功率要能独立进行控制，电压暂降和系统不平衡可以校正，要能适应微电网中负荷的动态需求。微电网的控制功能主要有以下几种：

（1）基本的有功和无功功率控制（$P-Q$ 控制）。由于微电源大多为电力电子型的，因此有功功率和无功功率的控制、调节可分别进行，可通过调节逆变器的电压辐值来控制无功功率，调节逆变器电压和网络电压的相角差来控制有功功率。

（2）基于调差的电压调节。在有大量微电源接入时用 $P-Q$ 控制是不适宜的，若不进行就地电压控制，就可能产生电压或无功振荡。而电压控制要保证不会产生电源间大的无功环流。在大电网中，由于电源间的阻抗相对较大，不会出现这种情况。微电网中只要电压整定值有小的误差，就可能产生大的无功环流，使微电源的电压值超标。由此要根据微电源所发电流是容性还是感性来决定电压的整定值，发容性电流时电压整定值要降低，发感性电流时电压整定值要升高。

（3）快速负荷跟踪和储能。在大电网中，当一个新的负荷接入时最初的能量平衡依赖于系统的惯性，主要为大型发电机的惯性，此时仅系统频率略微降低而已（几乎无法觉察）。由于微电网中发电机的惯量较小，有些电源（如燃料电池）的响应时间常数又很长（10～200s），因此当微电网与主网解列成孤岛运行时，必须提供蓄电池、超级电容器、飞轮等储能设备，相当于增加一些系统的惯性，才能维持微电网的正常运行。

（4）频率调差控制。在微电网成孤岛运行时，要采取频率调差控制，改变各台机组承担负荷的比例，以使各自出力在调节中按一定的比例且都不超标。

（四）微电网的保护

微电网结构对继电保护提出了一些特殊的要求，必须考虑的因素主要有以下几点：① 配电网一般是放射形的，由于有了微电源，保护装置上流经的电流就可能由单向变为双向；② 一旦微电网孤岛运行，短路容量会有大的变化，影响了原有的某些继电保护装置的正常运行；③ 改变了原有的单个分布式发电接入电网的方式，构成微电网的初衷之一是尽可能地维持一些重要负荷在电网故障时能正常运行而不使其供电中断，这些重要负荷往往为对电压敏感的，即不允许电压变动过大、时间过长，为此必须采用一些快速动作的开关，以代替原有的相对动作较慢的开关。这些均可能使原有的保护装置和策略发生变化。

（五）微电网并网运行

要根据微电网中负荷的需求来确定保护的方案，也即要根据负荷（如半导体制造工业负荷或一般商业性负荷）对电压变化的敏感程度和控制标准来配置保护。如故障发生在配电网中，则要采用高速开关类隔离装置（Separation Device，SD），将微电网中的重要敏感性负荷尽快地与故障隔离。此时，微电网中的 DR（或 DER）是不应该跳闸的，以确保故障隔离后仍能对重要负荷正常供电（供热）。当故障发生在微电网中时，除了上述隔离装置动作外，微电网内的开关也要动作，以保护非故障的微电网馈线段。同时，隔离装置的动作时间要与配电网中上级保护装置协调，以免影响上一级馈线负荷。一旦配电网恢复正常，就应通过测量和比较 SD 两侧电压的幅值和角度，采用自动或手动的方式将微电网重新并网运行。如果微电网内仅有一个微电源，当然允许采用手动的方式再同步并网；但若在微电网内多个地点有多个微电源，则必须考虑采用自动的方式再同步并网。

（六）微电网孤岛运行

当微电网孤岛运行时，为了使所隔离的故障区尽可能小，微电网中保护装置的协调尤为重要。特别需要指出的是，由于微电网的电源大多为电力电子型设备，所发出的电力通过逆变器与网络连接，故障时仅提供很小的短路电流（例如 2 倍于正常负荷电流），难以启动常规的过电流保护装置。因此，保护装置和策略就应作相应地修改，如采用阻抗型、零序电流型、差分型或电压型继电保护装置。此外，微电网的接地系统必须仔细设计，以免微电网解列时继电保护误动作。

（七）微电网的能量管理系统

微电网被定义为发电和负荷的集合，而通常负荷不仅包括了电负荷，还包括热和冷负荷，即热电联供或热电冷三联供。由此，微电网不仅要发电，而且要利用发电的余热以提高总体效率。能量管理系统（Energy Management System, EMS）的目的即为作出决策以最优地利用发电产生的电和热（冷）。该决策的依据为当地设备对热量的需求、气候的情况、电价、燃料成本等。

能量管理系统的调度控制功能：能量管理系统是为整个微电网服务的，即为系统级的，由此首要任务是将设备控制和系统控制加以明确区分，使各自的作用和功能简单明了。微型汽轮机的转速、频率、机端电压、发电机（微电源）的功率因数等应由微电源来控制，它们依据就地信号。CERTS 的模型中，EMS 只调度系统的潮流和电压。潮流调度时需考虑燃料成本、发电成本、电价、气候条件等。EMS 仅控制微电网内某些关键母线的电压幅值，并由多个微电源的控制器配合完成，与配电网相联的母线电压应由所联上级配电网的调度系统来控制。

除了上述基本功能外，EMS 还具有其他一些功能，如当微电网与配电网解列后微电网应配备快速切负荷的功能，以使微电网内的发电与负荷平衡；由于微电源同时供给电、热等负荷，调度时应同时兼顾，一般情况下往往采取"以热定电"的原则，即在满足用户对热负荷需求的条件下再进行电量的调度；微电网中应配备一些储能设备，如蓄电池、超级电容器、飞轮等。

EMS 的功能自然首先应针对微电网内的需求，如潮流和电压调度、电能质量和可靠性、提高运行的效率和经济性、降低污染排放等，但从长远看它还可对配电网提供一些辅助服务和可靠性服务，特别是微电网作为智能配电网的一个组成部分，可起到一定的负荷响应的作用。此外，由于微电网本身位于用户侧，这些用户可能为中心商业区（CBD）、学校、工厂等，它们本来就有供热、通风、空调（Heating Ventilation and Air Conditioning，HVAC）等过程控制系统，未来的EMS 有可能成为这些系统以及当地发电、储能等的总调度系统。

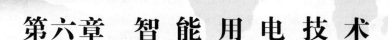

第六章 智能用电技术

利用现代通信技术、信息技术、营销技术，构建智能用电服务体系是智能电网的重要工作之一。智能用电是依托智能电网和现代管理理念，利用高级计量、高效控制、高速通信、快速储能等技术，实现市场响应迅速、计量公正准确、数据实时采集、收费方式多样、服务高效便捷，构建智能电网与电力用户电力流、信息流、业务流实时互动的新型供用电关系。智能用电服务体系将供电端到用户端的所有设备，通过传感器连接，形成紧密完整的用电网络，并对信息加以整合分析，实现电力资源的最佳配置，达到降低用户用电成本、提升供电可靠性、提高用电效率的目的，从而带动智能家居、智能交通、智能社区、智能城市的发展。

本章将主要介绍高级量测体系、用电信息采集、智能家居与智能楼宇/小区、电动汽车充放电、需求响应、双向互动服务门户等关键技术。

第一节 概 述

一、智能用电面临的新挑战

（一）用户侧分布式电源广泛应用

用户侧光伏发电、风能发电、生物质发电等分布式电源具有数量多、范围广、容量小、随机性、间歇性等特点，其大规模应用将给用电服务带来很大影响。

（1）对电能质量、供电可靠性和电力安全的影响。分布式电源的间歇性和随机性会引起配电网电压波动和闪变，加大电压调整的难度，导致一些负荷节点的电压质量超标；分布式电源中不适当的逆变器控制策略会产生不平衡电压和谐波污染，对电气设备产生不良影响。分布式电源并网运行，会因安装地点、容量和接入方式不合理，与继电保护配合不恰当等因素，导致供电可靠性降低。如果对分布式电源的管理和监控不到位，会给安全检修、用户用电安全等带来隐患。

（2）对计量和通信的影响。分布式电源的应用将改变传统用户侧电能计量的方式，需要增加具备直流计量、双向计量等功能的智能电能表，掌握更为全面和准确的电能信息，满足不同时段不同结算电价的计量计费新要求。双向计量和信息采集、监控要求的提高，需要通信信道提供更高的带宽和更快的响应时间，鉴于此，现行通信信道的建设水平有待进一步提高。

（3）对微电网发展的影响。随着分布式电源的增多，用户侧小型分布式电源构成微电网，在维持自身运行的同时实现与配电网的互联，这种微电网的控制、保护、能量管理和能量储存等技术与常规技术相比有较大不同，微电网形成后将引起用户侧网络结构的改变，从而引起传统用电服务模式的改变。

（4）对电力交易的影响。分布式电源的大规模应用将对电力交易格局产生深远的影响，将促使电网企业和用户之间形成新型的供用电关系，即用户可以从电网企业购电，也可以用自己拥有的分布式电源向电网企业有偿提供削峰、紧急功率支持等服务。

（二）电动汽车及储能装置迅猛发展

电动汽车及储能装置将迅猛发展，数量众多的电动汽车及储能装置的充放电应用将对配电网设备容量配置、电网负荷产生较大影响。

（1）对配电设备的影响。电动汽车及储能装置的大范围使用，充放电的随机性将引起负荷的瞬变，给配电容量配置、配电线路选型、继电保护配合等带来很大困难，直接影响配电设备使用的经济性、安全性和寿命。为满足充电高峰时集中短时充电功率的需求，需要提高配电设备的容量等级，而在充电需求低谷时，会因配电设备的利用率不高，造成资源浪费。如何合理设置充放电站点，对电动汽车及储能装置充电时间进行科学管理，采用合理有效的技术及经济手段，协调电动汽车的有序充放电，是智能用电服务需要解决的新问题。

（2）对电网负荷的影响。电动汽车是一种耗能装置，同时也是一种储能装置，通过制定有效的充放电策略，合理安排时间，可起到削峰填谷及后备应急的作用。当电网处于用电低谷时，通过对大量的电动汽车及储能装置进行供电，可填补低谷；当电网电力供应紧张或发生供电故障时，通过储能装置向电网供电，可起到后备电源的作用。如何制定优化的电动汽车及储能装置充放电策略，发挥其平衡电网负荷的功效，是智能用电服务面临的挑战。

（三）终端能源综合利用效率亟待提高

目前，我国电力用户用电效率、发电和供电设备利用效率较低，同时用电峰谷差不断拉大，节能潜力很大。如何利用经济、技术等手段，落实需求侧管理相应策略，充分调动发电企业、电网企业、用户等各方积极性，优化用电方式，提高终端用电效率，提高发供电设备利用效率，改变仅仅依靠扩大电厂、电网建设满足用电增长的模式，是智能用电服务面临的新任务。

（四）用户对供电服务需求日趋多样

用户对电网企业的服务理念、服务方式、服务内容和服务质量不断提出新的更高要求，除成本更低、安全可靠等用电需求外，还希望享受更加个性化、多样化、便捷化、互动化的服务。电力用户通过有效手段实现与电网企业的互动，实时了解用电价格，参考电网企业提供的数据和用电策略，实现远程控制及动态自主调配用电设备，从而实现降低用电成本；通过多种灵活、方便、透明的途径和交互方式，详细了解自身的电力消费情况，从而方便进行服务选择、缴费结算、信息查询、故障报修、业扩报装、电动汽车充放电预约服务等。同时，随着分布式发电及储能技术的发展和成熟，电网购售关系和售电侧管理将发生变化。如何进一步丰富服务渠道，拓展服务内涵，改变服务模式，提升服务效率，是智能用电服务面临的新要求。

二、国内外智能用电技术进展

（一）国外智能用电技术进展

目前，一些发达国家基于发展新能源、节能减排、提高电网运营效率、改善供电服务质量等需要，陆续开展了智能用电服务的研究和实践，并取得了阶段性成效。

（1）明确了智能用电互动服务发展目标。2006 年，欧盟理事会发布了能源绿皮书《欧洲可持续的、竞争的和安全的电能策略》，提出了智能用电服务的目标：① 以用户为中心，提供高附加值的电力服务，满足灵活的能源需求；② 将分布式发电集成到电网中，进行本地能源管理，减少浪费和排放；③ 通过电能表自动管理系统，实现当地用电需求调整和负荷控制；④ 通过开发和使用新产品、新服务，实现对需求的可选择响应。2009 年，美国发布了智能电网建设发展评价指标体系，提出智能电网的 6 个特性：① 基于充分信息的用户参与；② 能够接纳所有的发电和储能；③ 允许新产品、新服务等的引入；④ 根据用户需求提供不同的电能质量；⑤ 优化资产利用效率和电网运行效率；⑥ 电网运行更具柔性，能够应对各类扰动袭击和自然灾害。

（2）拟定了智能用电服务实施计划。2008 年，法国电力公司计划将 2700 万只普通电能表更换为智能电能表，使用户能自动跟踪自身用电情况，并能进行远程控制。2009 年，美国计划为居民家庭安装 4000 万只智能电能表，实现远程管理及读表等功能。地中海岛国马耳他计划更换 2 万只普通电能表为互动式智能电能表，实现电厂实时监控，并制定不同的电价奖励节电用户。

（3）开展了系列负荷响应控制实践。2001~2008 年，意大利的电力公司改造和安装了 3180 万只智能电能表，建起了智能化计量网络。2008 年，美国科罗拉多州的波尔德市通过为全部家庭安装智能电能表，使用户可以获得电价信息，从而自动调整用电时间，并可优先使用风电和光伏发电等清洁能源；变电站则可采集每户的用电信息，并且在故障发生时重新调整供电方式。截至 2008 年，法国超过 1000 万用户可以通过网站、邮件、电话、专门的电子接收装置，获得峰荷电价信息，实现实时调整用电方式。

（4）开展了分布式电源接入等实践。丹麦正在博恩霍尔姆岛试验采用汽车与电网双向有序电能转换技术，解决间歇风电并网问题。法国电力公司（EDF）高度重视并承担了电动汽车充电技术研究、标准制定及基础设施建设工作，为电动汽车提供便利的能源供应服务。美国、澳大利亚、加拿大、日本、英国、德国等近 20 个发达国家已经开展绿色电力项目。

综上所述，欧美等发达国家近几年开展的智能用电服务研究和实践，主要是以用电信息采集和用电设备自动控制（需求响应）为主，并开始分布式能源接入研究实践，开展节能服务。根据各国对智能电网功能的描述，已经得到国际认同的智能用电服务主要有：① 广泛的用户参与；② 提高能源利用效率，减少浪费；③ 分布式能源接入；④ 资产优化配置，提高资产利用效率；⑤ 提高电力供应质量，提供高附加值的增值服务。

（二）国内智能用电技术进展

国内在智能用电服务相关技术领域已开展了大量的研究和实践，一些研究应用已达到国际先进水平，主要体现在以下几个方面：

（1）营销自动化、信息化。建立了涵盖电力营销所有业务和服务节点的营销业务应用系统，大用户负荷管理系统和低压集中抄表系统已大量应用。

（2）技术标准。制定了《电能信息采集与管理系统》、《多功能电能表》、《多功能电能表通信协议》和《智能电能表》等行业标准和相关企业标准，统一了 11 类静止式电能表的型式、功能及技术条件。

（3）关键技术研究。开展了数字化变电站计量溯源技术研究，风电监控及并网控制研究，分布式电源并网逆变器性能测试、能效评测，电动汽车充电站设计与接入研究等。

（4）需求响应措施。部分省市出台尖峰电价、避峰补偿等激励措施，通过经济手段引导用户避峰；依托电力负荷管理系统，开展有序用电预案的科学编制和可靠实施。

（5）电网与用户互动服务。初步建立了用户服务网站和呼叫中心，为用户提供互动服务，开展了网上营业厅等新型互动服务模式的探索。

第二节　高级量测体系

近年来，高级量测体系因其在系统运行、资产管理、负荷响应所实现的节能减排方面的显著效果，成为目前智能用电研究的热点。高级量测体系利用双向通信系统和智能电能表，定时或即时取得用户的多种量测值，如电压、电流、用电量、需量等信息。目前，高级量测体系的技术和范畴还在不断地发展与完善，本节主要介绍其基本概念和关键技术等。

一、基本概念

高级量测体系（AMI）是用来测量、收集、储存、分析用户用电信息的完整的网络和系统，主要包括智能电能表、通信网络、量测数据管理系统等。

高级量测体系是在双向计量、双向实时通信、需求响应以及用户用电信息采集技术的基础上，支持用户分布式电源与电动汽车接入和监控，实现智能电网与电力用户的双向互动。

二、高级量测体系架构

高级量测体系由智能装置、通信网络和数据管理应用软件及相关系统组成，在智能电网和电力用户间建立通信网络，集成电网企业和第三方的各种业务应用。高级量测体系提供技术实现，支持电网企业与用户及第三方交换信息。高级量测体系如图 6-1 所示。

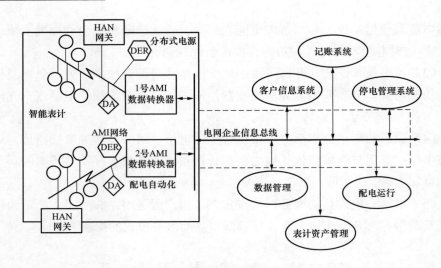

图 6-1　高级量测体系架构示意图

三、智能电能表与智能交互终端简介

智能电能表和智能交互终端是高级量测体系的基础单元，在高级量测体系中发挥着不可或缺的作用。智能电能表分为单相智能电能表和三相智能电能表两大类。

单相智能电能表包括 2 级单相本地费控电能表（载波）、2 级单相本地费控智能电能表、2 级单相远程费控电能表（载波）和 2 级单相远程费控智能电能表。

三相智能电能表包括 0.2S 级三相智能电能表、0.5S 级三相费控智能电能表（无线）、0.5S 级三相智能电能表、1 级三相费控智能电能表（无线）、1 级三相费控智能电能表（载波）、1 级三相费控智能电能表和 1 级三相智能电能表。

智能电能表与智能交互终端是应用于用户侧的智能电子装置，主要功能有：

（1）分时段双向电量计量、净电量计量，测量电流、电压、功率及功率方向，时段可选 5、15、30、60min。

（2）灵活可靠的双向通信，支持与电网企业实时通信，支持智能电器的接入、控制。

（3）实现用户初装或换表、欠费、功率或需量越限、紧急状态的远方断电及上电等功能。

（4）定时或召唤抄表功能，支持用于光伏发电、风电、电动汽车充放电、其他分布式电源设备净用电量计量信息的抄收。

（5）交流失电、停电恢复、停电通知等事件记录和报告功能。

（6）支持重要参数显示，包括分时双向电能、费率、负荷、电压、功率方向、需量等。

（7）异常用电事件记录及报告，包括表计数据篡改、异动、未授权访问、定值修改等。

（8）谐波、不平衡、畸变等电能质量监测、告警功能。

（9）监视控制及优化管理功能。实现用户分布式电源实时监视控制，电动汽车用电管理，用户储能单元监视控制，以及微电网优化用电管理。

（10）其他功能，包括实现时钟同步、数据压缩、安全传输、远程诊断、远方编程等。

四、高级量测体系组网技术

（一）远程组网技术

远程通信网络主要覆盖变压器出口至用户电能表、电动汽车充放电设施、分布式能源站点等通信网络，并向下延伸用于接入用户室内网络。用户室内网络范围是用户室内的通信网络，用于实现双向互动用电服务、智能家居及增值业务服务的通信网络。

业务主要包括视频通信业务、双向互动业务、分布式电源监控、电动汽车充放电监控等。

主要通信方式有光纤专网（XPON、工业以太网）、中压电力线载波、无线宽带专网（WiMAX、LTE）、无线窄带专网（230MHz）、无线公网（GPRS/CDMA/3G、专线）等，各种方式特点如下：

（1）光纤专网通信方式带宽高、容量大、覆盖范围广，可靠性、实时性、安全性都很高，适用于用电通信领域的所有业务，对将来智能用电领域视频监控、双向互动等业务以及电力光纤到户的目标进行支撑，和其他通信方式相比优势明显，但光纤专网通信方式建设成本比较高。

（2）中压电力线载波通信为电力系统特有的通信方式，一般以 10kV 配电线为媒介进行通信，无需布线，具有成本低、安全性好等优点，但由于频带限制，中压窄带电力线载波通信技术的传输带宽和实时性较低，难以满足将来视频业务和双向营销互动业务的需求。

（3）无线宽带专网通信带宽高、系统容量大、扩展性好、实时性较好，能够满足配用电领域的业务发展需求，但无线宽带专网通信的无线频谱资源分配政策导向尚不明朗。

（4）无线窄带专网通信（230MHz）有电力专用频点，建设成本较低，但带宽和容量有限，难以满足未来互动用电业务的发展需求。

（5）无线公网（GPRS/CDMA/3G）通信建设成本较低，但无线公网通信技术由于带宽和安全可靠性的原因对高带宽需求（如双向互动服务业务）及控制类业务无法支持。

（二）用户接入组网技术

用户接入网主要承载用电领域的业务，包括双向互动服务业务、智能家居、增值业务等。适合用户接入网的组网技术有 FTTH 光纤通信、电力线宽带通信、电力线窄带通信、ZigBee/Wi-Fi 无线通信等，接入组网技术比较见表 6-1。

表 6-1 用户接入组网技术比较

组网技术	优 点	缺 点
FTTH 光纤通信	（1）带宽高，系统容量大，能满足将来智能用电双向互动服务业务、智能家居、增值业务的需求，支持光纤到户； （2）可靠性、实时性、安全性高	成本较高
电力线宽带通信	（1）带宽较高，系统容量大，能满足将来智能用电双向互动业务需求； （2）施工简便，无需布线； （3）建设成本低	受电网运行特性影响大，可靠性有待提高
电力线窄带通信	（1）施工简便，无需布线； （2）建设成本低	（1）传输速率低，难以满足未来智能用电互动业务的需求； （2）受电网运行影响大，可靠性有待提高
ZigBee/Wi-Fi 无线通信	（1）施工简便，无需布线； （2）信道质量不受电网质量的影响； （3）自组织网络，在一定条件下，节点越多，可靠性越高； （4）带宽能满足部分智能用电业务需求	（1）传输距离受障碍物的影响很大； （2）安装调试比较复杂； （3）需要采用加密等方式保证安全性

五、数据管理系统

数据管理系统是用于获取、处理和存储测量、计量值，并具有分析工具以便和其他信息系统交互使用的计算机管理系统。它主要具有以下功能：

（1）AMI 表计管理。

（2）计费之外的数据转发。

（3）表计和网络设备的资产管理。

（4）接通、断开的过程管理。

（5）异常用电检测。

（6）故障及故障恢复数据管理。

（7）数据分析和现场工作票的自动生成和处理。

（8）负荷管理。

（9）电能质量监测。

（10）分布式电源及储能元件监视控制管理。

（11）电动汽车充放电管理。

（12）与地理信息系统、计费系统、用户信息系统、配电管理系统、门户网站等接口。

第三节　用　电　信　息　采　集

用电信息采集系统可以实现抄表及电费结算的智能化，提高电网营销科技水平，并能指导社会科学合理用电，为智能用电服务提供有力的技术支持。本节主要介绍用电信息采集的基本概念、系统架构和关键技术。

一、基本概念

用电信息采集系统是对电力用户的用电信息进行采集、处理和实时监控的系统，实现用电信息的自动采集、计量异常监测、电能质量监测、用电分析和管理等功能。用电信息采集系统是智能用电管理、服务的技术支持系统，为管理信息系统提供及时、完整、准确的基础用电数据。

用电信息采集系统面向电力用户、电网关口等，实现购电、供电、售电 3 个环节信息的实时采集、统计和分析，达到购、供、售电环节实时监控的目的。用电信息采集系统为电网企业层面的信息共享，逐步建立适应市场变化、快速反应用户需求的营销机制和体制，提供必要的基础装备和技术手段。

用电信息采集系统与高级量测体系之间的关系：

（1）在信息采集方面两者有相似性。在实现双向计量的基础上，用电信息采集系统实现计量点电能、电流、电压、功率因数、负荷曲线等电气参量信息的采集；高级量测体系支持更大范围内的电气及非电气参量信息采集，如用户侧供用电设备运行状态、分布式电源运行信息、有序充放电监控信息、楼宇/小区各种用能信息等。

（2）支撑的业务有较大差异。用电信息采集系统完成用户电能表的信息采集、电力负荷管理。在此基础上，高级量测体系还广泛应用智能传感器，支持用户侧供用电设备运行信息采集与监控、分布式能源控制、电动汽车有序充放电、楼宇/小区智能能效管理、自助用电服务等。

（3）实现控制的方式和范围有较大差异。用电信息采集系统涉及预付费控制和直接负荷控制，预付费控制、直接负荷控制方式具有强制性；高级量测体系在需求响应技术支持下，为用户提供参与电网调峰的技术手段，实现柔性负荷控制，更具人性化。用电信息采集系统可以实现电力负荷控制；高级量测体系不仅可以实现电力负荷控制，还支持用户侧智能电器控制和供用电设备监控。

（4）支撑典型业务的通信技术有差异。用电信息采集一般采用窄带通信技术；高级量测体系一般需宽带通信技术支持。

（5）从业务层面看，用电信息采集系统是一套支撑性技术系统；高级量测体系采用开放的架构、统一的数据模型，支持实现更大范围的信息资源整合，便于构建统一的信息平台。

二、系统架构

用电信息采集系统的采集对象包括专线用户、各类大中小型专用变压器用户、各类 380/220V 供电的工商业用户和居民用户、公用配电变压器考核计量点。用电信息采集系统的统一采集平台功能设计，支持多种通信信道和终端类型，可用来采集其他的计量点，如小水电、小火电上网关口、统调关口、变电站的各类计量点。

全面采集大型专用变压器用户、中小型专用变压器用户、三相一般工商业用户、单相一般工商业用户、居民用户和公用配电变压器考核计量点 6 类用户，以及分布式能源接入、充放电与储能装置接入计量点的电能信息等数据，构建完善的用电信息数据平台，是智能电网用电环节的重要基础和用户用电信息的重要来源。

系统主要功能包括数据采集、数据管理、自动抄表管理、费控管理、有序用电管理、异常用电分析、线/变损分析、安全防护等，为智能用电双向互动服务提供数据支持。

系统逻辑架构主要从主站、信道、终端、采集点等几个层面进行逻辑分类，为各层次的设计提供理论基础。用电信息采集系统逻辑架构如图 6-2 所示。

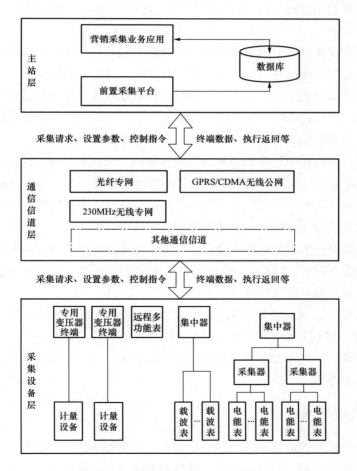

图 6-2　用电信息采集系统逻辑架构

用电信息采集系统在逻辑上分为主站层、通信信道层、采集设备层 3 个层次。用电信息采集系统集成在营销应用系统中，数据交换由营销应用系统统一与其他应用系统进行接口。营销应用系统指营销管理业务应用系统，除此之外的系统称之为其他应用系统。

（1）主站层分为营销采集业务应用、前置采集平台、数据库管理 3 部分。业务应用实现系统的各种应用业务逻辑。前置采集平台负责采集终端的用电信息、协议解析，并负责对终端单元发操作指令。数据库负责信息存储和处理。

（2）通信信道层是连接主站和采集设备的纽带，提供可用的有线和无线的通信信道。主要采用的通信信道有光纤专网、GPRS/CDMA 无线公网、230MHz 无线专网。

（3）采集设备层是用电信息采集系统的信息底层，负责收集和提供整个系统的原始用电信息。该层可分为终端子层和计量设备子层。低压集抄有多种方式：集中器、电能表方式，集中器、采集器和电能表方式等。终端子层收集用户计量设备的信息，处理和冻结有关数据，并实现与上层主站的交互；计量设备子层实现电能计量和数据输出等功能。

系统物理架构是指用电信息采集系统实际的网络拓扑构成，其物理架构如图 6-3 所示。用电信息采集系统从物理上可根据部署位置分为主站、通信信道、现场终端 3 部分，其中系统主站部分单独组网，与其他应用系统以及公网信道采用安全防护设备进行安全隔离，保证系统的信息安全。

（1）主站网络的物理结构主要由营销系统服务器（包括数据库服务器、磁盘阵列、应用服务器）、前置采集服务器（包括前置服务器、工作站、GPS 时钟、安全防护设备）以及相关的网络设备组成。

（2）通信信道是指系统主站与终端之间的远程通信信道，主要包括光纤信道、GPRS/CDMA 无线公网信道、230MHz 无线专网信道等。

（3）现场终端是指安装在采集现场的终端设备，主要包括专用变压器终端、集中器、采集器等。

三、关键技术

用电信息采集关键技术包括智能电能表、采集终端、主站软件、安全加密、本地及远程通信技术。因前述章节已经介绍通信技术，在此不再叙述。

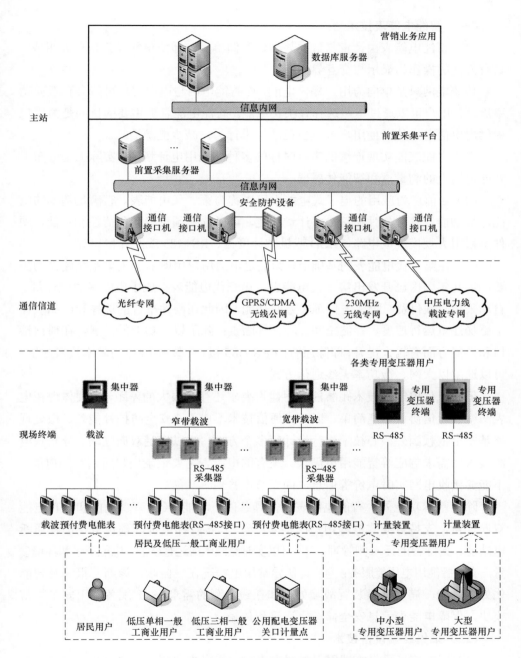

图 6-3　用电信息采集系统物理架构

（一）智能电能表技术

（1）智能电能表由计量与数据处理、存储单元、通信单元及接口单元组成，具有方便的操作、显示与交互界面。

传统电网只是单向为用户提供电能，而智能电网与电力用户可能会有双向功率流动，用户可以通过电网选择并买卖电能。智能电能表更主要的目的是为用户提供用电信息，从而使用户调整自己的用电行为，减少能源消耗。

智能电能表能实现连续的带有时标的多种间隔用电计量，它实际上是分布于智能电网上的测量点和智能传感器。

（2）目前广为应用的电子式电能表可以称为第二代电能表。它满足基本的电能计量功能，具有分时和复费率计量功能，可以选配预付费和负荷控制功能，硬件上采用大规模集成电路、LCD 或机械计度器、RS–485 或红外接口等。

（3）在第二代电能表的基础上，为满足电力用户用电信息采集系统建设的需要，近几年国内已开发出第三代电能表。第三代电能表集成了电能多功能计量、自动采集、预付费、阶梯电价等多方面功能，因此在硬件平台的选择和产品设计上更加注重运行速度、存储空间、功耗等因素；除了以上功能的扩展，在通信接口和性能方面有较大提升，即除原有的 RS–485 接口、载波 PLC 为基本接口配置，可以选配以太网、微功率无线通信方式。

但第三代电能表技术距智能电网建设要求还存在很大的差距，主要体现在电表网络及通信协议功能简单、嵌入式通信技术不成熟、安全防护性能差、微处理器基本上依赖国外核心技术进行设计等多个方面，难以满足双向互动、分布式电源接入、需求响应等智能用电需求。现有的电能表主要记录用户所消耗的电能，不能够接收电网实时电价等信息，尚无节电管理等功能。

除了基本功能外，智能电能表还需具备以下功能：① 有功电能和无功电能双向计量，支持分布式能源用户的接入；② 具备阶梯电价、预付费及远程通断电功能，支持智能需求侧管理；③ 可以实时监测电网运行状态、电能质量和环境参量，支持智能用电用能服务；④ 具备异常用电状况在线监测、诊断、报警及智能化处理功能，满足计量装置故障处理和在线监测的需求；⑤ 配备专用安全加密模块，保障电能表信息安全储存、运算和传输。

（二）采集终端设备技术

（1）用电信息采集终端用于非居民用户及居民用户用电信息采集，并对用电异常信息进行管理和监控。用电信息采集终端按应用场所分为专用变压器采集终端、集中抄表终端（包括集中器、采集器）等类型。

专用变压器采集终端是对专用变压器用户用电信息进行采集的设备，可以实现电能表数据的采集、电能计量设备工况和供电电能质量监测，以及用户用电负荷和电能量的监控，并对采集数据进行管理和双向传输。专用变压器采集终端不仅用于采集、监测、计算与传输电能表的各种数据，还可以根据设定的参数进行负荷控制，以及进行遥控和告警提示。此类终端主要应用于大中小型专用变压器用户。

集中抄表终端通常包含集中器和采集器两部分，用于低压非居民用户、居民用户用电信息采集，并对用电异常信息进行管理和监控。

（2）在用电信息采集系统建设完成后，将向高级量测体系（AMI）发展。AMI采用双向通信网络，读取智能电能表，并能把表计信息包括故障报警和装置干扰报警准实时地从电能表传到数据中心。AMI采用开放性架构和统一的技术标准，因而能实现网络化的无缝通信。

从 AMI 的组成看，局域网连接电能表和数据集中器，而数据集中器则通过广域网和主站相连。数据集中器是局域网和广域网的交汇点。对于电力光纤到户的用电信息采集，亦可直接从采集主站抄读数据，下发参数或指令。

（三）安全加密技术

根据对称密码算法和非对称密码算法的特点，在终端中采用了对称密码算法和非对称密码算法相结合的混合密码算法。

对称密码算法的加密和解密均采用同一密钥，并且通信双方都必须获得并保存该密钥，较典型的有 DES（Data Encryption Standard）、AES（Advanced Encryption Standard）、国密 SM1 算法等。其特点是数据加密速度较快，适用于加密大量数据的场合。

非对称密码算法采用的加密密钥（公钥）和解密密钥（私钥）不同，密钥（公钥和私钥）成对产生，使用时公开加密密钥，保密解密密钥，较典型的有 RSA、国密 ECC 算法等。其特点是算法比较复杂，安全性较高，抗攻击能力强，加解密速度慢等。

专用变压器采集终端和集中器中采用国家密码管理局认可的硬件安全模块实现数据的加解密，其硬件安全模块应同时集成有国家密码管理局认可的对称密码算法和非对称密码算法。

智能电能表中采用国家认可的硬件安全模块以实现数据的加解密，其硬件安全模块内部集成有国家密码管理局认可的对称密码算法。

安全模块是含有操作系统和加解密逻辑单元的集成电路,可以实现安全存储、数据加解密、双向身份认证、存取权限控制、线路加密传输等安全控制功能。

(四)主站软件技术

(1)用电信息采集主站系统是包括软、硬件设备的电力自动化准实时系统,包含用电信息采集业务的管理,管理着整个电能信息采集系统的数据传输、数据处理和数据应用,以及系统的运行和安全,并统一管理与其他系统的数据集成和交换。

用电信息采集主站软件实现对电力用户用电信息的采集和管理,并与营销业务管理系统互联互通,支撑智能用电服务的基础信息业务应用平台。

现有的用电信息采集系统整合电网关口电能采集、电力负荷管理、公用配电变压器信息采集、低压集中抄表等相关功能,通过企业信息总线技术将采集到的数据全部整合到统一平台。

在系统功能方面,主站软件主要为了满足电费结算和电量分析、线损统计分析和异常处理、电能计量装置监测、反窃电分析、负荷预测分析及供电质量管理需求。

(2)采集主站系统软件技术主要包括三层/多层架构等系统设计,多信道、多规约支持技术,大数据量处理技术,应用集成与接口适配技术,双向互动技术。按照目前主流技术需求和管理业务的要求,采集主站应采用三层架构体系,与采集主站关系最为密切的营销业务管理应用系统目前基本采用 J2EE 体系。

统一的数据采集主站平台应支持目前已存在的各种终端设备和多种规约,支持多通信信道类型和多种通信规约,采用统一的采集接口模型和通信接口模型。

我国电力用户总数过亿,若要实现"全采集、全覆盖"目标,采集对象和采集数据将呈几何级数的增长,这就要求采集系统能够及时、稳定、快速处理海量数据。因此,除了采用负载均衡技术外,在整个系统架构设计,特别是采集服务器设计时,要对提高采集处理效率的技术措施进行深入研究和优化。

实现横向共享、纵向贯通的应用集成功能,对架构模型提出新的要求。由于建设先后和技术适应性的要求不同,采用三层架构技术设计的系统的技术体系和标准也不尽相同。因此,需要研发高效的中间件技术。

(3)随着智能电网研究的深入和发展,用电信息采集主站软件的关键技术包

括以下内容:

1）高效采集监控。采用一体化通信平台技术，屏蔽通信方式和通信协议的差异，集中管理各类通信信道和终端，满足继承和发展的要求。采用单节点并发控制及存储技术，有效解决大规模终端并发采集与实时存储瓶颈，在有限时间内完成对全部终端的数据采集和存储。

2）标准化数据管理。按照数据模型设计要求，建立统一的数据模型，并实现与营销档案的日同步更新和基于 XML 的标准化数据传递，从而保证信息的一致性。运用数据加速器、智能甄别处理模型、模型适配器等技术提升数据综合管理的能力，采用数据归档管理、备份恢复管理机制保障数据的安全。

3）数据可视化展示。采用仪表盘、饼图、曲线图、雷达图、柱形图等多种统计图形进行可视化展示，采用电网线路图、系统模拟监控图等仿真图形进行实时的可视化监控，采用地理信息技术对运行检修业务、数据密度分布、用户采集点等进行可视化展示和操作。

4）多维度信息挖掘。采用多维提取分析技术，从时间、区域、用户等多维度视角对线损、电量、负荷等进行分主题统计和分层次数据挖掘。

5）双向互动应用。为智能用电服务互动平台提供用户用电信息采集，支持与电力用户进行电力流、信息流、业务流的友好互动，满足智能用电服务的需要。

第四节　智能家居与智能楼宇/小区

本节所介绍的智能家居、智能楼宇/小区，是通过采用光纤复合电缆和电力线载波通信技术，构建覆盖家居、楼宇/小区的通信网络，在 GB/T 50314—2006《智能建筑设计标准》、CJ/T 174—2003《居住区智能化系统配置与技术要求》规定功能的基础上，丰富其技术内涵，扩展其服务功能，为用户提供安全可靠、清洁环保、便捷高效的居住、工作场所。

一、智能家居

（一）基本概念

智能家居（Smart Home）又称智能住宅，是通过光纤复合电缆入户等先进技术，将与家居生活有关的各种子系统有机地结合到一起，既可以在家庭内部实现资源共享和通信，又可以通过家庭智能网关与家庭外部网络进行信息交换。其主要目标是为人们提供一个集系统、服务、管理为一体的高效、舒适、安全、便利、环保的居住环境。

（二）主要特征

（1）智能家居能实现用户与电网企业互动，获取用电信息和电价信息，进行用电方案设置等，指导科学合理用电，倡导家庭的节能环保意识。

（2）智能家居能增强家居生活的舒适性、安全性、便利性和交互性，优化人们的生活方式。

（3）智能家居可支持远程缴费。

（4）智能家居可通过电话、手机、远程网络等方式实现家居的监控与互动，及时发现异常，及时处理。

（5）智能家居实现水表、电能表、气表等多表的实时抄表及安防服务，为优质服务提供了更加便捷的条件。

（6）支持"三网融合"业务，享受完善的智能化服务。

（三）智能家居构成

通过构建家庭户内的通信网络，实现家庭空调等智能家电的组网，实现电力光纤网络互联。通过智能交互终端、智能插座、智能家电等，实现对家用电器用电信息自动采集、分析、管理，实现家电经济运行和节能控制。通过电话、手机、互联网等方式实现家居的远程控制等服务。通过智能交互终端，实现烟雾探测、燃气泄漏探测、防盗、紧急求助等家庭安全防护功能；开展水表、气表等的自动采集与信息管理工作；支持与物业管理中心的小区主站联网，实现家居安防信息的授权单向传输等服务。智能家居结构图如图6-4所示。

通过95598互动网站实现可定制的家庭用电信息查询、设备远程控制、缴费、报装、用能服务指导等互动服务功能。

（四）主要技术

1. 互动用电服务技术

（1）供用电信息服务。该服务包括电网运行和检修信息、实时电价、用电政策、用电服务等信息发布，用户用电量、剩余电量、电价、电费、电费余额以及购电记录等信息查询服务。

（2）家电互动控制。根据用户需求，对家庭用电负荷进行分析，制定优化用电方案，指导用户进行合理用电；按照用户提出的请求开展托管服务，下发用电设备优化运行方案到家庭智能交互终端，自动管理家用电器合理用电。

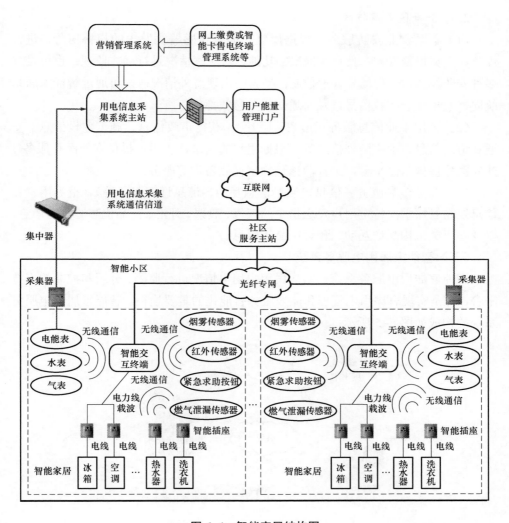

图 6-4 智能家居结构图

（3）家庭用电管理。可实时查询家庭和家用电器的用电信息，包括电量、电压、电流、负荷曲线等，可随时查看多种电价信息，包括实时电价、分时电价等。为用户提供量身订制的用电方案，设置指定电器的运行时间。进行家庭和家用电器用电分析，为用户提供家庭节能建议。

（4）自助缴费服务。可以通过电话、短信、网站、自助终端等手段实现多渠道缴费。

2. 智能社区支撑技术

（1）小区物业安防服务。根据煤气、烟雾传感器等发出的报警信号，进行煤气、火灾报警管理；具有入侵报警功能，对家庭情况进行远方监视；也可设置多种安防模式，实现场景管理控制；当家中出现意外情况时，可通过智能家居系统向外发出紧急呼救信号，及时通知相关急救部门。

（2）公用事业信息服务（市政、医疗）。获得市政信息、施工建设信息、交通和道路信息、卫生防疫信息等；根据用户的需求，为用户提供在线医疗服务，建立医疗保健信息平台，进行门诊预约、在线咨询等服务。

（3）商业信息服务（信息定制、信息互动、消息订阅服务等）。根据用户和信息发布者需求向特定用户发送指定的天气、股票、外汇、商品优惠等实时信息，以及超市类机构配送互动、预订产品等信息。

（五）智能家居用电服务系统

智能家居用电服务系统是对居民用户用电情况进行监测、分析和控制的支持平台，也是实现有序用电管理和能效服务智能化的重要途径。智能家居用电服务系统的构成如图6-5所示。

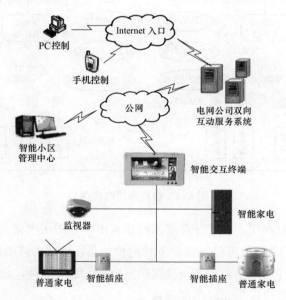

图6-5 智能家居用电服务系统构成图

智能家居用电服务系统主要由主站系统、通信信道、家庭智能交互终端、智能用电设备 4 部分组成：

（1）主站系统主要由数据库服务器、应用服务器、前置机、路由器、安全防护设备等组成。

（2）通信信道分为远程通信网和本地通信网。远程通信采用公网通信，本地通信网选择光纤复合电缆、电力线宽带通信、无线通信等。

（3）家庭智能交互终端是智能家居系统的核心部分，是主站与用户联系的中心，也是智能用电设备控制中心。

（4）智能用电设备包含智能家电、安防设备等。目前由于智能家电没有推广普及，为满足非智能家电的控制和用电信息采集，可使用智能插座控制家电或采集家电用电信息。

（六）智能家居关键设备

1. 系统主站

系统主站主要包括服务器、通信网络、工作站以及与营销内部系统互联 4 部分。与营销应用系统、95598 互动网站及其他应用系统互联主要通过接口服务器、安全防护设备等设备完成。

2. 家庭智能交互终端

家庭智能交互终端安装在便于用户操作的位置，并建立与智能插座、智能家电、家庭安防设备的通信与交互。

3. 智能用电设备

（1）智能插座。安装在电源插座与普通家用电器之间，并建立与家庭智能交互终端的通信。

（2）智能家电。包括智能空调、智能电视、智能冰箱、智能洗衣机、智能吸尘器、智能电饭煲等，具有双向交互功能。

（3）家庭安防。选择适合的位置安装烟雾传感器、红外传感器、紧急求助按钮、燃气泄漏传感器、摄像头等设备，并建立与家庭智能交互终端的通信。

（七）电网友好型电器

电网友好型电器（Grid–Friendly Appliances，GFAs）主要是采用嵌入式技术，通过实时跟踪电网交流电压或频率信号，当监测到电网频率信号低于预先设定的阈值时自动断开电器与电网连接。当众多 GFAs 来执行这种功能时，有利于保护电网，避免电网振荡。

可以预见，GFAs 将既可以响应电压或频率信号，又可以响应价格信号，以及需求侧管理信号。

1. GFAs 功能

GFAs 相当于一个小型电子控制平台，它计算电网电压信号的交流基波频率，可以防止输出信号畸变和电网频率振荡。

2. 响应时间

GFAs 的响应时间需要考虑频率测量方式，应计及低通数字滤波器的影响。

3. GFAs 信号输出

GFAs 的输出是二进制信号，用于控制延迟开关。

4. GFAs 主要构成

（1）负荷控制模块——监控 GFAs。

（2）家庭网关——与负荷控制模块进行无线通信，通过宽带电缆调制解调器或者 ADSL 连接转发信号到后台服务器。

（3）后台服务器——从每个家庭网关定期收到数据。

二、智能小区

（一）基本概念

智能小区是采用光纤复合电缆通信或电力线载波通信等先进技术，构造覆盖小区的通信网络，通过用电信息采集、双向互动服务、小区配电自动化、电动汽车有序充电、分布式电源运行控制、智能家居等技术，对用户供用电设备、分布式电源、公用用电设施等进行监测、分析、控制，提高能源的终端利用效率，为用户提供优质便捷的双向互动服务和"三网融合"服务，同时可以实现对小区安防等设备和系统进行协调控制。

（二）系统构成

智能小区包含用电信息采集、双向互动服务、小区配电自动化、用户侧分布式电源及储能、电动汽车充电、智能家居等多项新技术成果应用，综合了计算机技术、综合布线技术、通信技术、控制技术、测量技术等多学科技术领域，是一种多领域、多系统协调的集成应用。智能小区总体构成如图 6-6 所示。

智能小区主要由智能化监控服务系统和相应的服务对象组成。智能化监控服务系统主要构成如下：

1. 小区主站软件

用于采集小区监控终端设备信息，实现对智能小区开关设备和用电信息的监测、重要区域的图像监视，以及智能家居、智能小区的信息展示。

2. 终端设备

终端设备主要包括用电信息采集终端、分布式电源及储能装置等。

（1）用电信息采集终端，包括集中器、采集器、配电监测终端、负荷管理终端等。

（2）分布式电源及储能装置、电动汽车充电站监控装置，包括分布式电源监控终端、充放电控制终端、控制与管理系统等。

（3）自助用电服务终端。电网企业主站系统与银行主站间可通过采用ADSL 线路、CDMA 无线网络或其他通信信道通信。银行主站（公共支付平台）与自助用电服务终端的通信信道将根据小区的信道资源情况，由银行负责选择确定。

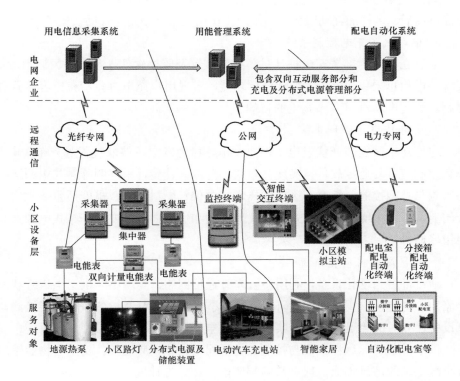

图 6–6　智能小区总体构成图

自助用电服务终端负责与银行主站（公共支付平台）建立连接，具体与其他系统的接口分别通过银行主站和电网企业缴费主站系统实现。

3. 通信信道

（1）远程信道，可采用光纤、公网、230MHz 无线专网、电力线载波通信信道等。

（2）本地信道，可采用光纤、电力线载波通信、微功率无线通信信道等。

4. 用电信息采集系统

用电信息采集系统主要由主站、通信信道、集中器、采集终端、智能电能表等部分组成，是对用户的用电信息进行实时采集、处理和监控的系统，为其他系统提供基础的用电信息服务。

5. 双向互动服务系统

双向互动服务系统通过智能家居交互终端、95598 互动网站等多种途径给用户提供灵活、多样的互动服务，为用户提供用电策略、用电辅助决策等。

6. 电动汽车充电控制系统

通过在小区内部署充电桩计量、控制装置及监控软件，利用小区通信网络，实现充电信息采集、监控、统计分析功能，实现用户充电时段和充电容量管理与控制，达到电动汽车有序充电的目的。

7. 分布式电源管理系统

通过在小区安装光伏发电、地热发电、风力发电、储能装置等分布式电源，部署控制装置与监控软件，实现分布式电源双向计量，用户侧分布式电源运行状态监测与并网控制；综合小区能源需求、电价、燃料消耗、电能质量要求等，结合储能装置，实现小区分布式电源就地消纳和优化协调控制，分布式电源参与电网错峰避峰。

8. 小区配电自动化系统

通过部署自动化设备，利用小区光纤通信网络，实现小区供用电运行状况安全监控、电能质量实时监控。研制、部署小区配电线路及设备故障智能检测与隔离设备，并对故障迅速响应，实现自愈供电。依托配电 SCADA 主站系统，实现小区供电设备状况远程监视与控制、小区配电设施视频监控；支持与物业管理中心小区主站的信息集成，提高故障响应能力和处理速度。

（三）主要技术

智能小区技术主要包括用电服务和增值服务两部分。其中，用电服务主要包括用电信息采集、双向互动服务、分布式电源接入及储能、电动汽车充放电及储能、小区配电自动化等，增值服务主要包括智能家电控制、信息发布、视频点播、网络接入、社区服务、家庭安防等。下面简要介绍用户侧光伏发电及并网系统。

光伏发电及并网系统由光伏电池阵列、蓄电池、光伏发电控制及并网装置、微电网隔离装置等构成，在与电网并网节点处安装有双向智能电能表。

光伏发电及并网系统的光伏电池阵列及控制并网装置安装在小区或楼宇内，就地接入小区照明线路。小区的照明线路与主网线路间通过微电网隔离装置相连，微电网隔离装置通过通信网可以接收来自分布式电源管理主站的并列或解列命令，以实现并网或独立运行，如图6-7所示。

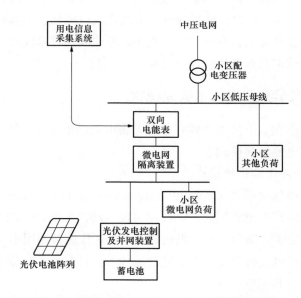

图6-7 智能小区光伏发电及并网系统构成图

光伏发电及并网系统的难点在于微电网隔离装置，当前微电网自动控制逻辑和技术仍然处于研究当中。但是，考虑到智能小区的微电网是一种较为简单的微电网，微电网隔离装置在原理上与分布式电源的孤岛保护装置相同，可将其作为微电网隔离装置使用。

第五节　电动汽车充放电技术

随着电网智能水平以及电动汽车保有量的大幅提高，未来电动汽车的车载电池可能作为智能电网中的移动储能单元，一方面在电网高峰负荷时段由电动汽车车载电池向电网传输电能，而在电网低谷时段由电网为电动汽车车载电池进行充电，能够有效降低电网峰谷差，降低传统调峰备用发电容量，提高电网利用效率。同时随着配电网智能化水平的提高以及需求侧管理手段的丰富，电动汽车还能完成需求响应等电网辅助服务，进一步提高电网配电效率。另一方面，在微电网系统中，电动汽车在可再生能源发电功率较大而电网负荷较低的时候吸纳电能，在可再生能源发电功率较低而电网负荷较高时释放电能，辅助电网有效接纳波动性可再生能源发电容量。同时，通过分时电价及有偿电网辅助服务政策的实行，电动汽车用户能够在不影响自身使用的前提下，通过低谷时段较低电价充电以及高峰时段较高电价放电获取直接的经济效益。

一、电动汽车充放电技术研究现状

目前电动汽车充放电技术主要有单向无序电能供给模式，单向有序电能供给模式和双向有序电能转换模式。

（一）单向无序电能供给模式

单向无序电能供给模式（Vehicles Plug-in without Logic/Control，V0G）是指电动汽车接入电网即充电的模式。V0G 是目前电动汽车最常见的充电方式，电动汽车（如电动公交车、高尔夫车、机场摆渡车等）作为普通用电设备接入电网充电，这种模式的充电设备主要采用单向变流技术，目前技术装备已经成熟，国内外已经建成一些公共充电设施。

V0G 的问题是电动汽车充电时成为大功率用电负荷，大量电动汽车充电会增大电网调峰的难度。

（二）单向有序电能供给模式

1. TC 模式

TC（Timed Charging，TC）模式为时间控制方式，指电动汽车在给定的时刻开始充电。

TC 模式考虑到了电动汽车在电网负荷高峰时段充电对电网的影响，通过控制开始充电时间来实现错峰充电，能够使用户享受到低谷电价带来的经济效益。但是其控制方式简单，不能根据实时电价或电网峰谷状态灵活地控制充电过程。这种模式的充电设备仍然主要采用单向变流技术，不需要与电网进行实时通信。目前该技术装备已经成熟，处于示范运行阶段。

2. V1G 模式

V1G（Vehicles Plug-in with Logic/Control Regulated Charge，V1G）模式指电动汽车的充电受电网控制，电动汽车与电网进行实时通信，可在电网允许时刻进行充电。该模式能够优化充电安排，提高电网效率，但不能向电网送电。

目前美国西北太平洋国家实验室（PNNL）发布了名为"Smart Charger Controller"的电动汽车用充电控制装置，配备了采用 ZigBee 技术的近距离无线通信模块，可接收来自电网企业的电费价格设定等信息，与智能电网技术结合，自动避开高峰时间充电。ZigBee/IEEE 802.15 已经提交 IEC，申请作为国际标准。

（三）双向有序电能转换模式

双向有序电能转换模式（Vehicles Plug-in with Logic/Control Regulated Charge/Discharge，V2G）指电动汽车与电网的能量管理系统通信，并受其控制，实现电动汽车与电网间的能量转换（充、放电）。此种方式下，电动汽车可以作为电能存储设备、备用电源设备来使用。

目前主要在美国进行 V2G 相关研究及示范。美国特立华大学 Kempton 教授1997 年正式提出 V2G，领导一个团队开展了 V2G 试点研究，于 2007 年 10 月成功将 1 辆 AC Propulsion "eBox"（Toyota Scion 改装车）接入电网并接受调度命令，车辆作为调频、备用发电设备运行。据示范运行测算，每车每年为电网企业带来约 4000 美元的效益。

目前，仍需研究技术可靠、成本低廉的满足 V2G 商业化运行的双向变流及通信装备。同时，需要研究支持 V2G 模式的先进电网通信、调度、控制与保护技术。

二、电动汽车充放电设备及管理系统

电动汽车充放电是智能电网与用户双向互动的重要组成部分，主要内涵为电能互动及信息互动，电动汽车与电网间进行实时的信息交换，内容包括车辆能量状态、电网运行状态、电网电价及辅助服务计费信息等，为电能根据电网或者电动汽车的需要合理优化的双向流动提供信息支持。电动汽车通过充放电设备连接到电网，实现电能双向流动。但由于电动汽车的庞大数量及分散性，由智能电网双向互动服务系统直接与电动汽车通信并控制其充放电的操作难以实现，因此在智能电网双向互动服务系统与电动汽车之间建设电动汽车充放电管理系统作为纽带，实现电动汽车与电网间的实时信息交换，根据双方需求合理控制电动汽车的充放电操作。电动汽车充放电过程电能与信息互动如图 6-8 所示。

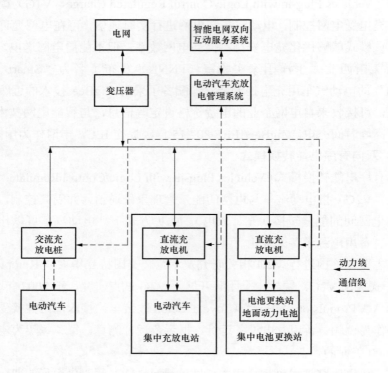

图 6-8　电动汽车充放电过程电能与信息互动示意图

（一）电动汽车充放电设备

电动汽车充放电设备主要包括为带有车载充放电机的小型电动乘用车服务的交流充放电桩和为公交、环卫、邮政等公共服务车辆服务的直流充放电机两类，主要完成对电动汽车的充放电操作。充放电设备示意如图 6-9 所示。

1. 交流充放电桩

电动乘用车将占未来电动汽车的最大比重，交流充放电桩为带有车载充放电机的小型电动乘用车服务，分散地安装在低压配电网中，将电动乘用车与智能电

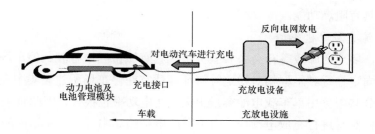

图 6-9　充放电设备示意图

网连接起来，具有智能充放电控制功能，能够与充放电管理系统及电动汽车通信，实时掌握电网运行状态与电动汽车储能状态，智能地控制电动乘用车的车载充放电机进行合理充放电操作，在电网低谷时段或电动汽车有刚性充电需求时，为电动乘用车车载充放电机提供交流电源，对车载动力电池充电。在电网高峰时段并且电动汽车车载动力电池电能富余时，由车载充放电机通过交流充电桩为电网供电。目前电动乘用车车载充放电机功率较小，不超过 3～5kW，交流充放电桩功率与其相当，充放电操作时间一般在 3h 以上。未来电动乘用车车载充放电机与车辆电机驱动系统结合，充放电功率能够增加到数十千瓦，可有效满足电动乘用车车载电池容量逐步增加的充电需求，并能够为电网提供更大的放电功率，缩短电动乘用车充电时间。

交流充放电桩的主要功能包括：

（1）与充放电管理系统通信功能。

（2）具备手动设置定电量、定时间、自动充放电等功能。

（3）具备远程接受充放电管理系统控制，自动进行充放电的功能。

（4）嵌入安装双向计量表计，具备双向计量计费功能。

（5）具有人机交互功能。交流充电桩具有实现外部手动控制的输入设备，设定充电方式。人机交互界面显示当前充放电模式、时间（已充放电时间、剩余时间等）、电量（已充放电电量、待充放电电量）及计费信息等。

（6）具备完善的安全防护功能，包括具备急停开关、输出侧的剩余电流保护功能、输出侧过流保护功能、孤岛保护功能。

（7）能够判断充放电连接器、充放电电缆是否正确连接。当交流充放电桩与电动汽车正确连接后，交流充放电桩才能允许启动充放电；当交流充放电桩检测到与电动汽车的连接不正常时，必须立即停止充放电操作。

（8）具有阻燃功能。

2. 直流充放电机

公交、环卫、邮政等社会公共服务用车具有城市区域行驶、停车场地固定、行驶路线固定、行驶里程相对稳定等特征，适宜在停车场所建设集中充放电站。由于社会公共服务用车车载电池容量很大，充电功率也很大，因此将采用地面直流充放电机对其进行充放电操作。由于充放电站的集中性，可在站内配置充放电管理系统，统筹安排站内电动汽车的充放电操作。

直流充放电机主要功能包括：

（1）通过 CAN 总线与动力电池管理系统（Battery Management System，BMS）通信，用于判断动力电池类型，获得动力电池系统参数以及充电前和充电过程中动力电池的状态参数；通过 CAN 总线或工业以太网与充放电管理系统通信，上传充电机和动力电池的工作状态、工作参数、故障报警等信息，接受控制命令。

（2）具有为电动汽车动力电池系统安全自动地充满电的能力，依据 BMS 提供的数据，动态调整充电参数、执行相应动作，完成充电过程。

（3）具备接受电动汽车充放电管理系统控制命令，自动进行充放电操作的功能。

（4）具有人机交互功能，应显示的信息包括动力电池类型、充放电模式、充放电电压、充放电电流；在手动设定过程中应显示人工输入信息；在出现故障时应有相应的提示信息；具有实现外部手动控制的输入设备，以便对充放电机参数进行设定。

（5）嵌入安装双向计量表计，具备双向计量计费功能。

（6）具有完备的安全防护功能：具备电源输入侧的过压保护功能、具备电源输入侧的欠压报警功能、具备直流输出侧过流保护功能、具备防输出短路功能、具备急停开关。

（7）具备孤岛保护功能。

（8）具备软启动功能，启动冲击电流不大于额定电流的110%。

（9）能够判断充放电连接器、充放电电缆是否正确连接。当充放电机与电动汽车动力电池系统正确连接后，充放电机才能允许启动充放电；当充放电机检测到与电动汽车动力电池系统的连接不正常时，必须立即停止充放电操作。

（10）在充电过程中，能够保证动力电池的温度、充电电压和充电电流不超过允许值；在放电过程中，能够保证动力电池的温度、放电电流不超过允许值，放电电压不低于允许值。

（11）具有阻燃功能。

（二）电动汽车充放电管理系统

电动汽车充放电管理系统，一方面能够通过充放电设备与电动汽车通信；另一方面与智能电网相关系统通信，综合电动汽车与电网的实时状态，根据双方需求合理控制电动汽车的充放电操作。电动汽车充放电管理系统可以负责同一停车区域的交流充放电桩的统一调度管理，也可以负责一个集中充放电站内的直流充放电机的统一调度管理。

系统通信包括：

（1）与充放电设备通信，能够向充放电设备发送控制命令，统筹调度充放电操作。

（2）通过充放电设备与 BMS 通信，了解车辆（电池）当前状况，适合充电还是放电，以及可接受的充电和放电功率，为调度电动汽车充放电操作提供依据。

（3）与智能电网相关系统实时通信，获取电网当前运行状态，为调度电动汽车充放电操作提供依据。

系统功能主要包括：

（1）与相关系统及设备的通信功能。

（2）人工充放电管理功能。通过人机界面控制充放电设备，进行充放电操作。

（3）自动充放电管理功能。综合电动汽车及电网状态信息，动态执行充放电策略，实现合理优化的双向电能流动。

（4）对充放电设备、车载 BMS 相关电压、电流、电池荷电状态等数据进行实时采集。

（5）具有专业分析管理软件，自动生成月报表并可打印。

（6）充放电故障报警及记录功能。单体蓄电池内阻超限报警，电压超高、超低报警，失电和故障报警并自动记录内容时间。

（三）电动汽车充放电设施运行对电网的影响分析

随着电动汽车的推广普及，将大量建设由多台直流充放电机构成的集中充放电站以及广泛分布在各类停车场所的交流充放电桩,逐步形成完善的电动汽车充放电设施，随着充放电设施规模的不断扩大，其对电网将产生以下几个方面的影响。

1. 临时性快速充电对电网负荷的冲击

由于未来电动汽车规模化应用后电池容量较大，达到数十千瓦时，如果采用

100A 以上快速充电为电动汽车进行临时电能补充，单车快速充电功率将达到数百千瓦以上等级，类似的这种大量充电行为将对当地配电网产生极大的功率冲击。考虑储能技术的发展，可以考虑由储能充电站网络通过低谷存储的电能为电动汽车提供临时性电能快速补充，既满足电动汽车的行驶需求，又避免了快速充电对电网负荷的冲击。

2. 对电能质量的影响

由于电动汽车充放电为双向变流操作，将不可避免地给电网带来电能质量问题，需要对电动汽车充放电设备的谐波等技术指标进行严格控制。

3. 对电网规划的影响

随着大量的电动汽车通过完善的电动汽车充放电设施与配电网紧密连接，通过智能充放电操作在配电网侧显著平抑电网负荷、频率波动，将极大地降低电网调峰、调频的需求，降低电网峰谷差，提高电网负荷率，降低电网备用发电容量需求，显著改变电网运行方式，因此，需要在电网规划中考虑相关影响。

4. 对配电网规划及调度的影响

在白天负荷高峰时段，电动汽车车载电池存储的电能将作为分布式电源按电网需求向配电网供电，由于电动汽车数量巨大，且具有移动性、分散性等特点，因此，电动汽车充放电设施将对配电网规划中的配电容量设置、配电线路选型、继电保护设置等产生巨大影响。同时，电动汽车存储电能向电网供电又受到汽车行驶特性的影响，具有一定程度的随机性，对配电网调度及运行技术提出了更高的要求。

5. 对电网交易模式的影响

由于电动汽车不仅仅从电网获取电能补给，还能向电网供电以及提供调峰、调频、负荷响应等辅助服务，因此电网与电动汽车交易模式将由单向变成双向，由简单变复杂，需要更加先进的电力市场来支撑。

第六节　需　求　响　应

需求响应是电力需求侧管理（Demand Side Management，DSM）在电力市场中的最新发展。智能电网可以促进需求响应的实施，为进一步深化电力市场改革与推进市场建设提供有力的技术支持。本节主要介绍了需求响应、自动需求响应、能效电厂等关键技术，并简要介绍电力需求侧管理的基本概念与作用。

一、电力需求侧管理概述

（一）基本概念

DSM 是指在政府法规和政策的支持下，采取有效的激励和引导措施以及适宜的运作方式，通过电网企业、能源服务企业、电力用户等共同协力，提高终端用电效率和改变用电方式，在满足同样用电功能的同时减少电量消耗和电力需求，为达到节约资源和保护环境，实现社会效益最优、各方受益、成本最低的能源服务所进行的管理活动。

DSM 包括提高能效、负荷管理和能源替代、余能回收及新能源发电；而实施电力需求侧管理可采取多种手段，概括起来主要有技术手段、经济手段、引导手段、行政手段 4 种。

（二）主要作用

（1）激励电力用户参与电网调峰，减少电网安全运行压力，平衡电网负荷，引导用户科学、合理用电。

通过价格杠杆，调动电力用户主动参与电网调峰，减轻电网运行压力，平衡电网负荷。如峰谷电价、可中断负荷补偿电价等价格手段，为用户提供了对用电方式进行选择的机制，即用户可以选择在用电高峰期继续用电（辅以较高的电价），也可选择在高峰期中断部分用电，以获得电费支出的降低。因此，这种机制可以引导用户根据自己的生产特点和要求选择用电方式，使其更加科学、合理的用电。同时，电力也带来了电网高峰负荷降低、负荷曲线平稳。

（2）实现电力资源以及社会资源的优化配置，促进电力工业的可持续发展。

DSM 是综合资源规划的重要组成部分。它通过对用户的用电方式进行合理的引导，减少或推迟了发电机组的投资，实现了整个电力系统资源以及社会资源的优化配置，从而保证了电力工业的可持续发展。

（三）实施方案

美国电气和电子工程师协会（IEEE）的电力需求侧管理委员会提出如下实施方案。

1. 供方（供电部门）

（1）控制电力系统设备，如电压调节、控制功率因数等。

（2）为用户提供最有效地利用电能的技术咨询。

（3）推行激励电价，如分时电价、分季电价、地区电价、可中断电价等。

（4）充分利用分布式电源，如光伏发电、风力发电、小水电等。

2. 需方（用户侧）

（1）控制需方设备，如家用和商用空调机交替运转控制、投切和设定控制温度，商用和产业用冷冻机设定控制温度和交替运转控制，家用和商用热水器投切控制，水泵投切控制和定时启动，暖房交替运转控制、投切和设定控制温度，对非指定负荷设置需量控制器，对连续作业负荷进行经济运行调节。

（2）提高用户设备效率，如提高热泵的使用效率，建筑隔热，推广节电器具和节电方法。

（3）需方储能，如储电、蓄冷、蓄热等。

二、需求响应

（一）基本概念

DSM 具有双重任务，一是建立 DSM 的长效机制，即 DSM 措施中长期改变负荷特性和节约电力的行为和机制；二是建立 DSM 的短期负荷响应行为和市场机制，即建立需求响应。

需求响应是指当电力市场批发现货价格升高或系统可靠性受到威胁时，电力用户响应电网企业电价等经济激励政策，引导用户调整用电方式，转移部分电力负荷到电网低谷时段，以确保电网电力平衡的运作机制。

（二）问题的提出

电力商品的实时平衡和不可存储等特性决定了电力市场并不是理想的完全竞争市场。在大多数情况下，市（地）级电网企业从批发市场购电为它的终端客户需求服务。然而，被冻结的零售价格可能导致它们处于由批发价格上涨造成的极大的风险中，正如已经发生的加州电力危机。基于这个背景，世界上如美国、英国、澳大利亚等许多国家的电力市场纷纷开始建立基于市场的需求响应计划。

21 世纪初，美国为应对加州电力危机创立了需求响应，并为需求响应创立了电力市场下的需求侧竞价。随着世界各国国情的不同以及实际情况的变化，越来越多且越来越合理的电力需求响应机制将应时而生。

（三）需求响应分类

根据美国能源部的研究报告，按照需求侧（终端用户）针对市场价格信号或激励机制作出响应并改变正常电力消费模式的市场参与行为，需求响应项目可以分为基于价格和基于激励两类。

1. 基于价格的需求响应

基于价格的需求响应是指用户根据收到的价格信息，包括分时电价（Time of Use Pricing，TOU）、实时电价（Real Time Pricing，RTP）、尖峰电价（Critical Peak Pricing，CPP）等，相应地调整电力需求。

（1）分时电价响应（TOU）。价格机制是市场机制的核心。电价的形成机制与电价的结构体系决定了电力市场的公平竞争和高效运行。分时电价是整个电价体系中的一种类型，是电力需求侧管理的一项重要手段，近年来得到了广泛的研究和应用。分时电价响应是电力需求响应的雏形，也是最普及、最成熟的一种。常见的分时电价有峰谷分时电价、季节性电价、丰枯电价等。

分时电价按系统运行状况，将一天 24h 划分为若干时段，每个时段按系统运行的平均边际成本收取电费，一般将电力需求高的时段设定为高电价，而在其他时段采用优惠的电价，并期望用户响应，改变其需求模式，一定程度上反映了电能的供给成本，有利于引导用户合理用电，移峰填谷，改善负荷曲线，提高电网负荷率。

（2）实时电价响应（RTP）。实时电价概念最早是由美国麻省理工学院（MIT）的 6 位学者在 1980 年提出的。实时电价是一个理想化的、在空间展开的瞬时动态电价，它要求几乎瞬时在电网的各处使电价和成本相匹配。理论上实时电价是随着系统的运行状况变化而不断更新的，电价的更新周期越短，越利于电价杠杆作用的充分发挥，越利于系统经济效益的取得，但同时对技术支持的要求也越高。实施实时电价是在电力市场引入需求侧竞争的最直接的方式。用户是实时电价的接受者，根据电价决定电力消费量，避免了电价变化带来的风险，但也带来了安装通信和控制装置等实施成本增加的问题。

由于分时电价的时段划分和费率都是提前设定且在比较长的时期内固定的，设计分时电价对批发价格曲线的预测，以及对用户价格弹性研究的要求非常高，且无法及时应对负荷特性的变化。而实时电价则可以更好地增加批发和零售价格之间的透明度。电力市场中，零售侧实时电价是一种动态定价机制，直接受批发价格的影响而呈逐时持续变化状态，其更新周期可以达到 1h 或更短，也有根据预测或经验提前一天通知逐时电价，以便于用户提前计划需求以响应电力供应市场。

（3）尖峰电价响应（CPP）。分时电价随一年不同的季节或一天不同的时段而不同，但更新周期较长，虽能反映电力系统长期的时段或季节供电成本变化，但是当系统出现短时的电力或电量短缺时，不能给予用户改变需求的激励。尖峰电价是一种经过改进的新式分时电价，它的高价时段电价远远高于其他时段价格，并且只有在电力趋于高度紧张、需求趋于临界峰值、系统稳定性受到威胁时，由供电方发出短期通知后方可实施。这种电价通常是提前设定好的，为了保护用户利益，通常这种形式的电力需求响应的年实施天数被限制（其典型成功案例就是法国的 Tempo 项目）。作为用户，在临界峰值电价响应实施时，必须采取有效措施，临时减少电力需求。目前，在我国部分地区（如北京、上海）已经实施了夏季尖峰电价，即通过在分时电价基础上叠加尖峰费率而形成。电网企业预先公布经批准的尖峰时段以及对应的尖峰价格，用户则可作出相应的用电计划调整。尽管尖峰电价也是事先确定的，但一定程度上能反映系统尖峰时段的短期供电成本，同时又比实时电价的实施难度和成本都要低。

2. 基于激励的需求响应

基于激励的需求响应是指实施机构根据电力系统供需状况制定相应政策，用户在系统需要或电力紧张时减少电力需求，以此获得直接补偿或其他时段的优惠电价。它包括直接负荷控制（Direct Load Control，DLC）、可中断负荷（Interruptible Load，IL）、需求侧竞价（Demand Side Bidding，DSB）、紧急需求响应（Emergency Demand Response，EDR）、容量市场项目（Capacity Market Program，CMP）、辅助服务项目（Ancillary Service Program，ASP）。参与用户获得的激励一般有两种方式：一是独立于现有电价政策的直接补偿，二是在现有电价基础上给予折扣优惠。在需求响应计划实施前，通常实施机构要与参与用户提前签订合同，在合同中约定需求响应的内容（如减少用电负荷大小及核算标准、响应持续时间、合同期内的响应次数等），提前通知时间、补偿或电价折扣标准、违约的惩罚措施等。

在实际执行中，基于激励的需求响应与基于价格的需求响应是相互补充的。基于价格的需求响应的大规模实施可以在一定程度上改变电力需求模式，减少电价波动及电力储备短缺的严重性和频度，从而减少基于激励的需求响应发生的可能性。

（1）直接负荷控制（DLC）。DLC 是指在电网负荷高峰时段，供电方通过远程控制装置实现直接远程控制（启停）用户的电器或设备，在必要并发出紧急通知后，系统操作人员可以中断向被控制电器或设备的电力供应，而用户则获得相应的补偿。在国外，该项目通常用于住宅以及商业建筑，并且在一年或一季度内用户被中断的次数或小时数是有限制的。参与直接负荷控制的通常是短时停电不会对用户生活或舒适性产生不良影响的用电设备，如电热水器、空调等。美国、德国等国的许多居民用户参与了该项目实施。

（2）可中断负荷（IL）。IL 是指供电方与用户事先签订协议，约定在电力短缺或系统突发事件发生时供电方发出中断负荷要求，用户接到中断负荷要求后，按照约定减少相应容量的用电需求，同时享受优惠电价或直接经济补偿。如果用户不减少需求，则将按照协议规定受到处罚。该项目在一年或一季度内用户被通知减少需求的次数或小时数是有上限的，而提前通知的时间不同，补偿标准也不同，一般提前通知的时间越短补偿越多。IL 通常适用于对供电可靠性要求不高的大型工业用户，可根据约定的提前通知时间减少或停止部分用电设备用电。

（3）需求侧竞价（DSB）。DSB 使用户可以直接参与批发市场的竞争。市场允许用户申报愿意从市场上购买的电量和相应的价格，同时允许用户报出愿意减少负荷的最低价格和相应的负荷减少量。该项目鼓励大型用户在其提议的价格下自愿减少电力需求，或在被公布的补偿价格下明示自愿减少多少负荷。该项目通常根据电力需求预测提前一天通知用户，但在必要时也可当天通知。如果用户选择参与，但没有能够减少需求，将受到处罚。

DSB 使用户能够通过自己的用电方式主动参与市场竞争，获得相应的经济利益，而不是单纯的价格接受者。用户可以竞价增负荷，也可以竞价减负荷。在不同的市场运行模型（物理市场或合同市场）、不同时段的市场（日前市场或实时市场）、不同形式的市场（主能量市场或辅助服务市场）下，DSB 产品参与市场的方式和作用都不一样。同时，对于市场中不同的参与者（发电商、输电系统运行商、配电商、中间商），DSB 产品的作用也不同。

（4）紧急需求响应（EDR）。该项目是为电力系统稳定性受到威胁时而设计的。供电方为用户减少负荷而提供补偿，用户则自愿选择参与或放弃。

（四）需求响应实践

2005 年和 2007 年，美国分别颁布了《能源政策法案》与《能源独立与安全法案》，支持需求响应和智能电网作为美国能源政策的重要组成部分。按照上述两个法案的要求，美国能源部与联邦能源监管委员会（FERC）在近年来发布了多份有关需求响应与智能电网的研究报告，并计划于 2010 年发布需求响应的国家行动计划。

在国际能源署（International Energy Agency，IEA）开展的 DSM 的研究和开发中，在 13 个项目中至少有两项是关于需求响应的。一项是电力市场下的需求竞价（DSB），作为提高电力供应效率的有效手段，通过考察目前的需求侧竞价机制，评估它们的优势和劣势，挖掘 DSB 的潜力，开发新的实施方案。第二项是研究需求响应资源。2003 年 10 月 15 日通过了由美国能源部牵头，15 个成员国参加的"需求响应资源"项目，旨在推广将需求响应资源融入各国电力市场，研究实现特定目标的必要方法、业务流程、基础、工具和实施过程；建立评价需求响应资源的通用方法，即建立需求响应资源对电价、备用、容量市场和市场流动性的影响模型，进而确定需求响应资源的价值，建立相关技术交流的 Internet 平台。

目前国内外电力需求响应实践中，以负荷响应居多，被作为削减高峰用电负荷的主要措施或系统紧急备用等辅助服务的一部分。

（1）美国。PJM 电网是北美最大的统一调度的电网，由 PJM 互联公司负责系统运行和批发市场运作，并成立了分布式发电用户组（DGUG）实施需求响应项目。

PJM 互联公司从 1991 年开始实施的主动负荷管理（Active Load Management，ALM）主要用作负荷服务实体或专门的减负服务商（Curtailment Service Provider，CSP）作为终端用户代表参与削减负荷时的管理办法，终端用户需要通过 CSP 参与此计划。CSP 参与 ALM 要求每年支付一定的定金（500～5000 美元），如果 CSP 启用分散发电，则需要取得环境许可。终端用户可自愿参与，参与 ALM 的用户可以得到 500 美元/MWh 的赔偿，或者按实时系统边际电价赔付。ALM 主要有三种类型，即直接负荷控制、固定负荷消费水平和根据通知削减负荷。自实施 ALM 后，PJM 电网再未出现过紧急发电不足的现象。

从 2002 年 7 月以来，PJM 互联公司补充了负荷响应程序（Load Response Program，LRP），目的是鼓励用户广泛参与 LRP，去除了终端用户不能直接参与削减用电的障碍，能够更好地激励用户对实时电价作出反应；同时，允许分散电源参与 LRP，并分别按日前负荷响应程序和实时负荷响应程序制定了具体的实施细则。

美国新英格兰地区电力系统的运行机构（ISO–NE）实施的需求响应计划分为两类：一类是负荷响应计划，另一类是价格响应计划。用户只能选择其中之一参与且减少负荷不得少于 100kW，但不多于 5MW。对不能减少 100kW 但仍想参加该计划的用户，可以进行聚集，集合后的负荷总量必须超过 100kW 且位于同一区域。参加负荷响应计划的用户根据 ISO-NE 的指令减少其电力需求并可获得补偿。

在美国纽约州，用户与供电商签订合同，参与日前或运行备用市场。可中断负荷可参与 10min 或 30min 旋转备用市场。

根据美国能源部与联邦能源监管委员会（FERC）2008 年底的统计，大约有8%的美国用户参与了一些形式的需求响应项目，所有需求响应资源接近 41GW（约占系统高峰负荷的 5.8%），智能电能表普及率达到 4.7%。据 FERC 2009 年 6 月发布的《需求响应潜力报告》显示，如果所有美国电力用户都采用动态电价与智能电网技术，广泛实施需求响应措施，在今后 10 年中最高可削减全美高峰负荷的 20%（188GW）。需求响应主要通过削减商业和工业负荷、控制空调和制冷设备以及其他大功率电器等措施来实现。报告提出了 4 种需求响应实施方案：照常方案、扩大方案、可实现方案和全参与方案。报告预测，在 4 种方案下，到 2019 年，可以分别削减 38、82、138、188GW 不等的高峰负荷，即分别相当于高峰负荷的 4%、9%、14%、20%。其中，全参与方案可以削减最高 20%的高峰负荷。此举意味着需求响应措施可以消化 10 年内的电力需求增长。

（2）英国。20 世纪 90 年代初期，英格兰和威尔士电力市场采用了需求竞价方案，使得电力用户削减的电力服务用于电力库中参与调度的发电出力，同供方调峰能力一同竞价，取得了比较明显的效果，有效地抑制了价格尖峰和发电商滥用市场力。

英国电力市场为了应对突然下降的频率问题，除了推广发电机功率支持外，要求需求侧也可以响应频率的变化。如英国的各水泥制造厂通过与电力系统的 ISO 签订双边合同参与频率响应。

（3）加拿大。1998 年，加拿大阿尔伯塔省实施了称作自愿减负荷计划（Voluntary Load Curtailment Program，VLCP）的可中断负荷计划，计划的参与者在系统供电紧张的情况下根据系统控制中心调度指令的要求，自愿减少其用电需求。在 2001 年电力市场开放之前，该计划的成本由配电公司通过协商予以补偿；在零售竞争实施之后，计划的成本应由市场成员分摊补偿。

（4）中国。自 2004 年以来，河北、江苏、福建、上海、浙江等省（市）在迎峰度夏期间电网高峰电力供应不足时，也开展了可中断负荷响应实践。对于与电网企业签订避峰让电协议、实施负荷监控的用户，按照约定的补偿标准和实际中断用电的时间、容量给予可中断负荷补偿。

三、智能需求侧管理

传统的电力需求侧管理技术手段指的是针对具体的管理对象、生产工艺和生活习惯的特点，采用当前成熟的节电技术和管理技术，以及与其相适应的设备来提高终端用电效率或改变用电方式，如高效用电设备、蓄冷蓄热技术、无功补偿技术、电动机变频调速技术、余热余压发电技术等。这些都是节约电量或节约电力的技术手段。但是在智能电网的理念下，电力需求侧管理又被赋予了新的内涵，主要是自动需求响应技术、能效电厂、智能有序用电、远程能耗监测与能效诊断等。

（一）自动需求响应技术

鼓励和促进用户参与电力系统的运行，实现电网与用户双向互动，是智能电网的重要特征。在电力需求响应中，用户的需求也是一种可管理的资源，将有助于平衡供求关系，确保系统的可靠性。用户将根据其电力需求和电力系统满足其需求的能力的平衡来调整其消费；而和用户建立双向实时通信是实现与用户互动的基础，通知用户当前电价、电网供需状况、计划检修信息等，以便用户据此制定用电方案和选择自动响应。

自动需求响应技术是建立在集成的、高速双向通信网络的基础上，通过先进的传感和测量技术、先进的设备技术、先进的控制方法以及先进的决策支持系统技术的应用，实现电力用户与电网企业间的互动。

（二）能效电厂

能效电厂（Efficiency Power Plant，EPP）把各种节能项目、合理用电项目打包，通过实施一揽子节能改造计划，形成规模化的节电能力，减少用户电力消耗，提高电网运行效率，从而达到与扩建供方能力相同的效应。能效电厂是同供方资源同等重要的电力资源，即一种"虚拟电厂"。

（三）智能有序用电

实现有序用电方案的辅助自动编制及优化，有序用电指标和指令的自动下达，有序用电措施的自动通知、执行、报警、反馈；建立分区、分片、分线、分用户的分级分层实时监控的有序用电执行体系；实现有序用电效果自动统计评价，确保有序用电措施迅速执行到位，保障电网安全稳定运行。

（四）远程能耗监测与能效诊断

通过远程传输手段，对重点耗能用户主要用电设备的用电数据进行采集和实时检测，并将采集的数据与设定的阈值或是同类用户数据进行比对，分析用户能耗情况。通过能效智能诊断与控制，自动编制能效诊断报告，为用户节能改造提供参考和建议，为能效项目实施效果提供验证，实现能效市场潜力分析、用户能效项目在线预评估及能效信息发布和交流等。

（五）绿色电力认购与能源合同管理

通过绿色电力认购平台，实现各种绿色电力价格发布，用户在线申购、审批、结算、交易结果信息发布等功能；实现合同能源管理项目从项目申请、立项、实施、验收和验证及项目激励资金、效益分享资金等全过程管理的信息化和自动化。

第七节　双向互动服务门户

双向互动服务是为电力用户提供智能化、多样化优质服务，提高供电服务能力，实现智能电网与电力用户电力流、信息流和业务流双向互动的重要基础。利用现代信息技术、通信技术、营销技术，建设智能电网与电力用户双向互动服务平台是智能电网的重要内容之一。本节主要介绍了双向互动服务门户技术的基本概念、技术架构、关键技术和应用功能。

一、基本概念

双向互动服务门户是与用户进行互动的主要渠道之一，是双向互动服务平台的主要实现方式。双向互动服务平台通过一系列动态配置、灵活连接、整合业务数据的技术手段，提供灵活的信息获取手段，包括短信、移动小程序、语音、传真、邮件等系统，提供的服务全部可以灵活制定，信息格式和信息源都可以灵活定制，以方便用户及时地获取信息；提供电网企业和用户之间信息的双向交互，提供实时数据监测、定时信息发布，实现与用户的现场和远程互动，使用户可根据各自需要查询供用电状况、电价电费、能效分析等信息；实现各类智能家居设备远程控制和管理，并可提供多种缴费方式，快速响应市场变化和用户需求；确保分布式电源、电动汽车、储能装置等新能源新设备的接入，更方便、快捷地为用户提供服务。双向互动服务示意图如图6-10所示。

（1）用户远程互动。通过双向互动服务互动门户中的语音、短信、账单等功能与用户进行互动，将信息传递给用户，并实现信息查询、业务受理、用户家居用电管理、多渠道缴费等服务。

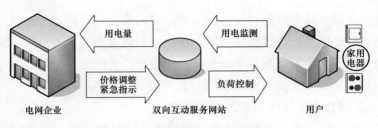

图 6-10　双向互动服务示意图

（2）用户现场互动。通过智能营业厅、智能终端、数字电视等与用户进行互动，现场展示用电信息、电价信息、停限电信息，并完成对用户设备的控制和管理等。

二、主要作用

1. 提升市场营销能力

双向互动服务门户将成为新业务营销推广的主要渠道，通过该网站可缩短营销路径，降低营销成本。它将是新业务应用的有效途径，是充分挖掘互联网技术优势，发展各类依托互联网的营销手段。

2. 提升用户服务能力

通过双向互动服务门户建设，可创新服务方式，降低服务成本，培养用户自服务意识；可简化操作，实现跨平台和系统的单点登录、统一认证；还可规范新业务用户服务，满足服务界面的一体化和用户体验的一致性的要求。

3. 提升运营管理能力

通过双向互动服务门户建设，可整合并规范业务流程和资源，实现业务运营的集中管控，降低运营成本；可拓展门户服务对象，提升业务功能部署管理能力，提升整体运作效率；还可适应生产力发展趋势，优化组织结构，提高企业内部协同能力。

三、技术架构

双向互动服务门户架构设计遵循平台化、组件化设计原则，面向数据（以数据为核心）、面向业务（以业务为基础）、面向用户（以人为本），实现统一的数据交换、统一的接口标准、统一的安全保障。

基于先进的多层体系架构模型和 SOA 模型，建立基础构件和业务通用构件，为门户应用的快速构建提供支持。开放的体系架构及规范的构件与应用集成模式支持不断扩充的系统需求，并提供个性化的用户定制模式进行应用系统的开发、维护及使用。双向互动服务门户整体架构如图 6-11 所示。

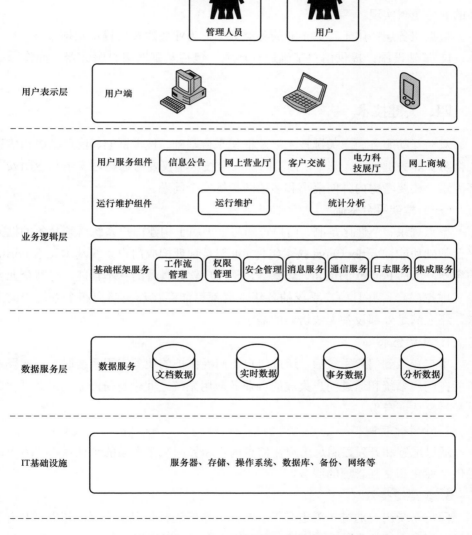

图 6-11 双向互动服务门户整体架构示意图

用户表示层：用于访问应用系统和处理人机交互的用户端，包括浏览器、桌面应用程序、无线应用等。

业务逻辑层：用于部署业务逻辑组件，可细分为基础框架服务和业务组件服务。基础框架服务为各个业务组件提供技术支撑，包括工作流管理、权限管理、安全管理、消息服务、通信服务、日志服务及集成服务等。业务组件服务则是具体的业务逻辑实现。

数据服务层：用于存储企业的各类数据，为业务逻辑层提供数据服务。

IT 基础设施：提供门户基础运行环境，包括基础网络、服务器、操作系统等。

四、关键技术

双向互动服务门户关键技术涉及框架平台基础、技术框架、信息集成和信息安全防护等关键技术，其中，信息防护安全技术不仅要考虑物理安全和应用安全等因素，还要考虑内外网隔离和多层防护等安全问题。

（一）框架平台基础

单点登录、个性化定制、门户管理与维护属于构建门户系统必须具备的框架平台基础功能。Portlet（Java 技术组件）框架是管理构成门户系统基本元素 Portlet 的容器，包括 Portlet 的创建、删除等，是门户软件具备的基本功能。电网企业可建立虚拟门户，并且门户系统的各级部署都可能存在部门门户和个人门户的需求，还应满足外部设备无线访问的需求。

1. 单点登录

用户登录到门户系统后，通过门户访问受保护的业务应用系统时，一次登录就能在门户系统和通过门户集成的各业务应用系统之间带身份漫游，无需再次登录和重复认证身份。

2. 个性化定制

通过配置和开发，满足用户在信息内容和界面风格方面的个性需求，为用户提供个性化和交互管理的服务。

3. 多渠道接入

门户系统用户通过多渠道和终端与门户系统进行信息的交互。其中，渠道指用户对门户系统的各种访问方式，多渠道指用户可以通过一种以上渠道来访问门户系统。

4. Portlet 框架

它负责对作为页面组成基础模块和门户管理核心基础组件的 Portlet 的生成、修改、删除、共享，以及对 Portlet 属性进行管理。

5. 虚拟门户

虚拟门户是指在一个实体门户系统上部署的，能够使分散的用户团体创建不同的子门户站点，以满足自身需求的门户。其特征包括：针对各自的用户群体，有自己特定的一组页面及页面层次结构，独立的访问控制；有自己的可匿名访问的页面、登录和注册页及代表自己风格的外观模板；由各自的管理员独立管理，超级管理员管理共享资源。

（二）技术框架

门户的技术框架包括门户的总体架构和专用架构，总体架构主要包括 4 个层次：展现层、控制层、业务逻辑层和持久层。

1. 展现层

（1）为用户提供可操作的界面。

（2）将页面数据组装成模型，提交给控制层进行业务控制。

（3）将控制层的模型对象在页面上展现。

（4）对用户提交的数据进行前台校验。

2. 控制层

（1）将模型数据和业务对象（BO）互相转换。

（2）调用业务逻辑层的业务逻辑进行业务处理。

（3）在后台校验数据的正确性。

（4）控制页面的流转。

3. 业务逻辑层

（1）根据业务功能封装成各种业务接口。

（2）调用持久层接口完成业务对象的持久化。

4. 持久层

（1）对关系型数据的新增、修改、删除和查询操作。

（2）屏蔽不同数据库之间的差异，保证系统实现与数据库类型的无关性。

目前，还有一些专用框架用于实现门户的总体框架，根据它们在整个框架中所处的层次，可以分为应用框架、展现层框架和持久层框架。

（1）应用框架。关注展现层、控制层、业务逻辑层和持久层之间的关系，完成这些层次间的解耦，通常这种框架会集成各种展现层框架和持久层框架。

（2）展现层框架。关注展现层和控制层，主要提供界面展现、页面跳转、数据校验和页面数据与模型之间的映射关系。

（3）持久层框架。关注对数据库的操作，隔离对数据库类型的依赖性。

（三）信息集成技术

1. 接口

双向互动服务门户要与其他系统进行数据交换和业务协作，这些系统不仅涉及电网企业内部的业务系统（如营销管理业务应用系统等），也涉及企业外部系统（如短信平台等）。

2. 集成接口方式

（1）数据集成。双向互动服务门户与其他业务系统之间存在着大量的数据交互，可以通过两种方式来实现：一是通过应用集成系统来实现即时数据的传递，二是通过数据中心来实现批量非实时数据的间接传递。

（2）消息集成。可以通过企业服务总线实现消息集成。通过消息集成，双向互动服务门户可实现跨应用的服务请求，及时地调用其他业务系统的相关功能，如实时读取某用户的负荷情况。

（3）流程集成。通过应用集成平台可以实现门户与用电信息采集、营销业务应用等其他业务系统的流程集成，从而达到完整的闭环管理。

（4）与企业门户的集成。互动服务门户能够与企业门户无缝集成，为公司门户构建各种互动信息后台，也可灵活方便地嵌入到基于门户技术开发的其他业务系统。

五、应用功能

1. 数据获取

获取电力用户用电、分布式电源等的电量、电流、电压、有功功率、无功功率、功率因数、电网频率及其他用电设备的信息。

2. 用电、电费、电价等信息查询

用户能够查询用电量、电费、电价等用电信息，也可从定时发来的邮件、短信获取信息。

3. 业务咨询

业务咨询包括咨询受理、咨询处理、咨询回复和咨询归档。

4. 负荷曲线信息查询

用户能够通过系统查询任意时间段用电历史负荷曲线。

5. 网上自助缴费

用户通过系统实现手机、网上银行等方式缴费。

6. 信息发布管理

（1）向用户发布用电相关信息。

（2）向用户发布用电业务指南、停电通告、政策法规、电力新闻等信息。

（3）向用户发布停电监测与告警信息。

7. 智能控制

（1）支持智能电器自动控制、远方控制。

（2）远程连接、切断、配置用户服务。

（3）控制用户最大负荷。

8. 事件监测

监测电器运行状态及家居环境，异常事件报警。

9. 增值服务

（1）短信定制。提供用户服务定制功能，包括通过邮件、短信定时发送相关信息。

系统能够具备对个人、组群的单发、群发、定时发、计划发等发送功能，任意编辑/修改发布内容并进行用户分组，支持不同号码段的短信群发。

（2）双向实时交流功能。要求信息双向互发速度快，准确有效；自动回复的信息可在系统中自由设置，如设置常见问题数据库，支持自动查询问题；支持计算机与手机之间的信息双向实时交流。

第七章　智能电网实践与展望

目前，国内外智能电网的发展都处于起步阶段，许多国家相继开展一系列研究和实践，对智能电网的发展方向和技术路线进行积极的思考和探索。2009 年，国家电网公司提出坚强智能电网发展战略后，在继续加强电网坚强网架建设的同时，在智能电网领域开展了系统的技术研究、设备研制和工程试点。可以预见，物联网技术的应用和智能城市的发展，将赋予智能电网更深刻的内涵和更广阔的发展空间。

本章主要从特高压交直流示范工程、上海世博园智能电网综合示范工程、用电信息采集系统工程、风光储输联合示范工程和智能变电站试点工程等方面，介绍我国的智能电网实践相关内容，并对智能电网的应用和发展进行展望。

第一节　特高压交直流示范工程

目前，我国电网骨干网架为交流 500kV（西北电网采用交流 330kV，正在全面建设交流 750kV 网架），难以满足电力持续增长需要，必须转变发展方式，建设新的更高电压等级的电网来提高输送能力。通过开展特高压交直流示范工程，我国在特高压关键技术研究和关键设备研制方面取得重大突破，为智能电网建设奠定了基础。

本节主要从工程概况、工程建设规模、关键技术研究和关键设备研制等方面，对晋东南—南阳—荆门 1000kV 特高压交流试验示范工程和向家坝—上海 ±800kV 特高压直流输电示范工程进行介绍。

一、晋东南—南阳—荆门 1000kV 特高压交流试验示范工程

（一）工程概况

晋东南—南阳—荆门 1000kV 特高压交流试验示范工程起于山西晋东南变电站，经河南南阳开关站，止于湖北荆门变电站。全线单回路架设，全长 640km，

跨越黄河和汉江。系统标称电压 1000kV，最高运行电压 1100kV。

该工程于 2006 年底开工建设，2009 年 1 月 6 日投入运行。

（二）工程建设规模

特高压交流试验示范工程包括 5 部分，即晋东南变电站、南阳开关站、荆门变电站、线路工程和系统通信工程。

1. 晋东南变电站

晋东南变电站位于山西省长治市长子县，装设 1 组 3×1000MVA 特高压主变压器。1000kV 出线 1 回，双断路器接线，采用 SF$_6$ 气体绝缘金属封闭组合电器（Gas Insulated Switchgear，GIS）。500kV 出线 5 回，3/2 断路器接线，采用混合式 SF$_6$ 气体绝缘金属封闭组合电器（Hybrid Gas Insulated Switchgear，HGIS）。装设 1 组 3×320Mvar 特高压并联电抗器，2 组 240Mvar 低压电抗器，4 组 210Mvar 低压电容器。

2. 南阳开关站

南阳开关站位于河南省南阳市方城县，本期不装设主变压器。1000kV 出线 2 回，双断路器接线，采用 HGIS 设备。500kV 本期无出线。装设 2 组 3×240Mvar 特高压并联电抗器。

3. 荆门变电站

荆门变电站位于湖北省荆门市沙洋县，装设 1 组 3×1000MVA 特高压主变压器。1000kV 出线 1 回，双断路器接线，采用 HGIS 设备。500kV 出线 3 回，3/2 断路器接线，采用 HGIS 设备。装设 1 组 3×200Mvar 特高压并联电抗器，2 组 240Mvar 低压电抗器，4组 210Mvar 低压电容器。

4. 线路工程

线路全长 640km，跨越山西、河南和湖北 3 个省，途经 22 个行政区。其中，晋东南至南阳段 359km，南阳至荆门段 281km。

5. 系统通信工程

系统通信工程分为 1000kV OPGW 光缆线路工程、东津线 OPGW 线路改造工程、白郑线 OPGW 线路改造工程、首峡线 OPGW 线路改造工程和通信设备工程 5 部分。

（三）关键技术研究

关键技术研究的部分成果如下：

（1）确定了系统标准电压并被推荐为国际标准。系统地评估了输送能力、送电距离、安全稳定、运行控制、经济性能、设备难度和海拔、污秽等因素的影响，确定特高压系统标称电压为 1000kV、最高运行电压为 1100kV。

（2）解决了过电压深度控制的难题。兼顾无功平衡需求，采用高压并联电抗器、断路器合闸电阻和高性能避雷器联合控制过电压，并利用避雷器短时过负荷能力，将操作过电压限制到 1.6～1.7p.u.，工频过电压限制到 1.3～1.4p.u.，持续时间限制在 0.2s 以内。

（3）解决了潜供电流控制的难题。采用高压并联电抗器中性点小电抗器控制潜供电流，成功实现了 1s 内的单相重合闸，避免了采用动作逻辑复杂、研制难度大、价格昂贵的高速接地开关方案。

（4）建立了特高压系统的绝缘配合方法。掌握了长空气间隙的放电特性曲线，并成功应用于工程实践。提出空气间隙放电电压的海拔修正公式，引入反映多并联间隙影响的修正系数，采用波前时间 1000μs 操作冲击电压下真型塔的放电特性进行绝缘配合，合理控制了各类间隙距离。

（5）解决了污秽地区特高压工程的外绝缘配置难题。大规模采用有机外绝缘新技术，在世界上首次采用特高压、超大吨位复合绝缘子和复合套管，结合高强度瓷/玻璃绝缘子、瓷套管的使用，实现了技术、经济的有机结合。

（6）解决了电压提高带来的电磁环境控制难题。线路采用大截面多分裂导线，变电站进行全场域电场计算和三维噪声计算，优化了变电站布置和金具结构，成功开发了低噪声设备，开发了全封闭隔音室，工程的电晕损失和噪声控制水平居国际领先地位。

（7）具备了全面完整的特高压试验研究能力。建成了特高压交流试验基地、高海拔试验基地和工程力学试验基地，建成了特高压电网综合仿真系统和仿真计算数据平台，综合试验能力世界领先。

（8）掌握了特高压系统的运行特性和控制规律。在世界上首次开展了特高压电网安全稳定水平的大规模仿真计算分析，结合发电机及励磁系统的实测建模，以及系统电压控制、联网系统特性试验结果，研究掌握了特高压电网的运行特性，提出了特高压电网的运行控制策略并成功实施。

（9）掌握了特高压工程的运行检修技术。研发了全套特高压工程运行检修、带电作业工具和安全防护装置，进行了真人真塔带电作业试验，解决了工程运行检修的难题。

（10）建立了特高压输电技术标准体系。形成了从系统集成、工程设计、设备制造、施工安装、调试试验到运行维护的全套技术标准和试验规范，为特高压输电的规模应用创造了条件。

（四）关键设备研制

1. 设备研制难点

特高压交流试验示范工程开展之前，国际上没有商业化供货的特高压设备。苏联、日本等国的研制经验表明，特高压设备研制大都达到了现有设备设计和制造的极限。常规高压设备的制造、运行经验不能确保对特高压设备特性的精确把握，存在很大风险。我国特高压设备研制的难度主要表现在以下 4 个方面：

（1）技术水平高。工程采用的 1000kV、1000MVA 单体式特大容量变压器的研制属世界首次；单台高压并联电抗器 320Mvar 的额定容量属世界最高；开关设备全部采用 GIS，是高压开关技术的制高点；工程沿线环境污秽情况严重，对设备外绝缘要求高，设备制造难度大。

（2）国产化水平高。工程设备全部面向国内采购。在国内现有的研究基础、创新能力和制造水平下，基于常规 500kV 设备及少量 750kV 设备的设计制造经验，直接开发特高压设备并应用于实际工程，技术跨度大，极具挑战性。

（3）研制时间短。苏联、日本等国自 20 世纪 70 年代开始，致力于特高压输电技术研究，进行了 10～20 年的大规模基础研究、模型试验和长时间带电考核。即便如此，仍在实际产品制造中出现了很多问题。而对于特高压交流试验示范工程，从产品制造合同签订到建成投产，仅用了 2 年时间。

（4）商业化运行。特高压交流试验示范工程连接我国华北、华中两大电网，是我国能源输送的重要通道，建成后将投入商业化运行，需要在全电压、大功率下长时间可靠运行，具有重要的示范作用。与国外特高压试验场相比，该工程对可靠性有更高要求，不允许也不能出现大的反复，增加了设备研制的压力。

2. 设备研制成果

国家电网公司组织制造厂、监造单位、试验单位以及相关单位专家，研制成功了代表世界最高水平的全套特高压交流设备。这些设备经过全面严格试验验证，多项技术指标位居国际领先地位，设备国产化率达到 90%，全面实现了国产化目标，掌握了特高压设备制造的核心技术，具备了特高压交流设备的批量生产能力，推动国内电工装备制造业实现了产业升级。

特高压交流设备国产化的部分成果如下：

（1）特高压变压器。额定电压 1000kV、额定容量 1000MVA 单体式变压器为世界首次研制，单柱电压达到 1000kV、容量达到 334MVA。

（2）特高压并联电抗器。额定电压 1100kV、单相额定容量 320Mvar 的高压并联电抗器为世界首次研制。

（3）特高压 GIS/HGIS。额定电压 1100kV、额定电流 6300A、额定短路开断电流 50kA、直流分量衰减时间常数 120ms 的 GIS 代表了世界同类产品的最高水平。

（4）特高压避雷器等设备。国内多家企业分别研制成功应用于中等污秽和重污秽地区的特高压避雷器、电容式电压互感器、支柱绝缘子、接地开关、油纸绝缘瓷套管、气体绝缘瓷套管、气体绝缘复合套管和复合绝缘子，创造了世界纪录。

（5）低压电容器、电抗器。国内多家企业分别研制成功 110kV、240Mvar 电容器组、关合超大容量电容器组的断路器以及 110kV 干式并联电抗器，达到世界同类装置最高水平。

（6）国内多家企业研制成功的控制保护系统，达到世界同类产品最高水平。

从 2004 年底开始前期工作以来，我国仅用 4 年时间就建成了目前世界上运行电压最高、技术水平最先进、拥有自主知识产权的交流输电工程，标志着我国在远距离、大容量、低损耗的特高压交流输电核心技术和设备国产化上取得重大突破，对保障电力可靠供应和国家能源安全具有重要意义。该工程充分发挥了试验和示范作用，全面验证了特高压交流输电的技术可行性、设备可靠性、系统安全性和环境友好性。

二、向家坝—上海 ±800kV 特高压直流输电示范工程

（一）工程概况

向家坝—上海±800kV 特高压直流输电示范工程是金沙江流域向家坝、溪洛渡水电站的配套送出工程，起点为四川宜宾县复龙换流站，落点为上海市奉贤换流站，途经四川、重庆、湖北、湖南、安徽、江苏、浙江、上海等 8 省市，4 次跨越长江。线路全长约为 1907km，工程额定输送功率 6400MW，最大连续输送功率 7200MW。

该工程于 2007 年 12 月开工建设，2009 年 12 月单极全线 800kV 带电成功，2010 年 2 月实现单极低端功率输送，计划于 2010 年 6 月底实现双极全压送电投运。

（二）工程建设规模

该工程交流侧电压为 500kV，直流侧额定电压 800kV，额定电流 4000A。直流侧采用双极、每极两个 12 脉动换流器串联接线，电压配置为"400kV+400kV"。交流侧采用典型的 3/2 断路器接线，滤波器大组进串。每端换流站各装设 28 台换

流变压器（其中 4 台换流变压器备用），换流变压器最大容量为 321MVA（送端）、297MVA（受端）。每站每极包括高、低压阀厅各 1 座，采用 6 英寸电触发晶闸管换流阀，每台换流器容量达 1800MW。直流开关场接线采用双极直流典型接线，在阀组侧增设旁通开关回路，并考虑融冰运行方式。每极装设 1 组直流滤波器和 4 台干式平波电抗器。干式平波电抗器分置于极母线与中性母线，每台电感值 75mH。每站每极装设 1 组 3 调谐直流滤波器组。每站考虑 3 回独立电源，其中在站内设置 2 台 500kV/10kV 站用降压变压器，分别接入交流滤波器大组母线和 500kV 配电装置 GIS 母线。

复龙换流站交流滤波器按 3080Mvar 配置，分 4 个大组，共 14 小组，每小组无功补偿容量为 220Mvar；设置 1 组 180Mvar 高压并联电抗器接入滤波器母线，纳入换流站无功控制。复龙换流站本期出线 9 回，其中至泸州变电站 3 回，至向家坝左岸电站 2 回，至向家坝右岸电站 2 回，至拟建的溪洛渡—浙西特高压直流工程送端换流站 2 回，另预留 1 回备用。

奉贤换流站交流滤波器和并联电容器总容量 3746Mvar，分为 4 大组，共 15 小组，单组容量分别为 260Mvar 和 238Mvar。奉贤换流站本期出线 3 回至远东变电站，远期出线 4 回，其中至远东变电站 2 回，至三林变电站 2 回。

（三）关键技术研究

截至 2009 年底，国家电网公司完成 129 项特高压直流关键技术研究课题和工程单项研究专题，制定特高压直流技术标准 66 项（其中企业标准 57 项、行业标准 8 项、国家标准 1 项）、申报 127 项国家专利（其中已获授权 56 项），取得了一大批具有自主知识产权的创新成果，并成功应用到示范工程中，既解决了一系列技术难题，又大大节省了工程投资，为特高压直流输电技术发展奠定了良好的基础。

关键技术研究的部分成果如下：

（1）研究确定了特高压直流工程额定电压和主接线方式。±800kV 特高压直流工程采用双极、每极两个 12 脉动换流器、400kV+400kV 串联接线方式。

（2）提出了直流电压序列推荐方案。选择±500、±660、±800kV 和±1000kV 构成直流输电电压等级序列，提出了各电压等级直流工程的经济输电距离、推荐接线方式和输送容量优化方案。

（3）自主编制形成了特高压直流设备全套技术规范，首次提出了 6 英寸晶闸管技术参数并研制成功。

（4）采用多换流站共用接地极，提出临近交流线路杆塔入地电流影响解决措施，成功解决接地极选址难题，大大节约占地和工程投资。开展接地极跨步电压和直流线路等效干扰电流研究，为应用新的接地极跨步电压设计标准和直流滤波器设计标准提供了科学有力的依据。

（5）综合应用复合外绝缘等技术，成功解决 800kV 户外直流设备外绝缘和干式平波电抗器的支撑可靠性问题。

（6）开展全域仿真计算、复合间隙和接地体放电试验，确定了 800kV 换流站阀厅、直流场间隙设计距离，提出了换流设备和直流系统绝缘配合方案。

（7）研究并推广应用高强钢、F 型塔、原状土基础、旋挖钻机机械成孔工艺、导线同步展放工艺、可拆卸式全钢瓦楞导线盘以及复合绝缘子防鸟害技术等新材料、新技术和新工艺；利用海拉瓦技术，组织开发三维可视管理信息平台，实施线路工程数字化施工管理。

（8）研究解决了特高压直流工程的电磁环境问题。开展换流站及线路的三维电场计算及真型试验，优化导线选型和布置，围墙合理装设隔音屏，经仿真计算结果表明特高压换流站满足国家环评批复要求，场界噪声控制指标均为昼间不大于 60dB（A），夜间不大于 50dB（A）。

（9）平面布置优化取得显著成果。换流站高低压阀厅面对面布置，两级低压阀厅背靠背布置，交流滤波器大组、小组均采用田字形布置，全站布置方正、规整、紧凑。

（四）关键设备研制

特高压直流设备电压水平高、通流能力大、技术要求严，没有可借鉴的标准和经验，大多属世界首创。特别是换流变压器，需耐受交直流复合高电压，内部电场分布异常复杂，电、磁、热和机械等方面问题突出，外形尺寸受到运输条件的严格限制，研制难度极大，是对电工技术、材料技术和高压试验技术的极限挑战。国家电网公司对换流变压器等关键设备实施全过程、全方位监造，经过 2 年时间，全面完成了世界上技术水平最高、研制难度最大的特高压直流设备研制工作。不到 1 年时间，全面完成了 ±800kV 特高压直流工程用的复合绝缘子、大规格高强钢和标准化金具的研制、供货任务。

关键设备研制的部分成果如下：

（1）我国在世界上首次研制出 6 英寸晶闸管和世界上电压等级最高、容量最大的 800kV 干式平波电抗器、换流阀等设备，并具备了批量生产具有世界领先水平的 800kV 换流变压器、直流保护控制等设备的能力。

（2）国内制造企业掌握了国际上的直流设备设计和制造技术，极大地提高了自主创新能力，成为世界上干式平波电抗器等特高压直流设备的主要供货商。

（3）我国已全面掌握了特高压直流工程成套技术和工程设计技术，基本形成了全套特高压直流技术标准和规范，建成了世界一流的特高压试验基地和相关实验室。

向家坝—上海±800kV 特高压直流输电示范工程是世界上电压等级最高、输送容量最大、送电距离最远、技术水平最先进的高压直流输电工程。该工程是引领世界直流输电技术发展的创新工程，是我国特高压直流输电设备自主化的重要依托工程，对于实现西南水电大规模和经济高效送出、保障华东地区用电需求具有重要的作用。

此外，国家电网公司还规划建设了锦屏—苏南±800kV 特高压直流输电工程。该工程是雅砻江流域梯级水电站的送出工程，额定输送功率 7200MW，额定电流 4500A，起于四川西昌裕隆换流站，途经四川、云南、重庆、湖南、湖北、浙江、安徽、江苏等 8 省市，止于江苏吴江同里换流站，线路全长约 2089km。该工程计划于 2012 年上半年单极投运、2012 年底双极建成投运。

第二节　上海世博园智能电网综合示范工程

上海世博园智能电网综合示范工程包括新能源接入、储能系统、智能变电站、配电自动化系统、故障抢修管理系统、电能质量监测、用电信息采集系统、智能楼宇/小区、电动汽车充放电站 9 个示范工程，智能电网调度技术支持系统展示、信息平台展示、智能输电展示、可视化展示 4 个演示工程。限于篇幅，本节重点介绍新能源接入、配电自动化系统、故障抢修管理系统、电能质量监测、电动汽车充放电站 5 个示范工程，对其他 4 个示范工程也进行了简要的介绍。

一、新能源接入

（一）目标

建设新能源接入综合系统，覆盖上海各风电场、光伏电站、储能系统、电动汽车充放电站和部分资源综合利用（热电冷三联供）机组。以上海现有和世博会期间投运的风电场和光伏电站为研究对象，开发风电场和光伏电站功率预测与控制系统；进行风电与火电出力控制特性研究，实现风火联调；结合奉贤风电场（二期）的无功控制系统，监测风电场电压和无功信息；监测上海市内储能装置运行信息，研究储能控制策略，实现结合风电和光伏发电的储能控制；对上海市电动汽车充放电站进行监控；监测上海市部分热电冷三联供机组信息，体现资源综合利用效率；显示世博会期间上海风电场和光伏电站总出力和发电量以及世博园区的负荷、用电量，体现绿色世博、低碳世博理念。

（二）研究内容

1. 风电场和光伏电站功率预测系统

在吸收国内外风电和光伏发电功率预测研究成果、总结已有风电功率预测系统开发经验的基础上，根据不同风电场和光伏电站收集到的数据和具备的条件，选择合适的方法建立预测模型，开发风电场和光伏电站功率预测系统，实现 4 个风电场和 6 个光伏电站的日前预测和东海大桥风电场及崇明前卫村光伏电站 0～4h 超短期预测。

2. 风电场和光伏电站远程控制系统

对东海大桥风电场和崇明前卫村光伏电站控制系统进行改造，实现对其有功出力的控制。

3. 风电场无功监测系统

结合奉贤风电场（二期）建设的风电机组无功控制系统，远程监测其接入点电压、整个风电场的无功功率输出以及各台风电机组的有功和无功信息。

4. 风火联调系统

选择上海石洞口第二电厂 1 台 600MW 机组，与东海大桥风电场实现联动，根据风电场出力的波动情况，自动调整火电机组发电出力，使风电场与火电厂的总出力保持稳定。

5. 风光储联合控制系统

将上海市内储能系统，与东海大桥风电场 1 台风电机组和崇明前卫村光伏电站组成风光储联合控制系统。通过对储能系统的充放电控制，实现平滑风电、光伏发电短期功率波动和削峰填谷的功能。

6. 电动汽车充放电站信息监控系统

集中监控和显示上海市 6 个电动汽车充电站和 2 个电动汽车充放电站信息，并对充放电站实现充放电控制。

7. 热电冷三联供机组信息显示系统

监测中国电力投资集团公司高级培训中心和上海市同济医院热电冷三联供

机组信息，展示热电冷三联供机组的发电量、供热量、用气量、能效比、经济性等信息，体现其资源综合利用效率。

8. 信息远程展示

在世博园区国家电网馆和应急指挥中心展示项目研究成果，显示世博会期间上海市内风电场和光伏电站总出力、发电量、折合碳排放的减少量以及占世博园区用电量的百分比等实时信息。

（三）系统方案

新能源接入综合系统结构如图 7–1 所示。

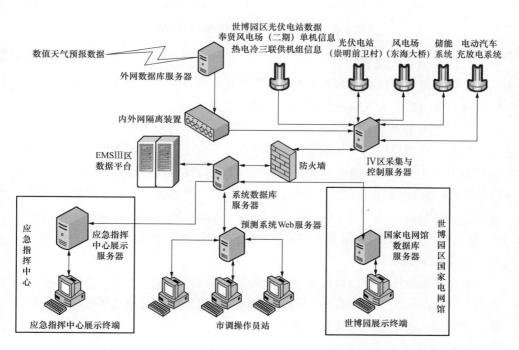

图 7–1　新能源接入综合系统结构图

新能源接入综合系统软件结构如图 7–2 所示，各软件模块功能如下。

1. 系统数据库

系统数据库是该系统的数据中心，各软件模块均通过其完成数据的交互。系统数据库的数据来源有：① 调度实时数据平台的各风电场实时功率数据；② 外网数据处理模块的数值天气预报数据；③ 采集与控制模块的实时信息；④ 预测程序产生的预测结果和世博园区负荷数据等。

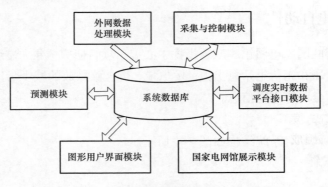

图 7-2　新能源接入综合系统软件结构图

2. 外网数据处理模块

从数值天气预报服务器下载数值天气预报数据，经过处理后形成各预测风电场预测时段的数值天气预报数据，送入系统数据库。

3. 采集与控制模块

采集与控制模块将一些数据传送到系统数据库中，同时向东海大桥风电场、崇明前卫村光伏电站、储能系统和电动汽车充放电站发送控制指令。这些数据包括：① 各光伏电站的实时功率数据；② 崇明前卫村光伏电站的实时测光数据和运行状态等数据；③ 东海大桥风电场各风电机组实时功率及运行状态等数据；④ 储能系统和电动汽车充放电站的实时信息；⑤ 世博园区用电负荷数据等。

4. 预测模块

从系统数据库中取出数值天气预报数据、实时测风/测光数据、各风电场和光伏电站的实时和历史功率数据，通过预测模型计算出风电场和光伏电站的预测结果，并将预测结果送回系统数据库。

5. 调度实时数据平台接口模块

将各风电场的实时功率数据传送到系统数据库中，同时将预测结果从系统数据库中取出，发送给调度实时数据平台。

6. 图形用户界面模块

与用户交互，完成数据及曲线显示、系统管理与维护等功能。

7. 国家电网馆展示模块

将世博园区国家电网馆自动气象站数据传送到系统数据库，同时从系统数据库中取出用于国家电网馆展示的数据。

二、配电自动化系统

（一）目标

在世博园区全面建设配电自动化系统，实现对园区 10kV 配电网的实时状态监控。大部分配电网实现集中式自愈功能，其余配电站及其供电环网实现不依赖配电主站和配电子站的智能分布式自愈功能。

（二）系统组成

1. 主站系统

（1）配电自动化主站系统。建设针对世博园区的配电自动化主站系统，实现对园区 10kV 配电网的实时信息采集、处理、分析统计、遥控以及自愈功能，并具备与上海电力综合数据平台的数据接口，实现数据共享和历史数据存储。

（2）世博园区调度抢修指挥系统。在世博园区应急指挥中心及市区、市东供电公司设立统一的基于生产管理系统（PMS）的世博园区配电网运行监测系统，经上海电力中心数据库，完成与园区配电自动化系统的信息交互，实现各类数据资源的共享，满足园区配电网的运行管理、维护、抢修指挥的应用需求。

该系统主要内容：① 接入世博园区配电自动化系统的各类信息，以 PMS 为配电网信息的展现平台，实现配电网运行数据和历史运行数据的各类应用；② 实现世博园区电网的电气图形、空间地理信息以及各类设备参数信息的显示；③ 实现电网及设备的运行监测，经上海电力综合数据平台接入世博园区配电网的运行工况信息，提供各类设备实时监测信息。

2. 现场监控设备

在 10kV 开关站配置分布式监控装置（Monitor Unit，MU），对箱式变压器配置配电终端（Distribution Terminal Unit，DTU），并配备相关的通信设备，接入所在电力系统的通信网络，实现在线遥测、遥信及遥控功能。

3. 通信方式

（1）10kV 电缆屏蔽层载波通信方式是世博园区配电自动化系统的主要通信方式。根据 10kV 网架的结构，结合电缆线路的走向，规划、构建载波通信链路，上层（35kV 变电站或 10kV 开关站）安装主载波，下层安装从载波。

（2）光纤通信方式。变电站与 10kV 开关站间，采用光纤通信方式；对于部分实现分布式自愈的环网供电线路，采用光纤线路实现对等的工业以太网。

三、故障抢修管理系统

（一）目标

在世博园区建设基于一体化电网平台、覆盖整个故障抢修处理流程的故障抢修管理系统，然后逐步在全上海推广实施。

（二）系统方案

1. 总体方案

总体设计思路是基于一体化平台，实现横向抢修业务贯通、纵向统一调度指挥，充分利用配电自动化系统、PMS 网络拓扑及数据互联等成果，实现抢修业务的应用集成。具体内容包括以下两点：

（1）通过集成或改造现有相关系统，如 PMS、客户管理系统（Customer Management System，CMS）等，建立跨系统、跨部门的一体化故障抢修流程管理，提高各业务系统和模块的信息共享水平，提升抢修工作效率。

（2）利用综合数据平台，集成 SCADA、配电 SCADA 相关自动化信息，结合 PMS 网络拓扑，完成故障判断、故障定位、故障处理方案辅助分析等功能，使故障处理模式逐步由被动等待客户报修转变为主动发现故障。

故障抢修管理系统内部关联如图 7-3 所示。

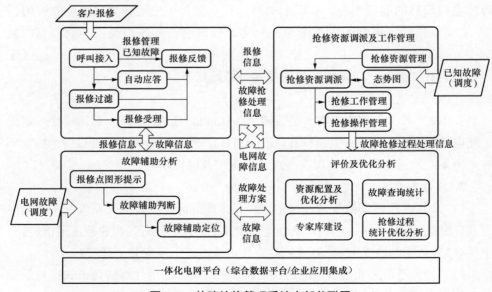

图 7-3　故障抢修管理系统内部关联图

2. 系统构架设计

故障抢修管理系统构架如图 7-4 所示。

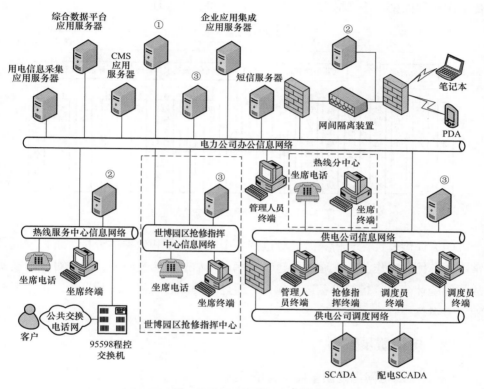

图 7-4　故障抢修管理系统构架图

①—故障抢修管理系统数据库服务器；②—故障抢修管理系统应用服务器；
③—生产管理系统/故障抢修管理系统应用服务器

3. 系统功能

故障抢修管理系统功能框图如图 7-5 所示。

（1）报修管理。通过对客户报修电话的有效判断，结合计划停电信息和抢修工作反馈，及时、主动、有效地将故障处理信息反馈给客户，实现故障抢修信息透明化。通过自动应答系统的引入，提高大面积停电报修接入工作处理效率。

（2）故障辅助分析。通过一体化平台获取数据信息、电网拓扑信息和地理位置信息，进行故障定位，缩短故障处理时间，提升故障抢修工作效率，形成故障处理辅助方案。

（3）抢修资源调派及工作管理。结合应急指挥系统，实现资源整合、统一调派，提高资源利用率；结合空间信息和实时定位信息，实现资源调度的优化；结合工作流程优化，建立横向贯通的抢修流程和工作管理。

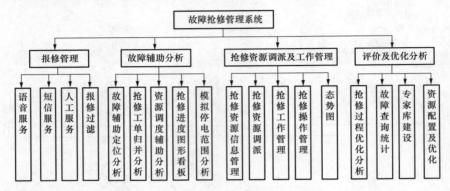

图 7-5　故障抢修管理系统功能框图

（4）评价及优化分析。通过对抢修各个环节流程和效率的分析评价，发现异常因素，优化工作流程；通过构建专家库，预估故障修复时间；通过对电网设备故障的统计分析，指导设备选型优化；通过对资源利用率的统计分析，优化资源配置方案。

四、电能质量监测

（一）上海电网电能质量监测管理系统

上海电网电能质量监测管理系统通过设置主网、配电网（针对典型负荷群）、特需监测区（针对电能质量敏感的供电区域，如高科技开发、新能源发电区等）、综合数据平台、世博园区等多个监测分区，建立了完整的电能质量数据库，对电能质量进行综合分析和处理。该系统由监测终端、通信系统、监测主站和用户端等构成，如图 7-6 所示。

整个系统采用双层结构，监测终端采集到的数据直接传输给监测主站，监测主站根据预定的功能要求完成所有的数据处理、储存和发布，用户根据自身的需要以用户浏览的方式从主站获得相关信息。系统能够监测全部电能质量指标，具备了对全网电能质量数据的浏览、统计、分析和整合功能，为电力系统运行、监督、管理部门及其他相关单位提供用户访问功能。

系统所采用的软件由监测终端前置机软件，综合数据平台数据采集软件，智能电能表数据采集软件，电能质量存储、专业分析和统计软件，数据管理和发布软件，电能质量可视化展示软件以及电能质量评估等专家系统软件组成。其软件构架及数据流向如图 7-7 所示。

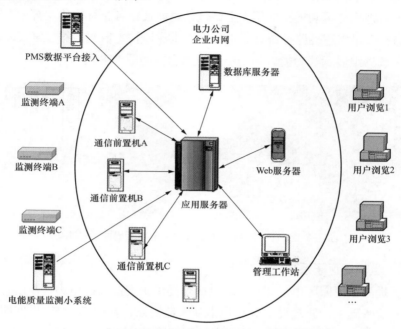

图 7-6　上海电网电能质量监测管理系统构架图

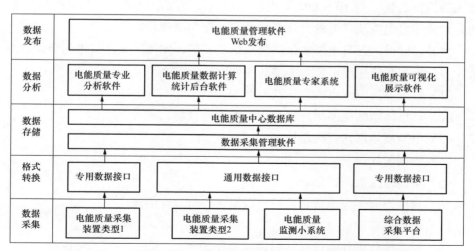

图 7-7　上海电网电能质量监测管理系统软件构架及数据流向图

为了能够更好地根据监测数据及时掌握电网的电能质量情况，向管理者报告电网的电能质量情况，并与用户分享相关电能质量数据，上海电网电能质量监测管理系统建设了大屏幕分析展示系统，开发了电能质量可视化软件，进行了电能质量数据可视化分析和展示应用，主要包括电能质量各指标合格率展示、设备运行状况监控、报警事件监控统计、中心机房摄像监控、监测数据三维展示、统计数据按区域三维展示等功能。其功能界面示意图如图7-8所示。

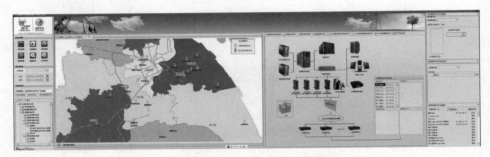

图7-8　上海电网电能质量管理系统功能界面示意图

（二）世博园区子系统

为了提高世博园区电能质量，为世博会提供更高品质的电力，在已有电能质量监测网的基础上，新装设278个电能质量监测点，其中70个在世博园区内。同时，通过用电信息采集系统，读取世博园区内智能电能表所采集的与电能质量有关的数据。建立起10～220kV电压等级、覆盖整个世博园区的电能质量监测网。世博园区电能质量监测管理系统结构如图7-9所示。

另外，通过对已有电能质量监测系统的扩展，实现对电能质量的全面监测、统计与分析。其监控展示软件主要功能如下。

（1）管理世博园区电能质量监测终端。

（2）对世博园区电能质量监测点数据进行分析、统计。

（3）电能质量事件查询模块。

（4）数据统计报表。

（5）电能质量数据评估。

（6）对世博园区电能质量监测点数据进行可视化展现。

（7）电能质量评估报告输出。

（8）对系统软硬件的运行状态进行监控。

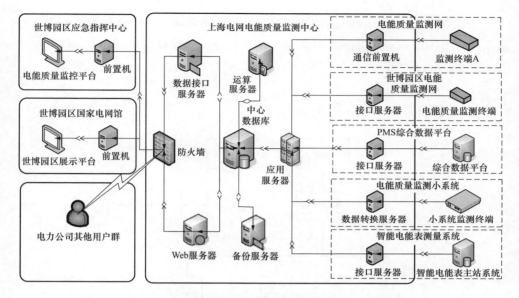

图 7-9　世博园区电能质量监测管理系统结构图

（三）系统特点

上海电网电能质量监测管理系统监测规模大，监测分析指标齐全，展示方式新颖。在电能质量监测系统领域建立了一套较完善的技术标准与工作标准体系，建成了电能质量实验室，开展动态电能质量监测和分析研究。

五、电动汽车充放电站

（一）目标

建成具有双向有序电能转换模式（V2G）功能的原型系统，实现与电网调度和营销系统的集成，按照电网负荷、电价、电池储能系统荷电状态（SOC）、用户使用习惯多个参数优化充放电策略，实现车载电池组与电网的双向能量交换，展示电动汽车作为移动储能装置的广阔应用前景。

项目内容如下：

（1）V2G 技术框架体系研究。

（2）V2G 充电/放电策略控制研究。

（3）V2G 双向充放电装置研制。

（4）V2G 与电网调度系统、营销系统的集成。

（5）在世博园区国家电网馆和漕溪能源转换综合展示基地分别建设电动汽车示范充放电站，实现电动汽车作为分布（分散）式移动储能单元接入电网。

（二）系统方案

1. 系统构成

V2G 系统构成如图 7-10 所示。

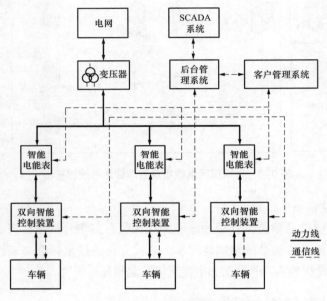

图 7-10　V2G 系统构成图

2. 功能说明

（1）SCADA 系统。实现数据采集与监视控制，监测电网负荷状态，提供调度指令。

（2）后台管理系统。实现对双向智能控制装置进行管理，充放电策略控制，向 SCADA 系统提供所管辖区域内可充放电容量等信息。

（3）客户管理系统。获取智能电能表计量数据，实时电价控制，为营销部门提供电量、负荷信息。

（4）智能电能表。实现双向计量、本地信息存储，与客户管理系统双向通信。

3. 充放电策略

双向智能控制装置与参与 V2G 活动的车辆连接后，根据用户选择车辆 SOC

上下限，将连接车辆可充放电的实时容量、受控时间等信息提供给后台管理系统；后台管理系统采集、统计所管辖范围内所有可充放电的实时容量、受控时间等信息，实时提供给 SCADA 系统；后台管理系统根据 SCADA 系统调度指令，对所管辖范围内双向智能控制装置进行充放电控制管理并反馈相关信息；双向智能控制装置根据后台管理系统指令，对参与 V2G 的车辆进行充放电操作。充放电的前提是在车辆 SOC 允许限值范围内，用户放电 SOC 默认极限为 70%，具体下限可根据用户选择；用户充电 SOC 默认极限为 95%，具体上限可根据用户选择。用户根据客户管理系统提供的多级电价机制，自主选择参与 V2G 方式。用户充电过程即时结算，放电过程由后台定期结算。

4. V2G 双向智能控制装置

装置主要由隔离变压器、整流（逆变）模块、降压（升压）斩波电路、能量管理模块、直流充放电接口等构成，如图 7-11 所示。

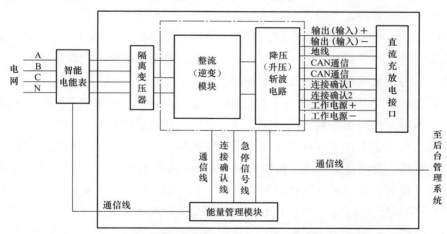

图 7-11 双向智能控制装置结构图

六、其他

其他的 4 个示范工程包括储能系统、智能变电站、用电信息采集系统、智能楼宇/小区等。

漕溪能源转换综合展示基地的储能系统，实现了 100kW 磷酸铁锂电池和 100kW 镍氢电池储能系统的并网运行；嘉定钠硫电池试验基地的储能系统，实现了 100kW 钠硫电池储能系统的并网运行；崇明前卫村光伏发电与 10kW 液流电池混合储能系统，实现了多种化学储能技术在上海电网的应用，以及对储能系统的分散布置、集中监控和统一调度，体现储能技术在智能电网削峰填谷方面的作用，为推广应用储能技术作好准备。

智能变电站实现采集信息数字化，构建实时、可靠、完整的共享信息平台，提升现有设备和功能的技术水平。建设与世博园区国家电网馆一体化的 110kV 蒙自全地下智能变电站，全站 110kV GIS 采用光纤电流互感器、电子式电压互感器，10kV GIS 采用低功率电流、电压互感器；智能设备基于 DL/T 860 标准建模和通信，实现基于共享信息平台的信息共享和协调智能控制；站内配置动态无功补偿装置，对 10kV 母线完全实现无功动态补偿；站用电系统配置有源电力滤波器。

用电信息采集系统按照国家电网公司统一的技术方案、技术标准和管理规范，将世博园区内 28 个 35kV 计量点、91 个 10kV 计量点、10 个 380V 计量点，以及智能小区 156 个计量点列入示范性对象，安装国家电网公司统一标准的智能电能表和采集设备。考虑光纤、电力线载波、3G 或 GPRS 等多种通信方式，采用高级量测、高速通信、高效调控的技术手段，实现用电信息的实时、全面和准确采集，满足各专业对用电信息的需求，实现电网企业与用户之间基本的双向互动功能，为开展其他增值服务奠定基础。

智能楼宇/小区实现用户与电网之间电力流、信息流、业务流的双向互动。在世博园区国家电网馆开展智能楼宇建设，通过开发能量综合管理系统，实时采集用电设备运行状态，采用双向互动技术实现楼宇节能综合控制；突出介绍并展示智能变电站、清洁能源发电、新型负荷式用电设备的使用所带来的环境效益及经济效益。在浦东某居民社区建设智能小区（共 132 户），并在小区中建设一套智能家居样板房。小区采用基于 EPON 的全光纤到户接入方式，样板房采用光纤复合低压电缆，实现电力光纤到户，通过用户智能交互终端和智能用电服务平台，实现双向互动服务，达到增强用户体验、提供通信与能源一体化服务、构建新型用户关系、提高全社会能源利用水平的目的。

第三节　用电信息采集系统工程

用电信息采集系统的建设，将为智能用电服务提供有力的技术支撑。本节主要从工程背景、技术方案、实施计划及预期目标等方面，对用电信息采集系统工程进行介绍。

一、工程背景

2008 年，国家电网公司开始推行用电信息采集系统，计划用 3～5 年完成终端侧容量为 50kVA 及以上用户用电信息采集及一体化平台建设，实现"全覆盖、全采集、全费控"的目标，为智能电网的信息化、自动化、互动化提供强有力的基础应用平台，以保证用电数据的实时高效的采集、处理和应用，为智能电网建设奠定坚实的基础。

2008 年 9 月，国家电网公司组织制定了电力用户用电信息采集系统系列标准。该系列标准于 2009 年 12 月正式发布，内容包括系统及主站、采集终端、通信单元的功能配置、型式结构、性能指标、通信协议、安全认证、检验方法、建设及运行管理等内容。

二、技术方案

用电信息采集系统的全面建设，要求对所有用户实施系统覆盖、用电信息采集和预付费控制。根据集约、统一、规范的原则以及营销业务功能实现的需求，需要在统一的用电信息采集平台，即一体化平台上实现电力用户的全面覆盖。

（一）采集要求

用电信息采集系统的采集对象包括所有电力用户，即专线用户、各类大中小型专用变压器用户、各类 380/220V 供电的工商业户和居民用户，公用配电变压器线损考核计量点，要求覆盖率达到 100%。

根据对各省用电信息采集系统的建设情况和营销业务的分类情况的调查，除电力用户外，尚有许多电能计量点没有实现远程采集。用电信息采集系统统一采集平台设计，能支持多信道和多采集终端类型，也可用来采集分布式发电上网关口和变电站关口等各类计量点。

（二）应用部署模式

采集系统的应用部署模式与各个省电力公司的营销管理模式密切相关，分为集中式和分布式两种。

1. 集中式部署

集中式部署采用"集中采集，分布应用"模式，即全省仅部署一套主站系统，一个统一的通信接入平台，直接采集全省范围内的所有现场终端和表计，集中处理信息采集、数据存储和业务应用。下属的各地市电力公司不设立主站，用户统一登录到省电力公司主站，根据各自权限访问数据，执行本地区范围内的运行管理职能。集中式部署适用于用户数量相对较少，地域面积不特别大的省电力公司。

该方案按照省、市电力公司大集中的模式进行设计，按"一个平台、两级应用"的原则在省电力公司建设全省统一的用电信息采集系统数据平台，各地市电力公司以工作站的方式接入系统。

2. 分布式部署

分布式部署采用"分布采集，汇总应用"模式，即在全省各地市电力公司分别部署一套主站系统，各自独立采集本地区范围内的现场终端和表计，实现本地区信息采集、数据存储和业务应用。省电力公司从各地市电力公司提取相关数据，完成省电力公司的汇总统计和全省应用。分布式部署适用于用户数量特别大，地域面积广阔的省电力公司。

该方案按照分级管理的要求，从上而下分为一级主站和二级主站两个层次。一级主站建设整个系统的数据应用平台，侧重于整体汇总管理分析；二级主站建设各自区域内的用电信息采集平台，实现实际的数据采集和控制运行。

分布式的用电信息采集系统对应于管理上的分层管理模式，即各省电力公司的省市两级管理模式，在省电力公司部署一级主站、地市电力公司部署二级主站，构成"以省电力公司为核心，以地市电力公司为实体"的全省用电信息采集系统。

（三）通信信道

1. 远程信道

远程信道用于连接系统主站和采集终端，可采用的信道有电力专网（光纤信道、230MHz 无线、电力线载波）、无线公网（GPRS/CDMA）和有线公网（ADSL/PSTN 拨号）等。

2. 本地信道

本地信道用于连接电能表到采集终端，可采用的信道有低压电力线载波、RS-485 总线、微功率无线等。

（四）采集终端

根据用电信息采集系统建设的要求，国家电网公司组织制定了用电信息采集终端功能规范，将采集终端分为专用变压器采集终端、集中抄表终端（包括集中器、采集器）、分布式能源接入终端、储能接入终端等。

（1）专用变压器采集终端。它是指对专用变压器用户用电信息进行采集的设备。它可以实现电能表数据的采集、电能计量设备工况和供电电能质量监测，以及用户用电负荷和电能量的监控，并对采集数据进行管理和双向传输。

（2）集中抄表终端。它是指对低压用户用电信息进行采集的设备，包括集中器和采集器。集中器是指收集各采集器或电能表的数据，并进行处理储存，同时能与主站或手持设备进行数据交换的设备。采集器是用于采集多个或单个电能表的电能信息，并可与集中器交换数据的设备。

（3）分布式能源监控终端。它是指对接入配电网的用户侧分布式能源系统进行监测与控制的设备。它可以实现对双向电能计量设备的信息采集、电能质量监测，并可接收主站命令对分布式能源系统接入配电网进行解列控制。

（4）储能接入终端。它是指对接入配电网的用户侧储能装置进行监测与控制的设备。它可以实现对双向电能计量设备的信息采集和电能质量监测，并可接受主站命令对储能装置接入配电网进行控制。

三、实施计划及预期目标

国家电网公司计划分 3 个阶段推进用电信息采集系统建设：第一阶段（2009～2010 年）是规划试点阶段，在 27 个省级电网公司开展用电信息采集系统试点建设，同时完成容量为 50kVA 及以上用户专用变压器和公用配电变压器采集终端的建设，用户采集覆盖率不低于 15%；第二阶段（2011～2015 年）是全面建设阶段，加快用电信息采集系统建设，实现"全覆盖、全采集、全费控"；第三阶段（2016～2020 年）是引领提升阶段，进一步优化用电信息采集系统，根据运行实践深化系统研究，完善系统功能，提升系统使用效率。

用电信息采集系统的预期目标如下：

（1）一体化平台。省电力公司建立一体化的用电信息采集系统后，采集监控对象涵盖专用变压器用户、公用配电变压器和低压居民，在同一个平台上完整地实现采集、监控和业务应用功能。

（2）智能用电服务。用电信息采集系统的建设，为智能用电服务体系建设提供了基本保证，满足了智能电网与用户的互动化需求，使用户可以随时了解电网信息，为用户提供灵活定制、多种选择、高效便捷的服务，不断提高服务能力，满足多样化用电服务需求，提升用户满意度。

（3）用电异常监测。建设用电信息采集系统，并配合专用传感器，可实时监视用户异常用电状况，及时发现计量设备损坏和准确地跟踪、定位有窃电嫌疑的用户。用电信息采集系统所记录的各种用电数据和曲线，为查处用户窃电提供了有力证据，是反窃电工作最有效的技术手段。

（4）用电信息共享。建设用电信息采集系统，可真正地实现与营销业务系统的无缝连接，实现了用户档案、计量数据、用户用电信息的共享，协调完成对营销计量、抄核收、用电检查、需求侧管理等业务流程的技术支持。

（5）营销业务支撑。建设用电信息采集系统，能够有效提高电能计量、远程抄表、预付费等营销业务处理自动化程度，提高营销管理整体水平；能够为 SG186 业务应用提供及时、完整、准确的数据支撑，满足了智能电网自动化、信息化的要求。

第四节　其他试点工程

风光储输联合示范工程、智能变电站、智能家居及智能楼宇/小区都是智能电网的重点试点工程。限于篇幅，本节仅介绍风光储输联合示范工程、智能变电站试点工程。

一、风光储输联合示范工程

（一）工程背景

随着我国风电的跨越式发展，风电对电力系统的影响越发明显，有许多亟待研究的问题，如风资源预测、风电场调度和风电机组并网检测等。虽然目前我国光伏电站的规模不大，但具有极好的发展前景，迫切需要积累实际运行经验。以风电和太阳能发电为代表的并网型新能源，功率输出具有间歇性与波动性的特点，需要通过常规电源的调节和储能系统来平衡。因此，需要建设风光储输联合示范工程，引导国内新能源并网的研究，及时制定相关标准，确保我国新能源发电的健康发展。

理论上，通过配置储能装置，可以实现风光储输出功率峰值转移或者平滑电站输出功率波动的目的。但是，目前储能电池的技术水平还不具备实现整个电站输出峰值转移的能力，只能用于平滑电站的短期功率波动。通过风光储输联合示范工程来研究风光储功率容量的配比，一方面可以实现对风光储电站多种组态运行方式下输出功率的平滑，另一方面还可以根据风、光输出功率预测，控制电站出力，将其纳入系统自动电压控制和自动发电控制中。

由于风资源和太阳能资源在不同的地域、季节、天气条件下分布不同，在同一区域内风力发电和光伏发电两者具有一定的互补性，能够减少采用单一能源可能造成的电力供应不足或不平衡现象。另外，从性价比方面考虑，风力发电一次性投资较低，但维护量较大，光伏发电与之相反。因此，有必要通过风光储输联合示范工程的建设，对风光互补系统进行研究。

（二）风光储输联合示范工程技术方案

风光储输联合示范工程总装机容量为 600MW，配套储能装置容量为 110MW。第一期建设 100MW 风电、50MW 光伏发电和 20MW 储能装置。风电机组通过箱式变压器升压到 35kV 后，利用集电线路汇集至变电站，然后升压至 220kV 并网；每个 1MW 光伏阵列通过逆变升压到 35kV 后，利用电缆汇集至变电站，然后升压至 220kV 并网；储能装置通过 AC/DC 装置完成交直流变换后升压至 35kV 接入变电站。AC/DC 装置可实现能量双向流动：在充电状态时，AC/DC 装置作为整流器将电能从交流变成直流，储存到储能装置中；在放电状态时，AC/DC 装置作为逆变器将储能装置储存的电能从直流变为交流，输送到电网。

智能指挥调度系统是整个风光储输联合示范工程的控制核心，它根据电网负荷预测、风功率预测和光照预测，通过调节风、光、储三者的功率输出来实现预设的控制目标。图 7-12 是风光储输联合示范工程原理图。它具备风电单独、光伏单独、风电+储能、光伏+储能和风电+光伏+储能联合送出多种组态的运行方式。

（三）工程的示范作用

（1）100MW 光伏电站是依托国家"金太阳"计划建设的目前国内最大和技术最先进的示范性光伏电站。

（2）依托 100MW 光伏电站，研究、制定光伏电站接入电力系统的相关标准和规范，支持国家光伏发电的大规模发展。

（3）建设 300～500MW 风电场，采用性能最先进的风电机组，研究、制定电力系统对风电机组及风电场的相关标准和规范，促进我国风电健康持续发展。

（4）通过采用先进的液流电池或钠硫电池储能技术，解决风电、光伏发电短期功率波动的问题，展示智能电网对新能源并网的支持。

总之，风光储输联合示范工程对于研究和解决我国风电、光伏发电等新能源领域的许多重要问题、引导新能源产业的发展和促进智能电网发展都具有重要的意义。

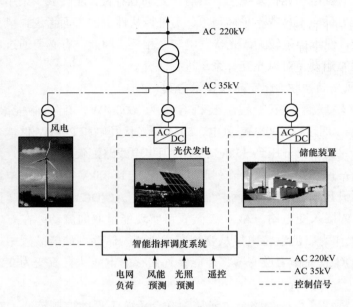

图 7-12 风光储输联合示范工程原理图

二、智能变电站试点工程

（一）工程背景

近年来，国内已建设近百座各种模式的数字化变电站，但总体上仍存在以下不足：① 一次设备智能化程度较低；② DL/T 860 标准中的模型不全面、定义不明确及国内厂家在逻辑节点扩展中存在差异；③ 变电站数据准确性、实时性有待加强。在智能变电站相关标准规范、建设模式、信息标准模型细化、一次设备智能化、产品检测手段、事故自动处理分析等高级应用、配套的评估体系及方法等还需要进行更为深入的研究。

（二）预期目标

通过开展一次设备智能化、高级应用等关键技术研发攻关，提高一次设备智能化水平，优化系统结构设计，提高变电站运行的安全性和稳定性。智能变电站建设预期目标如下：

（1）全站信息数字化。实现一、二次设备的灵活控制，且具备双向通信功能，能够通过信息网进行管理，满足全站信息采集、传输、处理、输出过程的完全数字化。

（2）通信平台网络化。采用基于 DL/T 860 的标准化网络通信体系。

（3）信息共享标准化。形成基于同一断面的具有唯一性、一致性的基础信息，统一标准化信息模型，通过统一标准、统一建模来实现变电站内外的信息交互和信息共享。

（4）高级应用互动化。实现各种站内外高级应用系统相关对象间的互动，全面满足智能电网运行、控制要求。

（5）相关标准的制定。完成智能变电站标准和相关设备检验标准的制定，为智能变电站的建设提供指导。

（三）实施项目

智能变电站试点工程共计 74 个，分两批，第一批 7 个、第二批 67 个，其中新建 46 个、改造 28 个。预计 2011 年底前全部建成，具体如下：

（1）新建 46 座智能变电站，其中 110（66）kV 14 座、220kV 21 座、330kV 2 座、500kV 7 座、750kV 2 座。

（2）改造 28 座智能变电站，其中 110（66）kV 11 座、220kV 11 座、330kV 2 座、500kV 4 座。

通过新建和改造智能变电站试点工程，为下一阶段智能变电站的推广积累经验，提供技术保障和工程示范。

第五节　智能电网应用展望

智能电网不是终点，而是一个过程。智能电网的建设既是逐步使电网具有智能化的过程，也是复杂的系统工程，需要一系列新技术、新设备的支撑，必须在新技术研究和新设备制造方面取得突破。目前，智能电网技术是国内外有关未来电网发展趋势研究的热点，物联网技术的应用和智能城市的发展将给智能电网建设带来不可忽视的影响，对此必须密切跟踪和深入研究。

本节主要从物联网在智能电网中的应用，智能电网建设对智能城市发展作用的角度对智能电网进行展望。

一、物联网在智能电网中的应用

物联网可以在人迹罕至和环境恶劣的地方使用，利用部署在目标区域内的大量节点，协作地感知、采集各种监测对象（主要包括环境对象和物体对象）的信息，获得详尽而准确的信息，并对这些信息进行深层次的多元参数融合、协同处理，监测对象的状态。此外，还能够依托自组网或定向链路方式将这些感知信息和状态信息传输给观察者，将逻辑上的信息世界与客观上的物理世界融合在一起，改变人类与物理世界的交互方式。

物联网以其独特的优势，能在多种场合满足智能化电网信息获取的实时性、准确性、全面性等需求。

物联网的应用可以协助实现有效的电厂和电网态势感知，提高电力企业的信息化水平；有助于降低线损，提高电能传输效率和使用效率；有助于保障电力设施的安全，提升电网的预警能力，提高供电安全性和供电可靠性；有助于提升电力设备及生产过程的精益化管理水平，提高电力资产的使用效率和优化配置能力；有助于提升电力企业与用户的互动能力，提高电力企业的服务质量；有助于提高我国全社会的信息化水平，促进电信网、广播电视网、互联网的有效融合。

下面从设备状态监测、电力生产管理、电力资产全寿命周期管理、智能用电4 个方面阐述物联网在智能电网中的应用。

（一）设备状态监测

利用物联网技术在常规机组内部布置传感监测点，可了解机组的运行情况，包括各种技术指标与参数，从而提高常规机组状态监测的水平。

通过在坝体部署传感器网络，监测坝体变化情况，可规避水库运行可能存在的风险。同样，物联网技术可以对风电、光伏发电等新能源发电进行监测、控制和功率预测。

利用物联网技术，可以提高对输电线路的感知能力和智能化水平，可监测气象环境、覆冰、导地线微风振动、导线温度与弧垂、输电线路风偏和杆塔倾斜等。输电线路在线监测系统示意如图 7-13 所示。

对于电力设备，可通过物联网对设备的环境状态信息、机械状态信息、运行状态信息进行实时监测和预警诊断，提前做好故障预判、设备检修等工作，从而提高安全运行以及管理水平。

由于各种原因，电力设备会产生发热现象，设备各部位温度是表征设备运行是否正常的一个重要参数，采用无线传感器网络技术，可实现对设备运行温度的实时监测。

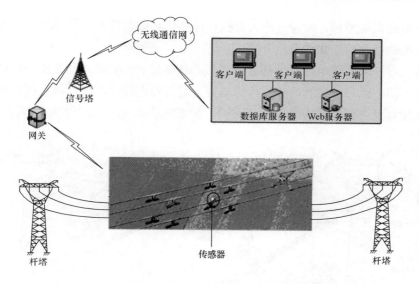

图 7-13　输电线路在线监测系统示意图

（二）电力生产管理

由于电力系统的复杂性，电力作业管理难度较大，常会出现误操作、误进入等安全隐患。利用物联网技术可以进行身份识别、电子工作票管理、环境信息监测、远程监控等，实现调度指挥中心与现场作业人员的实时互动，进而消除安全隐患。基于物联网的电力现场作业监管系统示意如图 7-14 所示。

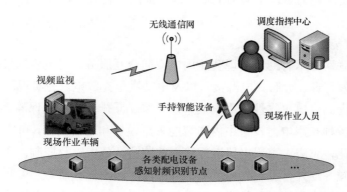

图 7-14　基于物联网的电力现场作业监管系统示意图

在电力巡检管理方面，通过射频识别、全球定位系统、地理信息系统以及移动通信网，监控设备运行环境，掌握运行状态信息，通过识别标签辅助设备定位，实现人员的到位监督，指导巡检人员执行标准化和规范化的工作流程，并可进行辅助状态检修和标准化作业指导等。

通过在杆塔及输电线路上部署壁挂振动传感器、地埋振动传感器、防拆螺栓、倾斜传感器、距离传感器、红外传感器等，结合输电线路在线监测系统，可以更好地实现对重要杆塔的实时监测和防护。杆塔防护系统示意如图 7-15 所示。

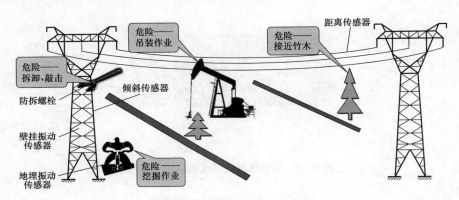

图 7-15 杆塔防护系统示意图

（三）电力资产全寿命周期管理

将射频标签和标识编码系统应用于电力设备，进行资产身份管理、资产状态监测、资产全寿命周期管理的辅助决策等，能够实现自动识别目标对象并获取数据，可以为实现电力资产全寿命周期管理、提高运转效率、提升管理水平提供技术支撑。

（四）智能用电

利用物联网技术有助于实现智能用电双向交互服务、用电信息采集、智能家居、家庭能效管理、分布式电源接入以及电动汽车充放电，为实现用户与电网的双向互动、提高供电可靠性与用电效率以及节能减排提供技术保障。

通过在各种家用电器设备中内嵌智能采集模块和通信模块，可实现家电的智能化和网络化，完成对家用电器运行状态的监测、分析以及控制；通过在家庭部署门磁、窗磁、红外、可燃气体泄漏、有害气体监测传感器等，可实现家庭安全防护；通过应用电力线载波技术，可实现水、电、气、热的自动抄收；利用光纤复合低压电缆、电力线宽带通信手段以及通过智能交互终端，可以提供通信服务、视频点播、娱乐信息服务等。

通过在电动汽车、电池、充电设施安装传感器和识别系统，可以实时感知电动汽车运行状态、电池使用状态、充电设施状态以及当前网内能源供给状态，实现电动汽车及充电设施的综合监测与分析，保证电动汽车运行在稳定、经济、高效的状态下。基于物联网的电动汽车信息管理系统示意如图 7-16 所示。

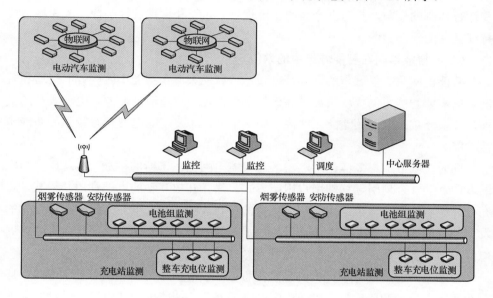

图 7-16　基于物联网的电动汽车信息管理系统示意图

二、智能电网与智能城市

（一）智能城市发展现状

智能城市是把基于感应器的物联网和现有互联网整合起来，通过快速计算分析处理，对人员、设备和基础设施，特别是交通、能源、商业、安全以及医疗等公共行业进行实时管理和控制的城市发展类型。

智能城市研究源于"智能建筑"，自 20 世纪 80 年代，美国、日本以及欧洲一些国家相继在现代化城市中大量开展智能大厦建设。随后智能建筑逐渐由单体向区域化扩展，从而发展成覆盖大范围建筑群和建筑区的综合智能小区，引发了"智能小区"等概念的完善及实现。通过智能建筑、智能小区间广域通信网络以及通信管理中心的连接，继而使整个城市发展成为智能城市。新加坡提出建设"智能岛"是智能城市最早的实践，随后世界上许多城市开始制订和实施建设"智能城市"的计划。

智能城市的基本要素是智能化，应具有智能的城市基础设施、高度发达的通信网络、支撑海量数据处理的信息平台以及智能化辅助决策支持系统，实现高效率、低能耗、低污染，充分体现以人为本、和谐环保。智能城市将带来城市管理和运行体制的变革，并提供全新的城市规划、建设和管理调控手段，成为城市可持续发展的新动力源。

（二）智能电网在智能城市中的地位

智能电网是智能城市的重要基础设施，智能大厦、智能小区、智能交通和智能家居需要智能电网提供可靠、高效的供电保障；随着清洁能源、电动汽车的发展，大量分布式电源及储能元件接入城市电网，需要智能电网具有较强的新能源接纳能力。

同时，城市用户多样化用电需求对智能电网提出了新的挑战，实现用户与电网双向互动、合理引导终端用户用能方式，建立开放互动的电能利用新模式，将充分体现智能城市以人为本、和谐环保的特点。物联网、电力光纤到户等技术的发展使智能电网建设不仅对城市及家庭通信系统产生深远影响，而且对有效扩展电网增值服务、确保城市基础设施社会效益最大化也具有极大的推动作用。

智能电网建设是一项庞大的系统工程，不仅需要电力及相关行业的参与，还需要政府主导和政策支持，以及广大民众的参与。智能电网建设可以带动智能城市其他相关产业和服务业的发展，现已成为智能城市发展的重要方面。

（三）智能电网建设对智能城市发展的作用

1. 智能电网为智能城市提供安全、可靠、优质的能源保障

智能城市的发展离不开电能，保证供电安全可靠性是智能电网建设与发展的首要目标。目前，我国大部分城市供电可靠性还不足 99.99%，与国际先进水平还有差距。智能电网建设采用高可靠性智能设备、配电自动化、自愈控制、电网防灾减灾等技术，提高城市电网自愈能力，使城市电网各级防线之间紧密协调，在故障或灾害状态下可快速隔离故障、恢复供电，能够提高抵御突发性事件和严重故障的能力，有效避免大面积停电，显著提高供电安全可靠性和电网应急能力，为整个庞大的智能城市系统正常运行提供有力保障。

高速铁路、智能楼宇、智能家电、计算机等为城市经济发展和人民生活带来了高效和便利，但电动机车、半导体整流和逆变装置、变频调速装置等非线性负荷或冲击性负荷大量接入城市电网，产生了谐波干扰、电压波动与闪变等危害；

同时，广泛应用的智能设备对供电质量要求越来越高，严重的电能质量问题将导致生产线停产和计算机系统瘫痪等后果。这些问题的解决依赖于智能电网中电能质量监测、定制电力和配电自动化等技术的综合利用。

2. 智能电网为智能城市低碳发展提供重要支撑

清洁能源、电动汽车已成为智能城市发展的重要特征，提高能源利用效率、满足电动汽车充放电需求，需要强大的智能电网作为支撑。智能电网采用节能设备、节能调度及优化运行等技术，提高电网运行和输送效率，降低运营成本，促进能源资源和电力资产的高效利用；采用电动汽车充放电技术，既满足电动汽车快速、有序充电需求，加快电动汽车的推广，又可将电动汽车作为储能元件用于电网改善负荷曲线、平抑可再生能源发电功率波动；采用分布式电源、储能元件、微电网接入等技术，提高接纳风能发电、太阳能发电等各种随机性和间歇性电源的能力，实现城市分布式电源和储能设备的并网和优化控制，有力地促进可再生能源的发展；通过需求侧智能管理，借助电价激励等方式，促进能源利用更加高效和环保。

据测算，通过发展智能电网，到 2020 年，我国每年可减少煤炭消耗 4.7 亿 t 标准煤，减排二氧化碳 13.8 亿 t，对降低城市温室气体排放具有重要的战略意义。

3. 智能电网为智能城市提供经济、便捷的服务

随着智能电网的发展，电力流和信息流由传统的单向流动模式转变为双向互动模式，信息更加透明共享，用户将更加便捷地获得各种增值服务。

通过光纤、电力线载波、光纤复合电缆、无线传感器等多种通信介质搭建的智能电网信息通信系统，为城市提供更加多样便捷的信息通信方式。电力光纤到户既可实现电能的高效传输，也可为电力网、互联网、电信网、有线电视网等的融合提供技术手段，降低各种到户设备配置成本，避免社会资源浪费，促进资源优化配置。

采用智能用电技术，以智能家居为平台，利用综合布线技术、网络通信技术、安全防范技术以及自动控制技术，可以将智能家居设施的信息有效集成，构建高效的家居事务管理系统，并与电网进行实时双向互动，提高用户用电效率，节约用电成本，为用户提供安全、经济、便捷、环保的用电服务。

附录 A   智能电网技术标准体系

　　智能电网的建设发展将采用一系列的新技术，以提升电网的信息化、自动化、互动化水平，提高电网消纳间歇性新能源的能力，促进用户与电网的互动。由于现有的电网技术标准难以满足智能电网的发展要求，因此需要建立与智能电网相适应的技术标准体系，为智能电网建设提供技术依据。技术标准体系既可以为参与智能电网建设的设备制造商、系统集成商、电网建设单位提供技术指导，保证智能电网建设的质量和进度，也可以有效保证发电系统、电网、电力用户的互操作性。目前，国际上一些标准组织正在积极开展智能电网技术标准体系的研究工作，我国智能电网技术标准体系的研究工作已经取得阶段性成果，相关具体标准也正在制定中。

A.1   国外智能电网技术标准体系研究现状

　　目前国际上关于智能电网标准体系的研究最具代表性的是国际电工委员会（IEC）、美国国家标准技术研究院（NIST）、美国电气和电子工程师协会（IEEE）。本节主要介绍上述 3 个机构在智能电网技术标准体系研究方面的进展情况。

A.1.1   国际电工委员会研究现状

　　为了推动智能电网标准的研究和制定工作，IEC 标准化管理委员会组织成立了第三战略工作组——智能电网国际战略工作组（Strategy Group 3: Smart Grid，SG3）。SG3 于 2009 年 5 月在法国巴黎召开了会议，来自中国、美国、德国、法国、意大利、日本、瑞典、瑞士、英国、韩国和荷兰等国家的 13 名代表参加了会议。此次会议表明，IEC 已正式启动智能电网标准的研究工作。SG3 的主要任务是建立智能电网 IEC 标准体系。为此，需要首先从智能电网发展需要出发，分析现有标准与目标标准的差距，在此基础上提出现有相关标准修订和新标准制定的建议，包括应优先建立的、满足设备和系统互操作性的规约和模型的标准化建议。2009 年 8 月，工作组完成 *IEC Standardization "Smart Grid"–Survey Prepared for IEC SMB SG3 "Smart Grid"*（《IEC 智能电网标准化调研报告》）。该报告绘制了 IEC 智能电网标准技术路线图；针对各相关技术领域，分析了智能电网提出的新需求以及现有标准与需求之间的差距。

2010 年 3 月，工作组完成 *IEC Detailed Technical Reference Document for Smart Grid Standardization–Roadmap Discussion*（《IEC 智能电网标准详细参考资料—路线图讨论》）。报告总结了各国代表对智能电网缺失标准以及 36 项相关标准与智能电网相关程度和重要程度的反馈意见，在分析和调研基础上推荐了 5 项核心标准。

IEC 研究智能电网标准时，将技术领域分为通用技术领域和专业技术领域两大类。其中通用技术领域包括通信、信息和规划，专业技术领域包括高压直流输电/灵活交流输电、停电预防/能量管理系统、先进配电管理、配电自动化、智能变电站、分布式能源、高级量测体系、需求侧响应和负荷管理、智能家居和楼宇智能化、电能存储、电动汽车、状态监测、电磁兼容、低压设备安装、对象识别、产品分类、性能和文件以及大规模可再生能源接入。

IEC 关于智能电网标准体系有如下主要观点：

（1）智能电网需要实现各个组成单元之间以及子系统间高度的信息共享，以提高对日益复杂的电力系统的可观性和可控性。智能电网中大多数技术领域的共同需求是要求不断增加智能设备，解决方案应具备较高的互操作性。

互操作性通常是指两个或者多个系统/元件交换信息和使用信息的能力。

互操作性主要体现在语法互操作性和语义互操作性两个方面：① 语法互操作性是指两个或者多个系统通过标准化的数据格式和规约实现信息交换的能力，是实现其他互操作的前提条件；② 语义互操作性是指两个或多个系统自动解释交换信息的能力，为此必须建立公共信息交换参考模型。互操作性标准是智能电网标准体系中最关键的部分。

（2）研究智能电网技术标准需要首先建立智能电网技术标准体系，以反映智能电网技术标准的全貌。

（3）明确现行标准与规划标准之间的差距，是建立标准体系以及制定相关具体标准的基础。实现智能电网发展目标，需要长期的技术进步和不断的技术研发，所以，还需要不断预测未来对智能电网标准的需求。

（4）核心标准是面向电网智能化，对智能电网应用和解决方案具有重大影响，适用于智能电网主要技术领域的标准，是智能电网标准体系中的核心部分，主要包括面向服务体系架构、互操作、网络安全方面的标准。IEC 推荐的 5 个核心标准详见表 A-1。

表 A–1   IEC 推荐的智能电网核心标准

核心标准	主　　题
IEC 62357	面向服务体系架构（SOA） 适用范围：能量管理系统，配电管理系统
IEC 61970	公共信息模型（CIM） 适用范围：能量管理系统，配电管理系统，配电自动化，分布式发电，高级量测体系
IEC 61850	变电站自动化 适用范围：能量管理系统，配电管理系统，配电自动化，分布式发电，高级量测体系
IEC 61968	配电管理
IEC 62351	网络安全

A.1.2　美国国家标准技术研究院研究现状

美国智能电网标准体系主要由美国国家标准技术研究院（National Institute of Standards and Technology，NIST）主导研究。NIST 前身是美国国家标准局（National Bureau of Standards，NBS），隶属美国商务部，是一个官方标准化机构，在各类组织的标准化工作的协调管理上发挥着重要的作用，负责美国全国计量、标准的研究、开发和管理工作，在国际上享有很高的声誉。为了建立智能电网技术标准体系，NIST 集中了数以千计的专家和学者对智能电网互操作性标准进行研究，旨在编制智能电网互操作性标准的技术框架和发展路线，协调相关标准的制定和实施。

2009 年 4 月，NIST 公布了分 3 个阶段制定智能电网关键标准的规划。第一阶段的目标是促使公用事业机构、设备供应商、消费者、标准开发者和其他相关各方就智能电网标准的认识达成一致；第二阶段是成立一个正式组织，负责协调标准的制定工作，实现已有系统和新技术的集成；第三阶段是到年底前制定标准的测试和检验计划，保证智能电网设备和系统符合安全和互操作性相关标准的要求。根据第一阶段的目标，NIST 选择了美国电力科学研究院（EPRI）作为合作单位，共同制定智能电网标准体系研究的技术框架和发展路线图。2009 年 9 月，EPRI 向 NIST 提交了 *Report to NIST on the Smart Grid Interoperability Standards Roadmap*（《关于智能电网互操作性标准路线图的报告》）。在该报告中，EPRI 选出 80 项与智能电网相关性较强、具有适用性的现有标准，并提出了 70 项需要制定的标准。EPRI 同时表示，目前对智能电网标准的理解还不够全面和深入，难以快速达成共识，报告所得出的结果有待更深入地研究。在此基础上，NIST 开展了进一步的研究，并于 2010 年 1 月发布了 *NIST Framework and Roadmap for*

Smart Grid Interoperability Standards, Release 1.0（《NIST 智能电网互操作性标准框架和技术路线图（1.0 版）》）。该报告绘制了智能电网的概念模型，涵盖发电、输电、配电、用电、调度、市场和服务提供商 7 个领域，并借助概念模型阐述了智能电网的构造原则与方法；给出了制定互操作性标准的中期发展路线图，描述了互操作性标准的现状、问题和优先行动计划。报告在广泛征求意见基础上，从现有技术标准中选出了 25 个重要标准以及 16 个需要优先制定的标准（优先行动计划）。

NIST 认为智能电网标准体系最终将包含成百上千个规范和标准，在今后的工作中还将陆续提出新的候选标准，经大家讨论评价达成一致后，纳入重要标准中。NIST 认为研究和制定互操作性标准时，应重点考虑通用需求，避免对一些细节的标准化，否则将有可能对技术的创新和发展产生不利影响。

NIST 在研究制定智能电网标准时优先考虑 8 个领域：需求侧响应和用户管理、广域状态感知、储能、电动汽车、高级量测体系、配电网管理、信息安全和通信。

A.1.3 美国电气和电子工程师协会研究现状

作为全球最大的专业学术组织，美国电气和电子工程师协会（IEEE）专门设有标准协会 IEEE–SA（IEEE Standard Association）来负责标准化工作。IEEE 标准制定的内容包括电气与电子设备、试验方法、元器件、符号、定义以及测试方法等多个领域。

为了适应智能电网快速发展的需要，IEEE 的标准协调委员会 SCC21（该委员会负责燃料电池、光伏发电、分布式发电和储能的标准制定）提出了一个新标准的制订计划，即 *IEEE P2030 Draft Guide for Smart Grid Interoperability of Energy Technology and Information Technology Operation with Electric Power System, and End–Use Applications and Loads*（《IEEE P2030 能源技术和信息技术与电力系统、最终应用及负荷的智能电网互操作性草案指南》），并设立了专门的智能电网工作组（P2030）来负责此项工作。P2030 成立了 3 个任务组：一是 TF1，负责电力系统相关技术；二是 TF2，负责信息技术；三是 TF3，负责通信技术。P2030 计划在 2011 年完成该指南的制定，该指南涵盖电力工程、信息与通信等领域。2009 年 6 月 3～5 日，P2030 在美国加州召开了标准制定工作的第一次会议。

美国电气和电子工程师协会的目的是：通过标准的制定，提供理解和定义智能电网互操作性的大纲。能源技术和信息通信技术整合，将实现发电、输电、配电以及用电之间的无缝连接和电力流、信息流的双向流动，实现电力系统与最终应用及负荷的协同工作。

A.2　国家电网公司智能电网技术标准体系

A.2.1　概念模型

为了深入分析智能电网对技术标准的需求及相关技术标准之间的联系，国家电网公司以能量流和信息流为主线绘制了技术标准体系概念模型。

概念模型是对真实世界中问题域内事物的描述，它有意识地忽略事物的某些特征，对标准体系需要解决的问题进行高度的概括和抽象。技术标准体系概念模型划分为 8 个专业领域，每个专业领域由行为主体和应用组成，详见表 A-2。行为主体是指设备、系统以及用于交换执行应用所需要的信息和做决策的程序等；应用是指在本专业领域内被一个或多个行为主体执行的任务，如楼宇自动化、太阳能发电、能量管理等。

表 A-2　　　　各专业领域标准化概念模型中的主要行为主体和应用

专　业	行　为　主　体	应　用
综合与规划	电网整体、输电网、配电网	电网战略规划、输电网规划设计、配电网规划设计
智能发电	发电系统、并网系统、电厂或电站控制系统、储能系统	发电、能量存储
智能输电	输电设备、设备数字接口系统、线路在线监测系统、雷电监测系统、线路在线监测中心	电能传输、状态信息交互
智能变电	变电设备、变电继电保护系统、广域相量测量系统、电能计量系统、输变电设备监控中心	输变电控制和保护、广域相量测量、电能计量、信息交互
智能配电	配电设备、配电自动化系统、分布式电源、储能系统、电能质量监测系统、电能计量系统	电能配送、分布式发电、电能质量监控、配电网调控一体化管理
智能用电	用电信息采集系统、电动汽车充放电站、用户侧分布式电源及储能系统、智能用电小区	大用户智能化需求侧管理、服务营销、楼宇自动化、用户用能服务管理、停电管理
智能电网调度	能量管理系统、配电管理系统、广域测量系统	实时监控与预警、调度管理、电网运行管理
通信信息	业务网、传送网、物理网、支撑网、电力营销系统、生产管理系统、实时数据总线、数据中心、企业服务总线、地理信息系统、决策与分析系统	信息传输、信息管理与服务、安全保障

A.2.2 技术标准体系结构

智能电网标准体系的层次结构包括 1 个体系、8 个专业分支、26 个技术领域、92 个标准/系列标准。

智能电网技术标准体系定位为国家电网公司技术标准体系的一个专业分支。它是一个具有系统性、逻辑性和开放性的层次结构，用于指导国家电网公司智能电网标准的研究和制定，如图 A-1 所示。

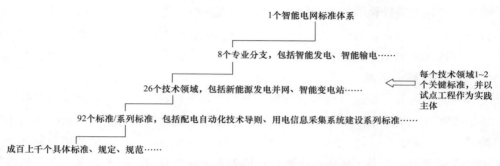

图 A-1　智能电网标准体系的层次结构

智能电网技术标准体系结构如图 A-2 所示。

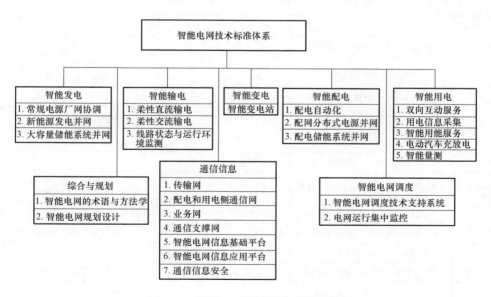

图 A-2　智能电网技术标准体系结构

标准体系的第一层是 8 个专业分支，包括综合与规划、智能发电、智能输电、智能变电、智能配电、智能用电、智能电网调度和通信信息。

标准体系的第二层是 26 个技术领域。这些技术领域代表了智能电网建设中各专业分支重点关注的技术方向，它们的划分与国家电网公司智能电网纲领性文件中对关键技术领域的认识保持一致。

标准体系的第三层是 92 个标准/系列标准，所涉及的具体标准均为导则，是该技术领域的基础性的技术导则；各系列标准的内在逻辑关系为基础与综合、建设（含设计、改造、验收、测试）、运行与控制（含检修维护）、设备与材料。

标准体系的第四层是具体标准、规定、规范等。

A.2.3 核心标准

在对国内外标准进行梳理和分析的基础上，结合我国的实际，国家电网公司首批推荐 22 项核心标准。核心标准是指与智能电网建设密切相关，系统性强、涉及面广，需要重点关注的标准/系列标准。核心标准对智能电网标准体系起到重要的支撑作用，今后还将根据需要进行调整和增加。目前，国家电网公司采纳或制定的核心标准如表 A–3 所示。

表 A–3　　　　　国家电网公司采纳或制定的智能电网核心标准一览表

序号	标 准 名 称	备 注
1	DL 755《电力系统安全稳定导则》	
2	《智能电网的术语与方法》	该标准待制定，现阶段可参考采用 IEC 62559
3	Q/GDW 392—2009《风电场接入电网技术规定》	
4	《光伏电站接入电网技术规定》	国家电网公司已完成该规定的征求意见稿，有待正式发布
5	DL/T 837—2003《输变电设施可靠性评价规程》	
6	架空输电线路状态监测技术系列标准	该系列标准包括 Q/GDW 242～Q/GDW 245 等
7	Q/GDW 383—2009《智能变电站技术导则》	
8	DL/T 860《变电站通信网络和系统标准》	等同采用 IEC 61850
9	Q/GDW 382—2009《配电自动化技术导则》	
10	DL/T 1080《电力企业应用集成—配电管理的系统接口》	等同采用 IEC 61968
11	《开放的地理数据互操作规范》	等同采用 *Open Geodata Interoperability Specification*，*OpenGIS*

续表

序号	标 准 名 称	备 注
12	分布式电源接入电网系列标准	该系列标准待制定，目前可参考采用 IEEE 1547 系列标准
13	智能电能表系列标准	包括 Q/GDW 354～Q/GDW 365 等
14	电动汽车充放电系列标准	包括 GB/T 18487（等效采用 IEC 61851）、Q/GDW 233～Q/GDW 238、Q/GDW Z 423、Q/GDW 397～Q/GDW 400 等
15	DL/T 890《能量管理系统应用程序接口标准》	等同采用 IEC 61970
16	GB/T 18700.5《远动设备及系统—传输规约》	等同采用 IEC 60870–5
17	GB/T 22239—2008《信息系统安全等级保护基本要求》	参考该国标制定了《国家电网公司信息化"SG186"工程安全防护总体方案》
18	*IEC 62351 Power System Control and Associated Communications-Data and Communication Security*（《电力系统管理及关联的信息交换—数据和通信安全性》）	
19	*IEC 62357 Power System Control and Associated Communications Reference Architecture for Object Models，Services and Protocols*（《电力系统控制和相关通信—目标模型、服务设施和协议用参考体系结构》）	
20	GB/T 22081《信息技术 安全技术 信息安全管理实用规则》	等同采用 ISO/IEC 27000
21	GB/T 18336—2008《信息技术安全性评估准则》	等同采用 ISO/IEC 15408
22	GB/T 20279《信息安全技术网络和终端设备隔离部件安全技术要求》	

智能电网技术标准体系

附录 B 智能电网国际组织与研究机构

目前，参与智能电网的组织与机构主要可以分为政府机构、研究组织和企业3 类。

B.1 政府机构

由于智能电网的特殊性，各国政府机构均在推动智能电网的发展中起着举足轻重的作用。政府机构中最具代表性的是美国能源部（Department of Energy，DOE），它成立于 1977 年 8 月，由原来的 50 个政府有关机构合并而成，目的是解决至关重要的能源问题。其职责是统一管理各类能源的勘探、研究、开发和利用，下设管理石油、煤炭和核能的机构数十个。

20 世纪 90 年代，美国经常发生停电事故，造成很大的损失，因此 DOE 考虑对电网进行升级改造。2001 年，DOE 正式提出了 IntelliGrid 的概念，2003 年出台了"Grid 2030"❶计划。这个计划基本上将智能电网的构架勾画出来，构想比较宏大，要用超导电缆构建全国的骨干网，并建造包括骨干电缆网、区域电网、地方大电网的多层次电网。这个计划的目标是：到 2030 年，美国会有完全自动化的输配电系统，将涵盖对每个用户及每一个网络节点的监视和控制，确保从电厂到用电器之间双向的电力潮流及信息流；分布智能、宽带通信、监视和控制以及自动响应，使人、楼宇、工业过程与电力网络之间的接口没有缝隙，可进行实时的市场交易。在这个计划中，也制定了详细的技术发展路线图，对每一阶段要做的工作已经有了非常详细和清楚的描述。虽然"Grid 2030"计划当时看来只是一个设想，但是美国后来所做的工作就是围绕这个设想中的某些内容开展的。例如，其中提到需要美国总统宣布国家需要"超级电网"，奥巴马上台后就宣布了发展智能电网和超导输电技术的计划；其中也提到 2010 年在美国推广智能电能表，目前也基本上是按照这个时间表在推进的；超导输电的示范也基本上按照这个计划的进度表在推进。可以说，虽然不是全部但至少是部分的"Grid 2030"设

---

❶ 美国能源部对 Grid 2030 的定义：一个完全自动化的电力传输网络，能够监视和控制每个用户和电网节点，保证从电厂到终端用户整个输配电过程中所有节点之间的信息和电能的双向流动。

想是按照原计划推进的。

2004 年，DOE 牵头组织的 GridWise 联盟成立；2005 年，DOE 和美国国家能源技术实验室开始"The modern grid initiative：a vision for the modern grid"的研究，2007 年 3 月完成，主要对未来电网进行了展望，提出了电网要具有自愈、抵御攻击、用户参与、符合新世纪需求的电能质量、市场化、资产优化和提高能效、分布式发电和储能等特点。美国能源部、美国环境保护署、美国国家标准技术研究院等机构联合组建了联邦智能电网工作小组（Smart Grid Task Force），以协调美国政府相关机构的运作，借此推动智能电网相关技术的发展和应用。

DOE 还进行了其他的工作，如加速发展储能技术、超导技术和其他电网技术。它的全国可再生能源实验室正从事于将分布式能源融入电网的技术和标准方面的工作。加州能源委员会和纽约州能源研究发展局正在主导负荷管理和分布式能源的开发。电力系统工程研究中心加入了 13 家大学（包括华盛顿州大学）的联合研究以解决电网问题。上述工作以及其他工作在智能能源中心网站都有更详细的情况介绍。

B.2　研究组织

B.2.1　美国电力科学研究院

美国电力科学研究院成立于 1973 年，是一个独立、非盈利能源和电力科研机构、协调组织。

美国电力科学研究院是美国智能电网研究的机构，它将 IntelliGrid 定义为一个由众多自动化的输电和配电系统构成的电力系统，以协调、有效和可靠的方式实现所有的电网运作：具有自愈功能；快速响应电力市场和企业业务需求；具有智能化的通信架构，实现实时、安全和灵活的信息交流，为用户提供可靠、经济的电力服务。

IntelliGrid 项目是一项由美国电力科学研究院实施的致力于开发智能电网软件架构的工作。IntelliGrid 项目的目标是为未来的电网建立一个全面、开放的技术体系，支持电网及其设备间的通信与信息交换。美国电力科学研究院声称：新体系下的电网将具有前所未有的灵活性与安全性，能够提供高质量的电能，提升用户的满意度并为相关的企业创造更多的商业机会。目前，智能电网的研究是在智能电网联盟的名义下进行，主要研究内容分为 4 部分：基本结构部分、快速建模与仿真部分、分布式能源/高级配电自动化部分以及用户门户部分。在上述 4 部分中，基本结构研究处于中心地位，而其他 3 部分的研究工作实际上具有相互依存、互动发展的关系。

B.2.2　智能电网联盟

智能电网联盟（GridWise Alliance）成立于 2003 年，是由电力企业、IT 企业、新技术供应商、设备制造商及学术机构发起成立的组织，旨在从全民和政府两个层面推动、教育、促进和宣传智能电网新技术的普及和应用。目前，智能电网联盟的合作伙伴包括法国电力公司、ABB 公司等大型电力企业和设备制造商；而联盟所获得的资助中（包括货币资助和实物资助）74%来自于公共服务企业（主要是电力企业），11%来自设备提供商，剩余 15%来自联邦或州政府。

所有的成员均相信：更加智能的电网将会整合基础设施、信息服务、流通领域等各个方面，从而形成能源生产、传输等环节的高效节约，并最终形成更安全、更弹性、更可靠的能源体系。

美国能源部西北太平洋国家实验室正在协助建立电网智能化联盟并进行实地示范，近期完成了高级需求响应网络太平洋西北电网智能化试验台。在该项目中，通过英维思控制器将家庭网关设备连接到装有 IBM 软件的新型高级仪表和可编程恒温器上，将 112 个家庭与实时电力价格信息联系起来。最终结果表明，参与者节约了约 10%的能源费用，并且需求响应良好。

B.2.3　美国电网智能化架构委员会

美国电网智能化架构委员会（GWAC）一直致力于电网智能化项目的研究工作。GWAC 是一个独立机构，研究范围涉及一系列相关的工作，包括 DOE 的电网智能化项目和美国电力科学研究院推动的智能电网（IntelliGrid）项目。GWAC 并不是 DOE 正式的咨询部门，但在电网智能化项目中，DOE 向 GWAC 提供有限的资助。GWAC 集合了一系列的专家，试图对建立未来电网架构的原则做出清晰的阐述，并希望这些原则不会随着电网发展和技术革新而失效。GWAC 已于 2005 年 12 月成功地举行了费城会议。在费城会议上，与会代表在商业原则、可用性原则、信息技术原则、监管原则和管理原则方面达成了一定程度的共识，并签订了"电网智能化协同工作章程"等文件。

B.2.4　欧洲智能电网技术论坛

面对环境保护的极度重视以及日益增长的可再生能源并网发电的挑战，欧盟于 2005 年成立欧洲智能电网技术论坛（European Smart Grid Technology

Platform）。该论坛包括了来自制造、输配电系统运行、研究机构和监管部门的代表，主要目标是促进智能电网研究，希望把电网转换成用户和运营商互动的服务网，提高欧洲输配电系统的效率、安全性及可靠性，并为分布式和可再生能源的大规模应用扫除障碍。该论坛已发表的报告中重点研究了未来电网的发展前景和需求、提出了智能电网的优先研究内容并提出了欧洲智能电网的重点领域：① 优化电网的运行和使用；② 优化电网基础设施；③ 大规模间歇性电源集成；④ 信息和通信技术；⑤ 主动的配电网；⑥ 新电力市场的地区、用户和能效。

2005 年，在欧盟第五、第六研发框架计划支持下，欧洲未来电网 Smart Grids 技术平台正式启动。2006 年 4 月，欧洲智能电网技术论坛的顾问委员提出了智能电网的愿景，之后又制定了战略研究议程（Strategic Research Agenda，SRA），用于指导欧盟及其各国开展相关项目，促成智能电网的实现。根据欧洲技术论坛的一般做法（制定愿景—制定 SRA—执行 SRA），接下来将是执行 SRA。2006～2007 年，发布《欧洲智能电网技术平台：欧洲未来电网的愿景和策略》、《欧洲未来电网的战略研究议程》、《欧洲未来电网发展策略》3 个重要文件，打开了智能电网路线图。

B.2.5 美国电气和电子工程师协会

IEEE 一直致力推动智能电网的发展，不仅帮助全球各地的公众认识和了解智能电网的优点，更为各方提供合作和交流的平台，共同参与这一创新的计划。在推动智能电网发展和实施的进程中，IEEE 的会员作出了多方面的努力，包括制定互操作性标准，确保智能电网的环保节能性以及制定法律草案，以维护电网的安全性。

IEEE 正在创办一份智能电网期刊。这份崭新的跨学科国际性期刊将整合全球智能电网设计、实施和使用等各领域的信息，成为业内权威信息的来源，对参与智能电网技术发展的研究人员和工程师起到积极作用。这份智能电网期刊计划在 2010 年推出。IEEE 电力与能源协会正积极地参与这份智能电网期刊的筹备工作，并为智能电网协调委员会提供经费的资助。

2010 年 1 月，IEEE 推出了智能电网门户网站（http：//smartgrid.ieee.org）。这个综合性门户网站提供来自 IEEE 和其他专业来源的信息、教育和新闻。IEEE 推出的智能电网门户网站是 IEEE 智能电网计划的第一阶段。IEEE 智能电网计划旨在将 IEEE 的广泛资源汇集到一起，为全球智能电网领域的利益相关方提供专长和指导。IEEE 智能电网计划将组织、协调、利用和依靠 IEEE 内外拥有智能电网专长和利益的各方的力量，利用 IEEE 实现全球电网的现代化和最优化的长期承诺，并使其更加可靠、高效、安全和环保。IEEE 利用其强大的技术基础来开发智能电网领域的标准、最佳实践、出版物、会议和教育机会。

附录 C 专业名词中英文对照表

英文缩写	英 文 全 称	中 文 全 称
AAM	Advanced Asset Management	高级资产管理
ADA	Advanced Distribution Automated	高级配电自动化
ADO	Advanced Distribution Operation	高级配电运行
AMI	Advanced Metering Infrastructure	高级量测体系
AMM	Automated Meter Management	自动计量管理
AMR	Automated Meter Reading	自动读表
ATO	Advanced Transmission Operation	高级输电运行
CIM	Common Information Model	公共信息模型
CP	Customer Portal	用户入口
DA	Distribution Automation	配电自动化
DAO	Distribution Asset Optimization	配电资产优化
DER	Distributed Energy Resources	分布式能源
DER/ADA	Distributed Energy Resource/Advanced Distributed Automation	分布式能源/高级配电自动化
D–FSM	Distribution Fast Simulation and Modeling	配电网快速建模与仿真
DMS	Distribution Management System	配电管理系统
DP	Dynamic Pricing	动态价格
DR	Demand Response	需求响应
EMS	Energy Management System	能量管理系统
ES	Energy Storage	能量存储
EV	Electric Vehicle	电动汽车
GFAs	Grid Friendly Appliances	同电网友好的电器
GIS	Geographic Information System	地理信息系统
GOOSE	Generic Object–Oriented Substation Event	面向对象的变电站事件
HAN	Home Area Network	用户户内网
IDG	Intelli–D–Grid	智能配电网

英文缩写	英 文 全 称	中 文 全 称
IECSA	Integrated Energy and Communications System Architecture	集成能量和通信架构
IED	Intelligent Electronic Device	智能电子装置
INAs	Intelligent Network Agents	智能网络代理
IP	Internet Protocol	互联网协议
IUT	Intelligent Universal Transformer	智能通用变压器
LAN	Local Area Network	局域网络
LMS	Load Management System	负荷管理系统
MMS	Manufacturing Messaging Specification	制造报文规范
OMS	Outage Management System	停电管理系统
OSI	Open Systems Interconnection	开放系统互联
PMU	Phasor Measurement Unit	相量测量装置
RAMC	Remote Asset Monitoring and Control	远程资产监视和控制
RTU	Remote Terminal Unit	远方终端
SCADA	Supervisory Control and Data Acquisition	数据采集和监控
SHG	Self Healing Grid	自愈电网
SOA	Services Oriented Architecture	面向服务体系架构
T–FSM	Transmission Fast Simulation and Modeling	输电网快速建模与仿真
UML	Unified Modeling Language	统一建模语言
WAMS	Wide Area Measurement System	广域测量系统
WAN	Wide Area Network	广域网络
WASA	Wide Area Situational Awareness	广域状态感知
XML	Extensible Markup Language	扩展标志语言

参 考 文 献

［1］ Saifur Rahman. Global Energy Use，Climate Change，Distributed Generation and Energy Efficiency. 2006.

［2］ Massoud Amin. Toward Self-healing Energy Infrastructure Systems. IEEE Computer Applications in Power，2001，14（1）：20–28.

［3］ John D. McDonald. The Next Generation Grid — Energy Infrastructure of the Future. IEEE Power & Energy Magazine，2009，march/april：26–32.

［4］ William V. Hassenzahl. Application of Superconductivity to Electric Power Systems. IEEE Power Engineering Review，May，2000.

［5］ Donald U. Gubser. Superconductivity：An Emerging Power-Dense Energy-Efficient Technology. IEEE Transactions on Applied Superconductivity，2004，14（4）.

［6］ J. G. Bednorz and K. A. Mueller. Possible High Temperature Superconductivity. Z. Physics，1986 B64：189–193.

［7］ Y. B. Lin，L. Z. Lin，et al. Development of HTS Transmission Power Cable. IEEE Transactions on Applied Superconductivity，2001，11（1）：2371.

［8］ William V. Hassenzahl，et al. Electric Power Applications of Superconductivity. Proceedings of IEEE，2004，92（10）.

［9］ Swarn S. Kalsi，Alex Malozemoff. HTS Fault Current Limiter Concept. Proceeding of IEEE PES Meeting，June，2004.

［10］ C. A. Luongo. Superconducting Storage Systems：An Overview，IEEE Transactions on Magnetics 1996，32（4）.

［11］ W. Torres. Reassessment of Superconducting Magnetic Energy Storage（SMES）Transmission System Benefits. Electric Power Research Institute Technical Report，March，2002.

［12］ Billinton R.，Guang Bai. Generating Capacity Adequacy Associated with Wind Energy. IEEE Transactions on Energy Conversion，2004，19（3）：641–646.

［13］ Seung-Tea Cha，Dong-Hoon Jeon. Reliability Evaluation of Distribution System Connected Photovoltaic Generation Considering Weather Effects. Probabilistic Methods Applied to Power Systems，2004 International Conference：451–456.

［14］ Chen，J. and C. Chu. Combination Voltage-controlled and Current-controlled PWM Inverters for Parallel Operation of UPS. in Proceedings of the 19th International Conference on Industrial Electronics，Control and Instrumentation，November 15，November 18，1993.

［15］ Maui，Hawaii. USA：Publ by IEEE. Integration of Distributed Energy Resources-The CERTS MicroGrid Concept. CERTS Consultant Report（Contract No. 150–99–003），California Energy Commission，Oct.，2003.

［16］ Edris A. A. Proposed Terms and Definitions for Flexible AC Transmission System（FACTS）. IEEE Transactions on Power Delivery，1997，12（4）：1848–1853.

［17］ M. L. Woodhouse，M. W. Donoghue，M. M. Osborne. Type Testing of the GTO Valves for a Novel STATCOM Convertor.

［18］ Kalian K. Sen. SSSC-Static Synchronous Series Compensator：Theory Modeling and Application. IEEE Transactions on Power Delivery，1998，13（1）.

［19］ Kalyan K.Sen. UPFC-Unified Power Flow Controller：Theory Modeling and Applications. IEEE Transactions on Power Delivery，1998，13（4）：1453-1460.

［20］ B. A. Renz，A. Keri，C. Schauder，A. Edris. Aep Unified Power Flow Controller Performance，IEEE Transactions on Power Delivery，1999，14（4）.

［21］ C. Schauder，A. Keri，A. Edris. AEP UPFC Project：Installation，Commissioning and Operation of the ±160Mvar STATCOM（Phase Ⅰ），IEEE Transactions on Power Delivery，1998，13（4）.

［22］ Arthit Sode-Yome，Nadarajah Mithulananthan，Kwang Y. Lee. Static Voltage Stability Margin Enhancement Using STATCOM，TCSC and SSSC. 2005 IEEE/PES Transmission and Distribution Conference and Exhibition：Asin and Pacific Dalian，China.

［23］ Fu S T，Chen J L，Hu J X et al . Implementation of an on-line Dynamic Security Assessment Program for the Central China Power System. Control Engineering Practice，1998（6）：1517–1524.

［24］ Yuan Zeng，Pei Zhang，Meihong Wang，et al. Development of a New Tool for Dynamic Security Assessment Using Dynamic Security Region. International Conference on 2006，Chongqing，China，2006.

［25］ R. J. Piwko，C. A. Wegener，B. L. Damsky. The Slatt Thyristor-Controlled Series Capacitor Project-Design，Installtion，Commissioning，and System Testing. CIGRE Paper，Paris，1994.

［26］ Chen-Ching Liu. Strategic Power Infrastructure Defense. IEEE Power Engineering Society

General Meeting，USA，2004.

[27] 王明俊. 突出自愈功能的智能电网. 动力与电气工程师，2007（2）：12–16.

[28] 林良真. 电工高新技术丛书：第3分册 超导技术及其应用. 北京：机械工业出版社，2000.

[29] 唐跃进，等. 未来电力系统中的超导技术. 电力系统自动化，2001，25（2）：70–75.

[30] 张裕恒. 超导物理. 北京：电子工业出版社，1995.

[31] 肖立业. 超导电力技术的现状和发展趋势. 电网技术，2004，28（9）.

[32] 林良真，肖立业. 超导限流器的原理、现状及研究建议. 中国电工技术第六届学术会议论文集. 北京：冶金工业出版社，1999.

[33] 金能强，余运佳. 电工高新技术丛书：第3分册 储能技术的新发展. 北京：机械工业出版社，2000.

[34] 余贻鑫，栾文鹏. 智能电网. 电网与清洁能源，2009，25（1）：7–11.

[35] 陈树勇，宋书芳，李兰欣，等. 智能电网技术综述. 电网技术，2009，33（8）：1–7.

[36] 钟金，郑睿敏，杨卫红，等. 建设信息时代的智能电网. 电网技术，2009，33（3）：12–18.

[37] 林宇峰，钟金，吴复立. 智能电网技术体系探讨. 电网技术，2009，33（12）：8–14.

[38] 张文亮，刘壮志，王明俊，等. 智能电网的研究进展及发展趋势. 电网技术，2009，33（13）：1–11.

[39] 胡学浩. 智能电网：未来电网的发展态势. 电网技术，2009，33（14）：1–5.

[40] 肖鑫鑫，刘东. 分布式供能系统接入电网模型研究综述. 华东电力，2008，36（2）：76–81.

[41] 莫颖涛，吴为麟. 分布式发电的研究方向. 热力发电，2006（5）：71–72.

[42] 李鹏，廉超，李波涛. 分布式电源并网优化配置的图解方法. 中国电机工程学报，2009，29（4）：91–96.

[43] 杨文宇，杨旭英，杨俊杰. 分布式发电及其在电力系统中的应用研究综述. 电网与水力发电进展，2008，24（2）：39–43.

[44] 余贻鑫，吴建中. 基于事例推理模糊神经网络的中压配电网短期节点负荷预测. 中国电机工程学报，2005，25（12）：19–23.

[45] 张芳，徐卓. 分布式发电对配电网供电可靠性的影响. 江苏电机工程，2008，27（1）：31–33.

[46] 钱科军，袁越. 分布式发电对配电网可靠性的影响研究. 电网技术，2008，32（11）：75–78.

[47] 黄伟，孙昶辉，吴子平，等. 含分布式发电系统的微网技术研究综述. 电网技术，2009，33（9）：14–18.

[48] 肖芳，肖健勇，唐寅生. 智能电网的无功电压控制技术. 大众用电，2009（10）：22–24.

[49] 王敏，丁明. 含分布式电源的配电系统规划. 电力系统及其自动化学报，2004，16（6）：5–8.

[50] 钱科军，袁越. 分布式发电技术及其对电力系统的影响. 继电器，2007，35（13）：25–29.

[51] 郑海峰. 计及分布式发电的配电系统随机潮流计算. 济南：山东大学，2006.

[52] 冯庆东，毛为民. 配电网自动化工程实践与案例分析. 北京：中国电力出版社，2003.

[53] 刘杨华，吴政球，涂有庆，等. 分布式发电及其并网技术综述. 2008，32（15）：71–76.

[54] 鲁宗相，王彩霞，闵勇，等. 微电网研究综述. 电力系统自动化，2007，31（19）：100–105.

[55] 盛鹍，孔力，等. 新型电网—微电网（Microgrid）研究综述. 继电器，2007，35（12）：75–81.

[56] 丁明，张颖媛，茆美琴. 微电网研究中的关键技术. 电网技术，2009，33（11）：6–11.

[57] 刘晓光. 风力发电系统风力机输出特性的模拟与控制. 青岛：青岛大学，2009.

[58] 杨素萍，赵永亮，等. 分布式发电技术及其在国外的发展状况. 电能效益，2006，45（9）.

[59] 杨萌福，段善旭，韩泽云. 电力电子装置及系统. 北京：清华大学出版社，2006.

[60] 赵异波. 电力电子器件发展概况及应用现状（上）. 电工技术，1999，9.

[61] 赵异波. 电力电子器件发展概况及应用现状（下）. 电工技术，1999，10.

[62] 钱照明，张军明，吕征宇. 我国电力电子与电力传动面临的挑战与机遇. 电工技术学报，2004，19（8）.

[63] 杨大江，姚振华，白继彬. 新型功率器件（IGCT）的工作原理及其设计技术. 电力电子技术，1999，5.

[64] 徐殿国，李向荣. 极限温度下的电力电子技术. 电工技术学报，2006，21（3）.

[65] 祖强. 碳化硅电力电子器件. 电力电子，2003，6.

[66] 谢小荣，姜齐荣. 柔性交流输电系统的原理与应用. 北京：清华大学出版社，2006.

[67] （加）R.Mohan Mathur，（印）Rajiv K. Varma. 基于晶闸管的柔性交流输电控制装置. 徐政，译. 北京：机械工业出版社，2005.

[68] 包黎昕，段献忠，陈峰，等. SVC 和 TCSC 提高电压稳定性作用的动态分析. 电力系统自动化，2001（25）：13.

[69] 朱家骝. 对中国 1100kV 电网过电压及绝缘水平的建议. 电力设备，2005，11.

[70] 王皓，李永丽，李斌. 750kV 及特高压输电线路抑制潜供电弧的方法. 中国电力，2005（38）：12.

[71] 刘振亚. 特高压电网. 北京：中国经济出版社，2005.

[72] 陈维贤，陈禾，鲁铁成，等. 关于特高压可控并联电抗器. 高电压技术，2005，11.

［73］钱家骊，刘卫东，关永刚. 非超导型故障电流限制器的技术经济分析. 电网技术，2004，28（9）.

［74］周彦. 基于 TPSC 技术的短路电流限制器. 华东电力，2005（33）：5.

［75］沈斐，王娅岚，刘文华. 大容量 STATCOM 主电路结构的分析和比较. 电力系统自动化，2003（27）：8.

［76］高芳，王伟，徐凤. STATCOM 在上海电网中的应用仿真. 电力系统自动化，2003（27）：12.

［77］马晓军，姜齐荣，王仲鸿. 静止同步补偿器的分相不对称控制. 中国电机工程学报，2001（21）：1.

［78］周俊宇. 静止同步串联补偿器在电力系统中的应用综述. 电气应用，2006（25）：4.

［79］何大愚. 柔性交流输电技术及其控制器研制的新发展. 电力系统自动化，1997，6.

［80］杨勇. 美国应用 FACTS 技术的几个试验性工程. 华东电力，2001（5）：59.

［81］李俊峰，高虎. 2008 中国风电发展报告. 北京：中国环境科学出版社，2008.

［82］王承煦，张源. 风力发电. 北京：中国电力出版社，2003.

［83］李俊峰，王斯成，等. 2007 中国光伏发展报告. 北京：中国环境科学出版社，2007.

［84］蔡国营，王亚军，谢晶，等. 超级电容器储能特性研究. 电源世界，2009（1）：33-38.

［85］张晶，郝为民，周昭茂. 电力负荷管理系统技术及应用. 北京：中国电力出版社，2009.

［86］杨以涵，张东英. 大电网安全防御体系的基础研究. 电网技术，2004，28（9）：23-27.

［87］张伯明，吴素农，蔡斌，等. 电网在线安全稳定分析和预警系统. 电力系统自动化，2006，30（6）：1-5.

［88］王继业. 基于网络技术的电力信息资源整合方案. 电力系统自动化，2006，30（20）：84-87.

［89］王继业，张崇见. 电力信息资源整合方法综述. 电网技术，2006，30（9）：83-87.

［90］严亚勤，陶洪铸，李亚楼，等. 对电力调度数据整合的研究与实践. 继电器，2007，35（17）：37-40.

［91］国家电网公司建设运行部，中国电力科学研究院. 灵活交流输电技术在国家骨干电网中的工程应用. 北京：中国电力出版社，2008.

［92］李育发，刘德斌，马立新. 电力调度应用系统的数据整合. 吉林电力，2006，34（5）：24-25.

［93］Liu M L. 计算原理与应用. 北京：清华大学出版社，2004.

［94］李代平. 分布式并行计算技术. 北京：冶金工业出版社，2001.

［95］高传善. 分布式系统设计. 北京：机械工业出版社，2001.

［96］Andrews G R. 多线程、并行与分布式程序设计基础. 北京：高等教育出版社，2002.

[97] 张伯明，陈寿孙. 高等电力网络分析. 北京：清华大学出版社，1996.

[98] 李亚楼，周孝信，吴中习. 一种可用于大型电力系统数字仿真的复杂故障并行计算方法. 中国电机工程学报，2003，23（12）：1–5.

[99] 周勤勇. EEAC 直接法稳定的研究和程序开发及其在 PSASP 中的应用. 北京：中国电力科学研究院，2003：55–58.

[100] 常乃超，郭志忠. EEAC 解析灵敏度分析的研究. 电力系统自动化，2004，28（11）：38–40，70.

[101] 薛禹胜. EEAC 与直接法的机理比较. 电力系统自动化，2001，25（13）：1–5.

[102] 郭琦，张伯明，王守相，等. 基于计算机集群的电力系统暂态风险评估. 电网技术，2005，29（15）：13–17，50.

[103] 薛禹胜. 暂态稳定预防控制和紧急控制的协调. 电力系统自动化，2002，26（4）：1–4，9.

[104] 严胜，姚建国，杨志宏，等. 智能电网调度关键技术. 电力建设，2009，30（9）：1–4.

[105] 高翔. 数字化变电站应用技术. 北京：中国电力出版社，2008.

[106] 张玉军，李如振，等. 智能电网建设方案初探. 山东电力技术，2009，5.

[107] 吴俊兴，胡敏强，等. 基于 IEC 61850 标准的智能电子设备及变电站自动化系统的测试. 电网技术，2007，31（2）.

[108] 张滨，阮鸿飞，马平. IEC 61850 与 IEC 61970 信息共享研究. 电力学报，2009，24（5）.

[109] 陆一鸣，李灿，等. 基于 UIP 的变压器状态检修集成设计与实现. 华东电力，2009，37（6）.

[110] 祁忠，笃竣，张志学，等. IEC 61850 SCL 配置工具的研究与实现. 电力系统保护与控制，2009，37（7）.

[111] 李燕，黄小庆. 变电站配置及配置工具研究. 江苏电机工程，2009，28（3）.

[112] 胡靓，王倩. 基于 IEC 61850 与 IEC 61970 的无缝通信体系的研究. 电力系统通信，2007，28（127）.

[113] 王大中. 21 世纪中国能源科技发展展望. 北京：清华大学出版社，2007.

[114] 孙宏斌，张伯明，吴文传，等. 面向中国智能输电网的智能控制中心. 电力科学与技术学报，2009（6）.

[115] 陈建民，周健，蔡霖. 面向智能电网愿景的变电站二次技术需求分析. 华东电力，2008（11）.

[116] 王哲. 智能电网涉及的关键技术. 电源技术应用，2009（10）.

［117］王玉东，尤天晴. 电力系统时间同步组网研究. 电力系统通信，2009，7.

［118］葛耀中. 自适应继电保护及其前景展望. 电力系统自动化，1997，21（9）.

［119］张之哲，陈德树. 微型计算机距离保护的自适应对策. 中国电机工程学报，1998（3）：23.

［120］梁玉枝，崔树平，王冬梅. 对风电场接入电网后系统继电保护配置的探讨. 华北电力技术，2009（9）.

［121］文玉玲，晁勤，吐尔逊·依不拉音，等. 关于风电场适应性继电保护的探讨. 电力系统保护与控制，2009，37（5）.

［122］杨国生，李欣，周泽昕. 风电场接入对配电网继电保护的影响与对策. 电网技术，2009（6）.

［123］易俊，周孝信. 电力系统广域保护与控制综述. 电网技术，2006（4）.

［124］索南加乐，刘辉，吴亚萍，等. 基于故障测距的单相自动重合闸永久故障电压自适应补偿判据. 中国电机工程学报，2004（4）.

［125］葛耀中，肖原. 超高压输电线自适应三相自动重合闸. 电力自动化设备，1995（5）.

［126］周德才，张保会，赵慧梅. 最佳重合闸方案的研究. 继电器，2005（1）.

［127］鲁文军，林湘宁，黄小波，等. 一种自动适应电力系统运行方式变化的新型突变量选相元件. 中国电机工程学报，2007（28）.

［128］林湘宁，刘海峰，鲁文军，等. 基于广义多分辨形态学梯度的自适应单相重合闸方案. 中国电机工程学报，2006（7）.

［129］于尔铿，刘广一，周京阳. 能量管理系统. 北京：科学出版社，1998.

［130］潘毅，周京阳，李强，等. 基于公共信息模型的电力系统模型的拆分与合并. 电力系统自动化，2003，27（15）：45-48.

［131］李强，周京阳，于尔铿，等. 基于相量量测的电力系统线性状态估计. 电力系统自动化，2005，29（18）：24-28.

［132］李强，周京阳，于尔铿，等. 基于混合量测的电力系统状态估计混合算法. 电力系统自动化，2005，29（19）：31-35.

［133］潘毅，周京阳，等. 基于电力系统公共信息模型的互操作试验. 电网技术，2003，27（10）：25-28.

［134］沈国辉，李立新，邓兆云，等. 基于 SOA 架构的调度自动化系统的研究与建设. 电力信息化，2009（8）.

［135］沈国辉. 基于 SOA 架构的动态安全监控支撑平台的研究与应用. 电力信息化，2008（6）.

[136] 魏文辉，石俊杰，高平，等. 国家电力调度通信中心调度员培训模拟系统. 电网技术，2008（6）.

[137] 王英涛. 基于 WAMS 的电力系统动态监测及分析研究. 北京：中国电力科学研究院，2006.

[138] 沈国辉，佘东香，孙湃，等. 电力系统可视化技术研究及应用. 电网技术，2009（17）.

[139] 蔡自兴. 未知环境中移动机器人导航控制理论与方法. 北京：科学出版社，2009.

[140] 朱世顺，余勇. 信息安全防护技术在电力系统中的最佳实践. 电力信息化，2009，7（4）.

[141] 沐连顺，等. 电力系统计算中心的研究与实践. 电网技术，2010，3.

280,